教育部高等学校电子信息类专业教学指导委员会规划教材
高等学校电子信息类专业系列教材

Signals and Systems: Using MATLAB

信号与系统

——基于MATLAB的方法

谭鸽伟 冯桂 黄公彝 胡朝炜 编著
Tan Gewei Feng Gui Huang Gongyi Hu Chaowei

清華大学出版社
北京

内 容 简 介

本书按照高等院校“信号与系统”课程教学的基本要求编写而成，以三大变换（傅里叶变换、拉普拉斯变换和 Z 变换）为主线，以理论分析和 MATLAB 应用为手段，将经典理论与现代计算技术相结合，介绍了信号与系统的基本理论和分析方法，能帮助读者快速理解并掌握本课程知识点。为了便于教学和加深读者对基本概念的理解，同时利于读者自检，本书每章后面都附有习题。

本书概念清晰、系统性强、特色鲜明、使用方便，可作为高等工科院校通信工程、电子信息工程、电子科学与技术、自动化、计算机科学与技术等专业“信号与系统”课程的教材或教学参考书，也可作为本学科及其相近学科的工程技术人员的参考资料。

图书在版编目(CIP)数据

信号与系统：基于 MATLAB 的方法/谭鸽伟等编著. —北京：清华大学出版社，2019(2023.8重印)
(高等学校电子信息类专业系列教材)
ISBN 978-7-302-51353-7

Ⅰ. ①信…　Ⅱ. ①谭…　Ⅲ. ①信号系统－高等学校－教材　Ⅳ. ①TN911.6

中国版本图书馆 CIP 数据核字(2018)第 229966 号

责任编辑：盛东亮　钟志芳
封面设计：李召霞
责任校对：李建庄
责任印制：刘海龙

出版发行：清华大学出版社
网　　址：http://www.tup.com.cn，http://www.wqbook.com
地　　址：北京清华大学学研大厦 A 座　　**邮　　编**：100084
社 总 机：010-83470000　　**邮　　购**：010-62786544
投稿与读者服务：010-62776969，c-service@tup.tsinghua.edu.cn
质量反馈：010-62772015，zhiliang@tup.tsinghua.edu.cn
课件下载：http://www.tup.com.cn，010-83470236
印 装 者：三河市铭诚印务有限公司
经　　销：全国新华书店
开　　本：185mm×260mm　　**印　　张**：17.25　　**字　　数**：418 千字
版　　次：2019 年 1 月第 1 版　　**印　　次**：2023 年 8 月第 7 次印刷
定　　价：59.00 元

产品编号：079445-01

高等学校电子信息类专业系列教材

序

FOREWORD

我国电子信息产业销售收入总规模在2013年已经突破12万亿元，行业收入占工业总体比重已经超过9%。电子信息产业在工业经济中的支撑作用凸显，更加促进了信息化和工业化的高层次深度融合。随着移动互联网、云计算、物联网、大数据和石墨烯等新兴产业的爆发式增长，电子信息产业的发展呈现了新的特点，电子信息产业的人才培养面临着新的挑战。

(1) 随着控制、通信、人机交互和网络互联等新兴电子信息技术的不断发展，传统工业设备融合了大量最新的电子信息技术，它们一起构成了庞大而复杂的系统，派生出大量新兴的电子信息技术应用需求。这些“系统级”的应用需求，迫切要求具有系统级设计能力的电子信息技术人才。

(2) 电子信息系统设备的功能越来越复杂，系统的集成度越来越高。因此，要求未来的设计者应该具备更扎实的理论基础知识和更宽广的专业视野。未来电子信息系统的设计越来越要求软件和硬件的协同规划、协同设计和协同调试。

(3) 新兴电子信息技术的发展依赖于半导体产业的不断推动，半导体厂商为设计者提供了越来越丰富的生态资源，系统集成厂商的全方位配合又加速了这种生态资源的进一步完善。半导体厂商和系统集成厂商所建立的这种生态系统，为未来的设计者提供了更加便捷却又必须依赖的设计资源。

教育部2012年颁布了新版《高等学校本科专业目录》，将电子信息类专业进行了整合，为各高校建立系统化的人才培养体系，培养具有扎实理论基础和宽广专业技能的、兼顾“基础”和“系统”的高层次电子信息人才给出了指引。

传统的电子信息学科专业课程体系呈现“自底向上”的特点，这种课程体系偏重对底层元器件的分析与设计，较少涉及系统级的集成与设计。近年来，国内很多高校对电子信息类专业课程体系进行了大力度的改革，这些改革顺应时代潮流，从系统集成的角度，更加科学合理地构建了课程体系。

为了进一步提高普通高校电子信息类专业教育与教学质量，贯彻落实《国家中长期教育改革和发展规划纲要(2010—2020年)》和《教育部关于全面提高高等教育质量若干意见》(教高【2012】4号)的精神，教育部高等学校电子信息类专业教学指导委员会开展了“高等学校电子信息类专业课程体系”的立项研究工作，并于2014年5月启动了《高等学校电子信息类专业系列教材》(教育部高等学校电子信息类专业教学指导委员会规划教材)的建设工作。其目的是为推进高等教育内涵式发展，提高教学水平，满足高等学校对电子信息类专业人才培养、教学改革与课程改革的需要。

本系列教材定位于高等学校电子信息类专业的专业课程，适用于电子信息类的电子信息工程、电子科学与技术、通信工程、微电子科学与工程、光电信息科学与工程、信息工程及其相近专业。经过编审委员会与众多高校多次沟通，初步拟定分批次(2014—2017年)建设约100门课程教材。本系列教材将力求在保证基础的前提下，突出技术的先进性和科学的前沿性，体现创新教学和工程实践教学；将重视系统集成思想在教学中的体现，鼓励推陈出新，采用"自顶向下"的方法编写教材；将注重反映优秀的教学改革成果，推广优秀的教学经验与理念。

为了保证本系列教材的科学性、系统性及编写质量，本系列教材设立顾问委员会及编审委员会。顾问委员会由教指委高级顾问、特约高级顾问和国家级教学名师担任，编审委员会由教育部高等学校电子信息类专业教学指导委员会委员和一线教学名师组成。同时，清华大学出版社为本系列教材配置优秀的编辑团队，力求高水准出版。本系列教材的建设，不仅有众多高校教师参与，也有大量知名的电子信息类企业支持。在此，谨向参与本系列教材策划、组织、编写与出版的广大教师、企业代表及出版人员致以诚挚的感谢，并殷切希望本系列教材在我国高等学校电子信息类专业人才培养与课程体系建设中发挥切实的作用。

教授

前言
PREFACE

“信号与系统”课程是高等工科院校通信工程、电子信息工程、自动化、电子科学与技术、计算机科学与技术等专业的一门重要的专业基础课程。该课程的主要任务是：为学生学习后续课程和今后工作奠定必要的理论基础，培养学生养成良好的学习习惯和科学的思维方法，着力提高学生应用系统的思想和方法分析和解决客观世界实际问题的能力。随着信息科学与技术的迅速发展，该课程的应用领域也越来越广泛，几乎遍及各个工程技术学科。由于信号是信息的载体，系统是信息处理的手段，因此，作为研究信号与系统基本理论和方法的“信号与系统”课程，必然要与信息科学技术的发展趋势相一致，为此，本书编者结合自身教学改革与实践的成果，在参阅国内外相关优秀教材的基础上，编写了本教材。

本书根据电子信息类专业教学指导委员会关于“信号与系统”课程教学基本要求，贯彻工科专业基础课教材立足于“加强基础，精选内容；结合实际，逐步更新；突出重点，利于教学”的指导思想精心编写而成。在构架上，本书采用先“信号分析”后“系统分析”，先“连续”后“离散”，先“时域”后“变换域”的模式，既体现了信号与系统两者之间理论分析上相对独立和内容上相互并行的特点，又遵循了先易后难、循序渐进的教学原则。在编写上，本书强调基本理论、基本概念和基本方法，遵循由浅入深、循序渐进的教学规律，系统地组织教学内容，以 MATLAB 应用为手段，将经典理论与现代计算技术相结合，注重概念，突出应用，图文并茂，有利于读者理解与掌握本课程知识点。同时，本书注重重点和难点的诠释与分析，为了便于教学和加深读者对基本概念的理解并方便读者的自查自检，本书配有大量例题和习题。

本书主要阐述信号的时域与变换域分析，线性时不变系统的描述与特性，信号通过线性时不变系统的时域与变换域分析方法，并简要介绍了频域分析与复频域分析在通信系统和控制系统等方面的应用。

本书绪论介绍信号与系统的基本概念及 MATLAB 软件平台；第 1 章介绍常用连续时间信号、连续时间信号的基本运算与分解；第 2 章介绍系统的分类、卷积及其性质以及 LTI 系统响应的求解；第 3 章介绍周期信号的傅里叶级数、非周期信号的傅里叶变换及其性质、LTI 连续系统的频域分析方法；第 4 章介绍拉普拉斯变换及其性质、单边拉普拉斯的逆变换、连续系统的拉普拉斯分析、系统函数和系统稳定性、连续系统的 s 域模拟；第 5 章介绍连续信号的抽样定理、傅里叶分析在通信系统中的应用、拉普拉斯分析在经典控制中的应用；第 6 章介绍离散时间基本信号、离散信号的卷积和、离散系统的算子方程、离散系统响应的求解；第 7 章介绍 Z 变换及其性质、Z 逆变换、离散系统的 Z 域分析、差分方程的 Z 域解、离散系统的频率响应、离散系统函数与系统特性的关系、离散系统的稳定性；第 8 章介绍状态空间描述、连续系统状态空间方程的建立、连续系统状态空间方程的求解、离散系统状态空间分析、系统函数矩阵和系统稳定性。

本书绪论、第 1 章、第 4 章和第 8 章由谭鸽伟执笔，第 2 章和第 3 章由冯桂执笔，第 5 章和第 7 章由黄公彝执笔，第 6 章由胡朝炜执笔，全书由谭鸽伟统稿。

在本书的编写过程中得到华侨大学教务处、信息科学与工程学院有关领导和老师的关心与协作，以及清华大学出版社盛东亮编辑、MathWorks 公司卓金武先生的大力支持，在此一并致以诚挚的感谢。

由于编者水平有限且时间比较仓促，书中难免有欠妥之处，恳请广大同行和读者批评指正。

编　者

2018 年 10 月 15 日于厦门

目录

CONTENTS

第0章 绪 论

CHAPTER 0

0.1 信号与系统

消息是待传送的一种以收、发双方事先约定的方式组成的符号，包括语言、文字、图像、数据等。

信息是消息的内容。人们关注消息的目的是为了获取和利用其中包含的信息。

信号是运载消息的工具，是消息的载体。通常体现为随若干变量而变化的某种物理量，例如光信号、声信号和电信号等。古代人利用点燃烽火台而产生的滚滚狼烟，向远方传递敌人入侵的消息，这属于光信号；上课的铃声，传达着上课时间到了的信息，这属于声信号；遨游于太空中的各种无线电波、畅通无阻的电话网中的电流等，都可以用来向远方传递各种消息，这属于电信号。把消息变换成适合信道传输的物理量，如光信号、电信号、声信号和生物信号等，人们通过对光、声、电信号进行转换与接收，才知道对方要传达的消息。

对信号分类的方法有很多，信号按数学关系、取值特征、能量功率、处理分析、所具有的时间函数特性、取值是否为实数等，可以分为确定性信号和非确定性信号、连续信号和离散信号、能量信号和功率信号、时域信号和频域信号、时限信号和频限信号、实信号和复信号等。

总而言之，信号是消息的物理体现。在通信系统中，系统传输的是信号，但本质内容是消息。消息包含在信号之中，信号是消息的载体。通信的结果是消除或部分消除不确定性，从而获得信息。

信号的波形特征包括：信号形状、信号幅度、周期性信号的周期、脉冲信号的宽度和幅度及信号边沿变化的快慢等。

系统是由若干相互作用和相互依赖的事物组合而成的，具有特定功能的整体。如收音机、电视机、手机、全球定位系统、雷达、通信网、计算机网等都可以看作系统，它们所传送的语音、音乐、图像、文字等都可以看作信号。

信号与系统的概念常常紧密地联系在一起，如图 0-1 所示。信号是指系统的输入和输出，系统用于对信号进行变换、处理。信号要由不同的系统来产生、发送、接收、储存和处理；不同的系统会产生不同的信号；不同的信号要由不同的系统来适应，

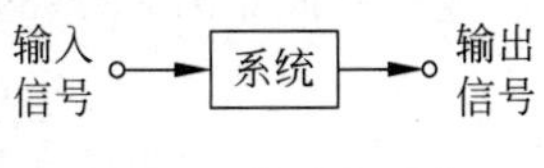

图 0-1 信号与系统

所以必须了解和掌握系统的特性。

电系统具有特殊的重要地位，某个电路从输入到输出是为了完成某种功能，如微分电路、积分电路、放大电路，也可以称为系统。在电子技术领域中，系统、电路、网络三个名词在一般情况下可以通用。

0.2 连续和离散

连续信号是指在自变量的连续变化范围内都有定义的信号。实际系统中存在的绝大多数物理过程或物理量，都是在时间和幅值上连续的量，这类连续信号称为模拟信号。处理连续信号的系统是连续系统。

离散信号是指仅在一系列分离的时间点 k（k 是整数，$k=0,\pm1,\pm2,\cdots$）上才有取值的一种信号，也称离散时间序列。处理离散信号的系统是离散系统。

微积分是处理连续函数的运算，包括导数和积分，分别用于测量函数的变化率和函数图形下的面积或体积。有了导数和积分，可引入微分方程来描述动态系统。

而处理离散时间序列，只需要采用有限运算，因此求导和积分被差分和累加取代，而微分方程则由差分方程取代。

0.2.1 连续表示和离散表示

物质世界里存在的现象一般可用模拟信号来模拟，如果要对模拟信号进行数字处理，首先需要通过取样将连续信号离散化，再进行量化和编码。将连续信号变成离散信号的常用方法是等间隔或不等间隔进行周期取样。

如图 0-2 所示，对连续信号 $f(t)$进行等间隔采样得到

$$f(t)\big|_{t=kT} = f(kT) \quad (k=0,\pm1,\pm2,\cdots) \tag{0-1}$$

式中，T 称为取样周期。

只要取样周期 T 足够小，可用取样值来描述任意一个连续函数。当取样间距小到 0，则取样函数 $f(kT)$与被取样函数 $f(t)$相等，当取样间隔不为 0，只要根据采样定理即可保证任意模拟信号能由它的采样信号恢复。

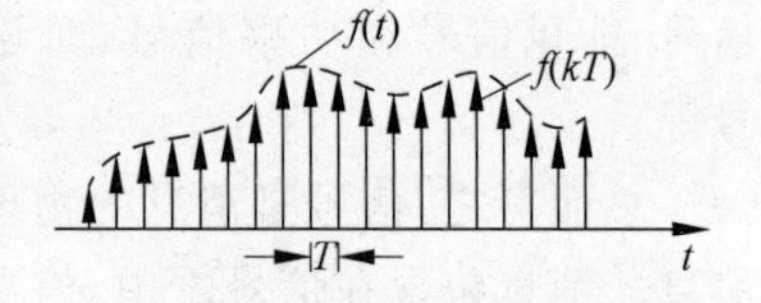

图 0-2 连续信号的离散化

通常将常数 T 省略，则离散信号用 $f(k)$表示。

例如，以 $T=0.1\text{s}$ 对正弦信号 $f(t)=\sin(2\pi t)$周期采样得到的正弦序列如图 0-3 所示。正弦序列的表达式为

$$f(k) = \sin(2\pi kT) = \sin(0.2\pi k)$$

0.2.2 导数和差分

连续时间信号 $f(t)$的导数为

$$\frac{\mathrm{d}f(t)}{\mathrm{d}t} = \lim_{\Delta t\to0}\frac{\Delta f(t)}{\Delta t} = \lim_{\Delta t\to0}\frac{f(t+\Delta t)-f(t)}{\Delta t} \tag{0-2}$$

表示连续信号的变化率。

对离散信号，可用两个相邻序列值的差值代替 $\Delta f(t)$，用相应离散时间之差代替 Δt，即

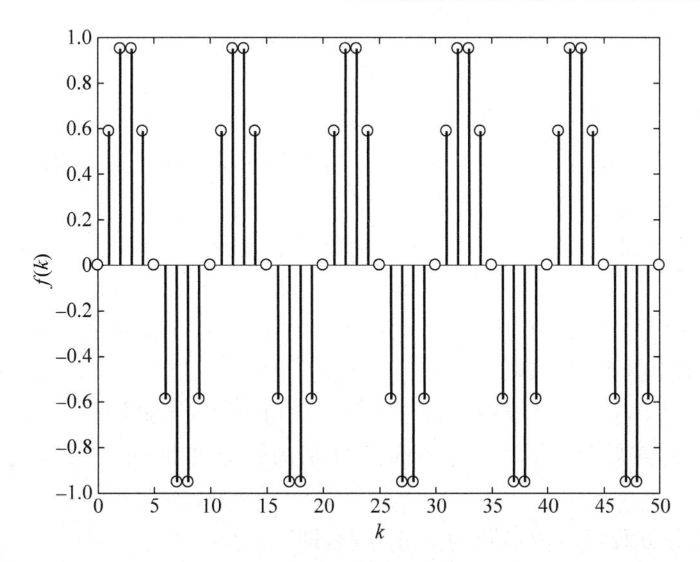

图 0-3 离散正弦信号

得到

$$\frac{\Delta f(k)}{\Delta k}=f(k+1)-f(k) \tag{0-3}$$

或

$$\frac{\Delta f(k)}{\Delta k}=f(k)-f(k-1) \tag{0-4}$$

这种运算称为差分。式(0-3)称为前向差分,式(0-4)称为后向差分,它们都表示离散信号的变化率。

0.2.3 积分和累加

连续时间信号 $f(t)$的积分为

$$y(t)=f^{(-1)}(t)=\int_{-\infty}^{t} f(\tau)\mathrm{d}\tau=\lim_{\Delta t\to 0}\sum_{n=-\infty}^{k} f(n\Delta t)\Delta t \tag{0-5}$$

表示信号 $f(t)$的波形在$(-\infty,t)$区间上所包含的净面积。

在离散信号中,最小间隔 Δt 就是一个单位时间,即 $\Delta t=1$,定义离散积分的运算为

$$y(k)=\sum_{n=-\infty}^{k} f(n) \tag{0-6}$$

这种运算又称为离散信号的累加。

0.2.4 微分方程和差分方程

微分方程表征连续时间系统的动态特性,即系统对输入信号的响应方式。不同类型的系统,其微分方程的形式也不同。

微分方程的应用十分广泛,可以解决许多与导数有关的问题。例如电路系统的分析。

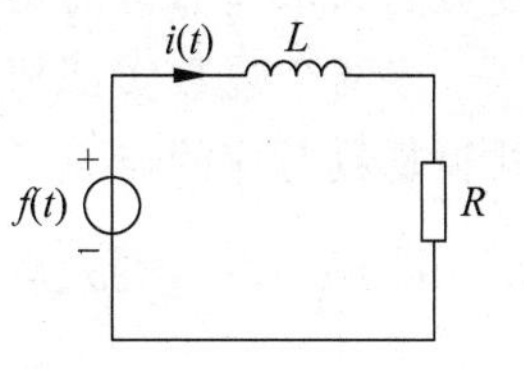

图 0-4 RL 串联电路

如图 0-4 所示的电路系统,回路电流 $i(t)$和电压源 $f(t)$的关系可用如下的微分方程描述

$$L\frac{\mathrm{d}i(t)}{\mathrm{d}t}+Ri(t)=f(t)$$

微分方程的解是一个符合方程的函数。只有少数简单的微分方程可以求得解析解。不过即使没有找到其解析解，仍然可以确认其解的部分性质。在无法求得解析解时，可以利用数值分析的方式，利用计算机来找到其数值解。

差分方程又称递推关系式，是含有未知函数及其差分的方程。满足该方程的函数称为差分方程的解。

差分方程是微分方程的离散化。一个微分方程不一定可以解出精确的解，把它变成差分方程，就可以求出其近似的解。

例如 $\mathrm{d}y+y\mathrm{d}t=0, y(0)=1$ 是一个微分方程，t 取值为$[0,1]$，此微分方程的解为 $y(t)=\mathrm{e}^{-t}$。要实现微分方程的离散化，可以把 t 的区间分割为许多小区间$[0,1/n]$，$[1/n,2/n]$，…，$[(n-1)/n,1]$。

这样上述微分方程可以离散化为差分方程，即

$$y((k+1)/n)-y(k/n)+y(k/n)\cdot(1/n)=0,\quad k=0,1,2,\cdots,n-1$$

利用 $y(0)=1$ 的条件，以及上面的差分方程，可以计算出 $y(k/n)$的近似值。

0.3 复数和实数

信号与系统的大多数理论是建立在复变函数的基础之上。例如连续信号的拉普拉斯变换就是复变量 $s=\sigma+\mathrm{j}\omega$ 的函数，离散时间信号的 z 变换也是复变量 $z=r\mathrm{e}^{\mathrm{j}\theta}$的函数。

0.3.1 复数和向量

任何一个复数 $z=a+\mathrm{j}b$，与平面直角坐标系的点 $Z(a,b)$是一一对应的。同时，复数 $z=a+\mathrm{j}b$ 和由原点 O 指向点 Z 的向量$\overrightarrow{OZ}$也一一对应，如图 0-5 所示。我们常把复数 $z=a+\mathrm{j}b$ 说成点 Z 或向量$\overrightarrow{OZ}$。规定，相等的向量表示同一个复数。

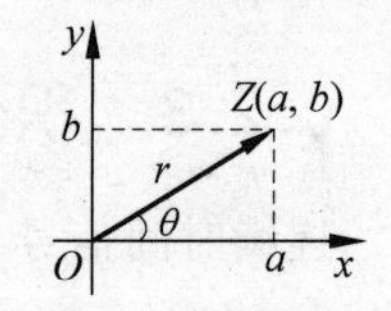

图 0-5 复数和向量

复数的模$|z|$，也即向量$\overrightarrow{OZ}$的模 r，表示向量的大小，有

$$|z|=|a+\mathrm{j}b|=\sqrt{a^2+b^2}=r \tag{0-7}$$

复数的幅角 θ 表示向量$\overrightarrow{OZ}$的方向，有

$$\theta=\arctan\left(\frac{b}{a}\right) \tag{0-8}$$

因此，复数也可用极坐标表示为

$$z=a+\mathrm{j}b=r\mathrm{e}^{\mathrm{j}\theta} \tag{0-9}$$

复数的算术运算可借用向量运算法则，如图 0-6 所示。

当两个复数实部相等，虚部互为相反数时，这两个复数称为共轭复数。复平面内与一对共轭复数对应的点关于实轴对称。共轭复数有以下性质：

(1) $z+z^*=2a$ 或者 $\mathrm{Re}[z]=\frac{1}{2}(z+z^*)$；

(2) $z-z^*=2\mathrm{j}b$ 或者 $\mathrm{Im}[z]=-\mathrm{j}\,\frac{1}{2}(z-z^*)$；

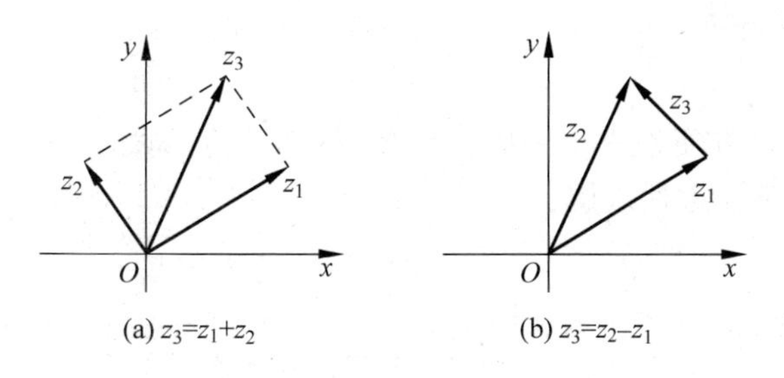

图 0-6　复数的运算

(3) $zz^*=|z|^2$ 或者 $|z|=\sqrt{zz^*}$；

(4) $\frac{z}{z^*}=e^{j2\arctan z}$；

(5) $\frac{1}{z}=\frac{z^*}{|z|^2}=\frac{1}{|z|}e^{-j\arctan z}$。

0.3.2　复变函数

以复数作为自变量和因变量的函数就叫作复变函数。例如：指数函数 $y=e^x$，若自变量 $x=j\theta$ 是复数，则 $y=e^{j\theta}$ 即为复指数函数。对数函数 $y=\ln z$，若自变量 z 是复数，y 就是一个复变函数，且有

$$y=\ln z=\ln re^{j\theta}=\ln r+j\theta \tag{0-10}$$

1. 欧拉公式

欧拉恒等式是一个联系复指数函数和三角函数的公式，即

$$e^{j\theta}=\cos\theta+j\sin\theta \tag{0-11}$$

证明：因为复数 $\cos\theta+j\sin\theta$ 的模和幅角分别为

$$\sqrt{\cos^2\theta+\sin^2\theta}=1$$

$$\arctan\left(\frac{\sin\theta}{\cos\theta}\right)=\arctan(\tan\theta)=\theta$$

这和极坐标形式的复数 $e^{j\theta}$ 的模和幅角相等，所以欧拉公式成立。

复指数函数与正弦函数之间的关系在信号与系统的分析中非常重要。利用欧拉恒等式，有

$$\cos\theta=\frac{e^{j\theta}+e^{-j\theta}}{2} \tag{0-12}$$

$$\sin\theta=\frac{e^{j\theta}-e^{-j\theta}}{2j} \tag{0-13}$$

2. 欧拉恒等式的应用

1) 极坐标到直角坐标的转换

利用欧拉公式可以方便地求出一个极坐标表示的复数的实部和虚部，从而转换成代数形式的复数。利用公式

$$e^{j(\pi\pm\theta)}=e^{j\pi}e^{\pm j\theta}=-e^{\pm j\theta} \tag{0-14}$$

可快速地将第二、三象限的复数转换到第一、四象限计算。例如：

$$z_1=7e^{j250^\circ}=7e^{j180^\circ}e^{j70^\circ}=-7e^{j70^\circ}=-7\cos(70^\circ)-7j\sin(70^\circ)=-2.39-j6.58$$

$$z_2 = 4e^{-j220°} = 4e^{-j180°}e^{-j40°} = -4e^{-j40°} = -4\cos(-40°) - 4j\sin(-40°) = -3.06 + j2.57$$

2）多项式的根

利用欧拉公式可以方便地求出一些特殊多项式的根。例如已知多项式 $F(z)=z^4+1$，则该多项式的根可用下述方法求解：

$$z^4 + 1 = 0 \Rightarrow z_k^4 = -1 = e^{j(2k+1)\pi}, k = 0,1,2,3 \Rightarrow z_k = e^{j(2k+1)\pi/4}, \quad k = 0,1,2,3$$

则多项式 $F(z)$ 的根为：$z_1=e^{j\pi/4}, z_2=e^{j\frac{3\pi}{4}}, z_3=e^{j\frac{5}{4}\pi}, z_4=e^{j\frac{7}{4}\pi}$。

3）三角恒等式

利用欧拉公式可以方便地证明以下三角恒等式。

$$\cos(-\theta) = \frac{e^{-j\theta}+e^{j\theta}}{2} = \cos\theta$$

$$\sin(-\theta) = \frac{e^{-j\theta}-e^{j\theta}}{2j} = -\sin\theta$$

$$\cos(\pi+\theta) = \frac{e^{j\pi}e^{j\theta}+e^{-j\pi}e^{-j\theta}}{2} = -\cos\theta$$

$$\sin(\pi+\theta) = \frac{e^{j\pi}e^{j\theta}-e^{-j\pi}e^{-j\theta}}{2j} = -\sin\theta$$

$$\sin\theta\cos\theta = \frac{e^{j\theta}-e^{-j\theta}}{2j} \cdot \frac{e^{j\theta}+e^{-j\theta}}{2} = \frac{e^{j2\theta}-e^{-j2\theta}}{4j} = \frac{1}{2}\sin 2\theta$$

0.3.3 相量和正弦信号

正弦信号是随时间作正弦规律变化的周期信号，表达式为

$$f(t) = A\cos(\omega_0 t + \theta) \tag{0-15}$$

式中，A 是振幅，$\omega_0=2\pi f_0$ 是角频率，θ 是初相位。

由欧拉公式，有

$$f(t) = A\cos(\omega_0 t + \theta) = \mathrm{Re}[Ae^{j(\omega_0 t+\theta)}] = \mathrm{Re}[Ae^{j\theta} \cdot e^{j\omega_0 t}] \tag{0-16}$$

如果角频率 ω_0 给定，正弦信号由其振幅和相位决定，由此，可定义一个相量

$$V = Ae^{j\theta} \tag{0-17}$$

这样，正弦信号可以看作相量 V 以 ω_0 rad/s 的速度逆时针旋转时在实轴上的投影。

两个同频率的正弦信号相加可以依照相量的加法规则进行，例如

$$u(t) = A\cos(\omega_0 t + \theta) + B\cos(\omega_0 t + \varphi)$$

用相量表示，有

$$U = Ae^{j\theta} + Be^{j\varphi} = Ce^{j\phi}$$

则和信号的表达式为

$$u(t) = C\cos(\omega_0 t + \phi)$$

这表明，两个同频率的正弦信号相加得到另一个同频率的正弦信号。

0.4 MATLAB 软件介绍

MATLAB 是 MathWorks 公司于 1982 年推出的一套高性能的数值计算和可视化软件。它集数值分析、矩阵运算、信号处理和图形显示于一体，构成了一个方便且界面良好的

用户环境。它还包括了 Toolbox（工具箱）的各类问题的求解工具，可用来求解特定学科的问题。其有如下特点。

（1）可扩展性：MATLAB 最重要的特点是易于扩展，它允许用户自行建立指定功能的 M 文件。对于一个从事特定领域的工程师来说，不仅可利用 MATLAB 所提供的函数及基本工具箱函数，还可方便地构造出专用的函数，从而大大扩展了其应用范围。

（2）易学易用性：MATLAB 不需要用户有高深的数学知识和程序设计能力，不需要用户深刻了解算法及编程技巧。

（3）高效性：MATLAB 语句功能十分强大，一条语句可完成十分复杂的任务。如 fft 语句可完成对指定数据的快速傅里叶变换，这相当于上百条 C 语言语句的功能。它大大加快了工程技术人员从事软件开发的效率。

MATLAB 核心模块提供了基本的数学算法，例如矩阵运算、数值分析算法。MATLAB 集成了 2D 和 3D 图形功能，以完成相应数值可视化的工作，并且它提供了一种交互式的高级编程语言——M 语言，利用 M 语言可以通过编写脚本或者函数文件实现用户自己的算法。

MATLAB 的桌面应用程序开发工具是以 MATLAB Compiler 为核心的一组编译工具。MATLAB Compiler 能够将那些利用 MATLAB 提供的编程语言——M 语言编写的函数文件编译生成为函数库或者可执行文件。

下面介绍 MATLAB 的数值计算和符号计算。

0.4.1　数值计算

用 MATLAB 语言，可以很方便地进行数值计算，其特点是将数值型输入数据通过数学运算变换成所需要的数值型数据输出。

1. 数学运算

在 MATLAB 中有部分函数可以用来进行基本的数学运算，主要有如下函数：三角函数（见表 0-1）、指数运算函数（见表 0-2）、复数运算函数（见表 0-3）、取整和求余函数（见表 0-4）。需要注意的是，这些函数的参数可以是矩阵，也可以是向量或者多维数组，函数在处理参数时，都是按照数组运算的规则来进行的。表 0-5 是用于矩阵（数组）操作的常用函数。

表 0-1　三角函数

函　数	说　明	函　数	说　明	函　数	说　明
sin	正弦函数	tanh	双曲正切函数	csch	双曲余割函数
sinh	双曲正弦函数	atan	反正切函数	acsc	反余割函数
asin	反正弦函数	atan2	四象限反正切函数	acsch	反双曲余割函数
asinh	反双曲正弦函数	atanh	反双曲正切函数	cot	余切函数
cos	余弦函数	sec	正割函数	coth	双曲余切函数
cosh	双曲余弦函数	sech	双曲正割函数	acot	反余切函数
acos	反余弦函数	asec	反正割函数	acoth	反双曲余切函数
acosh	反双曲余弦函数	asech	反双曲正割函数		
tan	正切函数	csc	余割函数		

表 0-2　指数运算函数

函　数	说　明	函　数	说　明
exp	指数函数	realpow	实数幂运算函数
log	自然对数函数	reallog	实数自然对数函数
$\log_{10}$	常用对数函数	realsqrt	实数平方根函数
$\log_2$	以 2 为底的对数函数	sqrt	平方根函数
pow2	2 的幂函数	nextpow2	求大于输入参数的第一个 2 的幂

表 0-3　复数运算函数

函　数	说　明	函　数	说　明
abs	求复数的模，若参数为实数则求绝对值	real	求复数的实部
angle	求复数的相角	unwrap	相位角按照 360°线调整
complex	构造复数	isreal	判断输入参数是否为实数
conj	求复数的共轭复数	cplxpair	复数阵成共轭对形式排列
image	求复数的虚部		

表 0-4　取整和求余函数

函　数	说　明	函　数	说　明
fix	向 0 取整的函数	mod	求模函数
floor	向－∞取整的函数	rem	求余数
ceil	向＋∞取整的函数	sign	符号函数
round	向最近的整数取整的函数		

表 0-5　用于矩阵(数组)操作的常用函数

函　数	说　明
size	获取矩阵的行、列数，对于多维数组，获取数组的各个维的尺寸
length	获取向量长度，若输入参数为矩阵或多维数组，则返回各个维尺寸的最大值
ndims	获取矩阵或者多维数组的维数
numel	获取矩阵或者数组的元素个数
disp	显示矩阵或者字符串内容(有关字符串的内容将在第 3 章中讲述)
cat	合并不同的矩阵或者数组
reshape	保持矩阵元素的个数不变，修改矩阵的行数和列数
repmat	复制矩阵元素并扩展矩阵
fliplr	交换矩阵左右对称位置上的元素
flipud	交换矩阵上下对称位置上的元素
flipdim	按照指定的方向翻转交换矩阵元素
find	获取矩阵或者数组中非零元素的索引

2. 用 MATLAB 产生信号

在 MATLAB 中，可通过创建向量或矩阵的形式，产生数值型信号。下面举例说明。

【例 0-1】 利用 MATLAB 产生信号 $x(t)=\cos(10\pi t)$，$y(t)=\sin(10\pi t^2)$，分别画出信号的波形，并在一张图上比较这两个信号的波形。

解：通过创建向量来产生一维信号，代码如下：

```
t = 0:0.01:1;                    % 定义从 0 到 1,间隔为 0.01 的时间向量
x = cos(10 * pi * t);            % 定义函数 x(t)(对时间向量的每个值取余弦)
 % 画函数图形(函数图形由 4 个子图构成(排成 2 行 2 列))
subplot(2,2,1)                   % 画第 1 个子图
plot(t, x)                       % 画 x(t)的连续图
xlabel('t (sec)')                % X 轴标记
ylabel('x(t)')                   % Y 轴标记
subplot(2,2,2)                   % 画第 2 个子图
stem(t,x)                        % 画 x(t)的离散图
y = sin(2 * pi * t.^2/.1);       % 定义函数 y(t),注意数组的乘方和除法
subplot(2,2,3)                   % 画第 3 个子图
plot(t(1:100), y(1:100))         % 画 y(t)的前 100 个点的连续图
xlabel('t (sec)')                % X 轴标记
ylabel('y(t)')                   % Y 轴标记
subplot(2,2,4)                   % 在第 4 个子图上同时画 x(t)和 y(t)的连续图
plot(t(1:100), x(1:100), 'k-- ', t(1:100), y(1:100), 'r')
```

运行结果如图 0-7 所示。

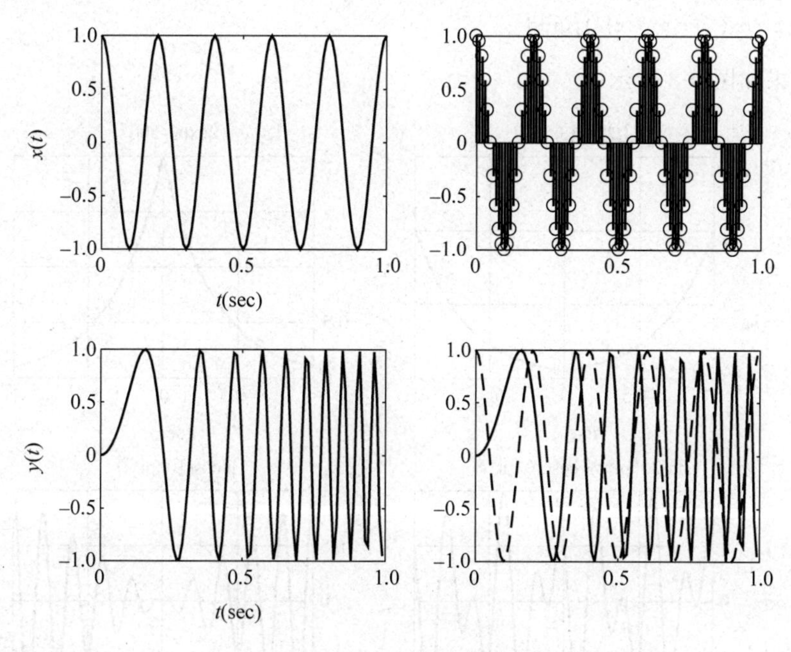

图 0-7 例 0-1 信号的波形

【例 0-2】 利用 MATLAB 产生信号 $x_1(t)=2e^{3|t|}$，$x_2(t)=2e^{-3|t|}$，$x_3(t)=\sin(6\pi t)+\cos(10\pi t)$，$x_4(t)=|t|\cos(10\pi t)$，分别画出信号的波形。

解：先创建时间向量，再利用 MATLAB 基本函数定义所需要的信号，并用 subplot 把四个函数绘制在一张图上，代码如下

```
t = -1:0.01:1;                   % 定义从 -1 到 1,间隔为 0.01 的时间向量
f1 = 2 * exp(3 * abs(t));        % 定义函数 f1
subplot(2,2,1)                   % 画第 1 个子图
```

```
plot(t, f1)                          % 画 f1 的连续图
xlabel('t (sec)')                    % X 轴标记
ylabel ('f1')                        % Y 轴标记
title('2exp(3|t|)');                 % 给函数命名
grid;                                % 图形上加网格
subplot(2,2,2)
f2 = 2 * exp( - abs(3 * t));         % 定义函数 f2
plot(t, f2)
xlabel('t (sec)');ylabel('f2')
title('2exp( - 3|t|)');
grid
f3 = sin(6 * pi * t) + cos(10 * pi * t);
subplot(2,2,3)
plot(t, f3)
xlabel('t (sec)');ylabel('f4')
title('sin(6 * pi * t) + cos(10 * pi * t)');grid
f4 = abs(t). * cos(10 * pi * t);
subplot(2,2,4)
plot(t, f4)
xlabel('t (sec)');ylabel('f3')
title('|t|cos(10 * pi * t)');grid
```

运行结果如图 0-8 所示。

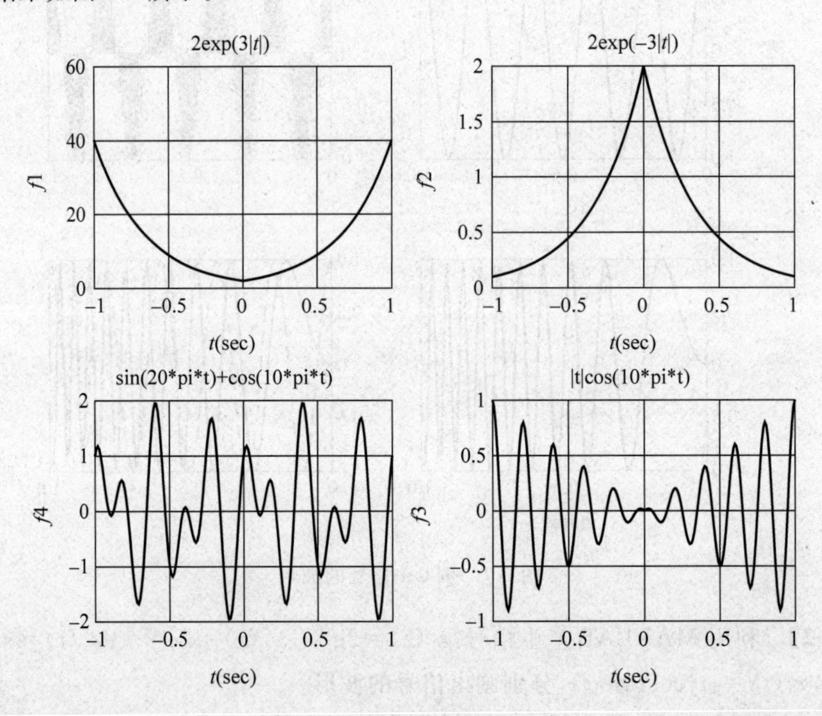

图 0-8 例 0-2 信号的波形

除了利用 MATLAB 的基本函数产生信号外，还可以利用 function 函数定义所需的任意信号。

【例 0-3】 利用 MATLAB 产生信号 $f(t)=te^{-\cos t}/(1+t^2)$。

解：利用 function 函数定义所需信号，代码如下：

```
function y = f(t)
y = t * exp( - cos(t))/(1 + t^2);
```

这部分代码放在一个单独的 M 文件中，文件名为 f. m，注意文件名一定要和函数名一样。其他 M 文件调用该函数时执行下面这段代码。

```
t = 0:0.1:50;                    % 创建一个输入向量 t
N = length(t);                   % 查找向量 t 的长度,即向量 t 所包含的元素个数
y = zeros(1,N);                  % 将输出向量初始化为 0
for n = 1:N,                     % 当变量 n 从 1 变化到 N, 计算 y(n)
  y(n) = f(t(n));                % 调用上面定义的函数 f
end
figure
plot(t, y)
grid                             % 在图形上加网格
title('Function f(t)')
xlabel('t')
ylabel('y')
```

运行结果如图 0-9 所示。

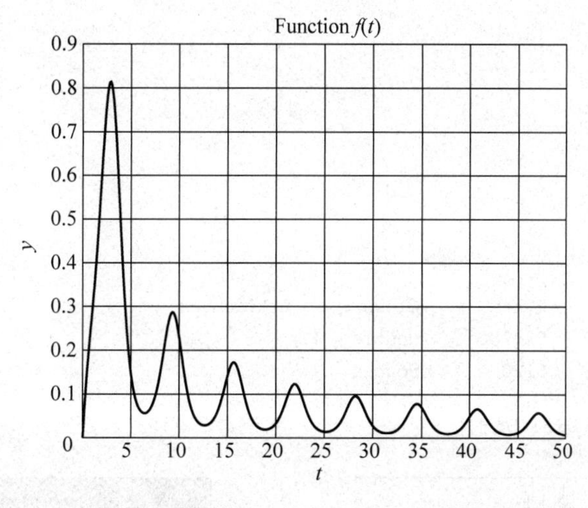

图 0-9 例 0-3 自定义信号的波形

3. 存储和加载数据

MAT 文件是 MATLAB 独有的文件格式，提供了跨平台的数据交换能力，也是 MATLAB 用户最常用的数据文件格式。在 MATLAB 中，可以将当前工作空间中的变量保存成 MAT 文件，也可以将 MAT 文件中的数据导入到 MATLAB 的工作空间中，这两个过程分别使用 save 函数和 load 函数就可以完成。

save 函数能够将当前工作空间中的变量保存到指定的数据文件中。例如：

```
x = 0:3:360;                     % 创建一个从 0°到 360°,间隔为 3°的输入向量 x
y = sin(x * pi/180);             % 将输入向量转换为弧度,取正弦得到向量 y
```

```
xy = [x' y'];                    % 定义向量 xy,向量有 2 列,一列为 x,另一列为 y
save sine.mat xy                 % 将向量 xy 保存在 sine.mat 文件中
```

load 函数将数据文件的数据导入到 MATLAB 的工作空间,例如,要加载上面存储的数据,可用下面的代码

```
clear all
load sine
whos
```

运行结果为

```
Name      Size      Bytes     Class      Attributes
xy        121x2     1936      double
```

由 whos 函数可知:存储的数据块包括 242 个元素,1936 字节。

加载火车的声音信号:

```
clear all
load train
sound(y, Fs)
plot(y)
```

运行结果:可听到火车开动的声音,显示的声音信号的波形如图 0-10 所示。

加载图像信号:

```
clear all
load woman
whos
colormap('gray')
imagesc(X)
```

运行结果为:

```
Name      Size        Bytes      Class      Attributes
X         256x256     524288     double
map       255x3       6120       double
```

显示的图像如图 0-11 所示。

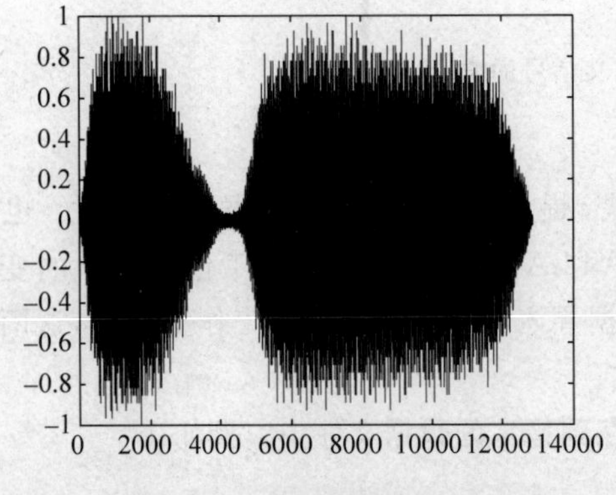

图 0-10　火车声音信号的波形

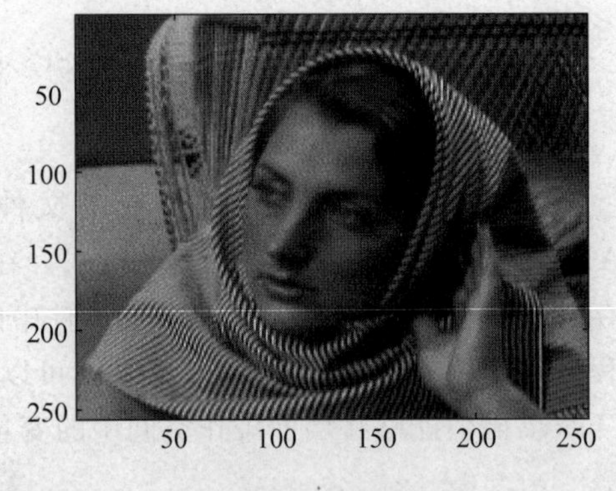

图 0-11　图像信号

0.4.2　符号计算

符号计算是利用MATLAB的符号数学工具Symbolic Math Toolbox定义函数，这样就能把对函数进行的代数或微积分运算的结果直接用变量来表示，而不是用数值型的数据来表示。这为用MATLAB对信号进行傅里叶分析和拉普拉斯分析提供了方便。

1. 导数和差分

在计算连续信号的导数时，先利用MATLAB的符号数学工具Symbolic Math Toolbox定义函数，然后再对所定义的函数求导。

【例0-4】　用MATLAB计算信号$y=\sin t^2$的导数，并画出该连续信号及其导数的波形。

解： 先用syms定义符号变量，然后再定义需要求导的函数（它是符号变量的函数），接着对所定义的函数求导，最后绘制图形。代码如下：

```
syms t y z                      % 定义符号变量
y = sin(t^2)                    % 定义信号y注意:由于t不是向量,所以在^前面没有'.'
z = diff(y)                     % 对y求导
figure(1)                       % 对仿真图编号
subplot(211)
ezplot(y, [0, 2 * pi]);         % 对0～2 * pi范围的信号y作图
grid
hold on
subplot(212)
ezplot(z, [0, 2 * pi]);
grid
```

运行结果如图0-12所示。

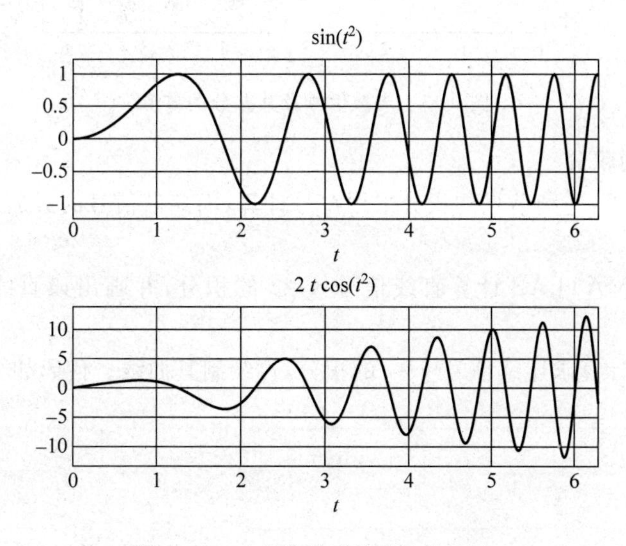

图0-12　连续信号及其导数的波形

【例0-5】　用MATLAB计算离散信号$y=\sin k^2$的差分，并画出该离散信号及其差分信号的波形。

解：离散信号的差分采用数值计算方法，代码如下：

```
Ts = 0.1;                                % 定义采样间隔
t1 = 0:Ts:2 * pi;                        % 定义采样时间
y1 = sin(t1.^2);                         % 定义离散信号 y1,注意与上例 y 的不同
z1 = diff(y1)./diff(t1);                 % 求 y1 的差分 -- 导数的近似
figure(2)                                % 对仿真图编号
subplot(211)
stem(t1, y1, 'r');
axis([0 2 * pi 1.1 * min(y1) 1.1 * max(y1)])
subplot(212)
stem(t1(1:length(y1) - 1), z1, 'r');
axis([0 2 * pi 1.1 * min(z1) 1.1 * max(z1)])
legend('Derivative (black)','Difference (blue)');
hold off
```

运行结果如图 0-13 所示。

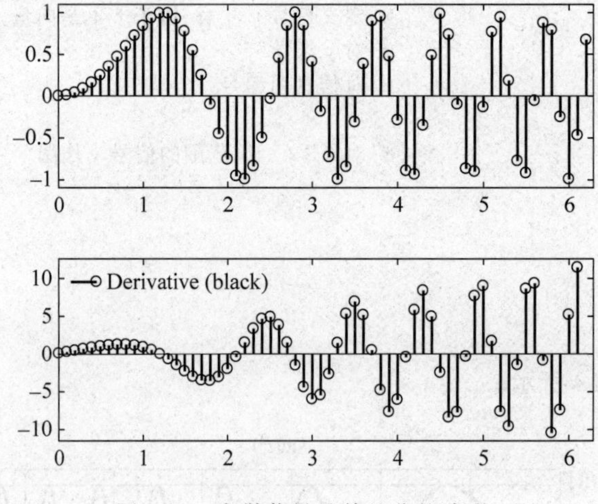

图 0-13　离散信号及其差分的波形

2. 连续信号的积分

在 MATLAB 里，连续信号的积分采用符号计算，而离散信号的累加采用数值计算。下面举例说明。

【例 0-6】 用 MATLAB 计算直线信号 $y=t$ 的积分，并画出该直线及其积分信号的波形。

解：先用符号计算求连续信号 $y=t$ 的积分，再绘制其曲线。代码如下：

```
clf; clear all
% 符号计算
syms t z s
for k = 1:20,
  z = int(t, t, 0, k);                   % 用符号函数定义 t 从 0 到 k 的积分
  zz(k) = subs(z);                       % 把每一个积分值用数值型向量 zz 保存
end
% 数值计算
t1 = linspace(-4, 4);                    % 定义[-4,4]区间的 100 个等间距点
```

```
y = t1;
n = 1:20;
subplot(211)
plot(t1, y);grid;
axis([0 4 0 1.1 * max(y)]);
title('y(t) = t');
xlabel('t')
subplot(212)
stem(n(1:20), zz(1:20));hold on
plot(n(1:20), zz(1:20), 'r');grid;
title('信号 t 的积分');
xlabel('k')
hold off
```

运行结果如图 0-14 所示。

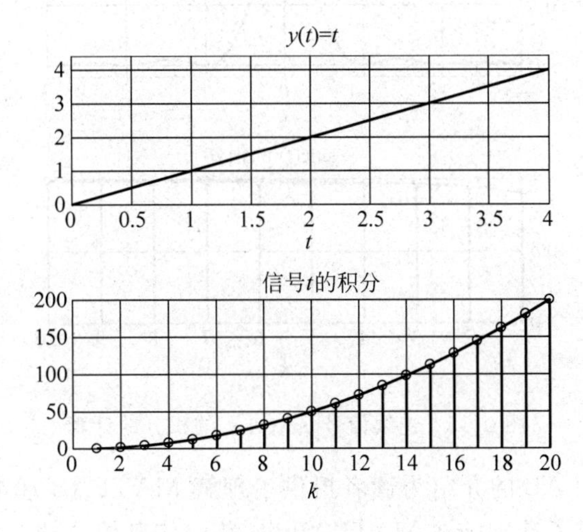

图 0-14　直线信号的积分的计算

图 0-14 显示的是线性函数 $y=t$ 及其积分的值，即

$$\int_0^k t\mathrm{d}t = \frac{1}{2}k^2,\quad k = 0,1,\cdots,20$$

【例 0-7】 用 MATLAB 计算 $f(t)=[\mathrm{sinc}(t)]^2$ 的积分，并画出 $f(t)$ 及其积分信号的波形。

解：采用符号计算求连续信号 $y=[\mathrm{sinc}(t)]^2$ 的积分，再绘制其曲线。代码如下：

```
clear all
syms t z s
for k = 1:10
    z = int(sinc(t)^2, t, 0, k);    % 用符号函数定义 sinc(t)的平方从 0 到 k 的积分
    zz(k) = subs(2 * z);            % 把每个积分值用向量 zz 保存
end
subplot(211)
ezplot(sinc(t)^2,[ - 3,3, - 0.1,1.1])
grid
subplot(212)
n = 1:10;
```

```
stem(n(1:10), zz(1:10));
hold on
plot(n(1:10), zz(1:10), 'r');
grid;
title('数值积分 Ry(t)');
xlabel('k')
hold off
```

运行结果如图 0-15 所示。它显示了 $y=[\mathrm{sinc}(t)]^2$ 及其积分的值,即

$$2\int_0^k [\mathrm{sinc}(t)]^2 \mathrm{d}t = 2\int_0^k \left[\frac{\sin(\pi t)}{\pi t}\right]^2 \mathrm{d}t, \quad k=0,1,\cdots,10$$

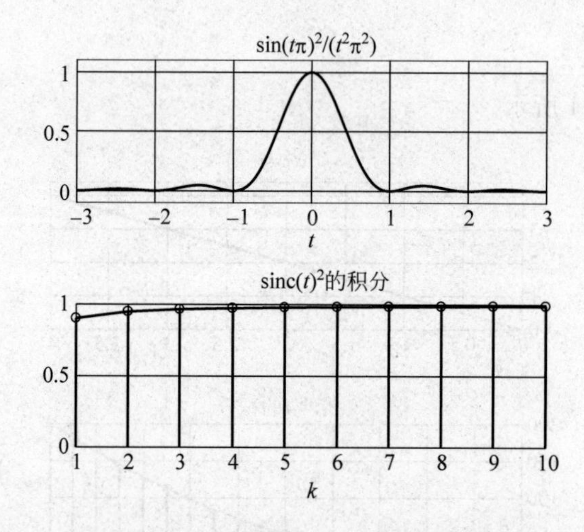

图 0-15 连续信号$[\sin(t)]^2$ 的积分的计算

这部分关于 MATLAB 的介绍为读者提供了理解 MATLAB 基本操作的必要背景,为初学者进一步学习奠定了基础。在 MATLAB 里,获取信息的最佳来源是 help 命令。通过学习和应用,读者会发现 MATLAB 是进行运算和科学研究的强大工具。

第1章 连续时间信号

CHAPTER 1

1.1 引言

模拟自然界中各种现象的物理量,测量仪器的输出信号,我们在日常生活中广泛接触的收音机、电视、手机发出的语音、音乐和视频信号,大多是连续变化的信号。本章将专门介绍连续时间信号的表示和处理,研究连续时间信号的描述、分类、基本运算以及典型的连续时间信号,最后介绍连续时间信号的分解,为系统的分析奠定基础。

1.2 信号的描述和分类

1.2.1 信号的描述

数学表达式是描述信号的基本方法,例如 $y=\sin 2\pi t$ 描述了一个振幅为1,以 2πrad/s 的角频率变化的正弦信号。这也是一个自变量为 t 的一维函数。

与函数一样,一个确定的信号除用解析式描述外,还可用图形、测量数据或统计数据描述。通常,将信号的图形表示称为波形或波形图。

因此,信号在物理上是信息寄寓变化的形式,在数学上是一个或多个变量的函数,在形态上表现为一种波形。

1.2.2 信号的分类

根据不同的准则,连续时间信号有下述多种分类。

(1) 根据信号状态是否具有可预见性,信号可分为确定信号与随机信号。确定信号在任意给定时刻的信号值是确定的,经常由确定的时间函数来描述。而随机信号无法预测某个时刻的信号值,只能进行统计学上的近似。

(2) 根据信号取值特征,信号可分为连续信号和离散信号,而离散信号又分为幅值连续的抽样信号和幅值离散的数字信号。

(3) 根据变化规律是否具有重复性,信号可分为周期信号和非周期信号。

(4) 根据能量功率是否有限,信号可分为能量信号和功率信号。

连续信号的能量计算公式为

$$E=\lim_{\tau\to\infty}\int_{-\tau/2}^{\tau/2}|f(t)|^2\mathrm{d}t \tag{1-1}$$

连续信号的平均功率计算公式为

$$P=\lim_{\tau\to\infty}\frac{1}{\tau}\int_{-\tau/2}^{\tau/2}|f(t)|^2\mathrm{d}t \tag{1-2}$$

如果在无限大的时间区间内，满足：$0<E<\infty, P=0$，则定义这种信号为能量信号。例如，$\int_{-\infty}^{\infty}|\mathrm{e}^{-|t|}|^2\mathrm{d}t=2\int_0^{\infty}\mathrm{e}^{-2t}\mathrm{d}t=1<\infty$，由此判定 $\mathrm{e}^{-|t|}$ 是能量信号。

如果在无限大的时间区间内，满足：$0<P<\infty, E\to\infty$，则定义这种信号为功率信号。例如，直流信号与周期信号都是功率信号。

(5) 根据信号波形关于原点和纵轴的对称情况，信号可分为偶信号、奇信号、奇谐信号和偶谐信号。

(6) 根据信号取值是否为实数，信号可分为实信号和复信号。

(7) 根据支撑范围的不同，信号可分为有限支撑信号和无限支撑信号。支撑是指信号的时间区间，信号的值在这个区间外为零。

1.3 连续时间信号

连续时间信号是指以时间为自变量，并且在某个时间区间内除有限个间断点外都有定义的信号。

1.3.1 信号的基本运算

1. 信号的相加和相乘

两个信号相加，其和信号在任意时刻的信号值等于两信号在该时刻的信号值之和。和信号可直接用加法表示为

$$f(t)=f_1(t)+f_2(t) \tag{1-3}$$

两个信号相乘，其积信号在任意时刻的信号值等于两信号在该时刻的信号值之积。积信号可用乘法表示为

$$f(t)=f_1(t)\cdot f_2(t) \tag{1-4}$$

【例 1-1】 用 MATLAB 实现信号 $f_1(t)=\sin(\pi t)$ 和 $f_2(t)=\sin(10\pi t)$ 的相加和相乘，试分别绘制这两个信号及它们的和信号和积信号的波形。

解：采用数值计算方法，代码如下：

```
t = 0:0.01:2;            % 定义从 0 到 2,间隔为 0.01 的时间向量
x1 = sin(1 * pi * t);    % 定义信号 x1
x2 = sin(6 * pi * t);    % 定义信号 x2
x3 = x1 + x2;            % 信号相加
x4 = x1. * x2;           % 信号相乘
% 画函数图
subplot(2,2,1)           % 画第一个子图(在一幅图中画出 4 个子图,其中每一行包括 2 个子图)
plot(t, x1)              % 画 x1 的连续图
xlabel('t (sec)')        % x 轴标记
```

```
ylabel('x1(t)')                              % y 轴标记
subplot(2,2,2)                               % 画第二个子图
plot(t, x2)                                  % 画 x2 的连续图
xlabel('t (sec)')                            % x 轴标记
ylabel('x2(t)')                              % y 轴标记
subplot(2,2,3)                               % 画第三个子图
plot(t, x3,t,x1 + 1,'r -- ',t,x1 - 1,'r -- ') % 画 x3 和的连续图,以红色虚线作图
xlabel('t (sec)')                            % x 轴标记
ylabel('f1(t)')                              % y 轴标记
subplot(2,2,4)                               % 画第四个子图
plot(t, x4,t,x1,'r -- ',t, - x1,'r -- ')     % 画 x4 的连续图,以红色虚线作图
xlabel('t (sec)')                            % x 轴标记
ylabel('f2(t)')                              % y 轴标记
```

运行结果如图 1-1 所示。

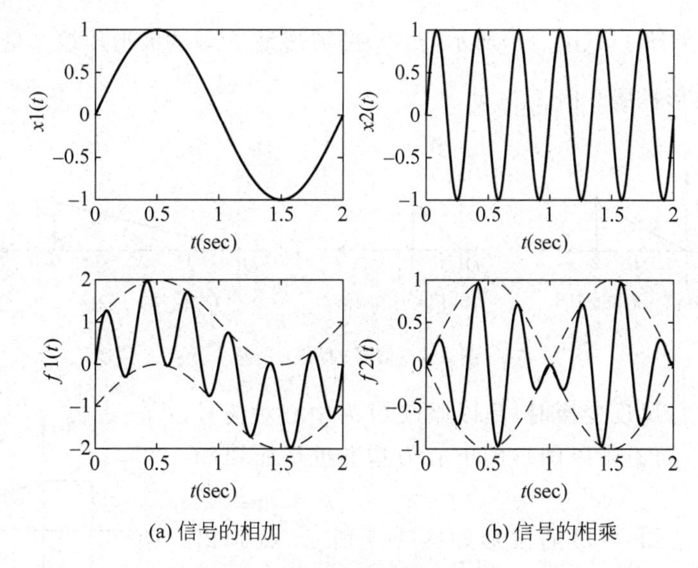

图 1-1 信号的相加和相乘

2. 信号的平移、翻转和尺度变换

(1) 平移：将信号 $f(t)$变换为 $f(t-\tau)$，相当于信号 $f(t)$的波形在 t 轴上平移。若 $\tau>0$，则右移 τ 个单位；若 $\tau<0$，则左移$|\tau|$个单位。

如图 1-2 所示，$f(t-1)$的波形是 $f(t)$的波形向右平移一个单位，$f(t+1)$的波形是$f(t)$的波形向左平移 1 个单位。

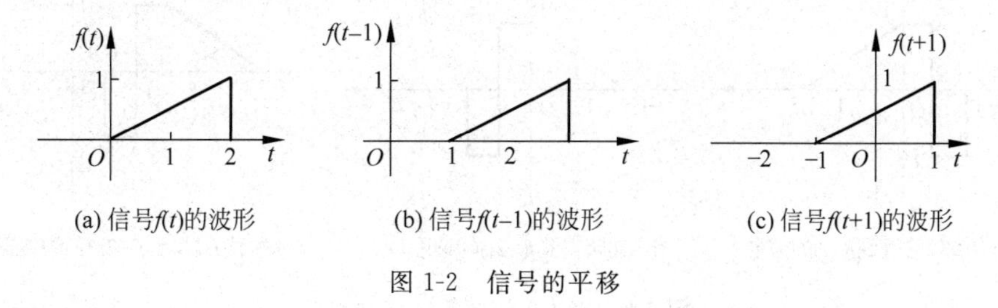

图 1-2 信号的平移

(2) 翻转：将信号 $f(t)$ 变换为 $f(-t)$，此时 $f(-t)$ 的波形相当于 $f(t)$ 的波形以纵轴为中心作 180°翻转，如图 1-3(b)所示。此运算实质上是取其原信号自变量轴的负方向作为变换后信号自变量轴的正方向，因此又称为时间轴反转。

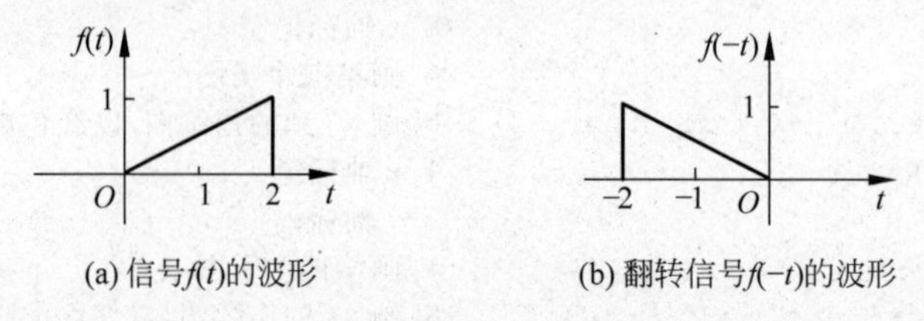

(a) 信号f(t)的波形　　(b) 翻转信号f(−t)的波形

图 1-3　信号的翻转

(3) 尺度变换：将信号 $f(t)$ 变换为 $f(\alpha t)$，若 $\alpha>1$，则 $f(\alpha t)$ 的波形相当于将 $f(t)$ 的波形压缩 α 倍；若 $0<\alpha<1$，则 $f(\alpha t)$ 的波形相当于将 $f(t)$ 的波形扩展 $1/\alpha$ 倍，这种运算称为信号的尺度变换。如图 1-4(b)、(c)所示，$f(2t)$ 的波形是 $f(t)$ 的波形压缩 2 倍得到，$f\left(\frac{t}{2}\right)$ 的波形是 $f(t)$ 的波形扩展 2 倍。

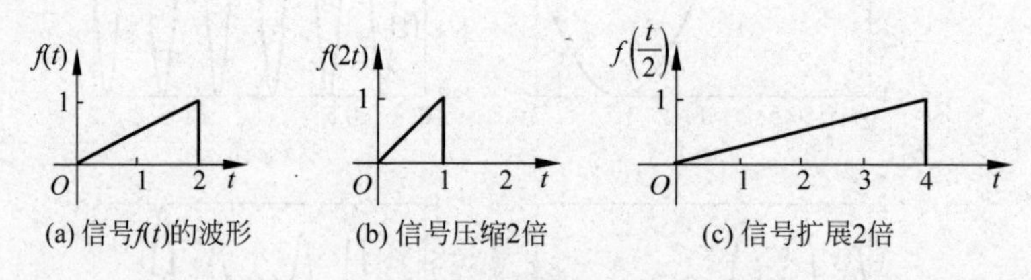

(a) 信号f(t)的波形　　(b) 信号压缩2倍　　(c) 信号扩展2倍

图 1-4　信号的尺度变换

在对信号进行尺度变换时，是以原点 O 为中心对信号进行压缩或扩展，而不是以图形的中心为基准进行压缩和扩展。

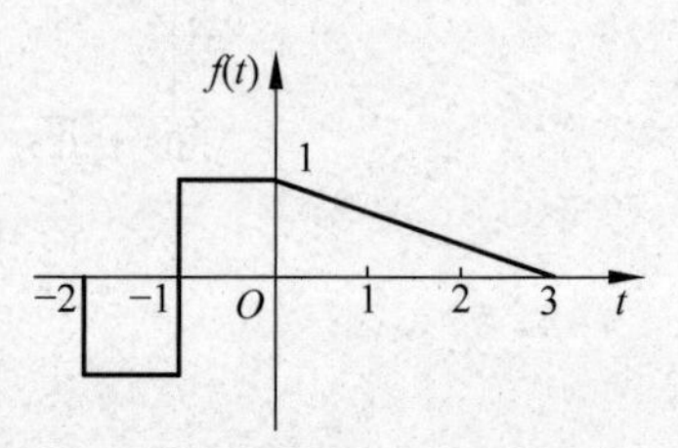

图 1-5　例 1-2 图

【例 1-2】 已知 $f(t)$ 的波形如图 1-5 所示，试画出 $f(-2t-3)$ 的波形。

解：根据压缩、翻转和平移的顺序，信号依次变换的波形如图 1-6 所示。

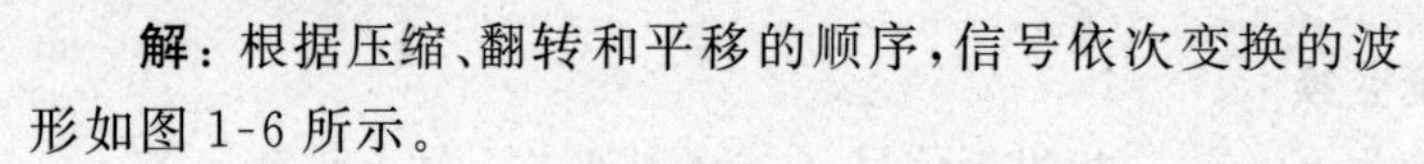

$$f(t)\rightarrow f(2t)\rightarrow f(-2t)\rightarrow f\left(-2\left(t+\frac{3}{2}\right)\right)$$

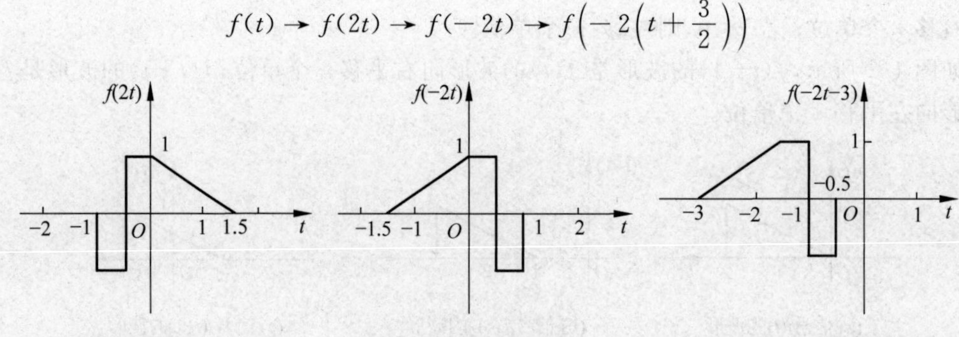

(a) 压缩2倍得到f(2t)的波形　　(b) 翻转得到f(−2t)的波形　　(c) 左移3/2得到f(−2t−3)的波形

图 1-6　例 1-2 信号的运算过程

1.3.2 偶信号和奇信号

偶信号是指关于纵轴对称的信号，可表示为

$$f(-t)=f(t) \tag{1-5}$$

奇信号是指关于原点对称的信号，可表示为

$$f(-t)=-f(t) \tag{1-6}$$

任何信号 $f(t)$ 都可以用一个偶信号 $f_e(t)$ 与一个奇信号 $f_o(t)$ 之和表示，$f_e(t)$ 和 $f_o(t)$ 分别称为 $f(t)$ 的偶分量和奇分量，即有

$$f(t)=f_e(t)+f_o(t) \tag{1-7}$$

其中

$$f_e(t)=\frac{1}{2}[f(t)+f(-t)] \tag{1-8}$$

$$f_o(t)=\frac{1}{2}[f(t)-f(-t)] \tag{1-9}$$

【例 1-3】 已知信号

$$f(t)=\begin{cases}2\cos 3t & t\geqslant 0\\ 0 & t<0\end{cases}$$

求信号的偶分量和奇分量，并分析信号的偶分量和奇分量的连续性。

解：由于 $f(t)$ 是一个非奇非偶信号，其奇、偶分量一定存在，因此对其进行奇偶分解，得到偶分量为

$$f_e(t)=\frac{1}{2}[f(t)+f(-t)]=\begin{cases}\cos 3t & t>0\\ \cos 3t & t<0\\ 0 & t=0\end{cases}$$

奇分量为

$$f_o(t)=\frac{1}{2}[f(t)-f(-t)]=\begin{cases}\cos 3t & t>0\\ -\cos 3t & t<0\\ 0 & t=0\end{cases}$$

可以验证，奇分量与偶分量之和即是原信号。信号的偶部和奇部在原点处都不连续。

【例 1-4】 用 MATLAB 绘制例 1-3 信号的奇、偶分量的波形，并绘制奇、偶分量的和信号的波形，比较是否和原信号一样。

解：采用符号计算方法，代码如下：

```
syms t s
u = sym('heaviside(t)');
u1 = sym('heaviside( - t)');
f1 = 2 * cos(3 * t) * u;
f2 = 2 * cos( - 3 * t) * u1;
fe = 0.5 * (f1 + f2);
fo = 0.5 * (f1 - f2);
f = fe + fo;
subplot(221)
ezplot(f1, [ - 1, 1]);grid
subplot(222)
ezplot(fe, [ - 1, 1]);grid
```

```
subplot(223)
ezplot(fo, [-1, 1]);
grid
subplot(224)
ezplot(f, [-1, 1]);
grid
```

运行结果如图 1-7 所示，奇分量的波形关于原点对称，偶分量的波形关于纵轴对称；奇、偶分量的和信号和原信号相同。

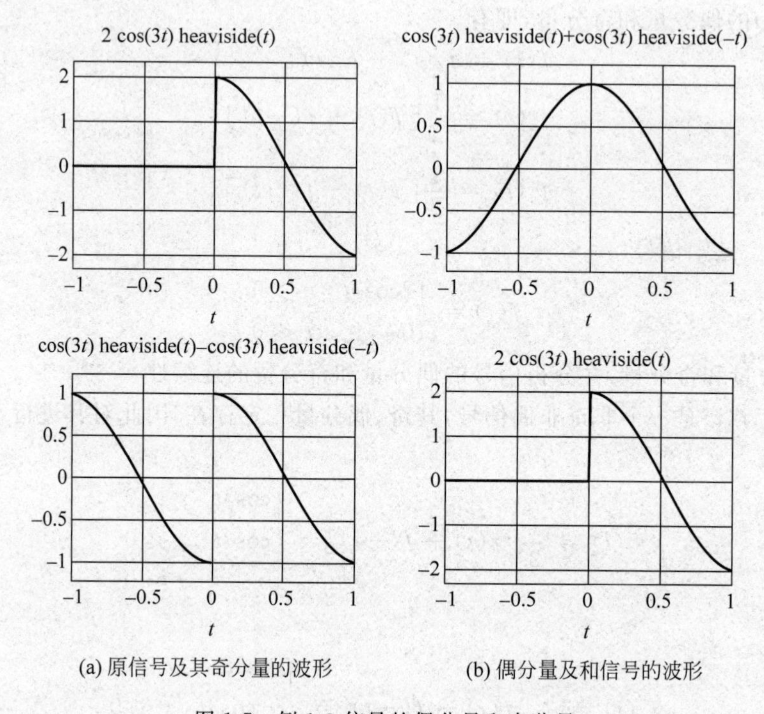

图 1-7　例 1-3 信号的偶分量和奇分量

【例 1-5】　已知信号 $f(t)=e^{2t}$，试用 MATLAB 绘制其翻转信号 $f(-t)$以及奇分量和偶分量的波形。

解：采用数值计算方法，代码如下：

```
t = -1:0.01:1;
f1 = exp(2.*t); f2 = exp(-2.*t);
fe = 0.5*(f1+f2); fo = 0.5*(f1-f2);
subplot(221)
plot(t,f1)
xlabel('t (sec)');ylabel('exp(2t)')
grid
subplot(222)
plot(t,f2)
xlabel('t (sec)');ylabel('exp(-2t)')
grid
subplot(223)
plot(t,fe)
```

```
xlabel('t (sec)');ylabel('fe')
grid
subplot(224)
plot(t,fo)
xlabel('t (sec)');ylabel('fo')
grid
```

运行结果如图 1-8 所示，翻转信号和原信号关于纵轴对称。偶分量关于纵轴对称，奇分量关于原点对称。

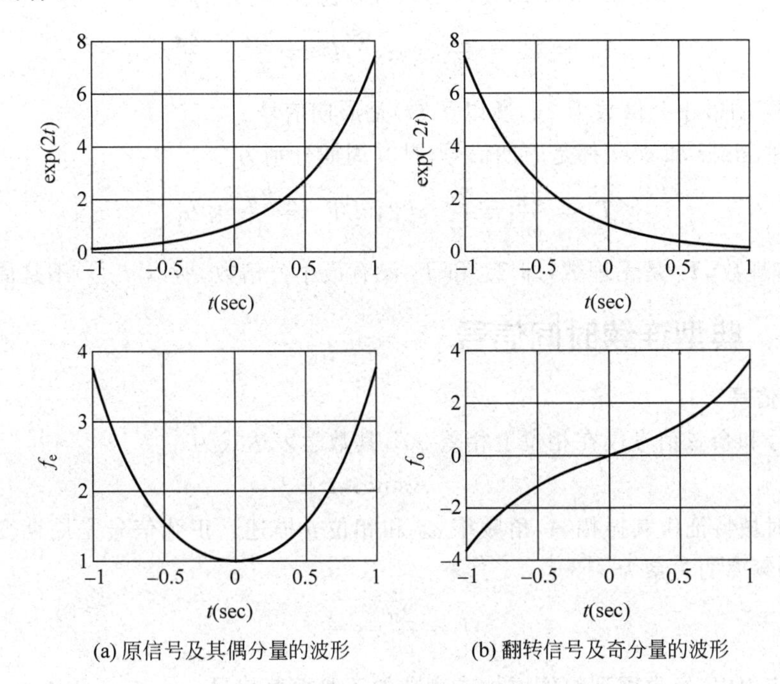

(a) 原信号及其偶分量的波形　　(b) 翻转信号及奇分量的波形

图 1-8　例 1-4 信号的偶分量和奇分量

1.3.3　周期信号和非周期信号

一个连续时间信号 $f(t)$，如果存在正实数 T_0，对所有 t 均有

$$f(t) = f(t + kT_0) \quad k = 0, \pm 1, \pm 2, \cdots \tag{1-10}$$

则称 $f(t)$为连续时间周期信号，T_0 称为 $f(t)$的基波周期。基波周期是使周期性成立的最小正实数。

周期信号每一周期内信号完全一样，故只需研究信号在一个周期内的状况，如图 1-9 所示。

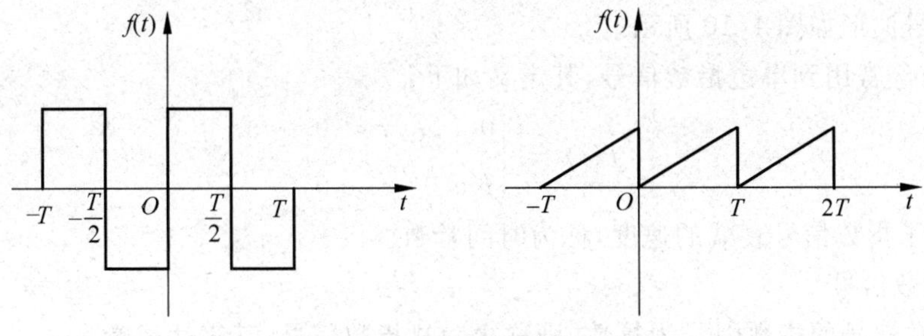

图 1-9　连续时间周期信号

不满足式(1-10)的信号称为非周期信号。非周期信号的幅值在时间上不具有周而复始变化的特性。

如果两个周期信号的周期具有公倍数，则它们的和信号仍然是一个周期信号，其周期是这两个相加信号的周期的最小公倍数。

【例1-6】 试判断下列信号是否为周期信号。若是，确定其周期。

(1) $f_1(t)=\cos(2t-10)+\sin 5t$ (2) $f_2(t)=\sin\pi t+\cos t$

解：(1) $\cos(2t-10)$和$\sin 5t$都是周期信号，且其周期分别为

$$T_1=\frac{2\pi}{\omega_1}=\frac{2\pi}{2}=\pi,\quad T_2=\frac{2\pi}{\omega_2}=\frac{2\pi}{5}$$

由于T_1和T_2的最小公倍数为2π，所以$f_1(t)$是周期信号。

(2) 同理，$\sin\pi t$和$\cos t$都是周期信号，且其周期分别为

$$T_1=\frac{2\pi}{\omega_1}=\frac{2\pi}{\pi}=2,\quad T_2=\frac{2\pi}{1}=2\pi$$

由于T_1是有理数，T_2是无理数，即T_1和T_2没有最小公倍数，所以$f_2(t)$不是周期信号。

1.3.4 典型连续时间信号

1. 正弦信号

正弦信号和余弦信号仅在相位上相差90°，其数学表达式为

$$f(t)=A\sin(\omega_0 t+\theta) \tag{1-11}$$

正弦信号的时域特征由其振幅A，角频率ω_0和相位θ描述。正弦信号是周期变化的，其周期、角频率和频率的关系为

$$T=\frac{2\pi}{\omega_0}=\frac{1}{f}$$

在实际应用中，经常用到幅度增加或衰减的正弦振荡信号。

2. 指数信号

指数信号的表达式为

$$f(t)=K\mathrm{e}^{st} \tag{1-12}$$

式中，K和s是常数。根据K和s的不同取值，指数信号又分为实指数信号和复指数信号两种情况。

1) 实指数信号

若K和$s(s=\alpha)$均为实常数，则$f(t)=K\mathrm{e}^{\alpha t}$是实指数信号。

当$\alpha>0$时，信号随时间增长；当$\alpha<0$时，信号随时间衰减；当$\alpha=0$时，$f(t)$退变成常值信号。信号波形如图1-10所示。

实际中，经常用到单边指数信号，其定义如下：

$$f(t)=\begin{cases}0 & t<0\\ K\mathrm{e}^{-\frac{t}{\tau}} & t\geqslant 0\end{cases} \tag{1-13}$$

式中，τ反映了指数信号衰减的速度，称为时间常数。

2) 复指数信号

如果指数信号的指数因子为复数，则称之为复指数信号，其表达式为

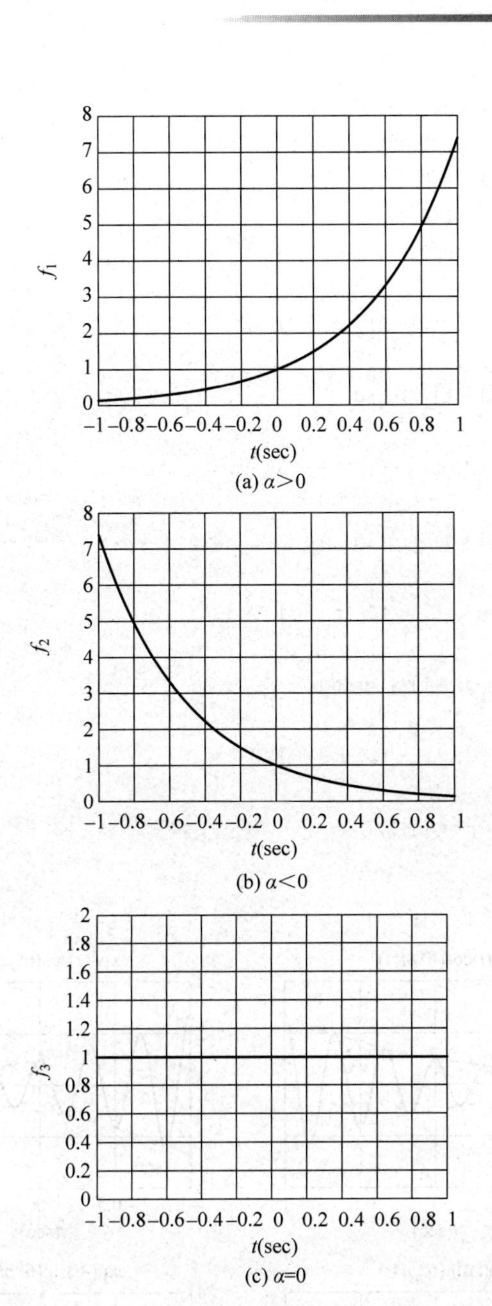

图 1-10　$k=1$ 时的指数信号的波形

$$f(t)=K\mathrm{e}^{st} \tag{1-14}$$

式中，$s=\sigma+\mathrm{j}\omega$ 是复常数，K 可以是实常数，也可以是复常数。

复指数信号按欧拉公式可表示成代数形式

$$f(t)=K\mathrm{e}^{(\sigma+\mathrm{j}\omega)t}=K\mathrm{e}^{\sigma t}(\cos\omega t+\mathrm{j}\sin\omega t)=K\mathrm{e}^{\sigma t}\cos\omega t+\mathrm{j}K\mathrm{e}^{\sigma t}\sin\omega t \tag{1-15}$$

由此可见，复指数信号的实部和虚部都是按指数规律变化的正弦信号。当 $\sigma>0$ 时，复指数信号的实部和虚部都是增幅的正弦振荡；当 $\sigma<0$ 时，复指数信号的实部和虚部都是衰减的正弦振荡。

用 MATLAB 绘制复指数信号的实部和虚部的波形如图 1-11 所示。代码如下：

```
t = -1:0.01:1;
f1 = exp(1.*t); f2 = exp(-1.*t);
f3 = f1.*cos(0.6*pi*t/0.1);
f4 = f1.*sin(0.6*pi*t/0.1);
f5 = f2.*cos(0.6*pi*t/0.1);
f6 = f2.*sin(0.6*pi*t/0.1);
subplot(2,2,1)
plot(t, f3, t, f1,'r--', t, -f1,'r--')
xlabel('t (sec)');
title('exp(t)cos(6*pi*t)');grid
subplot(2,2,3)
plot(t, f4, t, f1,'r--', t, -f1,'r--')
xlabel('t (sec)');
title('exp(t)sin(6*pi*t)');grid
subplot(2,2,2)
plot(t, f5, t, f2,'r--', t, -f2,'r--')
xlabel('t (sec)');
title('exp(-t)cos(6*pi*t)');grid
subplot(2,2,4)
plot(t, f6, t, f2,'r--', t, -f2,'r--')
xlabel('t (sec)');
title('exp(-t)sin(6*pi*t)');
grid;
```

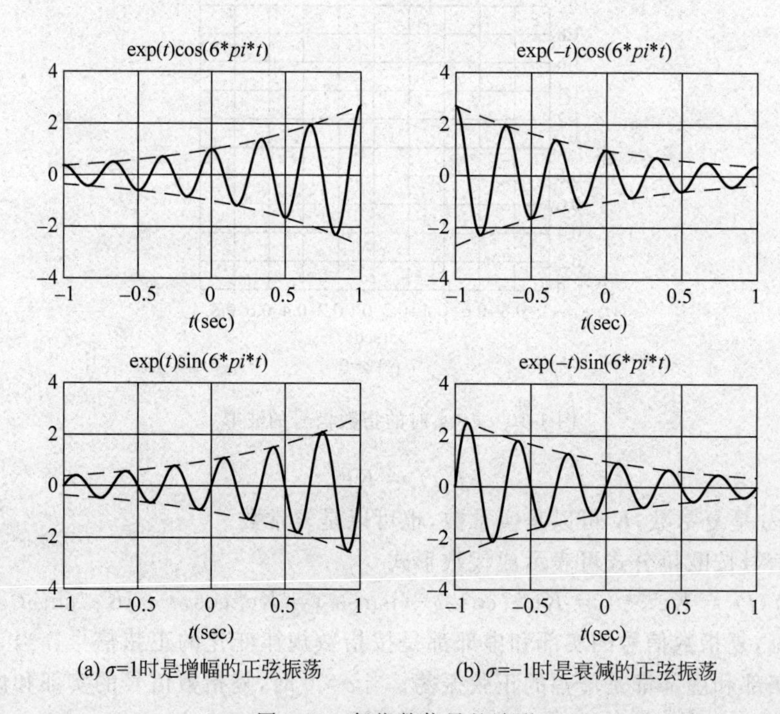

(a) σ=1时是增幅的正弦振荡　　(b) σ=−1时是衰减的正弦振荡

图 1-11　复指数信号的波形

3. 抽样信号

抽样信号定义为

$$Sa(t) = \frac{\sin t}{t} \tag{1-16}$$

其波形如图 1-12 所示。

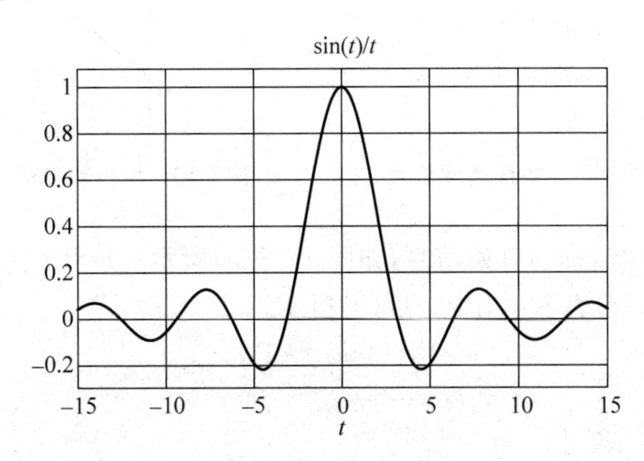

图 1-12　抽样信号的波形

抽样信号具有如下性质：

(1) 抽样信号 $Sa(t)$是偶信号，且在 $t=0$ 时，$Sa(t)=1$；在 $t=k\pi$ 时，$Sa(t)=0$。

(2) 抽样信号 $Sa(t)$是收敛的，当 $t\to\pm\infty$时，$Sa(t)\to 0$。

(3) 抽样信号 $Sa(t)$的面积为 π，即有

$$\int_{-\infty}^{+\infty} Sa(t)\mathrm{d}t = \pi \tag{1-17}$$

4. 单位阶跃信号

连续时间单位阶跃信号定义为

$$\varepsilon(t) = \begin{cases} 0 & t < 0 \\ 1 & t > 0 \end{cases} \tag{1-18}$$

其波形如图 1-13 所示。

单位阶跃信号在时间轴上平移 τ 后的波形如图 1-14 所示。

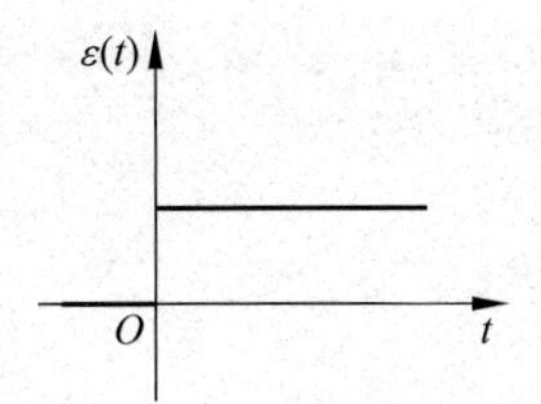

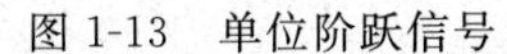

图 1-13　单位阶跃信号

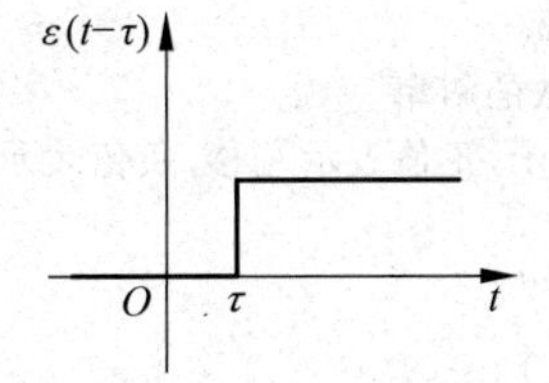

图 1-14　单位阶跃信号向右平移

信号 $\varepsilon(t)$在 $t=0$ 处，$\varepsilon(t-\tau)$在 $t=\tau$ 处都不连续。

任何截断信号都可用单位阶跃信号来表示。例如，如图 1-15 所示的矩形脉冲信号可用单位阶跃信号表示为

$$g_{\tau}(t) = \varepsilon\left(t + \frac{\tau}{2}\right) - \varepsilon\left(t - \frac{\tau}{2}\right) \tag{1-19}$$

单位斜变信号定义为

$$R(t) = t\varepsilon(t) \tag{1-20}$$

其波形如图 1-16 所示。

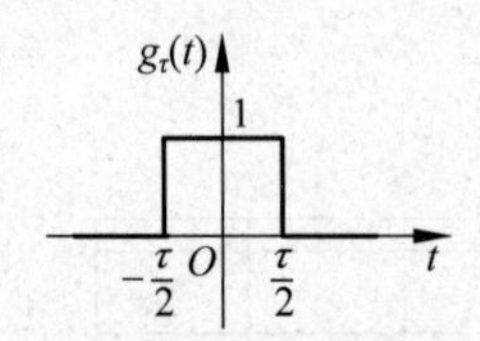

图 1-15　矩形脉冲信号

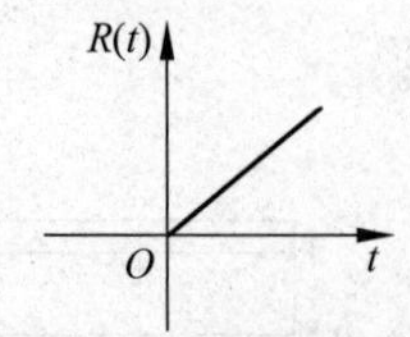

图 1-16　单位斜变信号

从 $t=t_0$ 开始的信号，称为有始信号，如图 1-17(a)所示；如果 $t_0=0$，则称为因果信号。因果信号一般用 $f(t)\varepsilon(t)$表示，如图 1-17(b)所示。

$$f_1(t) = \sin\omega_0 t \cdot \varepsilon(t-t_0)$$

$$f_2(t) = \sin\omega_0 t \cdot \varepsilon(t)$$

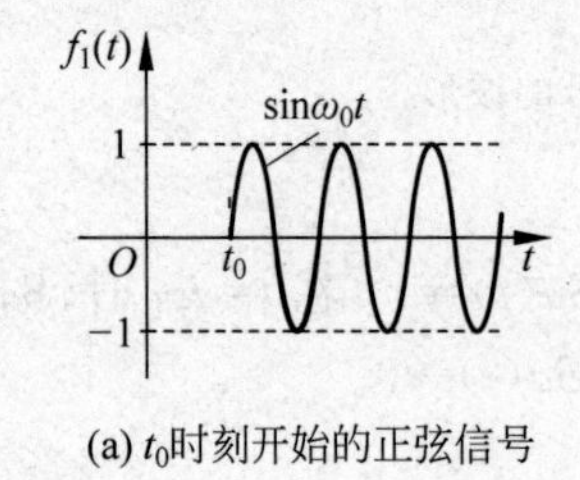

(a) t_0时刻开始的正弦信号

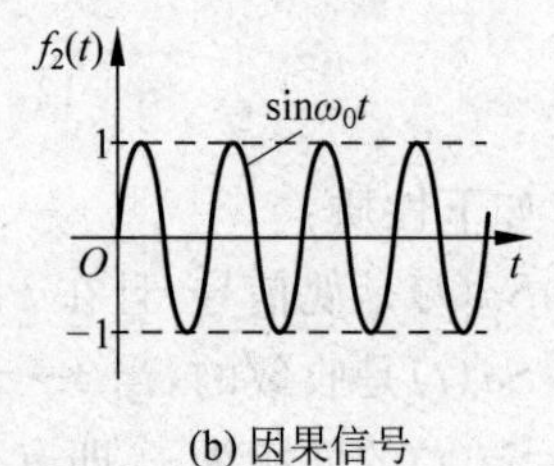

(b) 因果信号

图 1-17　有始信号的波形

【例 1-7】 用 MATLAB 产生信号

$$f(t) = 2R(t) - 2R(t-1) - 2R(t-2) + 2R(t-3)$$

绘制信号的波形。

解：先用 function 函数产生斜变信号 ramp，然后调用该子函数产生所需要的信号。代码如下：

```
function y = ramp(t,m,ad)
  % t: 时间变量
  % m: 斜变函数的斜率
  % ad: 时移因子,正值表示左移,负值表示右移
N = length(t);
y = zeros(1,N);
for i = 1:N,
     if t(i)> = - ad,
        y(i) = m * (t(i) + ad);
     end
end
```

保存该子函数为 ramp. m 文件，用于产生斜变信号。

```
clear all; clf
Ts = 0.01; t = - 5:Ts:5;
```

```
y1 = ramp(t,2,0);
y2 = ramp(t, - 2, - 1);
y3 = ramp(t, - 2, - 2);
y4 = ramp(t,2, - 3);
y = y1 + y2 + y3 + y4;
plot(t,y,'k'); axis([ - 1 4  - 1 3]); grid
```

运行结果为梯形信号，如图 1-18 所示。

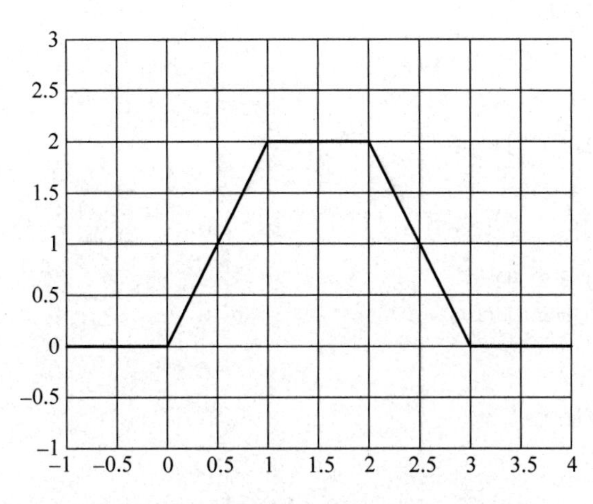

图 1-18　例 1-7 的波形

【例 1-8】 用 MATLAB 产生信号

$$f(t)=3R(t+3)-6R(t+1)+3R(t)-\varepsilon(t-2)-2\varepsilon(t-4)$$

(1) 绘制信号的波形；(2)绘制信号的奇、偶分量的波形。

解：先用 function 函数产生斜变信号 ramp 和单位阶跃信号 ustep，然后调用这两个子函数产生所需要的信号。用于产生斜变信号 ramp. m 文件参见例 1-7。产生阶跃信号的代码如下：

```
function y = ustep(t,ad)
 % t: 时间
 % ad: 时移因子,正值表示左移,负值表示右移
N = length(t);
y = zeros(1,N);
for i = 1:N,
    if t(i)> = - ad,
      y(i) = 1;
    end
 end
```

保存该子函数为 ustep. m 文件，用于产生单位阶跃信号。

下面的代码产生所需要的信号。

```
clear all; clf
Ts = 0.01; t = - 5:Ts:5;
y1 = ramp(t,3,3);
y2 = ramp(t, - 6,1);
```

```
y3 = ramp(t,3,0);
y4 = - 1 * ustep(t, - 2);
y5 = - 2 * ustep(t, - 4);
y = y1 + y2 + y3 + y4 + y5;
plot(t,y,'k'); axis([ - 5 5  - 1 7]); grid
```

奇偶分解的代码如下：

```
[ye, yo] = evenodd(t,y);
subplot(211)
plot(t,ye,'r')
grid
axis([min(t) max(t)  - 1 5])
subplot(212)
plot(t,yo,'r')
grid
axis([min(t) max(t)  - 3 3])
function [ye,yo] = evenodd(t,y)
  % t: 时间
  % y: 模拟信号
  % ye, yo: 偶、奇分量
yr = fliplr(y);
ye = 0.5 * (y + yr);
yo = 0.5 * (y - yr);
```

运行结果如图 1-19 所示。

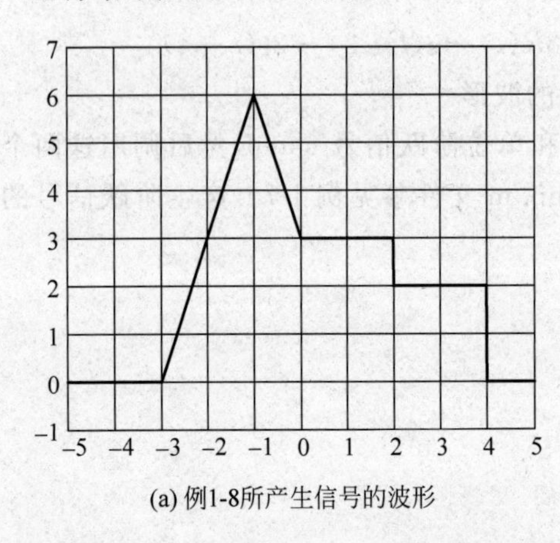

(a) 例1-8所产生信号的波形

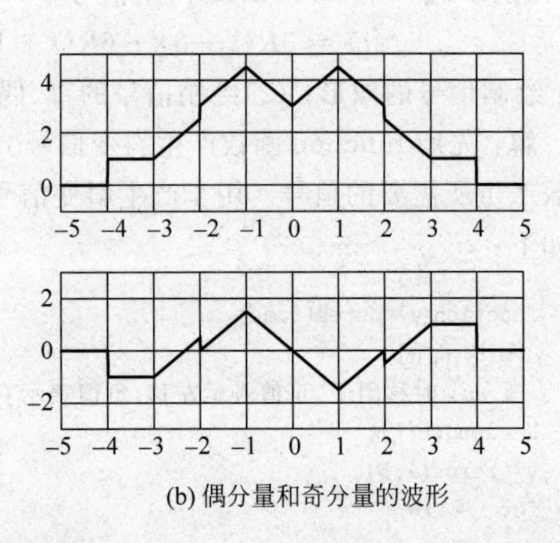

(b) 偶分量和奇分量的波形

图 1-19　例 1-8 的波形

5. 单位冲激信号

连续时间单位冲激信号定义为

$$\begin{cases}\int_{-\infty}^{+\infty}\delta(t)\,\mathrm{d}t = 1\\ \delta(t) = 0, t \neq 0\end{cases} \tag{1-21}$$

其波形如图 1-20 所示。

式(1-21)表明，单位冲激信号的面积为 1，当 $t=0$ 时，$\delta(t)\to\infty$；当 $t\neq 0$ 时，$\delta(t)$ 处处为 0。

单位冲激信号在时间轴上平移可得到任意时刻的冲激，记为 $\delta(t-\tau)$，且有

$$\int_{-\infty}^{+\infty}\delta(t-\tau)\mathrm{d}t=1 \tag{1-22}$$

其中，$\delta(t)=0, t\neq\tau$，其波形如图 1-21 所示。

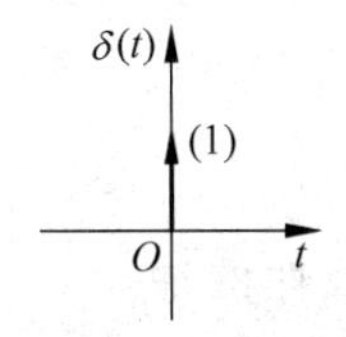

图 1-20 单位冲激信号

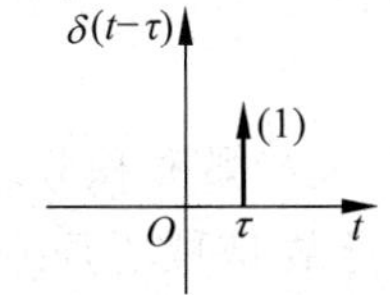

图 1-21 τ 时刻的冲激信号

单位冲激信号具有如下的性质：

(1) 由于单位冲激信号除原点外处处为 0，所以 $\delta(t)$ 与信号 $f(t)$ 相乘有

$$f(t)\delta(t)=f(0)\delta(t) \tag{1-23}$$

(2) 筛选性质为

$$\int_{-\infty}^{+\infty}f(t)\delta(t)\mathrm{d}t=\int_{-\infty}^{+\infty}f(0)\delta(t)\mathrm{d}t=f(0)\int_{-\infty}^{+\infty}\delta(t)\mathrm{d}t=f(0) \tag{1-24}$$

式(1-24)说明 $\delta(t)$ 与信号 $f(t)$ 作用后，能指定 $f(t)$ 在 $t=0$ 处的值 $f(0)$，因此称此性质为冲激信号的筛选性质。

同理，对时移的冲激信号，筛选性质为

$$\int_{-\infty}^{+\infty}f(t)\delta(t-t_0)\mathrm{d}t=f(t_0) \tag{1-25}$$

在冲激信号的筛选性质中，其积分区间不一定都是 $(-\infty,+\infty)$，但只要积分区间不包括冲激信号 $\delta(t-t_0)$ 的 $t=t_0$ 时刻，则积分结果必为零。

(3) 尺度变换性质。

冲激函数作尺度变换后，有如下的恒等式

$$\delta(at)=\frac{1}{|a|}\delta(t) \tag{1-26}$$

证明：当 $a>0$ 时，由冲激信号的筛选性质有

$$\int_{-\infty}^{+\infty}f(t)\delta(at)\mathrm{d}t=\int_{-\infty}^{+\infty}f\left(\frac{\tau}{a}\right)\delta(\tau)\mathrm{d}\frac{\tau}{a}=\frac{1}{a}\int_{-\infty}^{+\infty}f\left(\frac{\tau}{a}\right)\delta(\tau)\mathrm{d}\tau=\frac{1}{a}f(0)$$

当 $a<0$ 时，有

$$\int_{-\infty}^{+\infty}f(t)\delta(at)\mathrm{d}t=\int_{+\infty}^{-\infty}f\left(\frac{\tau}{a}\right)\delta(\tau)\mathrm{d}\frac{\tau}{a}=-\frac{1}{a}\int_{-\infty}^{+\infty}f\left(\frac{\tau}{a}\right)\delta(\tau)\mathrm{d}\tau=-\frac{1}{a}f(0)$$

即

$$\int_{-\infty}^{+\infty}f(t)\delta(at)\mathrm{d}t=\frac{1}{|a|}f(0)=\int_{-\infty}^{+\infty}f(t)\frac{1}{|a|}\delta(t)\mathrm{d}t$$

所以

$$\delta(at)=\frac{1}{|a|}\delta(t)$$

(4) 单位冲激信号是偶信号

$$\delta(-t)=\delta(t) \tag{1-27}$$

该性质同样可用冲激信号的筛选性质证明。

证明：因为

$$\int_{-\infty}^{+\infty} f(t)\delta(-t)\mathrm{d}t = \int_{+\infty}^{-\infty} f(-\tau)\delta(\tau)\mathrm{d}(-\tau) = f(0) = \int_{-\infty}^{+\infty} f(t)\delta(t)\mathrm{d}t$$

由此可见，$\delta(-t)$和$\delta(t)$对$f(t)$的作用效果一样，所以

$$\delta(-t) = \delta(t)$$

（5）单位冲激信号的导数和积分。

单位冲激信号的导数是位于原点处的一对正、负极性的冲激，称为单位冲激偶，用$\delta'(t)$表示，其波形如图 1-22 所示。

图 1-22 单位冲激偶信号

单位冲激偶具有如下的性质：

① 筛选性质为

$$\int_{-\infty}^{+\infty} f(t)\delta'(t)\mathrm{d}t = -f'(0) \tag{1-28}$$

式中，$f'(0)$是$f(t)$的导数在$t=0$处的值。

时移的单位冲激偶的筛选性质为

$$\int_{-\infty}^{+\infty} f(t)\delta'(t-t_0)\mathrm{d}t = -f'(t_0) \tag{1-29}$$

② 单位冲激偶信号是奇信号，即

$$\delta'(-t) = -\delta'(t) \tag{1-30}$$

因此，单位冲激偶的面积为0。其正、负两个冲激的面积相互抵消，用数学式表示为

$$\int_{-\infty}^{+\infty} \delta'(t)\mathrm{d}t = 0 \tag{1-31}$$

$$\int_{-\infty}^{+\infty} \delta'(t-t_0)\mathrm{d}t = 0 \tag{1-32}$$

单位冲激信号的积分是单位阶跃信号。

因为

$$\int_{-\infty}^{t} \delta(\tau)\mathrm{d}\tau = \begin{cases} 0 & t < 0 \\ 1 & t > 0 \end{cases}$$

这和单位阶跃信号的定义相同，因此有

$$\int_{-\infty}^{t} \delta(\tau)\mathrm{d}\tau = \varepsilon(t) \tag{1-33}$$

1.4 连续时间信号的分解

信号的分解特性是系统分析的理论基础。输入信号可以分解为众多基本信号的线性组合，因此只需要研究系统对基本信号的响应，就能方便地得到系统对任意信号的响应。信号可以从不同的角度分解，信号分解方式的不同导致系统不同的分析方法。下面讨论信号的时域分解。

1.4.1 信号的交直流分解

信号$f(t)$的直流分量是指信号的平均值，记为$\bar{f}$，它是信号波动的中心。信号随时间变

化的部分称为信号的交流分量,记为$\tilde{f}$,并且有

$$\bar{f}=\lim_{T\to\infty}\frac{1}{2T}\int_{-T}^{T}f(t)\mathrm{d}t \tag{1-34}$$

$$\lim_{T\to\infty}\frac{1}{2T}\int_{-T}^{T}\tilde{f}\,\mathrm{d}t=0 \tag{1-35}$$

若 $f(t)$是功率信号,则有

$$\begin{aligned}P&=\lim_{T\to\infty}\frac{1}{2T}\int_{-T}^{T}f^2(t)\mathrm{d}t\\&=\lim_{T\to\infty}\frac{1}{2T}\int_{-T}^{T}(\bar{f}+\tilde{f})^2\mathrm{d}t\\&=\bar{f}^2+\lim_{T\to\infty}\frac{1}{2T}\int_{-T}^{T}\tilde{f}^2\mathrm{d}t\end{aligned} \tag{1-36}$$

式(1-36)说明,信号的平均功率等于其直流功率和交流功率之和。

1.4.2 信号的冲激函数分解

任意信号可以用多个矩形脉冲来逼近,如图 1-23 所示。

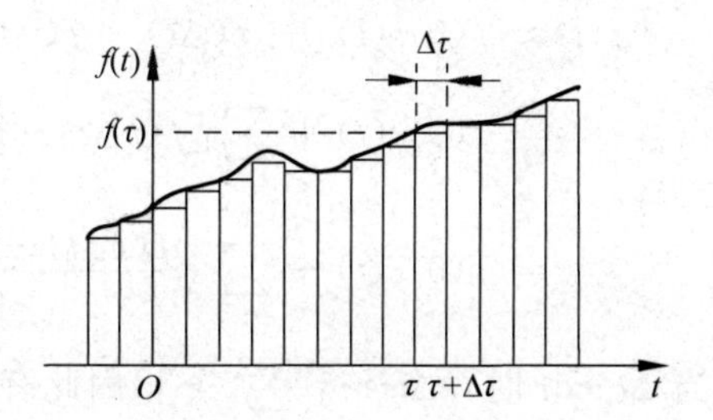

图 1-23 信号的矩形脉冲逼近

当 $t=\tau$ 时,脉冲高度为 $f(\tau)$,脉冲宽度为 $\Delta\tau$,存在区间为 $\varepsilon(t-\tau)-\varepsilon(t-\tau-\Delta\tau)$,于是,此窄脉冲可表示为

$$f(\tau)[\varepsilon(t-\tau)-\varepsilon(t-\tau-\Delta\tau)] \tag{1-37}$$

当 τ 从$-\infty$变化到∞时,$f(t)$可表示为多个窄脉冲的叠加

$$\begin{aligned}f(t)&\approx\sum_{\tau=-\infty}^{\infty}f(\tau)[\varepsilon(t-\tau)-\varepsilon(t-\tau-\Delta\tau)]\\&=\sum_{\tau=-\infty}^{\infty}f(\tau)\frac{[\varepsilon(t-\tau)-\varepsilon(t-\tau-\Delta\tau)]}{\Delta\tau}\cdot\Delta\tau\end{aligned}$$

令 $\Delta\tau\to0$,则有

$$\lim_{\Delta\tau\to0}\frac{[\varepsilon(t-\tau)-\varepsilon(t-\tau-\Delta\tau)]}{\Delta\tau}=\frac{\mathrm{d}\varepsilon(t-\tau)}{\mathrm{d}t}=\delta(t-\tau)$$

当 $\Delta\tau\to\mathrm{d}\tau$ 时,$\sum\limits_{\tau=-\infty}^{\infty}\to\int_{\tau=-\infty}^{\infty}$,因此有

$$f(t)=\int_{-\infty}^{\infty}f(\tau)\delta(t-\tau)\mathrm{d}\tau \tag{1-38}$$

式(1-38)表明,信号 $f(t)$可以分解为不同时刻的、不同强度的冲激函数之和。在每个分解点 τ 处冲激的强度为 $f(\tau)$。

信号的冲激函数分解在系统分析中有重要意义。当求解信号 $f(t)$通过 LTI 系统产生响应时,只需求解冲激信号通过该系统产生的响应,然后利用线性时不变系统的特性,进行叠加和延时即可求得信号 $f(t)$产生的响应。

1.4.3 信号的阶跃函数分解

除了用多个矩形脉冲之和来表示信号之外，信号还可以用一系列阶跃信号的叠加来逼近，如图 1-24 所示。

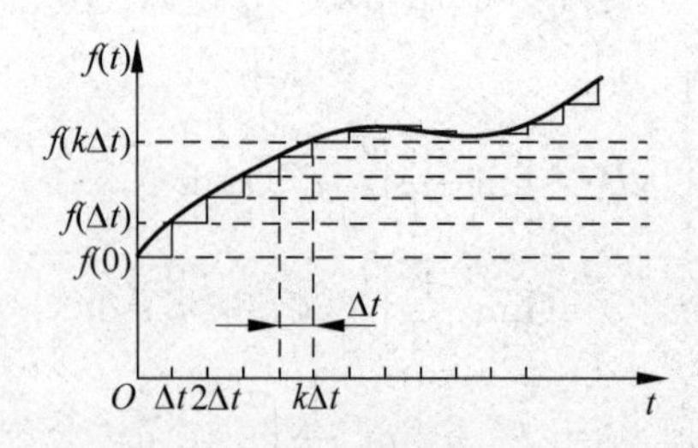

图 1-24 信号的阶跃信号逼近

$$
\begin{aligned}
f(t) &\approx f(0)\varepsilon(t)+[f(\Delta t)-f(0)]\varepsilon(t-\Delta t)+[f(2\Delta t)-f(\Delta t)]\varepsilon(t-2\Delta t)+\cdots \\
&= f(0)\varepsilon(t)+\sum_{k=1}^{\infty}[f(k\Delta t)-f((k-1)\Delta t)]\varepsilon(t-k\Delta t) \\
&= f(0)\varepsilon(t)+\sum_{k=1}^{\infty}\frac{[f(k\Delta t)-f((k-1)\Delta t)]}{\Delta t}\varepsilon(t-k\Delta t)\cdot\Delta t
\end{aligned}
$$

当 $\Delta t\to \mathrm{d}\tau$ 时，$k\Delta t\to\tau$，$\sum\to\int$，因此有

$$
\begin{aligned}
f(t) &= f(0)\varepsilon(t)+\int_0^{\infty}\frac{\mathrm{d}f(\tau)}{\mathrm{d}\tau}\varepsilon(t-\tau)\mathrm{d}\tau \\
&= f(0)\varepsilon(t)+\int_0^{\infty}f'(\tau)\varepsilon(t-\tau)\mathrm{d}\tau
\end{aligned} \tag{1-39}
$$

当 t 从 $-\infty$ 变化到 ∞ 时，式(1-39)为

$$
f(t)=\int_{-\infty}^{\infty}f'(\tau)\varepsilon(t-\tau)\mathrm{d}\tau \tag{1-40}
$$

式(1-40)表明，信号 $f(t)$ 可以分解为无穷多个阶跃信号的叠加。在每个分解点 τ 处阶跃信号的幅度为 $f'(\tau)$。

除了上述分解外，还有前面提到的信号的奇、偶分解以及虚、实分解等。信号的分解是系统分析的基础，不同的分解方法，导致系统不同的分析方法。在后面章节将会介绍信号的其他分解形式。

习题

1-1 判定下列信号是否是周期信号，若是周期信号，确定其周期。

(1) $f(t)=\cos 4t+\sin 7t$ (2) $f(t)=\sin 2\pi t-\cos 3t$

(3) $f(t)=\cos t+3\sin\sqrt{2}t$ (4) $f(t)=(5\cos 3t)^2$

(5) $f(t)=\sum_{k=-\infty}^{\infty}2[\varepsilon(t-2k)-\varepsilon(t-2k-1)]$ (6) $f(t)=\mathrm{e}^{\mathrm{j}3t}$

1-2　已知信号 $f(t)$ 的波形如图 1-25 所示，试画出 $f\left(-\dfrac{1}{2}t-1\right)$ 的波形。

1-3　已知信号 $f(t)$ 的波形如图 1-26 所示，试画出 $f(3-2t)$ 的波形。

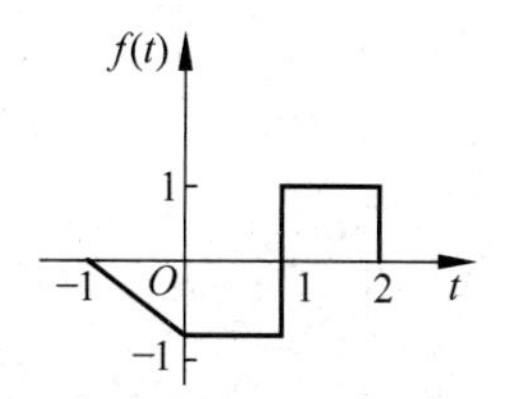

图 1-25　题 1-2 图

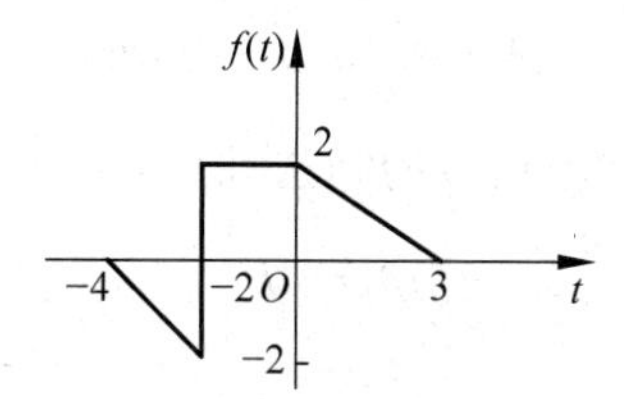

图 1-26　题 1-3 图

1-4　试求如图 1-25 所示信号的导数，并绘制该导数信号的波形。

1-5　绘制下列连续信号的波形：

(1) $f(t)=(1-2e^{-t})\varepsilon(t)$　　(2) $f(t)=(3e^{-t}-2e^{-3t})\varepsilon(t)$

(3) $f(t)=(5e^{-t}+3e^{-3t})\varepsilon(-t)$　　(4) $f(t)=2e^{-3|t|}\varepsilon(t)$

(5) $f(t)=e^{-2t}\cos(10\pi t)[\varepsilon(t)-\varepsilon(t-2)]$　　(6) $f(t)=e^{-2t}\varepsilon(\sin t)$

1-6　绘制下列连续信号的波形，注意它们的区别。

(1) $f(t)=t[\varepsilon(t)-\varepsilon(t-1)]$　　(2) $f(t)=t\varepsilon(t-1)$

(3) $f(t)=t[\varepsilon(t)-\varepsilon(t-1)]+\varepsilon(t-1)$　　(4) $f(t)=(t-1)\varepsilon(t-1)$

(5) $f(t)=-(t-1)[\varepsilon(t)-\varepsilon(t-1)]$　　(6) $f(t)=t[\varepsilon(t-2)-\varepsilon(t-3)]$

(7) $f(t)=(t-2)[\varepsilon(t-2)-\varepsilon(t-3)]$

1-7　试写出如图 1-27 所示各信号的表达式。

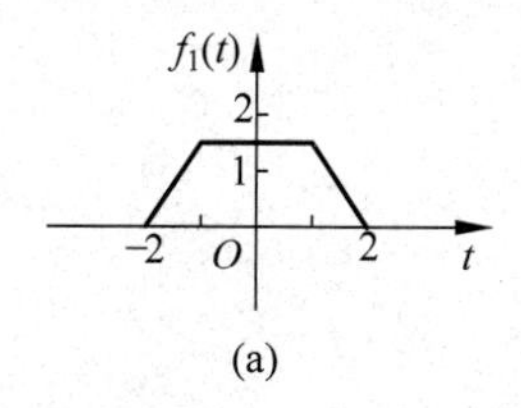

(a)

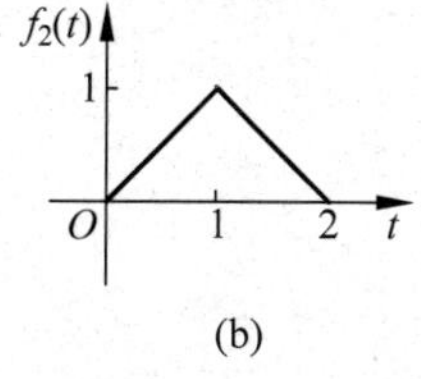

(b)

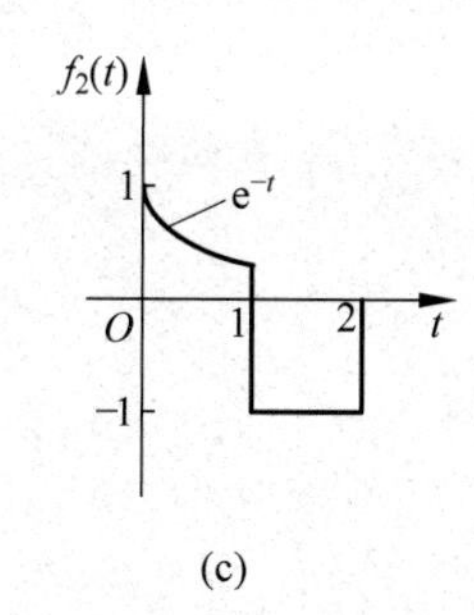

(c)

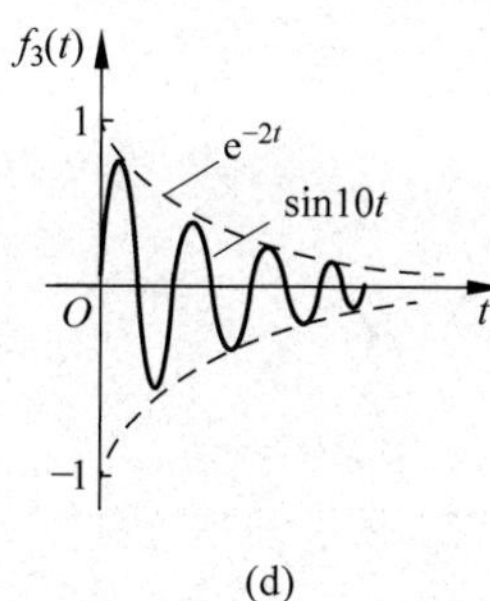

(d)

图 1-27　题 1-7 图

1-8　试求图 1-27(a)、(b)、(c)所示各信号的导数信号，并绘制各导数信号的波形。

1-9　试化简下列各信号的表达式。

(1) $f(t)=(t-1)\delta(t-1)$　　(2) $f(t)=(2\sin\pi t+t)\delta(t+2)$

(3) $f(t)=e^{-t}\delta(t-1)$　　(4) $f(t)=\sin(\pi t+10^\circ)(e^{-t}-t)\delta(t)$

1-10 计算下列各式。

(1) $f(t)=t\dfrac{\mathrm{d}}{\mathrm{d}t}[\mathrm{e}^{-t}\varepsilon(t)]$

(2) $f(t)=\int_{-\infty}^{+\infty}\mathrm{e}^{-t}[\delta(t)-\delta'(t)]\mathrm{d}t$

(3) $f(t)=\int_{-\infty}^{t}(4+\tau^3)\delta(1-\tau)\mathrm{d}\tau$

(4) $f(t)=\int_{-\infty}^{t}(\mathrm{e}^{-\tau}+\tau)\delta\left(\dfrac{\tau}{2}\right)\mathrm{d}\tau$

1-11 应用冲激信号的筛选性质，求下列各式的值。

(1) $\int_{-\infty}^{+\infty}(2t^2-3t+1)\delta(t)\mathrm{d}t$

(2) $\int_{-\infty}^{+\infty}\sin(2-3t)\delta(t)\mathrm{d}t$

(3) $\int_{-3}^{+3}\delta(2t-1)\varepsilon(t)\mathrm{d}t$

(4) $\int_{-\infty}^{+\infty}(\mathrm{e}^{-3t}+t)\delta(2-t)\mathrm{d}t$

(5) $\int_{-\infty}^{t}(3t+1)\delta(3t-1)\mathrm{d}t$

(6) $\int_{-\infty}^{t}(t^2+1)\delta\left(\dfrac{1}{2}t+1\right)\mathrm{d}t$

1-12 试用 MATLAB 绘制题 1-5 各信号的波形。

1-13 试用 MATLAB 绘制题 1-7 各信号的波形。

1-14 试用 MATLAB 求解题 1-8。

第2章 连续时间系统的时域分析

CHAPTER 2

2.1 引言

系统所涉及的范围十分广泛，包括大大小小有联系的事物组合体，如物理系统、非物理系统、人工系统、自然系统、社会系统等。系统具有层次性，可以有嵌套系统。对某一系统，其外部更大的系统称为环境，所包含的更小的系统为子系统。因为“信号与系统”课程涉及的是电信号，所以这里的系统是指产生信号或对信号进行传输、处理变换的电路系统，即由电路元器件组成的实现不同功能的整体。后面我们将用具体的电路系统的例子来讨论信号的传输、处理、变换等问题。例如，我们所涉及的连续系统，其功能是将输入信号转变为所需的输出信号，如图2-1所示。

图2-1 信号与系统分析框图

图2-1中，$f(t)$是系统的输入（激励），$y(t)$是系统的输出（响应）。为叙述简便，激励与响应的关系也常表示为$f(t) \to y(t)$，其中“$\to$”表示系统的作用。

2.2 系统的分类

2.2.1 系统的初始状态

在讨论连续系统的分类之前，首先讨论引起连续系统响应的初始状态（条件），其基本概念也可用于离散系统。“初始”实际是一个相对时间，通常是指一个非零的电源接入电路系统的瞬间，或电路发生“换路”的瞬间，可记为$t=t_0$。为讨论问题方便，一般将$t_0=0$作为“初始”时刻，并用0_-表示系统“换路”前系统存储的初始状态，用0_+表示“换路”后系统响应的初始条件。

下面以电容、电感的电压、电流关系为例来理解系统初始状态与初始条件。

【例2-1】 如图2-2所示简单理想电路系统，已知激励电流$i(t)$，求响应$v_C(t)$。

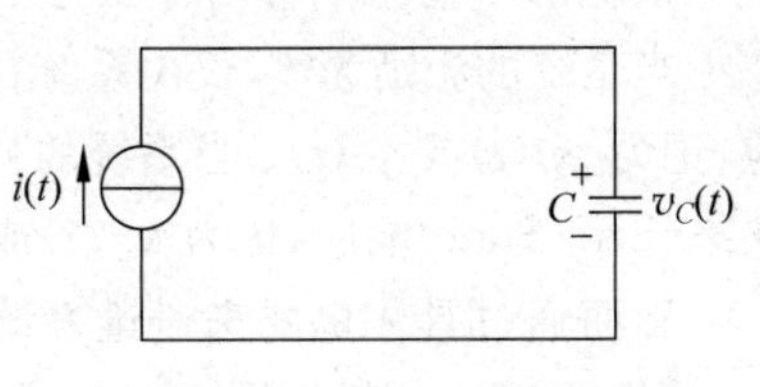

图2-2 例2-1电路

解：由电容的电压、电流关系

$$i_C(t)=i(t)=C\frac{\mathrm{d}v_C(t)}{\mathrm{d}t}$$

该式是一阶线性微分方程，解此方程可得响应为

$$v_C(t)=\frac{1}{C}\int_{-\infty}^{t}i_C(\tau)\mathrm{d}\tau$$

该式说明电容电压与过去所有时刻流过电容的电流有关，因此也称电容为动态（记忆、储能）元件。要知道全部时刻的电流 $i_C(t)$ 是不实际的，通常要计算的 $v_C(t)$ 一般需要由已知某时刻 t_0 开始到所要计算时刻 t 的 $i_C(t)$ 以及此时刻前的电容电压 $v_C(t_0)$ 来确定，即

$$v_C(t)=\frac{1}{C}\int_{-\infty}^{t}i_C(\tau)\mathrm{d}\tau=v_C(t_{0+})+\frac{1}{C}\int_{t_{0+}}^{t}i_C(\tau)\mathrm{d}\tau$$

若 $t_0=0$，则上式成为

$$v_C(t)=v_C(0_+)+\frac{1}{C}\int_{0+}^{t}i_C(\tau)\mathrm{d}\tau$$

因此，只有已知 $t>t_0$ 或 $t>0$ 时的 $i_C(t)$ 以及系统的初始条件 $v_C(t_{0+})$ 或 $v_C(0_+)$，才能求解 $t>t_0(t>0)$ 系统的响应 $v_C(t)$。

而 $v_C(t_{0+})$ 或 $v_C(0_+)$ 与系统的初始状态 $v_C(t_{0-})$ 或 $v_C(0_-)$ 密切相关。$v_C(t_{0-})$ 或 $v_C(0_-)$ 是在 $i_C(t)$ 时刻 $t=t_{0-}$ 或 $t=0_-$ 以前的作用，反映了系统在该时刻的储能。

由电容与电感的对偶关系，不难得到

$$v_L(t)=L\frac{\mathrm{d}i_L(t)}{\mathrm{d}t}$$

以及

$$i_L(t)=\frac{1}{L}\int_{-\infty}^{t}v_L(\tau)\mathrm{d}\tau=i_L(t_{0+})+\frac{1}{L}\int_{t_{0+}}^{t}v_L(\tau)\mathrm{d}\tau$$

若 $t_0=0$，则有

$$i_L(t)=i_L(0_+)+\frac{1}{L}\int_{0+}^{t}v_L(\tau)\mathrm{d}\tau$$

与电容情况相同，该式表明电感也是动态（记忆/储能）元件。只有已知 $t>t_0$（或 $t>0$）时的 $v_L(t)$ 以及系统的初始条件 $i_L(t_{0+})$、$i_L(0_+)$，才能求解 $t>t_0(t>0)$ 系统的响应 $i_L(t)$。同样 $i_L(t_{0+})$、$i_L(0_+)$ 与系统的初始状态 $i_L(t_{0-})$、$i_L(0_-)$ 密切相关，$i_L(t_{0-})$、$i_L(0_-)$ 是电压 $v_L(t)$ 在时刻 $t=t_{0-}$ 或 $t=0_-$ 以前的作用，即系统在该时刻的储能。

2.2.2 系统的响应

根据引起响应的不同原因，系统的响应可以分为零输入响应与零状态响应。

系统的零输入响应与零状态响应分别定义如下：

当系统的激励为零，仅由系统初始状态（储能）产生的响应是系统的零输入（Zero Input）响应，记为 $y_{zi}(t)$ 或 $y_x(t)$；当系统的初始状态（储能）为零，仅由系统激励产生的响应是系统的零状态（Zero State）响应，记为 $y_{zs}(t)$ 或 $y_f(t)$。

下面通过具体例题来讨论系统的响应。

【例 2-2】 分析如图 2-2 所示电路系统，且已知 $v_C(0_-)=1/2\mathrm{V}$，$C=2\mathrm{F}$，电流 $i(t)$ 的波形如图 2-3 所示，求 $t\geqslant 0$ 的响应 $v_C(t)$，并绘出波形图。

解：由已知条件可知，该系统既有初始储能，也有激励，所以系统响应既有初始储能产生的部分，也有激励产生的部分。从电流 $i(t)$ 波形可知，$i(t)$ 除了在 $t=0$ 时刻加入，在 $t=1$ 及 $t=2$ 还有变化，都可以理解为“换路”，因此在 $t=0_-$、$t=1_-$ 及 $t=2_-$ 分别有三个初始状态 $v_C(0_-)$、$v_C(1_-)$ 和 $v_C(2_-)$，利用电容电压无跳变，可以解出对应的三个初始条件 $v_C(0_+)$、$v_C(1_+)$ 和 $v_C(2_+)$。由此得到响应（如图 2-4 所示）为

$$v_C(t)=\begin{cases}\dfrac{1}{2} & t\leqslant 0\\ v_C(0_+)+\dfrac{1}{2}\displaystyle\int_{0_+}^{t}2\mathrm{d}\tau & 0<t\leqslant 1\\ v_C(1_+)-\dfrac{1}{2}\displaystyle\int_{1_+}^{t}2\mathrm{d}\tau & 1<t\leqslant 2\\ v_C(2_+) & t>2\end{cases}\text{，其中}\begin{cases}v_C(0_+)=v_C(0_-)=\dfrac{1}{2}\mathrm{V}\\ v_C(1_+)=v_C(1_-)=\dfrac{3}{2}\mathrm{V}\\ v_C(2_+)=v_C(2_-)=\dfrac{1}{2}\mathrm{V}\end{cases}$$

$$=\begin{cases}\dfrac{1}{2} & t\leqslant 0\\ \dfrac{1}{2}+t & 0<t\leqslant 1\\ \dfrac{5}{2}-t & 1<t\leqslant 2\\ \dfrac{1}{2} & t>2\end{cases}$$

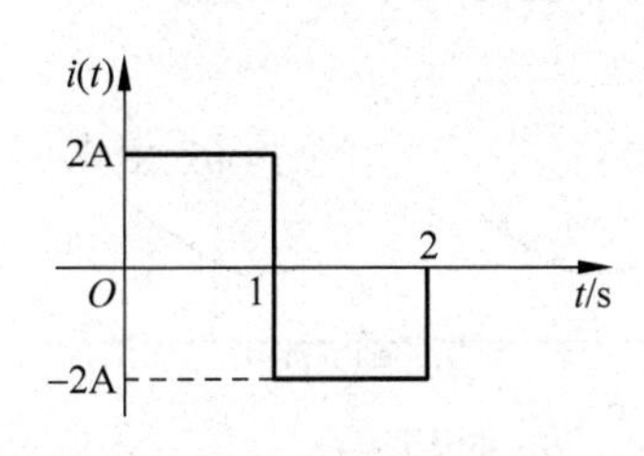

图 2-3 例 2-2 电流 $i(t)$ 波形

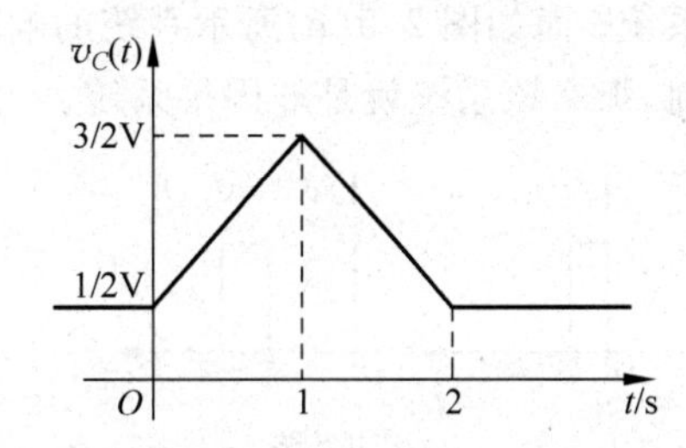

图 2-4 例 2-2 中 $v_C(t)$ 波形

例 2-2 是一阶微分方程描述的简单系统。可以看到，为了求解它的响应，除了知道系统的激励外，还需要知道系统的初始条件。

推论，若系统是由 n 阶微分方程描述的，则求解响应除了激励外，还必须知道系统的 n 个初始条件（状态）。

n 阶线性微分方程的一般形式为

$$\begin{aligned}&a_n\frac{\mathrm{d}^n}{\mathrm{d}t^n}y(t)+a_{n-1}\frac{\mathrm{d}^{n-1}}{\mathrm{d}t^{n-1}}y(t)+\cdots+a_1\frac{\mathrm{d}}{\mathrm{d}t}y(t)+a_0y(t)\\ =\;&b_m\frac{\mathrm{d}^m}{\mathrm{d}t^m}f(t)+b_{m-1}\frac{\mathrm{d}^{m-1}}{\mathrm{d}t^{m-1}}f(t)+\cdots+b_1\frac{\mathrm{d}}{\mathrm{d}t}f(t)+b_0f(t)\end{aligned}\tag{2-1}$$

若初始条件 $y_{zi}^{(j)}(0_+)(j=0,1,\cdots,n-1)$ 或 $y_{zi}^{(j)}(0_-)(j=0,1,\cdots,n-1)$ 已知，要根据给定的初始条件来求解系统的零输入响应。

2.2.3 系统的分类

1. 动态系统与静态系统

含有动态元件的系统是动态系统，如 RC 电路、RL 电路。没有动态元件的系统是静态系统，也称即时系统，如纯电阻电路。

动态系统在任意时刻的响应不仅与该时刻的激励有关，还与该时刻以前的激励有关；静态系统在任意时刻的响应仅与该时刻的激励有关。描述动态系统的数学模型为微分方程，描述静态系统的数学模型为代数方程。

2. 因果系统与非因果系统

因果系统满足在任意时刻的响应 $y(t)$ 仅与该时刻以及该时刻以前的激励有关，而与该时刻以后的激励无关。也可以说，因果系统的响应是由激励引起的，激励是响应的原因，响应是激励的结果，响应不会发生在激励加入之前，系统不具有预知未来响应的能力。例如系统的激励 $f(t)$ 与响应 $y(t)$ 的关系为 $f(t)=\frac{\mathrm{d}y(t)}{\mathrm{d}t}$，这是一阶微分方程，而响应与激励的关系 $y(t)=\int_{-\infty}^{t}f(\tau)\mathrm{d}\tau$ 是积分关系，则该系统是因果系统。响应与激励具有因果关系的系统也称为物理可实现系统。

如果响应出现在激励之前，那么系统就是非因果系统，也称为物理不可实现系统。例如如图 2-5(a)所示系统的响应与激励的关系为 $y_1(t)=f_1(t-1)$，响应出现在激励之后，则系统是因果系统；而如图 2-5(b)所示系统的响应与激励的关系为 $y_2(t)=f_2(t+1)$，响应出现在激励之前，那么该系统就是非因果系统。

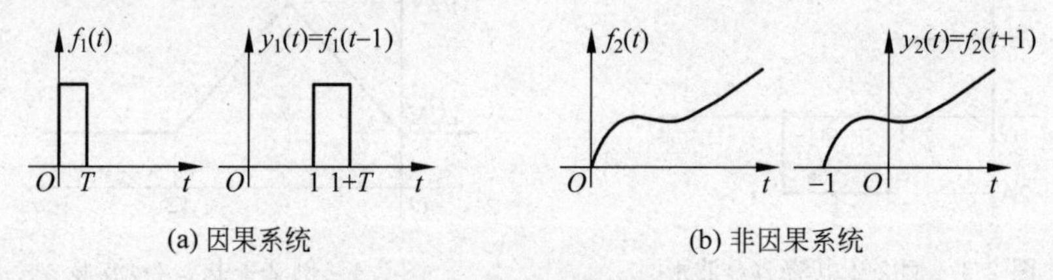

图 2-5　因果系统和非因果系统

一般由模拟元器件，如电阻、电容、电感等组成的实际物理系统都是因果系统。在数字系统中对数字信号进行处理时，利用计算机的存储功能，可以逼近非因果系统，从而实现许多模拟系统无法完成的功能，这也是数字系统优于模拟系统的一个方面。

另外，$t<0$ 时为零的信号也称为因果信号。对于因果系统，在因果信号激励下其响应也是因果信号。

3. 连续时间系统与离散时间系统

激励与响应均为连续时间信号的系统是连续时间系统，也称模拟系统；激励与响应均为离散时间信号的系统是离散时间系统。普通的电视机是典型的连续时间系统，而计算机则是典型的离散时间系统。

随着大规模集成电路技术的发展与普及，越来越多的系统是既有连续时间部分又有离散时间部分的混合系统。如图 2-6 所示为一个混合系统。

图 2-6　混合系统

4. 线性系统与非线性系统

“线性”系统是满足叠加性与齐次性条件的系统。考虑引起系统响应的因素，除了系统的激励之外，还要考虑系统的储能，因此线性系统必须满足以下三个条件。

1）可分解性

线性系统的响应可以分解为零输入响应与零状态响应，即系统响应可表示为

$$y(t)=y_{zi}(t)+y_{zs}(t) \tag{2-2}$$

2）零输入线性

输入为零时，由各初始状态$\{x_1(0),\ x_2(0),\ \cdots,\ x_n(0)\}$引起的响应满足叠加性与齐次性，若

$$x_k(0_-)\rightarrow y_{zik}(t)\quad (k=1\sim n)\quad t\geqslant 0$$

则

$$\sum_{k=1}^{n}a_k x_k(0_-)\rightarrow \sum_{k=1}^{n}a_k y_{zik}(t)\quad (k=1\sim n)\quad t\geqslant 0 \tag{2-3}$$

式(2-3)可用图 2-7 的方框图表示。

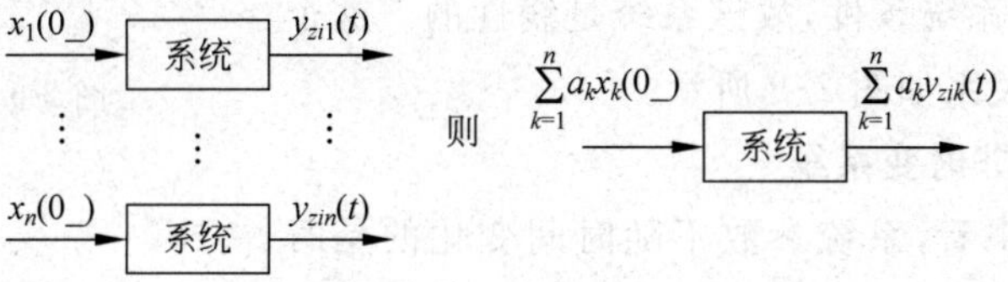

图 2-7　零输入线性

3）零状态线性

初始状态为零时，由各输入激励 $f_1(t),\ f_2(t),\ \cdots,\ f_m(t)$引起的响应具有叠加性与齐次性，即若

$$f_i(t)\varepsilon(t)\rightarrow y_{zsi}(t)\varepsilon(t)$$

则

$$\sum_{i=1}^{m}b_i f_i(t)\varepsilon(t)\rightarrow \sum_{i=1}^{m}b_i y_{zsi}(t)\varepsilon(t) \tag{2-4}$$

式(2-4)可由图 2-8 的方框图表示。

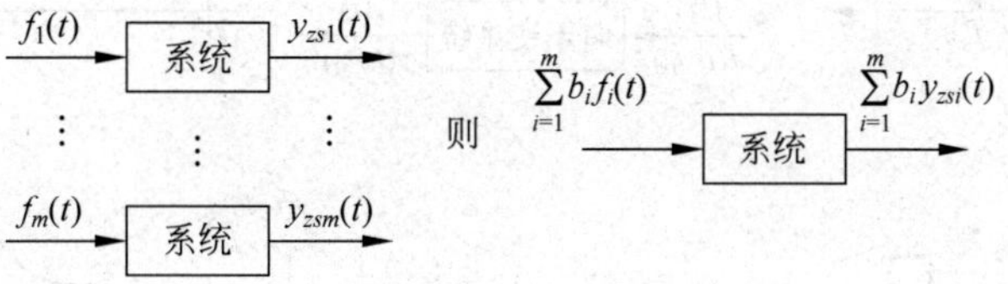

图 2-8　零状态线性

不满足上述任何一个条件的系统都是非线性系统。

如果线性系统满足因果性，那么由 $t<0$，$f(t)=0$，可以得到 $y(t)=0(t<0)$。

【例 2-3】 已知系统输入 $f(t)$ 与输出 $y(t)$ 的关系如下，判断下面的系统是否为线性系统。

(1) $y(t)=5x(0_-)f(t)\varepsilon(t)$；

(2) $y(t)=4x(0_-)+3f^2(t)\varepsilon(t)$；

(3) $y(t)=2x(0_-)+3\int_{0_-}^{t}f(\tau)\mathrm{d}\tau$。

解：(1) 不满足可分解性，是非线性系统。

(2) 不满足零状态线性，是非线性系统。

(3) 满足可分解性、零输入线性、零状态线性，所以该系统是线性系统。

【例 2-4】 讨论具有如下输入和输出关系的系统是否为线性系统。

$$y(t)=2+3f(t)$$

解：$f_1(t)\rightarrow y_1(t)=2+3f_1(t)$

$f_2(t)\rightarrow y_2(t)=2+3f_2(t)$

$$f_1(t)+f_2(t)\rightarrow y(t)=2+3[f_1(t)+f_2(t)]\neq y_1(t)+y_2(t)=4+3[f_1(t)+f_2(t)]$$

从上述推导，该系统应属非线性系统。但是考虑到 $f(t)=0$ 时，$y(t)=2$，若把它看作是初始状态引起的零输入响应，则满足线性系统条件，故该系统是线性的。这个系统的输入和输出关系如图 2-9 所示。

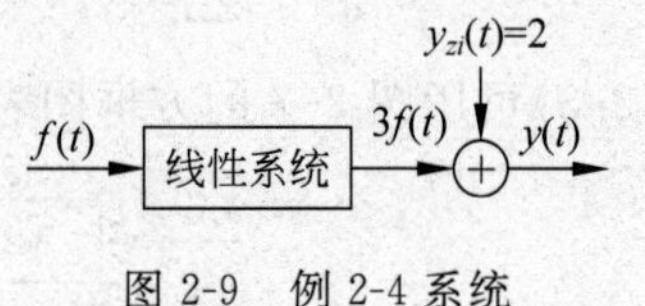

图 2-9 例 2-4 系统

5. 时变系统与非时变系统

从系统的参数来看，系统参数不随时间变化的是时不变系统，也称非时变系统、常参系统、定常系统等；系统参数随时间变化的是时变系统，也称变参系统。

从系统响应来看，时不变系统在初始状态相同的情况下，系统响应与激励加入的时刻无关。即在 $\{x_1(0),x_2(0),\cdots,x_n(0)\}$ 时，$f(t)\rightarrow y(t)$，则在 $\{x_1(t_0),x_2(t_0),\cdots,x_n(t_0)\}$ 时，有

$$f(t-t_0)\rightarrow y(t-t_0) \tag{2-5}$$

时不变系统的输入输出关系可由图 2-10 表示。由图可见，当激励延迟一段时间 t_0 加入时不变系统时，输出响应亦延时 t_0 才出现，并且波形变化的规律不变。

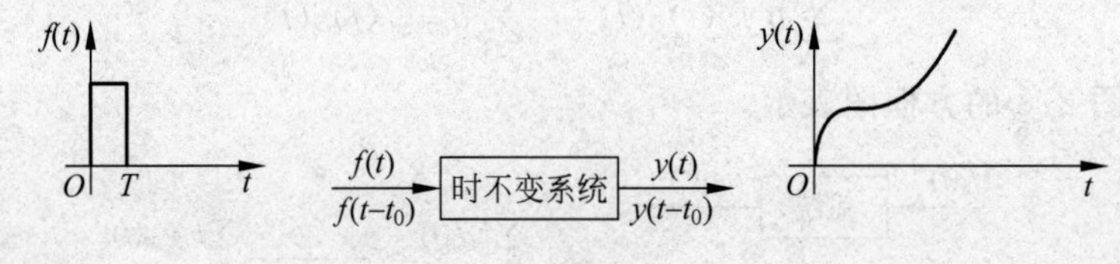

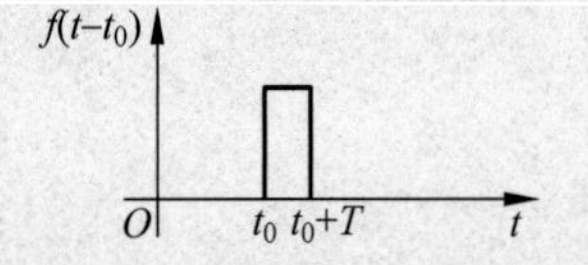

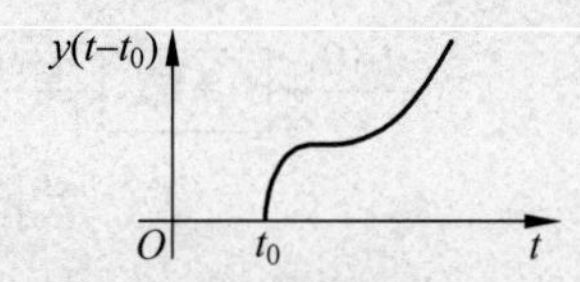

图 2-10 时不变系统

【例 2-5】 已知系统激励与响应之间的关系如下，判断该系统是否是时不变系统。

$$y(t)=\cos 3t\cdot x(0)+2t\cdot f(t)\varepsilon(t)$$

解：因为初始状态 $x(0)$ 与激励 $f(t)\varepsilon(t)$ 的系数均不是常数，所以系统是时变系统。

2.3 卷积及其性质

卷积积分是线性系统时域分析最基本的方法，为加深对线性系统时域分析的理解，下面先讨论卷积积分。

2.3.1 卷积

对两个具有相同自变量 t 的函数 $f_1(t)$ 与 $f_2(t)$ 进行积分运算，产生一个新的函数 $y(t)$。将积分

$$y(t)=f_1(t)*f_2(t)=\int_{-\infty}^{\infty}f_1(\tau)f_2(t-\tau)\mathrm{d}\tau \tag{2-6}$$

定义为 $f_1(t)$ 与 $f_2(t)$ 的卷积积分。

设 $f_1(t)$ 为因果信号，即 $f_1(t)=f_1(t)\varepsilon(t)$，而 $f_2(t)$ 为一般信号，则有

$$\begin{aligned}f_1(t)*f_2(t)&=\int_{-\infty}^{\infty}f_1(\tau)\varepsilon(\tau)f_2(t-\tau)\mathrm{d}\tau\\&=\int_{0}^{\infty}f_1(\tau)f_2(t-\tau)\mathrm{d}\tau\end{aligned} \tag{2-7}$$

再设 $f_2(t)$ 为因果信号，即 $f_2(t)=f_2(t)\varepsilon(t)$，但 $f_1(t)$ 为一般信号，则

$$\begin{aligned}f_1(t)*f_2(t)&=\int_{-\infty}^{\infty}f_1(\tau)f_2(t-\tau)\varepsilon(t-\tau)\mathrm{d}\tau\\&=\int_{-\infty}^{t}f_1(\tau)f_2(t-\tau)\mathrm{d}\tau\end{aligned} \tag{2-8}$$

最后设 $f_1(t)$、$f_2(t)$ 均为因果信号，即 $f_1(t)=f_1(t)\varepsilon(t)$，$f_2(t)=f_2(t)\varepsilon(t)$，将上面的结果代入式(2-6)，得到

$$f_1(t)*f_2(t)=\int_{0}^{t}f_1(\tau)f_2(t-\tau)\mathrm{d}\tau \quad t>0 \tag{2-9}$$

式(2-9)是在 $f_1(t)$、$f_2(t)$ 均为因果信号条件下进行卷积运算的特例。

2.3.2 任意函数与 $\delta(t)$、$\varepsilon(t)$ 卷积

1. 任意函数与 $\boldsymbol{\delta}(t)$ 卷积

任意函数与 $\delta(t)$ 卷积，则有

$$f_1(t)*\delta(t)=f(t) \tag{2-10}$$

证明：

$$f_1(t)*\delta(t)=\int_{-\infty}^{\infty}f(\tau)\delta(t-\tau)\mathrm{d}\tau=f(t)\int_{-\infty}^{\infty}\delta(t-\tau)\mathrm{d}\tau=f(t)$$

即任意函数 $f(t)$ 与 $\delta(t)$ 卷积等于 $f(t)$ 本身。

2. 任意函数与 $\boldsymbol{\delta}(t-t_1)$卷积

任意函数与$\delta(t-t_1)$卷积，则有

$$f(t)*\delta(t-t_1)=f(t-t_1) \tag{2-11}$$

证明：

$$f(t)*\delta(t-t_1)=\int_{-\infty}^{\infty}f(\tau)\delta(t-\tau-t_1)\mathrm{d}\tau=f(t-t_1)\int_{-\infty}^{\infty}\delta(t-\tau-t_1)\mathrm{d}\tau$$
$$=f(t-t_1)$$

由式(2-11)可知，任意函数与$\delta(t-t_1)$卷积，相当于该信号通过一个延时(移位)器，如图 2-11 所示。

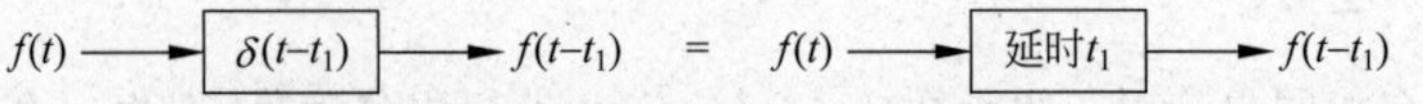

图 2-11　任意函数与$\delta(t-t_1)$卷积

3. 任意函数与 $\boldsymbol{\varepsilon}(t)$卷积

任意函数与$\varepsilon(t)$卷积，则有

$$f(t)*\varepsilon(t)=\int_{-\infty}^{t}f(\tau)\mathrm{d}\tau \tag{2-12}$$

证明：

$$f(t)*\varepsilon(t)=\int_{-\infty}^{\infty}f(\tau)\varepsilon(t-\tau)\mathrm{d}\tau=\int_{-\infty}^{t}f(\tau)\mathrm{d}\tau$$

由式(2-12)可知，任意函数与$\varepsilon(t)$卷积，相当于信号通过一个积分器，如图 2-12 所示。

图 2-12　任意函数与$\varepsilon(t)$卷积

2.3.3　卷积的性质

当$f_1(t)$、$f_2(t)$、$f_3(t)$分别满足可积条件时，一些代数性质也适合卷积运算。

1. 交换律

交换律可表示为

$$f_1(t)*f_2(t)=f_2(t)*f_1(t) \tag{2-13}$$

证明：

$$f_1(t)*f_2(t)=\int_{-\infty}^{\infty}f_1(\tau)f_2(t-\tau)\mathrm{d}\tau(\text{令 } t-\tau=x,\ \mathrm{d}\tau=-\mathrm{d}x)$$
$$=\int_{-\infty}^{\infty}f_2(x)f_1(t-x)\mathrm{d}x(\text{再令 } x=\tau)$$
$$=\int_{-\infty}^{\infty}f_2(\tau)f_1(t-\tau)\mathrm{d}\tau$$

交换律的实际应用意义如图 2-13 所示。

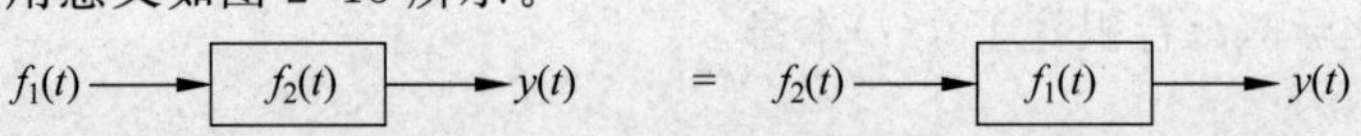

图 2-13　交换律的实用意义

2. 分配律

分配律可表示为

$$f_1(t) * [f_2(t) + f_3(t)] = f_1(t) * f_2(t) + f_1(t) * f_3(t) \tag{2-14}$$

证明：

$$\begin{aligned} f_1(t) * [f_2(t) + f_3(t)] &= \int_{-\infty}^{\infty} f_1(\tau)[f_2(t-\tau) + f_3(t-\tau)]\mathrm{d}\tau \\ &= \int_{-\infty}^{\infty} f_1(\tau) f_2(t-\tau)\mathrm{d}\tau + \int_{-\infty}^{\infty} f_1(\tau) f_3(t-\tau)\mathrm{d}\tau \\ &= f_1(t) * f_2(t) + f_1(t) * f_3(t) \end{aligned}$$

分配律的实际应用意义如图 2-14 所示。

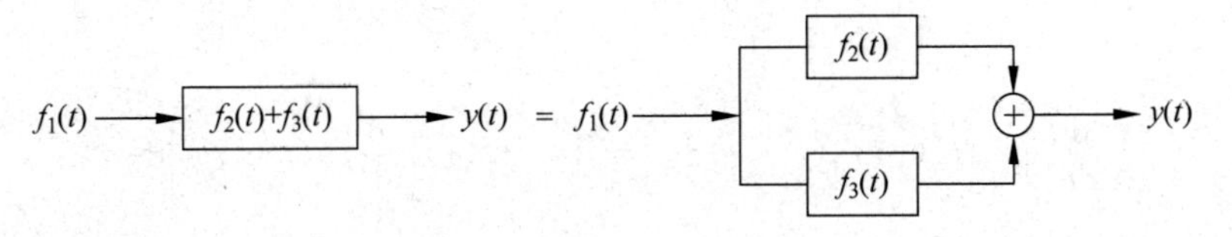

图 2-14　分配律的实用意义

3. 结合律

结合律可表示为

$$f_1(t) * [f_2(t) * f_3(t)] = [f_1(t) * f_2(t)] * f_3(t) \tag{2-15}$$

证明：

$$\begin{aligned} &[f_1(t) * f_2(t)] * f_3(t) \\ &= \int_{-\infty}^{\infty} \left[\int_{-\infty}^{\infty} f_1(\lambda) f_2(\tau-\lambda)\mathrm{d}\lambda\right] f_3(t-\tau)\mathrm{d}\tau \\ &= \int_{-\infty}^{\infty} f_1(\lambda)\left[\int_{-\infty}^{\infty} f_2(\tau-\lambda) f_3(t-\tau)\mathrm{d}\tau\right]\mathrm{d}\lambda \end{aligned}$$

令 $\tau-\lambda=x$，$\tau=x+\lambda$，$\mathrm{d}\tau=\mathrm{d}x$，代入上式

$$\begin{aligned} &= \int_{-\infty}^{\infty} f_1(\lambda)\left[\int_{-\infty}^{\infty} f_2(x) f_3(t-\lambda-x)\mathrm{d}x\right]\mathrm{d}\lambda \\ &= f_1(t) * [f_2(t) * f_3(t)] \end{aligned}$$

结合律的实际应用意义如图 2-15 所示。

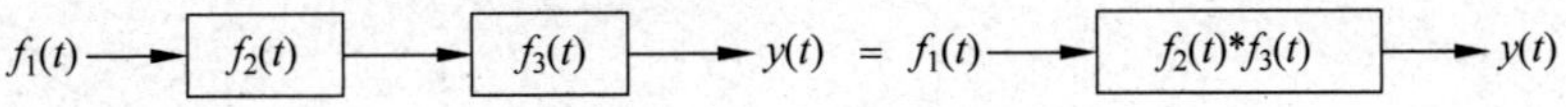

图 2-15　结合律的实用意义

4. 时移性质

时移性质用公式表示为

$$\begin{aligned} f(t-t_0-t_1) &= f_1(t-t_0) * f_2(t-t_1) \\ &= f_1(t-t_1) * f_2(t-t_0) \\ &= f_1(t-t_0-t_1) * f_2(t) \\ &= f_1(t) * f_2(t-t_0-t_1) \end{aligned} \tag{2-16}$$

证明：

$$f_1(t-t_0)*f_2(t-t_1)=\int_{-\infty}^{\infty} f_1(\tau-t_0)*f_2(t-\tau-t_1)\mathrm{d}\tau \quad (\text{令 } \tau-t_0=x\text{,代入上式,得})$$

$$=\int_{-\infty}^{\infty} f_1(x)f_2(t-x-t_0-t_1)\mathrm{d}\tau = f_1(t)*f_2(t-t_0-t_1)$$

同理可证式(2-16)的其他形式。

5. 卷积的微、积分性质

1）微分性质

微分性质用公式表示为

$$\frac{\mathrm{d}}{\mathrm{d}t}[f_1(t)*f_2(t)]=\left[\frac{\mathrm{d}}{\mathrm{d}t}f_1(t)\right]*f_2(t)=f_1(t)*\left[\frac{\mathrm{d}}{\mathrm{d}t}f_2(t)\right] \tag{2-17}$$

证明：

$$\frac{\mathrm{d}}{\mathrm{d}t}\left[\int_{-\infty}^{\infty} f_1(\tau)f_2(t-\tau)\mathrm{d}\tau\right]=\int_{-\infty}^{\infty} f_1(\tau)\left[\frac{\mathrm{d}}{\mathrm{d}t}f_2(t-\tau)\right]\mathrm{d}\tau$$

$$=f_1(t)*\left[\frac{\mathrm{d}}{\mathrm{d}t}f_2(t)\right]$$

同理可证

$$\frac{\mathrm{d}}{\mathrm{d}t}[f_1(t)*f_2(t)]=\left[\frac{\mathrm{d}}{\mathrm{d}t}f_1(t)\right]*f_2(t)$$

式(2-17)表示对两个函数的卷积函数微分，等于对其中一个函数微分后再进行卷积。

2）积分性质

积分性质用公式表示为

$$\int_{-\infty}^{t}[f_1(\lambda)*f_2(\lambda)]\mathrm{d}\lambda=f_1(t)*\int_{-\infty}^{t} f_2(\lambda)\mathrm{d}\lambda=f_2(t)*\int_{-\infty}^{t} f_1(\lambda)\mathrm{d}\lambda \tag{2-18}$$

证明：

$$\int_{-\infty}^{t}[f_1(\lambda)*f_2(\lambda)]\mathrm{d}\lambda=\int_{-\infty}^{t}\left[\int_{-\infty}^{\infty} f_1(\tau)f_2(\lambda-\tau)\mathrm{d}\tau\right]\mathrm{d}\lambda$$

$$=\int_{-\infty}^{\infty} f_1(\tau)\left[\int_{-\infty}^{t} f_2(\lambda-\tau)\mathrm{d}\lambda\right]\mathrm{d}\tau$$

$$=f_1(t)*\int_{-\infty}^{t} f_2(\lambda)\mathrm{d}\lambda$$

同理可证

$$\int_{-\infty}^{t}[f_1(\lambda)*f_2(\lambda)]\mathrm{d}\lambda=f_2(t)*\int_{-\infty}^{t} f_1(\lambda)\mathrm{d}\lambda$$

3）微、积分性质

若

$$y(t)=f_1(t)*f_2(t)$$

则

$$y^{(i)}(t)=f_1^{(j)}(t)*f_2^{(i-j)}(t) \tag{2-19}$$

其中，i、j 取正整数时为导数的阶次，i、j 取负整数时为重积分的阶次。特别有

$$y(t)=f_1(t)*f_2(t)=\frac{\mathrm{d}f_1(t)}{\mathrm{d}t}*\int_{-\infty}^{t} f_2(\lambda)\mathrm{d}\lambda$$

$$= \frac{\mathrm{d}f_2(t)}{\mathrm{d}t} * \int_{-\infty}^{t} f_1(\lambda)\mathrm{d}\lambda \tag{2-20}$$

证明：

$$\frac{\mathrm{d}f_1(t)}{\mathrm{d}t} * \int_{-\infty}^{t} f_2(\lambda)\mathrm{d}\lambda = \frac{\mathrm{d}}{\mathrm{d}t}\left\{\int_{-\infty}^{\infty} f_1(\tau)\left[\int_{-\infty}^{t} f_2(\lambda-\tau)\mathrm{d}\lambda\right]\mathrm{d}\tau\right\}$$
$$= \int_{-\infty}^{\infty} f_1(\tau)\left[\frac{\mathrm{d}}{\mathrm{d}t}\int_{-\infty}^{t} f_2(\lambda-\tau)\mathrm{d}\lambda\right]\mathrm{d}\tau$$
$$= \int_{-\infty}^{\infty} f_1(\tau)f_2(t-\tau)\mathrm{d}\tau = f_1(t) * f_2(t)$$

【例 2-6】 用 MATLAB 画出门函数 $3[\varepsilon(t+1)-\varepsilon(t-2)]$与指数函数 $2\mathrm{e}^{-2t}$ 卷积的图形。

解：MATLAB 程序如下：

```
clear;
T = 0.01;
t1 = 0;
t2 = 3;
t3 = - 2;
t4 = 2;
t5 = t1:T:t2;                                          % 生成 t5 的时间向量
t6 = t3:T:t4;                                          % 生成 t6 的时间向量
f1 = 2 * exp( - 2 * t5);                               % 生成 f1 的样值向量
f2 = 3 * (stepfun(t6, - 1) - stepfun(t6,2));
[y] = conv(f1,f2);
y = y * T;t = (t1 + t3):T:(t2 + t4);                   % 序列 y 非零样值的宽度
subplot(3,1,1);                                        % f1(t)的波形
plot(t5,f1);axis([(t1 + t3),(t2 + t4),min(f1),max(f1) + 0.5]);
ylabel('f1(t)');line([0,0],[0,2.5]);
title('信号卷积');
subplot(3,1,2);
plot(t6,f2);axis([(t1 + t3),(t2 + t4),min(f2),max(f2) + 0.5]);
ylabel('f2(t)');
subplot(3,1,3);                                        % y(t)的波形
plot(t,y);
axis([(t1 + t3),(t2 + t4),min(y),max(y) + 0.5]);
ylabel('y(t)')
```

其运行结果如图 2-16 所示。

【例 2-7】 画出门函数$[\varepsilon(t+1)-\varepsilon(t-2)]$与门函数 $3[\varepsilon(t)-\varepsilon(t-2)]$卷积的图形。

解：MATLAB 程序如下：

```
clear all;
T = 0.01;t1 = - 2;t2 = 3;t3 = - 1;t4 = 2;
t5 = t1:T:t2;                                          % 生成 t5 的时间向量
t6 = t3:T:t4;                                          % 生成 t6 的时间向量
f1 = (stepfun(t5, - 1) - stepfun(t5,2));               % 生成 f1 的样值向量
f2 = 3 * (stepfun(t6,0) - stepfun(t6,2));
[y,ty] = convwthn(f1,t1,f2,t2);
y = y * T;t = (t1 + t3):T:(t2 + t4);                   % 序列 y 非零样值的宽度
subplot(3,1,1);                                        % f1(t)的波形
plot(t5,f1);
axis([(t1 + t3),(t2 + t4),min(f1),max(f1) + 0.5]);
```

```
title('门函数卷积');
ylabel('f1(t)');
subplot(3,1,2);                                         % f2(t)的波形
plot(t6,f2);
axis([(t1 + t3),(t2 + t4),min(f2),max(f2) + 0.5]);
ylabel('f2(t)');
subplot(3,1,3);                                         % y(t)的波形
plot(t,y);
axis([(t1 + t3),(t2 + t4),min(y),max(y) + 0.5]);
ylabel('y(t)');
```

其运行结果如图 2-17 所示。

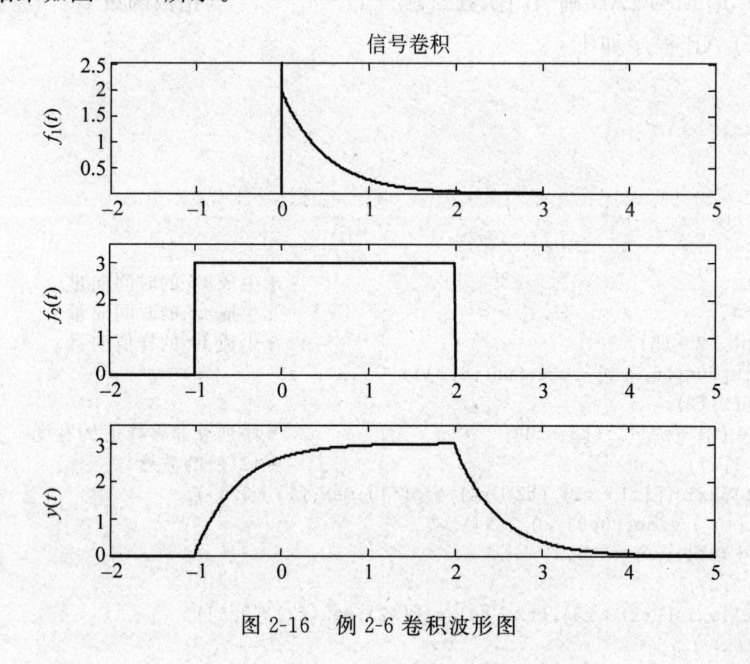

图 2-16　例 2-6 卷积波形图

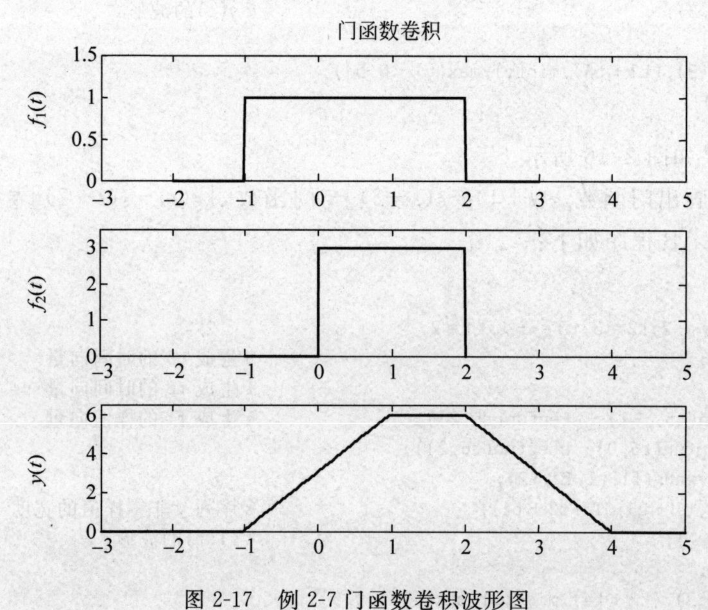

图 2-17　例 2-7 门函数卷积波形图

【例 2-8】　$f(t)$、$h(t)$的图形如图 2-18 所示,用微、积分性质求 $y(t)=f(t)*h(t)$。

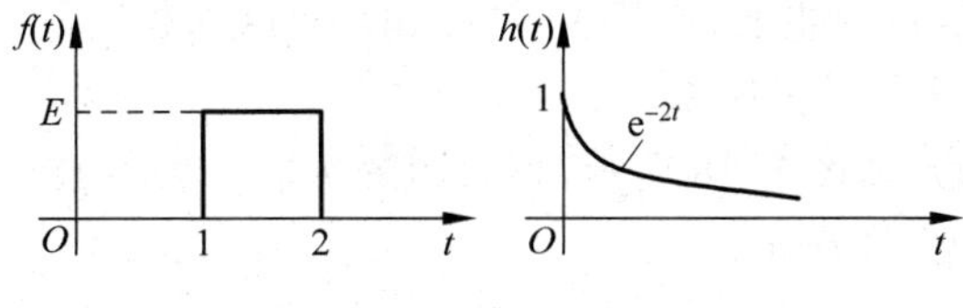

图 2-18　例 2-8 的 $f(t)$和 $h(t)$

解:

$$f'(t)=E[\delta(t-1)-\delta(t-2)]$$

$$g(t)=\int_{-\infty}^{t}h(\lambda)\mathrm{d}\lambda=\int_{-\infty}^{t}\mathrm{e}^{-2\lambda}\varepsilon(\lambda)\mathrm{d}\lambda=\frac{1}{2}(1-\mathrm{e}^{-2t})\varepsilon(t)$$

$f'(t)$和 $g(t)$如图 2-19 所示。

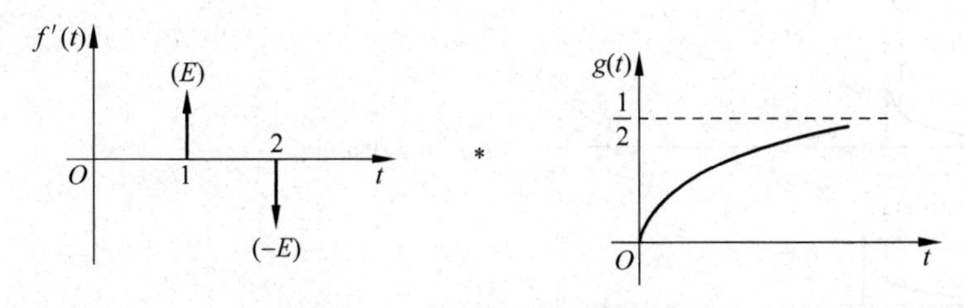

图 2-19　例 2-8 的 $f'(t)$和 $g(t)$

利用微、积分性质,则有

$$\begin{aligned}
y(t)&=f(t)*h(t)=f'(t)*g(t)\\
&=E[\delta(t-1)-\delta(t-2)]*\left(\frac{1}{2}(1-\mathrm{e}^{-2t})\varepsilon(t)\right)\\
&=\frac{E}{2}(1-\mathrm{e}^{-2(t-1)})\varepsilon(t-1)-\frac{E}{2}(1-\mathrm{e}^{-2(t-2)})\varepsilon(t-2)\\
&=\frac{E}{2}(1-\mathrm{e}^{-2(t-1)})[\varepsilon(t-1)-\varepsilon(t-2)]+\frac{E}{2}(\mathrm{e}^{-2(t-2)}-\mathrm{e}^{-2(t-1)})\varepsilon(t-2)\\
&=\begin{cases}\frac{E}{2}(1-\mathrm{e}^{-2(t-1)}) & 1<t<2\\ \frac{E}{2}(\mathrm{e}^{-2(t-2)}-\mathrm{e}^{-2(t-1)}) & t>2\\ 0 & \text{其他}\end{cases}
\end{aligned}$$

2.3.4　卷积的图解法

卷积的图解法是计算卷积的基本方法之一,其优点是可以直观确定积分上下限和积分条件,而且作图方便。

图解法具体步骤如下。

(1) 变量替换:$f(t)\to f(\tau)$,函数图形不变,仅 $t\to\tau$。

(2) 反转、移位:$h(t)\to h(t-\tau)$,包括两部分运算:

① 反转:$h(t)\to h(\tau)\to h(-\tau)$;

② 移位:$t<0$ 左移,$t>0$ 右移,t 是 $h(-\tau)$与 $h(t-\tau)$之间的“距离”。

(3) 将反转、移位后的图形 $h(t-\tau)$ 与 $f(\tau)$ 相乘。

(4) 求出 $h(t-\tau)$ 与 $f(\tau)$ 相乘后，其非零值区的积分(面积)。

下面举例说明图解法的具体应用。

【例 2-9】 $f(t)$、$h(t)$ 如图 2-18 所示，再用图解法求 $y(t)=f(t)*h(t)$。

解：具体计算如图 2-20 所示。

$$y(t)=\frac{E}{2}[1-\mathrm{e}^{-2(t-1)}][\varepsilon(t-1)-\varepsilon(t-2)]+\frac{E}{2}[\mathrm{e}^{-2(t-2)}-\mathrm{e}^{-2(t-1)}]\varepsilon(t-2)$$

$$=\frac{E}{2}[1-\mathrm{e}^{-2(t-1)}]\varepsilon(t-1)-\frac{E}{2}[1-\mathrm{e}^{-2(t-2)}]\varepsilon(t-2)$$

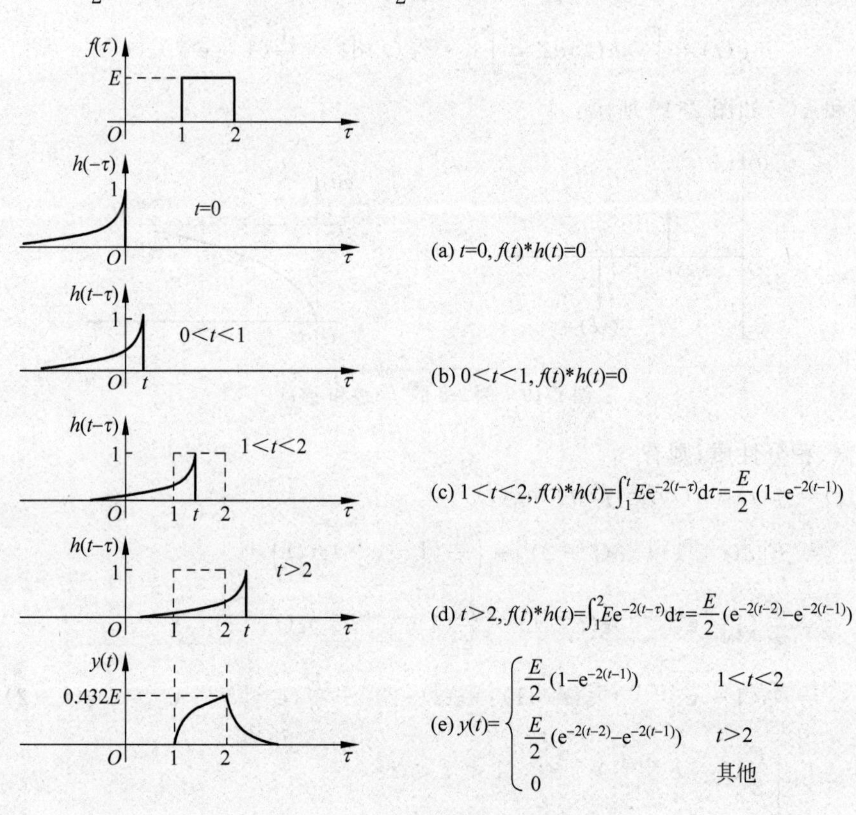

图 2-20 例 2-9 图解法示意图

结果与例 2-8 相同。

2.3.5 常用信号的卷积

表 2-1 列出了常用信号的卷积公式。

表 2-1 常用信号的卷积公式

序号	$f_1(t)$	$f_2(t)$	$f_1(t)*f_2(t)$
1	K(常数)	$f(t)$	K[$f(t)$波形的净面积值]
2	$f(t)$	$\delta(t)$	$f(t)$
3	$f(t)$	$\delta'(t)$	$f'(t)$
4	$f(t)$	$\varepsilon(t)$	$f^{(-1)}(t)$

续表

序号	$f_1(t)$	$f_2(t)$	$f_1(t)*f_2(t)$
5	$\varepsilon(t)$	$\varepsilon(t)$	$t\varepsilon(t)$
6	$\varepsilon(t)$	$t\varepsilon(t)$	$\frac{1}{2}t^2\varepsilon(t)$
7	$\varepsilon(t)$	$e^{-at}\varepsilon(t)$	$\frac{1}{a}(1-e^{-at})\varepsilon(t)$
8	$e^{-at}\varepsilon(t)$	$e^{-at}\varepsilon(t)$	$te^{-at}\varepsilon(t)$
9	$e^{-a_1t}\varepsilon(t)$	$e^{-a_2t}\varepsilon(t)$	$\frac{1}{a_2-a_1}(e^{-a_1t}-e^{-a_2t})\varepsilon(t),(a_1\neq a_2)$
10	$f(t)$	$\delta_T(t)$	$\sum_{m=-\infty}^{\infty}f(t-mT)$

2.4 LTI 系统的响应

系统是由若干相互作用和相互依赖的事物组合而成的具有特定功能的整体。系统一般可用如图 2-21 所示的框图来表示。

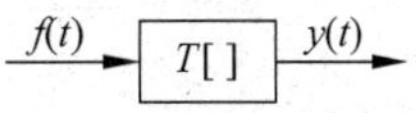

图 2-21 系统框图表示

图中 $T[\ ]$表示将输入信号转变为输出信号的运算关系，可表示为

$$y(t)=T[f(t)] \tag{2-21}$$

如果系统运算关系 $T[\ ]$既满足线性性又满足时不变性，则该系统称为线性时不变系统，简写为 LTI(Linear Time-Invariant)系统。分析 LTI 系统具有重要意义，因为 LTI 系统在实际应用中相当普遍，或在一定条件范围内一些非 LTI 系统可近似为 LTI 系统，特别是 LTI 系统的分析方法已经形成了完整、严密的理论体系。而非线性系统分析，迄今没有统一、通用的分析方法，只能视具体问题进行具体的讨论。此后不特别说明，本书涉及的均是 LTI 系统。

2.4.1 LTI 系统的数学模型与传输算子

1. LTI 系统数学模型的建立

有两类建立系统模型的方法：一是输入输出描述法；二是状态变量描述法。本章只讨论输入输出描述法。用这种描述法，连续时间 LTI 系统的数学模型是常系数线性微分方程，离散时间 LTI 系统的数学模型是常系数线性差分方程。

由具体电路模型可以讨论如何建立系统的数学模型。

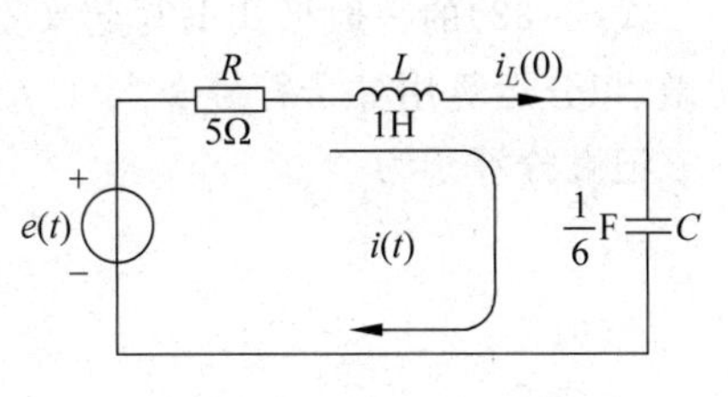

图 2-22 RLC 串联电路

【例 2-10】 如图 2-22 所示的 RLC 串联电路，其中 $e(t)$为激励信号，响应为 $i(t)$，试写出其微分方程。

解：这是有两个独立动态元件的二阶系统，利用 KVL 定理列出回路方程，可得

$$Ri(t)+L\frac{\mathrm{d}i(t)}{\mathrm{d}t}+\frac{1}{C}\int_{-\infty}^{t}i(\tau)\mathrm{d}\tau=e(t)$$

上式是一个微、积分方程，对方程两边求导，并代入系数，整理得

$$\frac{\mathrm{d}^2 i(t)}{\mathrm{d}t^2}+5\frac{\mathrm{d}i(t)}{\mathrm{d}t}+6i(t)=\frac{\mathrm{d}e(t)}{\mathrm{d}t}$$

这是一个二阶线性微分方程，表达二阶 LTI 系统。

一般有 n 个独立动态元件组成的系统是 n 阶系统，可以由 n 阶微分方程来描述。还可以从另一个角度来判断一般电路系统的阶数：系统的阶数等于独立的电容电压 $v_C(t)$ 与独立的电感电流 $i_L(t)$ 的个数之和。其中独立 $v_C(t)$ 是不能用其他 $v_C(t)$（可含电源）表示的；独立 $i_L(t)$ 是不能用其他 $i_L(t)$（可含电源）表示的。

【例 2-11】 对于如图 2-23 所示电路，判断其系统阶数。

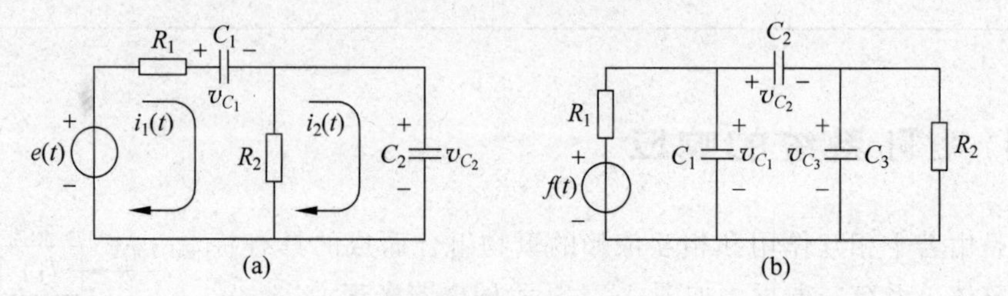

图 2-23 例 2-11 电路

解：(1) 列出如图 2-23(a)所示电路的 KVL 方程

$$\left.\begin{aligned}&R_1 i_1(t)+v_{C_1}(t)+v_{C_2}(t)=e(t)\\&v_{C_2}(t)=v_{R_2}(t)\end{aligned}\right\}$$

电路有两个独立的 $v_C(t)$，所以该系统是二阶系统。

(2) 列出如图 2-23(b)所示电路的 KVL 方程

$$v_{C_1}(t)=v_{C_2}(t)+v_{C_3}(t)$$

$v_{C_1}(t)$ 是通过其他的 $v_C(t)$ 来表示的，因此是非独立的；但 $v_{C_2}(t)\neq v_{C_3}(t)$，因此电路有两个独立的 $v_C(t)$，所以该系统也是二阶系统。

2. 用算子符号表示微分方程

n 阶 LTI 系统的数学模型是 n 阶线性常系数微分方程，一般可表示为

$$\begin{aligned}&\frac{\mathrm{d}^n y(t)}{\mathrm{d}t^n}+a_{n-1}\frac{\mathrm{d}^{n-1}y(t)}{\mathrm{d}t^{n-1}}+\cdots+a_1\frac{\mathrm{d}y(t)}{\mathrm{d}t}+a_0 y(t)\\&=b_m\frac{\mathrm{d}^m f(t)}{\mathrm{d}t^m}+b_{m-1}\frac{\mathrm{d}^{m-1}f(t)}{\mathrm{d}t^{m-1}}+\cdots+b_1\frac{\mathrm{d}f(t)}{\mathrm{d}t}+b_0 f(t)\end{aligned}\tag{2-22}$$

式(2-22)的一般形式书写起来不方便，为了保持形式上的简洁，可以将微、积分方程中的微、积分运算用算子符号 p 与 $1/p$ 表示，由此得到的方程称为算子方程。

记微分算子为

$$p=\frac{\mathrm{d}}{\mathrm{d}t}\Rightarrow px=\frac{\mathrm{d}x}{\mathrm{d}t}\tag{2-23}$$

$$p^n=\frac{\mathrm{d}^n}{\mathrm{d}t^n}\Rightarrow p^n x=\frac{\mathrm{d}^n x}{\mathrm{d}t^n}\tag{2-24}$$

记积分算子为

$$\frac{1}{p}=\int_{-\infty}^{t}\mathrm{d}\tau \Rightarrow \frac{1}{p}x=\int_{-\infty}^{t}x\mathrm{d}\tau \tag{2-25}$$

这样，例 2-10 电路的微分方程可以表示为

$$p^2 i(t)+5pi(t)+6i(t)=pe(t)$$

式(2-22)的 n 阶线性微分方程可以用算子表示为

$$(p^n+a_{n-1}p^{n-1}+\cdots+a_1 p+a_0)y(t)=(b_m p^m+b_{m-1}p^{m-1}+\cdots+b_1 p+b_0)f(t) \tag{2-26}$$

令

$$A(p)=p^n+a_{n-1}p^{n-1}+\cdots+a_1 p+a_0$$
$$B(p)=b_m p^m+b_{m-1}p^{m-1}+\cdots+b_1 p+b_0$$

称 $A(p)$、$B(p)$分别为分母、分子算子多项式，则式(2-26)可进一步简化为

$$A(p)y(t)=B(p)f(t) \tag{2-27}$$

式(2-27)还可以进一步改写为

$$y(t)=\frac{B(p)}{A(p)}f(t) \tag{2-28}$$

式中分母多项式 $A(p)$表示对输出 $y(t)$的运算关系，分子多项式 $B(p)$表示对输入 $f(t)$的运算关系，而不是两个多项式相除的简单代数关系。

算子表示的是微、积分运算，与一般的代数运算规则不同，下面具体讨论算子的运算规则。

(1) 算子的运算可进行类似于代数运算的因式分解或因式展开，即

$$(p+a)(p+b)x=[p^2+(a+b)p+ab]x \tag{2-29}$$

证明：

$$\begin{aligned}(p+a)(p+b)x&=\left(\frac{\mathrm{d}}{\mathrm{d}t}+a\right)\left(\frac{\mathrm{d}}{\mathrm{d}t}+b\right)x=\left(\frac{\mathrm{d}}{\mathrm{d}t}+a\right)\left(\frac{\mathrm{d}x}{\mathrm{d}t}+bx\right)\\&=\frac{\mathrm{d}}{\mathrm{d}t}\left(\frac{\mathrm{d}x}{\mathrm{d}t}+bx\right)+a\left(\frac{\mathrm{d}x}{\mathrm{d}t}+bx\right)\\&=\frac{\mathrm{d}^2x}{\mathrm{d}t^2}+b\frac{\mathrm{d}x}{\mathrm{d}t}+a\frac{\mathrm{d}x}{\mathrm{d}t}+abx\\&=[p^2+(a+b)p+ab]x\end{aligned}$$

这样例 2-10 的算子方程还可以表示为$(p+2)(p+3)i(t)=pe(t)$。

(2) 算子方程左、右两端的算子符号 p 不能随便消去。

由$\frac{\mathrm{d}x}{\mathrm{d}t}=\frac{\mathrm{d}y}{\mathrm{d}t}$，解出 $x=y+C$ 而不是 $x=y$，两者相差一个任意常数 C，所以不能由 $px=py$ 得到 $x=y$，即 $px=py$，但 $x\neq y$。这一结论可推广到一般的算子方程，即

$$A(p)x=A(p)y,\quad 但\ x\neq y$$

(3) p、$1/p$ 的位置不能交换。

$$p\cdot\frac{1}{p}x\neq\frac{1}{p}\cdot px$$

因为

$$p\cdot\frac{1}{p}x=\frac{\mathrm{d}}{\mathrm{d}t}\int_{-\infty}^{t}x(\tau)\mathrm{d}\tau=x(t)$$

所以

$$p \cdot \frac{1}{p}x = x \tag{2-30}$$

而
$$\frac{1}{p} \cdot px = \int_{-\infty}^{t} \left[\frac{\mathrm{d}}{\mathrm{d}\tau}x(\tau)\right]\mathrm{d}\tau = x(t) - x(-\infty) \neq x(t)$$

因此

$$\frac{1}{p} \cdot px \neq x \tag{2-31}$$

式(2-30)、式(2-31)分别说明，形式上先“除”后“乘”(即先积分后微分)的运算次序，算子可消去；形式上先“乘”后“除”(即先微分后积分)的运算次序，算子不可消去。

3. 利用算子电路建立系统数学模型

利用算子电路建立系统数学模型比较方便，这种方法简称算子法。它是先将电路中所有动态元件用算子符号表示，得到系统的算子电路；再利用广义的电路定律，建立系统的算子方程；最后将算子方程转换为微分方程。

电感的算子表示可由其电压电流关系得到，因为

$$v_L(t) = L\frac{\mathrm{d}i_L(t)}{\mathrm{d}t} = Lpi_L(t) \tag{2-32}$$

式中，Lp 是电感算子符号，可以理解为广义的电感感抗值，式(2-32)可以理解为广义欧姆定律。

同理，由电容上的电压电流关系得到

$$v_C(t) = \frac{1}{C}\int_{-\infty}^{t} i_C(\tau)\mathrm{d}\tau = \frac{1}{Cp}i_C(t) \tag{2-33}$$

式中，$\frac{1}{Cp}$是电容算子符号，可以理解为广义的电容容抗值，式(2-33)也可以理解为广义欧姆定律。

将动态元件用算子符号表示，可以得到算子电路。下面举例说明由算子电路列出系统的微分方程的方法。

【例 2-12】 如图 2-22 所示 RLC 串联电路，输入为 $e(t)$，输出为电流 $i(t)$，用算子法列出算子方程与微分方程。

解：将图 2-22 中的电感、电容用算子符号表示，得到算子电路如图 2-24 所示。

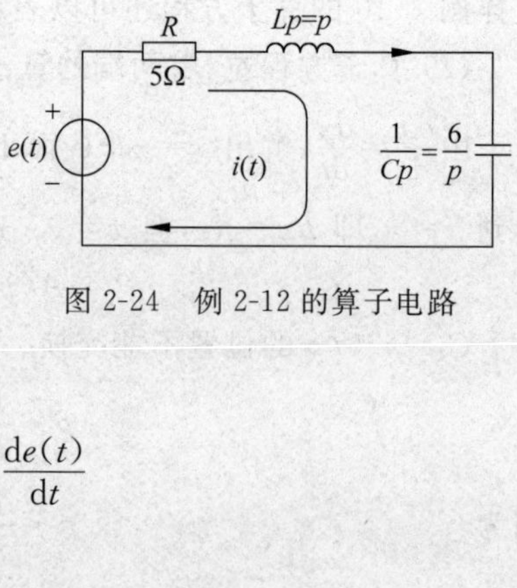

利用广义的 KVL，列出算子方程式为

$$\left(5 + p + \frac{6}{p}\right)i(t) = e(t)$$

两边同时作微分运算(“前乘”p)，得算子方程为

$$(p^2 + 5p + 6)i(t) = pe(t)$$

图 2-24 例 2-12 的算子电路

由上面的算子方程写出微分方程为

$$\frac{\mathrm{d}^2 i(t)}{\mathrm{d}t^2} + 5\frac{\mathrm{d}i(t)}{\mathrm{d}t} + 6i(t) = \frac{\mathrm{d}e(t)}{\mathrm{d}t}$$

结果与例 2-10 相同。

【例 2-13】 如图 2-25(a)所示的电路，$f(t)$为激励信号，响应为 $i_2(t)$，试用算子法求其算子方程与微分方程。

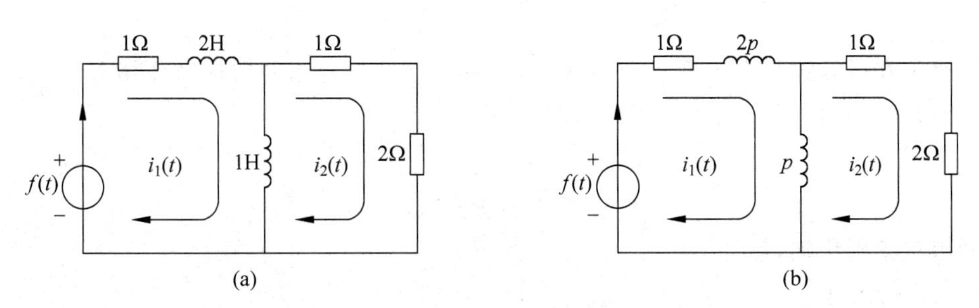

图 2-25　例 2-13 电路与对应的算子电路

解：将图 2-25(a)中的电感用算子符号表示，如图 2-25(b)所示，利用广义网孔法列出两个算子方程

$$\begin{cases}(3p+1)i_1(t)-pi_2(t)=f(t)\\ -pi_1(t)+(p+3)i_2(t)=0\end{cases}$$

利用克莱姆法则，解得

$$i_2(t)=\frac{\begin{vmatrix}3p+1 & f(t)\\ -p & 0\end{vmatrix}}{\begin{vmatrix}3p+1 & -p\\ -p & p+3\end{vmatrix}}=\frac{pf(t)}{(2p^2+10p+3)}=\frac{1}{2}\frac{pf(t)}{p^2+5p+3/2}$$

由式(2-26)与式(2-27)，可写成

$$(p^2+5p+1.5)i_2(t)=0.5pf(t)$$

即微分方程为
$$\frac{\mathrm{d}^2 i_2(t)}{\mathrm{d}t^2}+5\frac{\mathrm{d}i_2(t)}{\mathrm{d}t}+1.5i_2(t)=0.5\frac{\mathrm{d}f(t)}{\mathrm{d}t}$$

也可以写成
$$i_2''(t)+5i_2'(t)+1.5i_2(t)=0.5f'(t)$$

【例 2-14】 如图 2-26(a)所示电路输入为 $e(t)$，输出为 $i_1(t)$、$i_2(t)$，用算子法求其算子方程与微分方程。已知 $L_1=1\text{H}$，$L_2=2\text{H}$，$R_1=2\Omega$，$R_2=1\Omega$，$C=1\text{F}$。

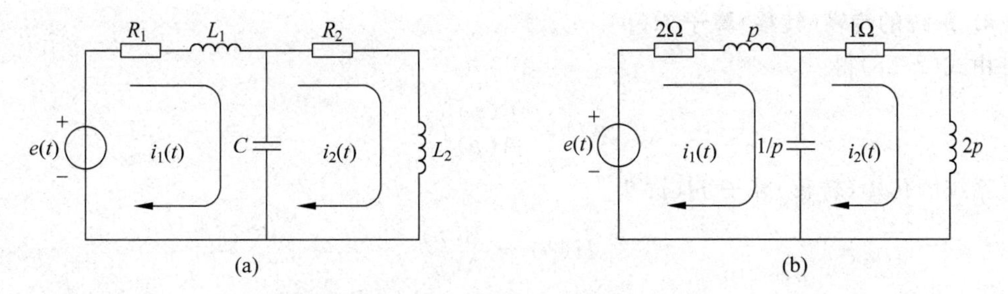

图 2-26　例 2-14 电路与对应的算子电路

解：将图 2-26(a)中的电感、电容分别用算子符号表示，如图 2-26(b)所示，利用广义网孔法，列出算子方程组为

$$\begin{cases}\left(p+\dfrac{1}{p}+2\right)i_1(t)-\dfrac{1}{p}i_2(t)=e(t)\\-\dfrac{1}{p}i_1(t)+\left(2p+\dfrac{1}{p}+1\right)i_2(t)=0\end{cases}$$

为避免在运算过程中出现 p/p 因子，可先在上面的方程组两边同时作微分运算，即“前乘”p(当分子分母同时出现 p 时可约)，得

$$\begin{cases}(p^2+2p+1)i_1(t)-i_2(t)=pe(t)\\-i_1(t)+(2p^2+p+1)i_2(t)=0\end{cases}$$

利用克莱姆法则，解得

$$i_1(t)=\frac{\begin{vmatrix}pe(t) & -1\\0 & 2p^2+p+1\end{vmatrix}}{\begin{vmatrix}p^2+p+1 & -1\\-1 & 2p^2+p+1\end{vmatrix}}=\frac{p(2p^2+p+1)e(t)}{p(2p^3+5p^2+5p+3)}=\frac{2p^2+p+1}{2p^3+5p^2+5p+3}e(t)$$

由式(2-26)与式(2-27)，可得

$$(2p^3+5p^2+5p+3)i_1(t)=(2p^2+p+1)e(t)$$

对应的微分方程为

$$2\frac{\mathrm{d}^3}{\mathrm{d}t^3}i_1(t)+5\frac{\mathrm{d}^2}{\mathrm{d}t^2}i_1(t)+5\frac{\mathrm{d}}{\mathrm{d}t}i_1(t)+3i_1(t)=2\frac{\mathrm{d}^2}{\mathrm{d}t^2}e(t)+\frac{\mathrm{d}}{\mathrm{d}t}e(t)+e(t)$$

同样，可以得到

$$i_2(t)=\frac{\begin{vmatrix}p^2+2p+1 & pe(t)\\-1 & 0\end{vmatrix}}{\begin{vmatrix}p^2+2p+1 & -1\\-1 & 2p^2+p+1\end{vmatrix}}=\frac{pe(t)}{(2p^4+5p^3+5p^2+3p+1)-1}$$

$$=\frac{pe(t)}{p(2p^3+5p^2+5p+3)}=\frac{e(t)}{2p^3+5p^2+5p+3}$$

即
$$(2p^3+5p^2+5p+3)i_2(t)=e(t)$$

微分方程为
$$2\frac{\mathrm{d}^3i_2(t)}{\mathrm{d}t^3}+5\frac{\mathrm{d}^2i_2(t)}{\mathrm{d}t^2}+5\frac{\mathrm{d}i_2(t)}{\mathrm{d}t}+3i_2(t)=e(t)$$

4. 系统的传输(转移)算子 $H(p)$

由式(2-28)得

$$y(t)=\frac{B(p)}{A(p)}f(t)$$

定义系统的传输(转移)算子 $H(p)$ 为

$$H(p)=\frac{B(p)}{A(p)} \tag{2-34}$$

这样，系统的输出可以表示为

$$y(t)=H(p)f(t) \tag{2-35}$$

【例 2-15】 求例 2-10 中电路，即激励为 $e(t)$，响应为 $i(t)$ 的系统的传输算子 $H(p)$。

解：例 2-10 电路的算子方程为

$$(p+2)(p+3)i(t)=pe(t)$$

则
$$i(t)=\frac{p}{(p+2)(p+3)}e(t)$$

得到系统传输算子
$$H(p)=\frac{p}{(p+2)(p+3)}$$

【例 2-16】 求例 2-14 电路，即激励为 $e(t)$，响应为 $i_1(t)$时的系统的传输算子 $H_1(p)$，以及激励为 $e(t)$，响应为 $i_2(t)$时的系统传输算子 $H_2(p)$。

解：由

$$\begin{cases} i_1(t)=\dfrac{2p^2+p+1}{2p^3+5p^2+5p+3}e(t) \\ i_2(t)=\dfrac{1}{2p^3+5p^2+5p+3}e(t) \end{cases}$$

可得
$$\begin{cases} H_1(p)=\dfrac{2p^2+p+1}{2p^3+5p^2+5p+3} \\ H_2(p)=\dfrac{1}{2p^3+5p^2+5p+3} \end{cases}$$

我们看到本例 $H_1(p)$与 $H_2(p)$的分母多项式相同。由于 $H(p)$代表了系统传输的性能，因而称 $H(p)$的分母多项式为系统的特征多项式，它仅与系统的结构、参数有关，与激励以及激励加入的端口无关。所以同一系统，若系统的结构、参数一定，则无论激励以及激励加入的端口如何改变，其传输算子的分母多项式都不会改变。

2.4.2 LTI 系统的零输入响应

对于 LTI 系统来说，其响应可分为零输入响应和零状态响应两个部分，本节先讨论零输入响应。

1. 零输入响应

系统的零输入响应与激励无关，其数学模型是一个齐次微分方程。将 $f(t)=0$ 代入式(2-27)的算子方程，得

$$A(p)y(t)=0 \tag{2-36}$$

式(2-36)中 $A(p)$是系统的特征多项式，$A(p)=0$ 是系统的特征方程，使 $A(p)=0$ 的值是特征方程的根，称为系统的特征根。

由于系统的特征根决定了零输入响应的形式，因此特征根也称为系统的自然频率。

一般 n 阶齐次微分方程所给的初始条件是零输入响应的标准初始条件 $y_{zi}(0)$，$y_{zi}'(0)$，…，$y_{zi}^{(n-1)}(0)$。该标准初始条件可简记为 $y_{zi}^{(k)}(0)$ $(k=0,1,2,\cdots,n-1)$或$\{y_{zi}^{(k)}(0)\}$。为强调零输入响应是由系统换路前的储能引起的系统响应，初始条件中的 0 也可加下标用 0_- 表示为 $y_{zi}(0_-)$，$y_{zi}'(0_-)$，…，$y_{zi}^{(n-1)}(0_-)$或$\{y_{zi}^{(k)}(0_-)\}$。

下面，先讨论一阶系统零输入响应求解的方法，在此基础上再讨论二阶系统零输入响应求解的方法，最后讨论 n 阶系统零输入响应求解的一般方法。

一阶齐次微分方程为

$$\begin{cases} (p-\lambda)y(t)=0 \\ y_{zi}(0) \end{cases} \tag{2-37}$$

由系统的特征方程 $p-\lambda=0$，得特征根 $p=\lambda$，其解的一般形式为

$$y(t)=y_{zi}(0)\mathrm{e}^{\lambda t}\quad (t>0) \tag{2-38}$$

由式(2-38)可知，此时解的形式取决于特征根 λ，而解的系数由初始条件确定。

二阶齐次微分方程的一般算子形式为

$$\begin{cases}(p^2+a_1p+a_0)y(t)=0\\ y_{zi}(0),y'_{zi}(0)\end{cases} \tag{2-39}$$

由 $(p^2+a_1p+a_0)=(p-\lambda_1)(p-\lambda_2)=0$，得到二阶系统的两个特征根 λ_1,λ_2。与一阶齐次微分方程相同，二阶齐次微分方程解的模式取决于两个特征根 λ_1,λ_2，其表达式为

$$y(t)=C_1\mathrm{e}^{\lambda_1 t}+C_2\mathrm{e}^{\lambda_2 t}\quad t>0 \tag{2-40}$$

系数 C_1、C_2 由两个初始条件 $y_{zi}(0),y'_{zi}(0)$ 确定：

$$\begin{cases}y_{zi}(0)=C_1+C_2\\ y'_{zi}(0)=\lambda_1C_1+\lambda_2C_2\end{cases} \tag{2-41}$$

求出 C_1、C_2，从而确定二阶系统的零输入响应。

如果 $(p^2+a_1p+a_0)=(p-\lambda)^2=0$，即特征根相同，为二阶重根，此时二阶齐次微分方程解的形式为

$$y(t)=C_1\mathrm{e}^{\lambda t}+C_2t\mathrm{e}^{\lambda t}\quad t>0 \tag{2-42}$$

系数 C_1、C_2 仍由两个初始条件 $y_{zi}(0),y'_{zi}(0)$ 确定，即

$$y_{zi}(0)=C_1,\quad y'_{zi}(0)=\lambda C_1+C_2$$

n 阶齐次微分方程的算子形式为

$$\begin{cases}(p^n+a_{n-1}p^{n-1}+\cdots+a_1p+a_0)y(t)=0\\ \{y_{zi}^{(k)}(0)\}\end{cases} \tag{2-43}$$

由特征方程

$$A(p)=(p^n+a_{n-1}p^{n-1}+\cdots+a_1p+a_0)=(p-\lambda_1)\cdots(p-\lambda_n)=0$$

得到 n 个特征根 $\lambda_1,\lambda_2,\cdots,\lambda_n$，$n$ 阶齐次微分方程的解取决于这 n 个特征根，表达式为

$$y(t)=C_1\mathrm{e}^{\lambda_1 t}+C_2\mathrm{e}^{\lambda_2 t}+\cdots+C_n\mathrm{e}^{\lambda_n t}=\sum_{i=1}^{n}C_i\mathrm{e}^{\lambda_i t}\quad t>0 \tag{2-44}$$

n 个系数 $C_1,C_2,\cdots,C_n$ 由 n 个初始条件 $\{y_{zi}^{(k)}(0)\}$ 确定。

$$\begin{cases}y_{zi}(0)=C_1+C_2+\cdots+C_n\\ y'_{zi}(0)=\lambda_1C_1+\lambda_2C_2+\cdots+\lambda_nC_n\\ \vdots\\ y_{zi}^{(n-1)}(0)=\lambda_1^{n-1}C_1+\lambda_2^{n-1}C_2+\cdots+\lambda_n^{n-1}C_n\end{cases} \tag{2-45}$$

式(2-45)可用矩阵形式表示为

$$\begin{bmatrix}y_{zi}(0)\\ y'_{zi}(0)\\ \vdots\\ y_{zi}^{n-1}(0)\end{bmatrix}=\begin{bmatrix}1 & 1 & \cdots & 1\\ \lambda_1 & \lambda_2 & \cdots & \lambda_n\\ \vdots & \vdots & \ddots & \vdots\\ \lambda_1^{n-1} & \lambda_2^{n-1} & \cdots & \lambda_n^{n-1}\end{bmatrix}\begin{bmatrix}C_1\\ C_2\\ \vdots\\ C_n\end{bmatrix} \tag{2-46}$$

常数 $C_1,C_2,\cdots,C_n$ 可用克莱姆法则解得，或用逆矩阵表示为

$$\begin{bmatrix}C_1\\ C_2\\ \vdots\\ C_n\end{bmatrix}=\begin{bmatrix}1 & 1 & \cdots & 1\\ \lambda_1 & \lambda_2 & \cdots & \lambda_n\\ \vdots & \vdots & \ddots & \vdots\\ \lambda_1^{n-1} & \lambda_2^{n-1} & \cdots & \lambda_n^{n-1}\end{bmatrix}^{-1}\begin{bmatrix}y_{zi}(0)\\ y'_{zi}(0)\\ \vdots\\ y_{zi}^{n-1}(0)\end{bmatrix} \tag{2-47}$$

若 n 阶系统的特征方程为

$$A(p)=(p-\lambda_1)^k\cdots(p-\lambda_{n-k})=0 \tag{2-48}$$

此时 λ_1 为 k 重根，其余均为单根。重根 λ_1 对应解的一般形式为

$$(C_1+C_2t+\cdots+C_kt^{k-1})e^{\lambda_1 t} \tag{2-49}$$

当只有一个特征根 λ_1 为 k 重根，余均为单根时，系统的零输入响应 $y_{zi}(t)$ 的一般形式为

$$y_{zi}(t)=(C_1+C_2t+\cdots+C_kt^{k-1})e^{\lambda_1 t}+\sum_{i=k+1}^{n}C_ie^{\lambda_i t} \tag{2-50}$$

若还有其他特征根是重根的，处理方法与 λ_1 为重根时相同。有重根时求解 n 个系数无法用矩阵表示，但仍可据此方法得到零输入响应的 n 个系数。

表 2-2 列出了零输入响应 $y_{zi}(t)$ 与 $A(p)$ 的对应关系。

表 2-2　零输入响应 $y_{zi}(t)$ 与 $A(p)$ 的对应关系

序号	特征根的类型	特征多项式 $A(p)$	零输入响应 $y_{zi}(t)$
1	相异单根	$\prod_{i=1}^{n}(p-\lambda_i)$	$\sum_{i=1}^{n}C_ie^{\lambda_i t}$
2	r 阶重根	$(p-\lambda)^r$	$(C_1+C_2t+\cdots+C_rt^{r-1})e^{\lambda t}$
3	共轭复根	$(p-(\sigma+j\omega))(p-(\sigma-j\omega))$	$(C_1\cos\omega t+C_2\sin\omega t)e^{\sigma t}$
4	一般形式	$\prod_{i=1}^{l}(p-\lambda_i)^{r_i}$	$\sum_{i=1}^{l}(C_{i1}+C_{i2}t+\cdots+C_{ir_i}t^{r_i-1})e^{\lambda_i t}$

【例 2-17】 已知系统的传输算子 $H(p)=\dfrac{2p}{(p+3)(p+4)}$，初始条件 $y_{zi}(0)=1$，$y'_{zi}(0)=2$，试求系统的零输入响应。

解：$H(p)=\dfrac{2p}{(p+3)(p+4)}$，其特征根 $\lambda_1=-3$，$\lambda_2=-4$。

由式(2-40)，零输入响应形式为

$$y(t)=C_1e^{-3t}+C_2e^{-4t}\ (t>0)$$

将特征根及初始条件 $y_{zi}(0)=1$，$y'_{zi}(0)=2$ 代入式(2-41)，可得

$$\begin{cases}1=C_1+C_2\\2=-3C_1-4C_2\end{cases}$$

解出

$$C_1=6,\quad C_2=-5$$

代入零输入响应表达式，最后求得系统的零输入响应为

$$y(t)=6e^{-3t}-5e^{-4t}\ (t>0)$$

【例 2-18】 已知电路如图 2-27 所示，开关 K 在 $t=0$ 时闭合，初始条件 $i_2(0_-)=0$，$i'_2(0_-)=-1\text{A/s}$。求零输入响应 $i_2(t)$。

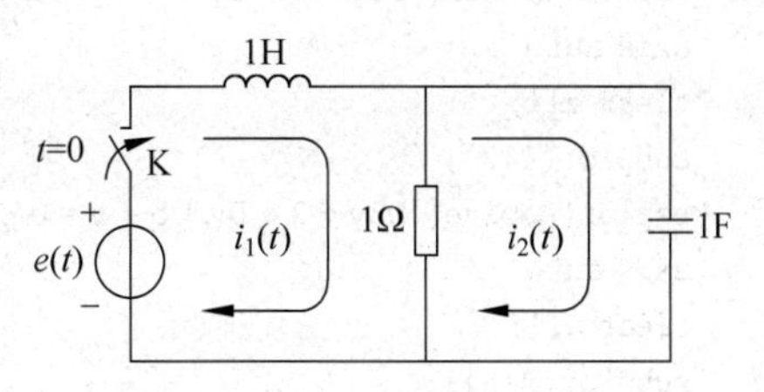

图 2-27　例 2-18 电路

解：先求输入 $e(t)$、输出 $i_2(t)$ 时的传输算子 $H(p)$，开关 K 在 $t=0$ 时闭合，列出回路电流方程

$$\begin{cases}(p+1)i_1(t)-i_2(t)=e(t)\\ -i_1(t)+\left(\dfrac{1}{p}+1\right)i_2(t)=0\end{cases}\Rightarrow\begin{cases}(p+1)i_1(t)-i_2(t)=e(t)\\ -pi_1(t)+(1+p)i_2(t)=0\end{cases}$$

$$i_2(t)=\frac{\begin{vmatrix}p+1 & e(t)\\ -p & 0\end{vmatrix}}{\begin{vmatrix}p+1 & -1\\ -p & p+1\end{vmatrix}}=\frac{pe(t)}{p^2+p+1}$$

$$H(p)=\frac{p}{p^2+p+1}$$

$$A(p)=p^2+p+1=\left(p+\frac{1}{2}-\mathrm{j}\frac{\sqrt{3}}{2}\right)\left(p+\frac{1}{2}+\mathrm{j}\frac{\sqrt{3}}{2}\right)$$

$$i_{2zi}(t)=C_1\mathrm{e}^{\left(-\frac{1}{2}+\mathrm{j}\frac{\sqrt{3}}{2}\right)t}+C_2\mathrm{e}^{-\left(\frac{1}{2}+\mathrm{j}\frac{\sqrt{3}}{2}\right)t}$$

代入初始条件,可得

$$\begin{cases}i_2(0_-)=C_1+C_2=0\\ i_2'(0_-)=\left(-\dfrac{1}{2}+\mathrm{j}\dfrac{\sqrt{3}}{2}\right)C_1-\left(\dfrac{1}{2}+\mathrm{j}\dfrac{\sqrt{3}}{2}\right)C_2=-1\end{cases}$$

解得

$$\begin{cases}C_1=-\dfrac{1}{\mathrm{j}\sqrt{3}}\\ C_2=\dfrac{1}{\mathrm{j}\sqrt{3}}\end{cases}$$

所以

$$\begin{aligned}i_{2zi}(t)&=-\frac{1}{\mathrm{j}\sqrt{3}}\mathrm{e}^{\left(-\frac{1}{2}+\mathrm{j}\frac{\sqrt{3}}{2}\right)t}+\frac{1}{\mathrm{j}\sqrt{3}}\mathrm{e}^{-\left(\frac{1}{2}+\mathrm{j}\frac{\sqrt{3}}{2}\right)t}\\ &=-\frac{2}{\sqrt{3}}\mathrm{e}^{-\frac{1}{2}t}\frac{\mathrm{e}^{\mathrm{j}\frac{\sqrt{3}}{2}t}-\mathrm{e}^{-\mathrm{j}\frac{\sqrt{3}}{2}t}}{\mathrm{j}2}=-\frac{2}{\sqrt{3}}\mathrm{e}^{-\frac{1}{2}t}\sin\left(\frac{\sqrt{3}}{2}t\right)\varepsilon(t)\end{aligned}$$

【例 2-19】 已知系统为

$$\begin{cases}y''(t)+5y'(t)+6y(t)=f(t),y(0_-)=1,y'(0_-)=-1\\ y''(t)+2y'(t)+5y(t)=f(t),y(0_-)=2,y'(0_-)=-2\\ y'''(t)+4y''(t)+5y'(t)+2y(t)=f(t),y(0_-)=0,y'(0_-)=-1,y''(0_-)=-1\end{cases}$$

求系统的零输入响应。

解：求系统零输入响应的 MATLAB 程序如下：

```
clear all;
subplot(311);
ezplot(dsolve('D2y + 5 * Dy + 6 * y = 0','y(0) = 1,Dy(0) = - 1'),[0 8])
axis auto
clear all;
subplot(312);
ezplot(dsolve('D2y + 2 * Dy + 5 * y = 0','y(0) = 2,Dy(0) = - 2'),[0 8])
axis auto
clear all;
subplot(313);
ezplot(dsolve('D3y + 4 * D2y + 5 * Dy + 2 * y = 0','y(0) = 0,Dy(0) = - 1,D2y(0) = - 1'),[0 8])
axis auto
```

运行结果如图 2-28 所示。

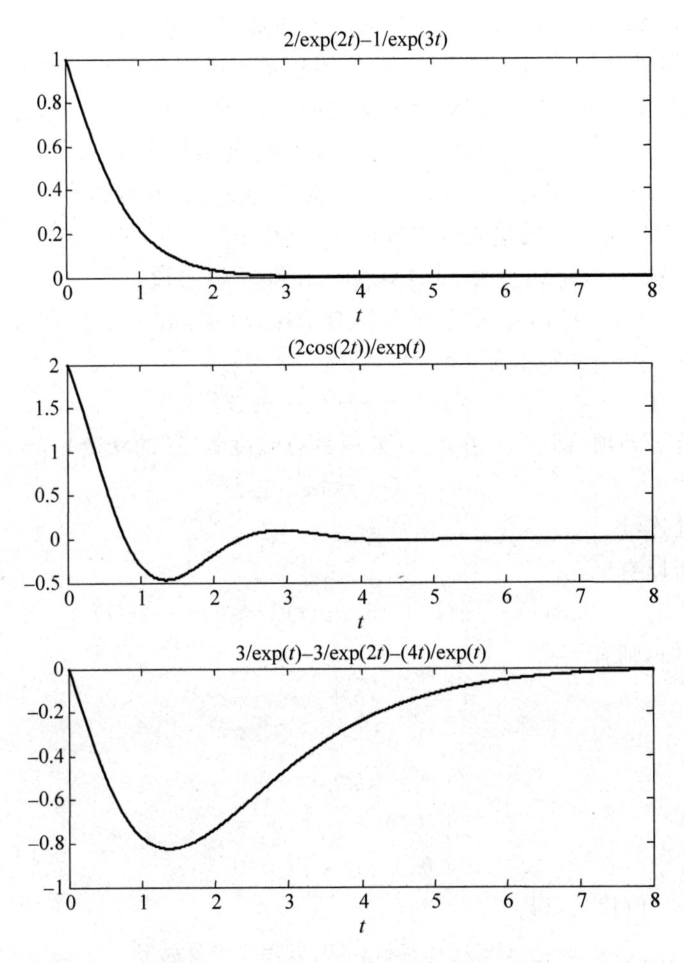

图 2-28 例 2-19 系统零输入响应的波形

2. 0_- 和 0_+ 初始条件

根据线性系统的可分解性，LTI 系统的完全响应 $y(t)$ 可分解为零输入响应 $y_{zi}(t)$ 和零状态响应 $y_{zs}(t)$ 之和，即

$$y(t)=y_{zi}(t)+y_{zs}(t)$$

分别令 $t=0_-$ 和 $t=0_+$，得

$$\begin{cases}y(0_-)=y_{zi}(0_-)+y_{zs}(0_-)\\ y(0_+)=y_{zi}(0_+)+y_{zs}(0_+)\end{cases}$$

对于因果系统，由于激励在 $t=0$ 时接入，故有 $y_{zs}(0_-)=0$；对于时不变系统，内部参数不随时间变化，故有 $y_{zi}(0_+)=y_{zi}(0_-)$。因此有

$$\begin{cases}y(0_-)=y_{zi}(0_-)=y_{zi}(0_+)\\ y(0_+)=y_{zi}(0_+)+y_{zs}(0_+)=y(0_-)+y_{zs}(0_+)\end{cases}$$

同样，$y(t)$ 的各阶导数也满足

$$\begin{cases}y^{(j)}(0_-)=y_{zi}^{(j)}(0_-)=y_{zi}^{(j)}(0_+)\\ y^{(j)}(0_+)=y^{(j)}(0_-)+y_{zs}^{(j)}(0_+)\end{cases} \tag{2-51}$$

称式(2-51)为 n 阶系统的 0_- 和 0_+ 初始条件。

系统在任一时刻的响应都由这一时刻的状态和激励共同决定，在 $t=0_-$ 时刻，系统没有输入，故 0_- 初始条件是完全由系统在 0_- 时刻的状态所决定的，即 0_- 初始条件反映了系统初始状态的作用效果。在以“状态”概念为基础的现代系统理论中，一般采用 0_- 初始条件，因为它直接体现了历史输入信号的作用，同时，对实际的系统来说，其 0_- 初始条件也比较容易求得。系统的 0_+ 初始条件和 0_- 初始条件可通过式(2-51)互相转换。

【例 2-20】 某连续系统的输入输出方程为 $y''(t)+5y'(t)+6y(t)=f'(t)-2f(t)$，已知 $f(t)=\varepsilon(t)$，$y(0_-)=1$，$y'(0_-)=2$，试计算 $y(0_+)$ 和 $y'(0_+)$ 值。

解：输入 $f(t)=\varepsilon(t)$ 时，微分方程右端含有 $\delta(t)$ 项，故方程左端 $y''(t)$ 项也应含有 $\delta(t)$ 项。

$$y''(t)=a\delta(t)+b\varepsilon(t)$$

这样 $y'(t)$ 应含有 $\varepsilon(t)$ 项(即 $y'(t)$ 在 $t=0$ 处应具有幅度为“1”的跃变)。

$$y'(t)=a\varepsilon(t)$$

而 $y(t)$ 在 $t=0$ 处连续。

代入微分方程，所以有

$$[a\delta(t)+b\varepsilon(t)]+5[a\varepsilon(t)]=\delta(t)-2\varepsilon(t)$$

等式两边系数平衡，则有

$$a=1,\quad b+5a=-2$$

即

$$y'(t)=\varepsilon(t)$$

$$\begin{cases}y'(0_+)-y'(0_-)=1\\ y(0_+)-y(0_-)=0\end{cases}$$

将 $y(0_-)$ 和 $y'(0_-)$ 值代入，得

$$\begin{cases}y'(0_+)=1+y'(0_-)=1+2=3\\ y(0_+)=y(0_-)=1\end{cases}$$

2.4.3 LTI 系统的零状态响应

在时域中求系统的零状态响应，首先要知道系统的单位冲激响应，因此先讨论系统单位冲激响应的求解。

1. 单位冲激响应 $h(t)$

定义：输入为单位冲激信号 $\delta(t)$ 时，系统在零状态时的响应为单位冲激响应，简称冲激响应，记为 $h(t)$，如图 2-29 所示。

$\delta(t)$ → $H(p)$ → $h(t)$

图 2-29 单位冲激响应

由定义知系统的冲激响应 $h(t)$ 为

$$h(t)=H(p)\delta(t) \tag{2-52}$$

或记为

$$\delta(t)\rightarrow h(t)$$

n 阶线性系统的传输算子为

$$H(p)=\frac{b_mp^m+b_{m-1}p^{m-1}+\cdots+b_1p+b_0}{p^n+a_{n-1}p^{n-1}+\cdots+a_1p+a_0}=\frac{B(p)}{A(p)} \tag{2-53}$$

为便于分析，突出求解单位冲激响应的基本方法，假设 $H(p)$ 的分母多项式 $A(p)$ 均为

单根，将分母多项式 $A(p)$ 分解，并代入式(2-52)，得

$$h(t)=\frac{B(p)}{(p-\lambda_1)(p-\lambda_2)\cdots(p-\lambda_n)}\delta(t)$$

将其展开为部分分式之和

$$\begin{aligned}h(t)&=\left[\frac{D_1}{p-\lambda_1}+\frac{D_2}{p-\lambda_2}+\cdots+\frac{D_n}{p-\lambda_n}\right]\delta(t)\\&=\frac{D_1}{p-\lambda_1}\delta(t)+\frac{D_2}{p-\lambda_2}\delta(t)+\cdots+\frac{D_n}{p-\lambda_n}\delta(t)\\&=\sum_{i=1}^{n}\frac{D_i}{p-\lambda_i}\delta(t)=\sum_{i=1}^{n}h_i(t)\end{aligned}$$

式中

$$h_i(t)=\frac{D_i}{p-\lambda_i}\delta(t) \tag{2-54}$$

式(2-54)中的系数 $D_1\sim D_n$ 由待定系数法确定，式(2-54)表明一个 n 阶系统可以分解为 n 个一阶子系统之和。我们首先讨论一阶系统的单位冲激响应的一般表示，再将结果推广至高阶系统。

式(2-54)是一阶子系统的单位冲激响应的算子表示。由该式可得到一阶系统的算子方程及微分方程为

$$(p-\lambda_i)h_i(t)=D_i\delta(t)$$

即

$$\frac{\mathrm{d}h_i(t)}{\mathrm{d}t}-\lambda_i h_i(t)=D_i\delta(t) \tag{2-55}$$

对式(2-55)求解，先在等式两边同时乘以 $\mathrm{e}^{-\lambda_i t}$，则有

$$\mathrm{e}^{-\lambda_i t}\frac{\mathrm{d}h_i(t)}{\mathrm{d}t}-\lambda_i h_i(t)\mathrm{e}^{-\lambda_i t}=D_i\delta(t)\mathrm{e}^{-\lambda_i t}$$

可得到 $h_i(t)\mathrm{e}^{-\lambda_i t}$ 的全微分，即

$$\frac{\mathrm{d}}{\mathrm{d}t}[\mathrm{e}^{-\lambda_i t}h_i(t)]=[\mathrm{e}^{-\lambda_i t}h_i(t)]'=D_i\delta(t)$$

对上式两边同时积分，则有

$$\begin{aligned}&\int_{0_-}^{t}[\mathrm{e}^{-\lambda_i\tau}h_i(\tau)]'\mathrm{d}\tau=D_i\int_{0_-}^{t}\delta(\tau)\mathrm{d}\tau\\&\mathrm{e}^{-\lambda_i\tau}h_i(\tau)\big|_{0_-}^{t}=D_i\varepsilon(t)\\&\mathrm{e}^{-\lambda_i t}h_i(t)-h_i(0_-)=D_i\varepsilon(t)\end{aligned}$$

对于因果系统，$h_i(0_-)=0$，因此一阶子系统冲激响应的一般形式为

$$H_i(p)=\frac{D_i}{p-\lambda_i}\rightarrow h_i(t)=D_i\mathrm{e}^{\lambda_i t}\varepsilon(t) \tag{2-56}$$

同理可求得其他子系统的冲激响应，从而得到 n 阶系统的单位冲激响应为

$$\begin{aligned}h(t)&=\sum_{i=1}^{n}h_i(t)=[D_1\mathrm{e}^{\lambda_1 t}+D_2\mathrm{e}^{\lambda_2 t}+\cdots+D_n\mathrm{e}^{\lambda_n t}]\varepsilon(t)\\&=\sum_{i=1}^{n}D_i\mathrm{e}^{\lambda_i t}\varepsilon(t)\end{aligned} \tag{2-57}$$

【例 2-21】 求例 2-15 系统的单位冲激响应 $h(t)$。

解：例 2-15 系统的传输算子为 $H(p)=\dfrac{p}{(p+2)(p+3)}$，由部分分式展开法得

$$H(p)=\frac{p}{(p+2)(p+3)}=\frac{-2}{p+2}+\frac{3}{p+3}$$

利用式(2-57)，可得

$$h(t)=\sum_{i=1}^{n}h_i(t)=(3\mathrm{e}^{-3t}-2\mathrm{e}^{-2t})\varepsilon(t)$$

【例 2-22】 如图 2-30 所示电路，输入为电流源 $i(t)$，输出为电容电压 $v_C(t)$，试求系统的冲激响应 $h(t)$。

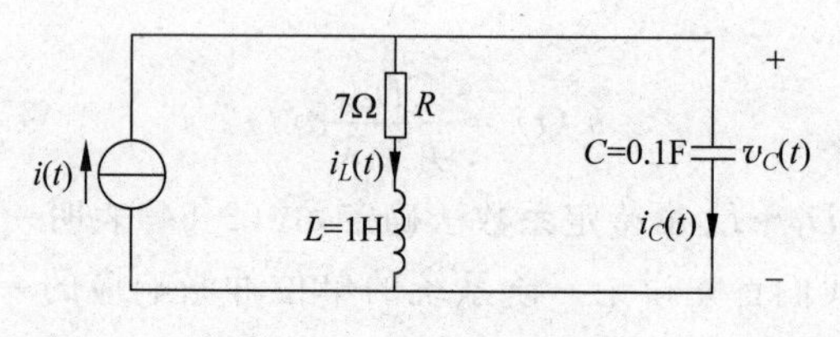

图 2-30　例 2-22 电路

解：由广义 KCL 列出算子节点方程为

$$i_L(t)+i_C(t)=i(t)\Rightarrow\frac{v_C(t)}{p+7}+0.1pv_C(t)=i(t)\Rightarrow v_C(t)\left[\frac{1}{p+7}+0.1p\right]=i(t)$$

$$v_C(t)=\frac{10(p+7)}{p^2+7p+10}i(t)$$

$$H(p)=\frac{10(p+7)}{p^2+7p+10}=\frac{10(p+7)}{(p+2)(p+5)}=\frac{k_1}{p+2}+\frac{k_2}{p+5}=\frac{50/3}{p+2}-\frac{20/3}{p+5}$$

从而可得

$$h(t)=\left(\frac{50}{3}\mathrm{e}^{-2t}-\frac{20}{3}\mathrm{e}^{-5t}\right)\varepsilon(t)$$

表 2-3 列出了部分 $H(p)$ 的形式与其对应的冲激响应 $h(t)$ 表达式。

表 2-3　$H(p)$ 所对应的冲激响应 $h(t)$ 表达式

传输算子 $H_i(p)$	$\dfrac{D}{p-\lambda}$	Dp^n	D	$\dfrac{D}{(p-\lambda)^r}$
冲激响应 $h_i(t)$	$D\mathrm{e}^{\lambda t}\varepsilon(t)$	$D\delta^{(n)}(t)$	$D\delta(t)$	$\dfrac{D}{(r-1)!}t^{r-1}\mathrm{e}^{\lambda t}\varepsilon(t)$

2. 系统的零状态响应 $y_{zs}(t)$

当系统的初始状态(储能)为零时，其响应是零状态响应 $y_{zs}(t)$。利用系统的单位冲激响应以及 LTI 系统的线性性和时不变性，我们可以得到因果系统的零状态响应 $y_{zs}(t)$。

根据 LTI 系统的时不变性，当输入移位 τ 时，输出也移位 τ，可以得到

$$\delta(t-\tau)\rightarrow h(t-\tau)\tag{2-58}$$

根据 LTI 系统的线性性，当输入乘以强度因子 $f(\tau)$ 时，输出也乘以强度因子 $f(\tau)$，又得到

$$f(\tau)\delta(t-\tau)\rightarrow f(\tau)h(t-\tau)$$

最后利用LTI系统的叠加性，若输入信号是原信号的积分，输出信号亦是原信号的积分，可以得到

$$\int_0^t f(\tau)\delta(t-\tau)\mathrm{d}\tau \to \int_0^t f(\tau)h(t-\tau)\mathrm{d}\tau \Rightarrow f(t) \to y_{zs}(t)$$

即输入 $f(t)$ 时对应的零状态响应 $y_{zs}(t)$ 为

$$y_{zs}(t) = \int_0^t f(\tau)h(t-\tau)\mathrm{d}\tau = f(t) * h(t) \tag{2-59}$$

式(2-59)得到的正是因果系统的零状态响应 $y_{zs}(t)$。由于式(2-59)是卷积运算，因此也称卷积法。当已知 $f(t)$、$h(t)$ 时，系统的零状态响应可用卷积进行计算。

【例2-23】 如图2-31所示电路，已知激励 $f(t)=\varepsilon(t)$，用时域法求 $i(t)$。

解：根据电路列出方程

$$(pL+R)i(t) = f(t)$$

$$i(t) = \frac{f(t)}{pL+R}$$

$$H(p) = \frac{1}{p+1}$$

$$h(t) = \mathrm{e}^{-t}\varepsilon(t)$$

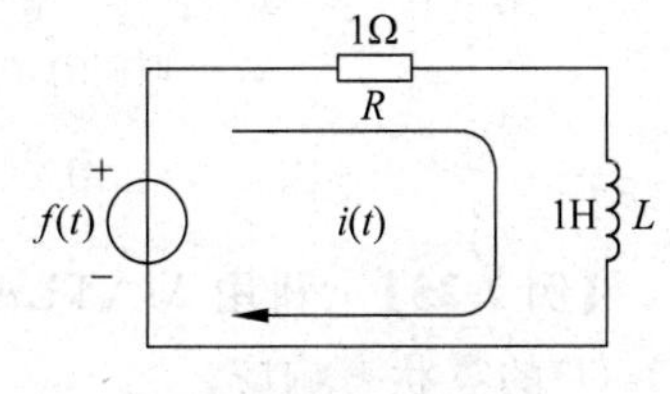

图2-31　例2-23电路

将 $f(t)$、$h(t)$ 代入式(2-59)，得

$$\begin{aligned} i(t) &= f(t) * h(t) = \varepsilon(t) * \mathrm{e}^{-t}\varepsilon(t) \\ &= (1-\mathrm{e}^{-t})\varepsilon(t) \end{aligned}$$

从以上求解过程，可以看到时域法是利用系统的冲激响应，借助卷积积分来完成系统的零状态响应求解。

定义：输入为单位阶跃信号 $\varepsilon(t)$ 时，系统在零状态时的响应为单位阶跃响应，简称阶跃响应，记为 $g(t)$。

利用卷积的微积分性质，可由 $f(t)$ 与单位冲激响应 $h(t)$ 的卷积公式，推出 $f'(t)$ 与阶跃响应 $g(t)$ 的卷积公式，即

$$y(t) = f(t) * h(t) = f'(t) * \int_{-\infty}^t h(\lambda)\mathrm{d}\lambda = f'(t) * g(t) \tag{2-60}$$

【例2-24】 已知系统为 $\frac{\mathrm{d}^2 i(t)}{\mathrm{d}t^2}+5\frac{\mathrm{d}i(t)}{\mathrm{d}t}+6i(t)=\frac{\mathrm{d}e(t)}{\mathrm{d}t}$，利用MATLAB求系统的冲激响应和阶跃响应。

解：求系统零状态响应的MATLAB程序如下：

```
clear all;
b=[1 0];a=[1 5 6];
sys=tf(b,a);
t=0:0.1:10;
y=impulse(sys,t);
plot(t,y);
xlabel('时间(t)');ylabel('y(t)');title('单位冲激响应');
figure;
y=step(sys,t);
plot(t,y);
xlabel('时间(t)');ylabel('y(t)');title('单位阶跃响应');
```

运行结果如图2-32所示。

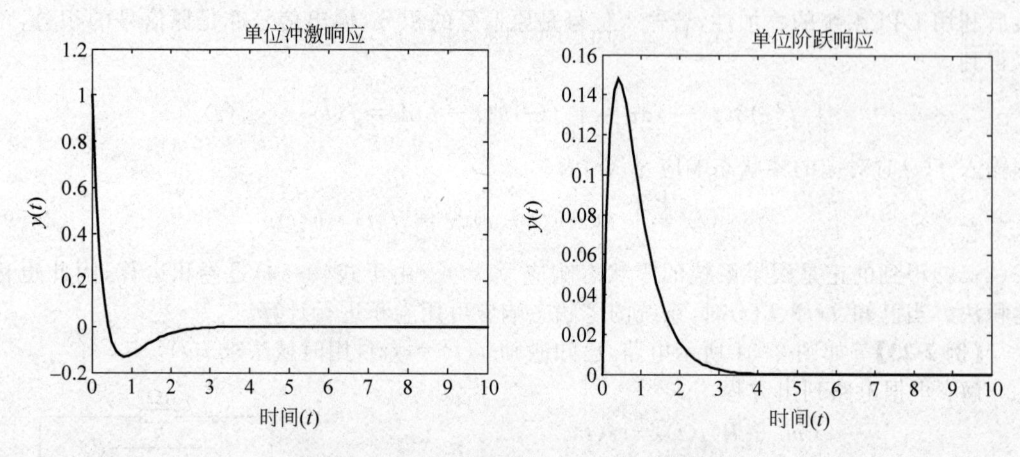

图 2-32　例 2-24 的冲激响应和阶跃响应波形

【例 2-25】　利用 MATLAB 解方程 $y''(t)+4y'(t)+3y(t)=f'(t)+3f(t)$，$f(t)=e^{-t}\varepsilon(t)$的零状态响应。

解：求系统零状态响应的 MATLAB 程序为：

```
clear all;
ts = 0; te = 10;dt = 0.01;
sys = tf([1 3],[1 4 3]);
t = ts:dt:te;
x = exp( - 1 * t);
y = lsim(sys,x, t);                                    %计算零状态响应
subplot(3,1,3);plot(t, y);
xlabel('t(sec)'); ylabel('y(t)');
axis([t(1) t(length(t)) - 0.5 0.5]);
grid on;
```

运行结果如图 2-33 所示。

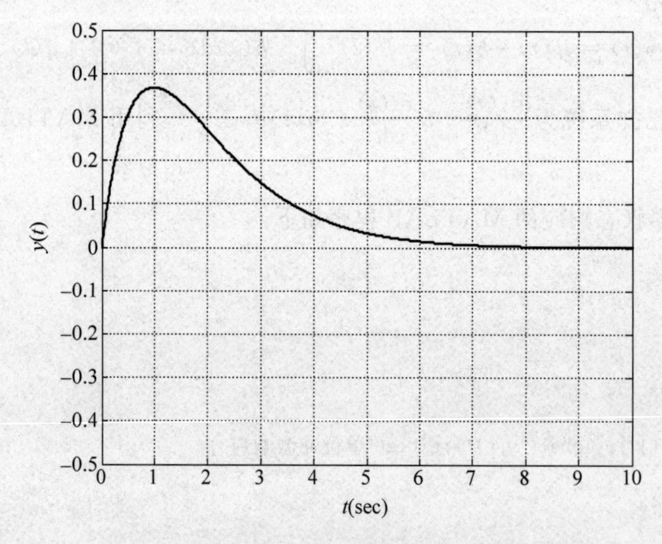

图 2-33　例 2-25 的零状态响应波形

2.4.4 LTI 系统的完全响应及其分解

1. 系统的完全响应

由前面的分析可知，用系统的储能及激励可分别求出系统的零输入响应和零状态响应，LTI 系统的全响应 $y(t)$ 为两者之和，即

$$y(t)=y_{zs}(t)+y_{zi}(t)$$

利用线性系统的可分解性，可以将系统的初始条件$\{y^{(k)}(0)\}$分解为零状态初始条件和零输入初始条件，通过式(2-51)来确定系统的 0_- 和 0_+ 初始条件。

【例 2-26】 已知某线性系统的传输算子为 $H(p)=\dfrac{p+1}{p^2+2p+1}$，激励 $f(t)=\varepsilon(t)$，初始条件 $y_{zi}(0_-)=1, y'_{zi}(0_-)=2$，求系统的完全响应 $y(t)$。

解：已知

$$H(p)=\frac{p+1}{p^2+2p+1}=\frac{p+1}{(p+1)^2}$$

由特征根及初始条件 $y(0_-)=1, y'(0_-)=2$，求得零输入响应为

$$y_{zi}(t)=(C_0+C_1t)e^{-t}\varepsilon(t)$$

$$\begin{cases} y(0_-)=C_0=1 \\ y'(0_-)=-C_0+C_1=2 \end{cases} \Rightarrow \begin{cases} C_0=1 \\ C_1=3 \end{cases}$$

即

$$y_{zi}(t)=(1+3t)e^{-t}\varepsilon(t)$$

由传输算子，得

$$h(t)=e^{-t}\varepsilon(t)$$

零状态响应为

$$y_{zs}(t)=f(t)*h(t)=\varepsilon(t)*e^{-t}\varepsilon(t)=(1-e^{-t})\varepsilon(t)$$

系统的完全响应为

$$\begin{aligned} y(t) &= y_{zi}(t)+y_{zs}(t) \\ &= (1+3t)e^{-t}\varepsilon(t)+(1-e^{-t})\varepsilon(t) \\ &= (1+3te^{-t})\varepsilon(t) \end{aligned}$$

2. 系统完全响应的分解

完全响应除了可分解为零输入响应与零状态响应之外，还可以从其他角度进行分解，将系统的完全响应分解为不同分量。

从响应与激励的关系来看，完全响应可分解为自然(自由)响应与受迫(强迫)响应。其中由系统特征根决定的响应定义为自然响应，与激励信号形式相同的响应定义为受迫响应。显然，零输入响应是自然响应，而零状态响应中一般既包含有受迫响应，也包含有自然响应。

从响应的幅度随时间 t 增长是否减小直至消失来看，系统的完全响应还可分为瞬态响应与稳态响应。其中瞬态响应是响应中随着时间增长而消失的部分，稳态响应是响应中随时间增长不会消失的部分。形如 $e^{-t}\varepsilon(t)$ 的响应是瞬态响应，而形如 $\sin\omega t\cdot\varepsilon(t)$、$\varepsilon(t)$ 的响应都是稳态响应。

【例 2-27】 若系统的激励为 $f(t)=\varepsilon(t)$，试指出 $y(t)=(1-e^{-t})\varepsilon(t)$ 中的各响应分量。

解：

$$y(t)=(1-e^{-t})\varepsilon(t)=\underbrace{\varepsilon(t)}_{\text{受迫 稳态}}-\underbrace{e^{-t}\varepsilon(t)}_{\text{自然 瞬态}}$$

即响应中的 $e^{-t}\varepsilon(t)$ 是自然(自由)响应，同时也是瞬态响应；$\varepsilon(t)$ 是受迫(强迫)响应和稳态响应。

【例 2-28】 试指出例 2-26 中各响应分量。

解：例 2-26 中系统的完全响应 $y(t)$ 为

$$y(t)=y_{zi}(t)+y_{zs}(t)=\underbrace{(1+3t)\mathrm{e}^{-t}\varepsilon(t)}_{\text{零输入响应}}+\underbrace{(1-\mathrm{e}^{-t})\varepsilon(t)}_{\text{零状态响应}}=(\underbrace{1}_{\text{受迫 稳态}}+\underbrace{3t\mathrm{e}^{-t}}_{\text{自然 瞬态}})\varepsilon(t)$$

即例 2-26 系统完全响应中的零输入响应为

$$y_{zi}(t)=(1+3t)\mathrm{e}^{-t}\varepsilon(t)$$

零状态响应为

$$y_{zs}(t)=(1-\mathrm{e}^{-t})\varepsilon(t)$$

而 $\varepsilon(t)$是受迫响应(强迫响应)和稳态响应；$3t\mathrm{e}^{-t}\varepsilon(t)$是自然响应(自由响应)和瞬态响应。

【例 2-29】 已知系统为 $y''(t)+y(t)=f(t)$，初始条件 $y'(0)=-1,y(0)=0$，激励 $f(t)=\cos 2\pi t$，利用 MATLAB 求系统的完全响应。

解：求系统完全响应的 MATLAB 程序如下。

```
clear;
b = [1];a = [1 0 1];                    % b是分子的系数矩阵,a是分母的系数矩阵
[A B C D] = tf2ss(b,a);                 % 传递函数转换到状态空间表达式
sys = ss(A,B,C,D);
t = 0:0.1:30;
f = cos(t);
zi = [ - 1 0];
y = lsim(sys,f,t,zi);                   % 对系统输出进行仿真
plot(t,y);
xlabel('时间(t)');
ylabel('y(t)');
title('系统的全响应');
line([0,30],[0,0]);
```

运行结果如图 2-34 所示。

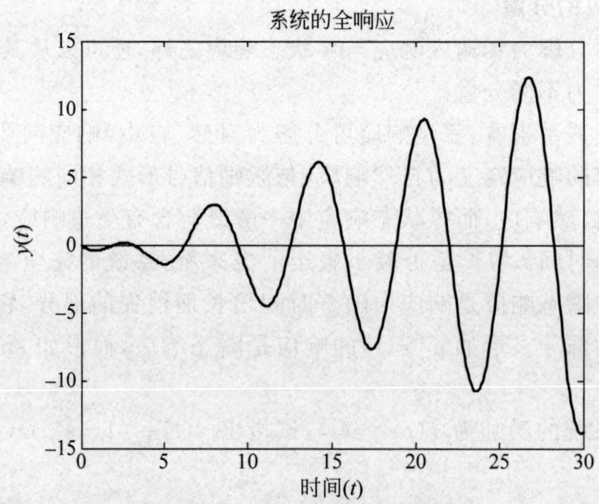

图 2-34 例 2-29 的完全响应波形

习题

2-1　设系统的初始状态为 $x(t_0)$，输入为 $f(t)$，完全响应为 $y(t)$，试判断以下系统是否为线性系统，并说明理由。

(1) $y(t)=x^2(t_0)\cdot \lg[f(t)]$；　　(2) $y(t)=x(t_0)+f^2(t)$；

(3) $y(t)=\sqrt{x(t_0)}+\int_{t_0}^{t} f(\tau)\mathrm{d}\tau$；　　(4) $y(t)=\mathrm{e}^{-t}x(t_0)+\frac{\mathrm{d}f(t)}{\mathrm{d}t}+\int_{t_0}^{t} f(\tau)\mathrm{d}\tau$。

2-2　设系统的初始状态为 $x_1(0)$ 和 $x_2(0)$，输入为 $f(t)$，完全响应为 $y(t)$，试判断下列系统的性质(线性/非线性，时变/时不变，因果/非因果)。

(1) $y(t)=x_1(0)+2x_2(0)+3f(t)$；　　(2) $y(t)=x_1(0)x_2(0)+\int_{0}^{t} f(\tau)\mathrm{d}\tau$；

(3) $y(t)=x_1(0)+\sin[f(t)]+f(t-2)$；　　(4) $y(t)=x_2(0)+f(2t)+f(t+1)$。

2-3　判断下列 LTI 系统是否为因果系统。

(1) $y(t)=x(t_0)+3f(t)$；　　(2) $h(t)=\mathrm{e}^{-|t|}\sin(\omega_0 t)\varepsilon(t)$；

(3) $h(t)=\mathrm{e}^{-at}\varepsilon(-t)$。

2-4　计算下式卷积积分 $f_1(t)*f_2(t)$。

(1) $f_1(t)=f_2(t)=\varepsilon(t)$；　　(2) $f_1(t)=\varepsilon(t)$，$f_2(t)=\mathrm{e}^{-t}\varepsilon(t)$；

(3) $f_1(t)=\mathrm{e}^{-2t}\varepsilon(t-1)$，$f_2(t)=\mathrm{e}^{-3t}\varepsilon(t+3)$；(4) $f_1(t)=t\varepsilon(t)$，$f_2(t)=\varepsilon(t)-\varepsilon(t-2)$。

2-5　已知 $f(t)$ 如图 2-35(a)所示，试用 $f(t)$，$\delta_T(t)=\sum_{n=-\infty}^{\infty}\delta(t-nT)$，$g_\tau(t)$ 进行两种运算(相乘和卷积)，构成如图 2-35(b)和(c)所示的 $f_1(t)$ 和 $f_2(t)$。

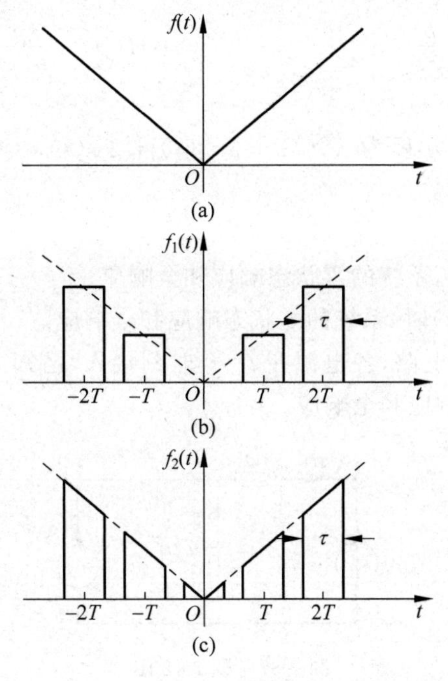

图 2-35　题 2-5 图

2-6　已知 $f_1(t)$和 $f_2(t)$如图 2-36 所示，设 $f(t)=f_1(t)*f_2(t)$，试求 $f(-1)$、$f(0)$和 $f(1)$的值。

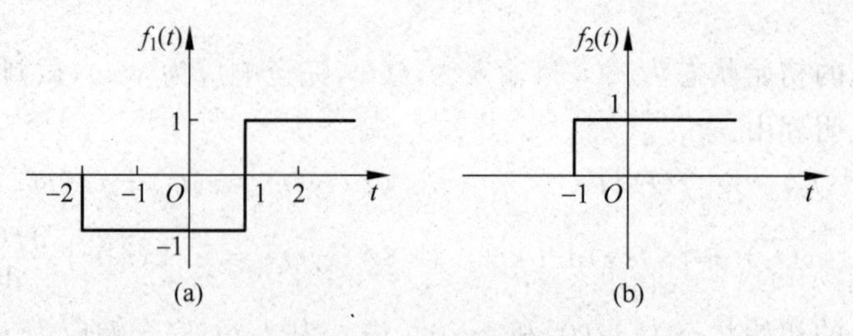

图 2-36　题 2-6 图

2-7　给定如下传输算子 $H(p)$，试写出它们对应的微分方程。

(1) $H(p)=\dfrac{p}{p+2}$；　　(2) $H(p)=\dfrac{p+1}{p+1}$；

(3) $H(p)=\dfrac{p+1}{2p+3}$；　　(4) $H(p)=\dfrac{p(p+3)}{(p+1)(p+2)}$。

2-8　描述 LTI 连续系统的微分方程如下：

$$y''(t)+4y'(t)+4y(t)=f'(t)+f(t)\quad y_{zi}(0_+)=1,\quad y'_{zi}(0_+)=1$$

试求系统的零输入响应 $y_{zi}(t)$。

2-9　已知连续系统的输入输出算子方程及初始条件如下：

$$y(t)=\frac{-(2p+1)}{p(p^2+4p+8)}f(t)\quad y_{zi}(0_+)=0,\quad y'_{zi}(0_+)=1,\quad y''_{zi}(0_+)=0$$

试求系统的零输入响应。

2-10　已知连续系统的传输算子 $H(p)$为：

(1) $H(p)=\dfrac{p^3+3p^2-p-5}{p^2+5p+6}$；　　(2) $H(p)=\dfrac{3p^3+10p+26}{p(p^2+4p+13)}$。

试求系统的单位冲激响应 $h(t)$。

2-11　已知系统微分方程为 $y''(t)+3y'(t)+2y(t)=f'(t)+3f(t)$，初始条件 $y(0_-)=1$，$y'(0_-)=2$，试求：

(1) 系统的零输入响应 $y_{zi}(t)$；

(2) 输入 $f(t)=\varepsilon(t)$时，系统的零状态响应和全响应；

(3) 输入 $f(t)=e^{-3t}\varepsilon(t)$时，系统的零状态响应和全响应。

2-12　如图 2-37 所示电路，各电源在 $t=0$ 时刻接入，已知 $u_C(0_-)=1\text{V}$，求输出电流 $i(t)$的零输入响应、零状态响应和全响应。

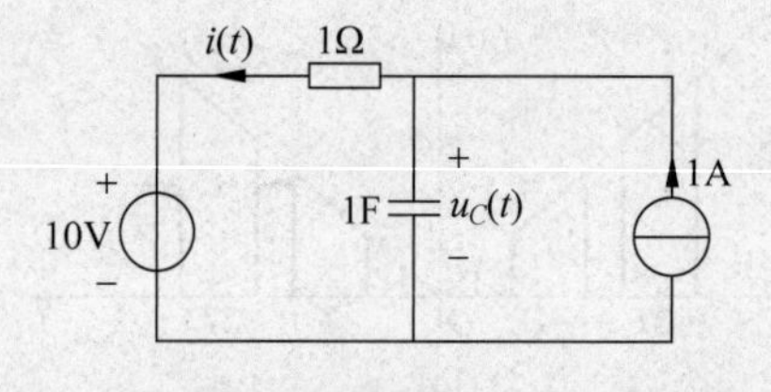

图 2-37　题 2-12 图

2-13　求下列系统的单位阶跃响应。

(1) $H(p)=\dfrac{p+4}{p(p^2+3p+2)}$；　　(2) $H(p)=\dfrac{3p+1}{p(p+1)^2}$。

2-14　给定下列系统的输入输出算子方程、初始条件和输入信号，试分别求其完全响应，并指出其零输入响应、零状态响应、自由响应、强迫响应、暂态响应和稳态响应分量。

(1) $(p+1)y(t)=f(t),y(0_-)=2,f(t)=(1+e^{-3t})\varepsilon(t)$；

(2) $(p^2+2p+1)y(t)=(p+1)f(t),y(0_-)=1,y'(0_-)=2,f(t)=e^{-2t}\varepsilon(t)$。

2-15　试用 MATLAB 绘制题 2-4 中各卷积积分 $f_1(t)*f_2(t)$的波形。

2-16　试用 MATLAB 绘制题 2-9 中系统的零输入响应的波形。

2-17　试用 MATLAB 绘制题 2-10 中各系统的单位冲激响应 $h(t)$的波形。

2-18　题 2-11 中系统的输入为 $f(t)=\varepsilon(t)$时，试用 MATLAB 绘制系统的零状态响应。

第3章 傅里叶级数与傅里叶变换

CHAPTER 3

3.1 引言

信号可以用时间函数来表示，第2章学习了在时域中分析和研究信号的特性。除了时域分析以外，信号还可以在频域中进行分析和研究，频域分析法即傅里叶分析法，是信号与系统变换域分析的基础。信号具有频率特性：一个复杂的信号可以分解成许多不同频率的正弦函数的线性组合，各个正弦分量的幅度和相位按频率的高低排列形成了信号的频谱。

对信号进行频谱分析及其应用至今已有近两百年的历史。1822年法国数学家傅里叶(J. Fourier，1768—1830，见图3-1)在研究热传导理论时提出并证明了周期函数展开为正弦级数的原理，之后泊松(Poisson)、高斯(Gauss)等人将这一成果应用到电学中，经过多年的发展，这种分析方法已广泛应用于电学、力学、量子物理学等众多的科学与技术领域中，如今傅里叶分析方法已经成为信号分析与系统设计不可或缺的重要工具。

图3-1 法国数学家傅里叶

本章介绍信号及系统的傅里叶分析，在介绍周期信号的傅里叶级数和信号频谱概念的基础上，讨论傅里叶变换及其性质，以及傅里叶分析方法在连续时间信号与系统分析中的应用。

3.2 周期信号的傅里叶级数

周期信号是一种周而复始、无始无终的信号。

其表达式为

$$f(t) = f(t+T) \tag{3-1}$$

式中，T 是满足式(3-1)的最小的非零正值，称为信号 $f(t)$ 的基波周期，其倒数 $f_0=1/T$ 是信号的基波频率。

3.2.1 周期信号的傅里叶级数

按高等数学的知识我们知道，任何周期为 T 的周期函数 $f(t)$，若满足狄里赫利条件：

(1) 在一个周期内，函数 $f(t)$ 为连续或只含有有限个第一类间断点；

(2) 在一个周期内，函数 $f(t)$ 的极值点为有限个；

(3) 在一个周期内，函数 $f(t)$ 是绝对可积的，即满足

$$\int_{t_0}^{t_0+T} |f(t)| \mathrm{d}t < \infty \tag{3-2}$$

则周期函数 $f(t)$ 可以展开为三角函数的线性组合

$$\begin{aligned} f(t) &= \frac{a_0}{2} + a_1 \cos\omega_0 t + a_2 \cos 2\omega_0 t + \cdots + b_1 \sin\omega_0 t + b_2 \sin 2\omega_0 t + \cdots \\ &= \frac{a_0}{2} + \sum_{n=1}^{\infty} (a_n \cos n\omega_0 t + b_n \sin n\omega_0 t) \end{aligned} \tag{3-3}$$

式中，$a_0 = \frac{2}{T}\int_{t_0}^{t_0+T} f(t)\mathrm{d}t$

$$a_n = \frac{2}{T}\int_{t_0}^{t_0+T} f(t)\cos n\omega_0 t\mathrm{d}t$$

$$b_n = \frac{2}{T}\int_{t_0}^{t_0+T} f(t)\sin n\omega_0 t\mathrm{d}t$$

其中，$\omega_0 = 2\pi/T$ 是周期函数 $f(t)$ 的基波角频率，有时也简称为基波频率。一般可取 $t_0 = -T/2$。

式(3-3)称为周期函数 $f(t)$ 的三角形式的傅里叶级数展开式。

若将式(3-3)中相同的频率项合并，还可以将一般三角形式的傅里叶级数展开式化为如下标准的三角形式的傅里叶级数展开式。

$$\begin{aligned} f(t) &= \frac{a_0}{2} + \sum_{n=1}^{\infty} (a_n \cos n\omega_0 t + b_n \sin n\omega_0 t) \\ &= \frac{a_0}{2} + \sum_{n=1}^{\infty} \sqrt{a_n^2 + b_n^2}\left[\frac{a_n}{\sqrt{a_n^2 + b_n^2}}\cos n\omega_0 t + \frac{b_n}{\sqrt{a_n^2 + b_n^2}}\sin n\omega_0 t\right] \\ &= \frac{c_0}{2} + \sum_{n=1}^{\infty} c_n (\cos\varphi_n \cos n\omega_0 t - \sin\varphi_n \sin n\omega_0 t) \\ &= \frac{c_0}{2} + \sum_{n=1}^{\infty} c_n \cos(n\omega_0 t + \varphi_n) \end{aligned} \tag{3-4}$$

这两种三角形式傅里叶级数展开式系数的关系为

$$\left.\begin{aligned} & c_0 = a_0, c_n = \sqrt{a_n^2 + b_n^2}, \quad \varphi_n = -\arctan\frac{b_n}{a_n} \\ & \sin\varphi_n = \frac{-b_n}{\sqrt{a_n^2 + b_n^2}}, \quad \cos\varphi_n = \frac{a_n}{\sqrt{a_n^2 + b_n^2}} \\ & a_n = c_n \cos\varphi_n, \quad b_n = -c_n \sin\varphi_n \end{aligned}\right\}$$

利用欧拉公式，我们可以将三角形式的傅里叶级数表示为复指数形式的傅里叶级数。欧拉公式如下

$$\left.\begin{aligned}\cos n\omega_0 &= \frac{1}{2}(\mathrm{e}^{\mathrm{j}n\omega_0}+\mathrm{e}^{-\mathrm{j}n\omega_0})\\ \sin n\omega_0 &= \frac{1}{\mathrm{j}2}(\mathrm{e}^{\mathrm{j}n\omega_0}-\mathrm{e}^{-\mathrm{j}n\omega_0})\end{aligned}\right\} \tag{3-5}$$

$$\mathrm{e}^{\pm \mathrm{j}n\omega_0} = \cos n\omega_0 \pm \mathrm{j}\sin n\omega_0$$

将式(3-5)代入式(3-4)，得到如下复指数形式的傅里叶级数展开式

$$\begin{aligned}f(t) &= \frac{c_0}{2}+\sum_{n=1}^{\infty}c_n\cos(n\omega_0 t+\varphi_n)\\ &= \frac{c_0}{2}+\sum_{n=1}^{\infty}\frac{c_n}{2}\left[\mathrm{e}^{\mathrm{j}(n\omega_0 t+\varphi_n)}+\mathrm{e}^{-\mathrm{j}(n\omega_0 t+\varphi_n)}\right]\\ &= \frac{c_0}{2}+\sum_{n=1}^{\infty}\frac{c_n}{2}\mathrm{e}^{\mathrm{j}n\omega_0 t}\mathrm{e}^{\mathrm{j}\varphi_n}+\sum_{n=1}^{\infty}\frac{c_n}{2}\mathrm{e}^{-\mathrm{j}n\omega_0 t}\mathrm{e}^{-\mathrm{j}\varphi_n}\\ &= \frac{c_0}{2}+\sum_{n=1}^{\infty}\frac{c_n}{2}\mathrm{e}^{\mathrm{j}n\omega_0 t}\mathrm{e}^{\mathrm{j}\varphi_n}+\sum_{n=-1}^{-\infty}\frac{c_{-n}}{2}\mathrm{e}^{\mathrm{j}n\omega_0 t}\mathrm{e}^{-\mathrm{j}\varphi_{-n}}\\ &= \frac{c_0}{2}+\sum_{n=1}^{\infty}\frac{c_n}{2}\mathrm{e}^{\mathrm{j}n\omega_0 t}\mathrm{e}^{\mathrm{j}\varphi_n}+\sum_{n=-\infty}^{-1}\frac{c_n}{2}\mathrm{e}^{\mathrm{j}n\omega_0 t}\mathrm{e}^{\mathrm{j}\varphi_n}\\ &= \sum_{n=-\infty}^{\infty}\frac{c_n}{2}\mathrm{e}^{\mathrm{j}n\omega_0 t}\mathrm{e}^{\mathrm{j}\varphi_n}\end{aligned} \tag{3-6}$$

令 $F_n=\frac{c_n}{2}\mathrm{e}^{\mathrm{j}\varphi_n}$，得到周期函数 $f(t)$ 的复指数形式的傅里叶级数展开式为

$$f(t) = \sum_{n=-\infty}^{\infty}F_n\mathrm{e}^{\mathrm{j}n\omega_0 t} \tag{3-7}$$

其中系数

$$F_n = \frac{1}{T}\int_{t_0}^{t_0+T}f(t)\mathrm{e}^{-\mathrm{j}\omega_0 t}\mathrm{d}t = \frac{1}{2}c_n(\cos\varphi_n+\mathrm{j}\sin\varphi_n) \tag{3-8}$$

F_n 通常是复数，可以表示成模和幅角的形式

$$F_n = |F_n|\mathrm{e}^{\mathrm{j}\varphi_n}$$

三角函数标准形式中 c_n 是第 n 次谐波分量的振幅，但在指数形式中，F_n 要与相对应的 F_{-n} 合并，构成第 n 次谐波分量的振幅和相位。

指数形式与三角形式系数之间的关系为

$$\left.\begin{aligned}F_0 &= \frac{a_0}{2}=\frac{c_0}{2}\\ F_n &= |F_n|\mathrm{e}^{\mathrm{j}\varphi_n}=\frac{1}{2}(a_n+\mathrm{j}b_n)=\frac{1}{2}c_n\mathrm{e}^{\mathrm{j}\varphi_n}\\ F_{-n} &= \frac{1}{2}(a_n-\mathrm{j}b_n)=\frac{1}{2}c_n\mathrm{e}^{-\mathrm{j}\varphi_n}\\ \varphi_n &= -\arctan\frac{b_n}{a_n}\\ F_n+F_{-n} &= 2\mathrm{Re}[F_n]=a_n\\ \mathrm{j}(F_n-F_{-n}) &= \mathrm{j}2\mathrm{Im}[F_n]=b_n\end{aligned}\right\} \tag{3-9}$$

3.2.2 周期信号的频谱

通过傅里叶级数展开，我们把周期函数 $f(t)$表示为三角函数的线性组合。而三角函数表达的是一种单一频率的信号，因此将周期函数表达成傅里叶级数展开式，可以从频率的角度来描述信号。

一个周期信号与另一个周期信号的区别，在时域中表现为波形不同；而在频域中则表现为 F_n 不同，即振幅和相位的不同。因而振幅和相位是在频域中研究信号 $f(t)$的关键。

把振幅及相位随 ω 变化的曲线称为信号的频谱图。利用频谱图可方便、直观地表示一个信号中包含有哪些频率分量，以及各频率分量所占的比重。

前面已述，周期信号的复振幅 F_n 一般为 $n\omega_0$ 的复函数，因而描述其特点的频谱图一般有两个：一个称为振幅频谱，简称幅度谱，它是以 ω 为横坐标、振幅为纵坐标所画的谱线图；另一个称为相位频谱，简称相位谱，它是以 ω 为横坐标、相位为纵坐标所画的谱线图。

在信号的复振幅 F_n 为 ω 的实函数的特殊情况下，其复振幅与变量(ω)的关系也可以用一个图绘出。

信号的时域波形与频谱都是实际存在的，例如我们可以通过示波器来观察信号的时域波形，通过频谱分析仪观察信号的频谱。声波有频谱，图像也有频谱，频谱与时域波形一样具有实际意义。

【例 3-1】 已知周期信号 $f(t)$的表达式如下，试画出其频谱图。

$$f(t)=1+\sqrt{2}\cos\omega_0 t-\cos\left(2\omega_0 t+\frac{5\pi}{4}\right)+\sqrt{2}\sin\omega_0 t+\frac{1}{2}\sin 3\omega_0 t$$

解：将 $f(t)$整理为标准形式

$$\begin{aligned}f(t)&=1+2\cos\left(\omega_0 t-\frac{\pi}{4}\right)+\cos\left(2\omega_0 t+\frac{5\pi}{4}-\pi\right)+\frac{1}{2}\cos\left(3\omega_0 t-\frac{\pi}{2}\right)\\&=1+2\cos\left(\omega_0 t-\frac{\pi}{4}\right)+\cos\left(2\omega_0 t+\frac{\pi}{4}\right)+\frac{1}{2}\cos\left(3\omega_0 t-\frac{\pi}{2}\right)\end{aligned}$$

则 $f(t)$的幅度谱与相位谱如图 3-2 所示。

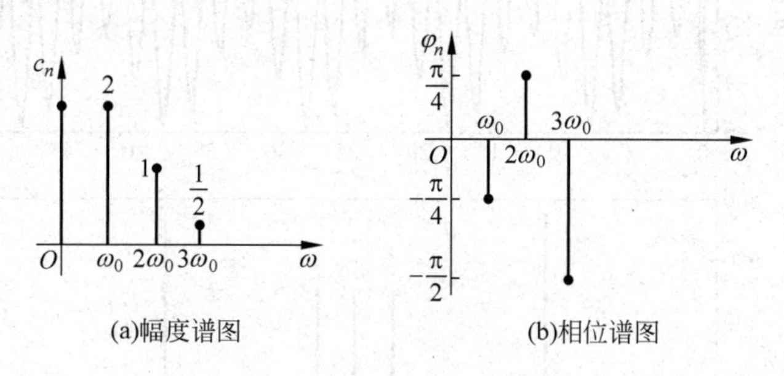

(a)幅度谱图 (b)相位谱图

图 3-2 例 3-1 的频谱图

其指数形式频谱图(双边谱)如图 3-3 所示。

下面给出用 MATLAB 画周期信号频谱图示例。

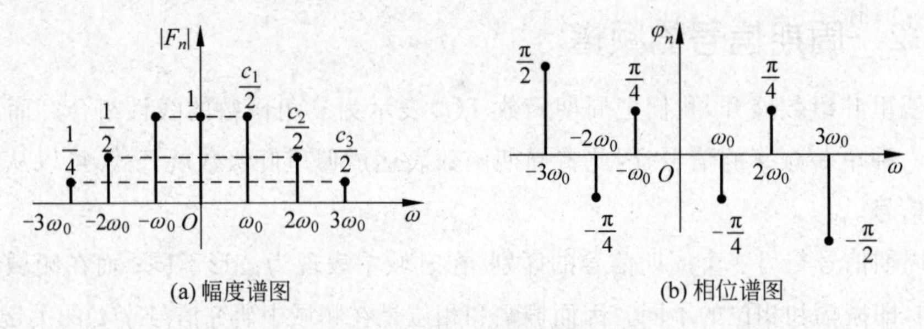

图 3-3　例 3-1 的频谱图(双边谱)

【例 3-2】 试画出周期信号 $f(t)=-1+2\sin(0.2\pi t)-3\cos\pi t$ 的幅度频谱。

解：MATLAB 程序如下：

```
clear;
N = 5000; T = 0.1; n = 1: N;
D = 2 * pi/(N * T);
f = - 1 + 2 * sin(0.2 * pi * n * T) - 3 * cos(pi * n * T);
F = T * fftshift(fft(f));
k = floor( - (N - 1)/2:N/2);
subplot(2, 1, 1);
plot(n * T, f);
axis([ - 1,50, - 6.1,4.1]);
ylabel('f(t)');
line([ - 1, 50], [0, 0]);
line([0,0], [ - 6.1,4.1]);
subplot(2, 1, 2);
plot(k * D, abs(F));
ylabel('幅频');
axis([ - 6, 6, - 0.1, 800]);
```

波形如图 3-4 所示。

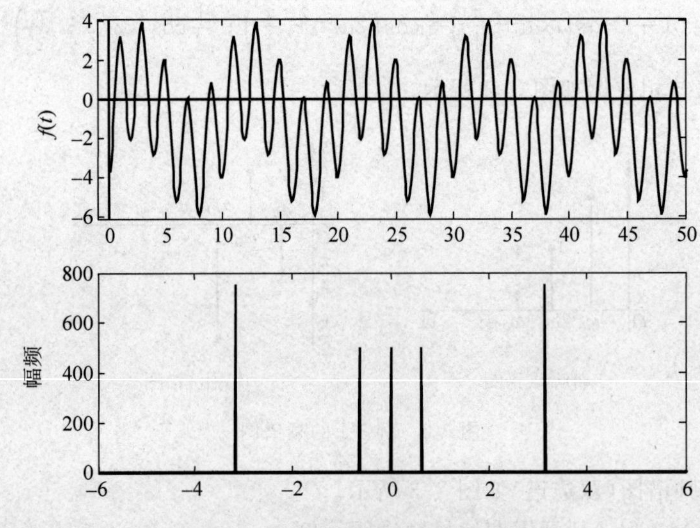

图 3-4　例 3-2 非正弦周期信号频谱

周期矩形脉冲是典型的周期信号，其频谱函数具有周期信号频谱的基本特点。下面通过对周期矩形脉冲频谱的分析，来了解周期信号频谱的一般规律。

【例 3-3】 周期矩形脉冲 $f(t)$的时域波形如图 3-5 所示，求周期矩形脉冲频谱。

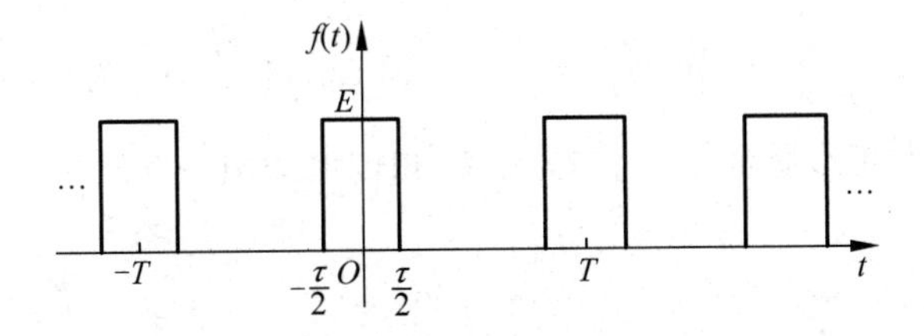

图 3-5　周期矩形脉冲 $f(t)$

解： 周期矩形脉冲 $f(t)$的时域表达式为 $f(t)=\begin{cases} E & -\frac{\tau}{2}<t<\frac{\tau}{2} \\ 0 & \text{其他} \end{cases}$

其中，$\omega_0=2\pi/T$。将 $f(t)$展开成指数形式傅里叶级数，由式(3-8)可得

$$
\begin{aligned}
F_n &= \frac{1}{T}\int_{-\tau/2}^{\tau/2} E\mathrm{e}^{-\mathrm{j}n\omega_0 t}\,\mathrm{d}t = \frac{E}{T}\cdot\frac{1}{-\mathrm{j}n\omega_0}\mathrm{e}^{-\mathrm{j}n\omega_0 t}\Big|_{\frac{-\tau}{2}}^{\frac{\tau}{2}} \\
&= \frac{E}{T}\cdot\frac{1}{n\omega_0}\frac{2}{2\mathrm{j}}\left(\mathrm{e}^{\mathrm{j}\frac{n\omega_0\tau}{2}}-\mathrm{e}^{-\mathrm{j}\frac{n\omega_0\tau}{2}}\right) \\
&= \frac{E}{T}\cdot\frac{2}{n\omega_0}\sin\frac{n\omega_0\tau}{2} \\
&= \frac{E\tau}{T}\cdot Sa\,\frac{n\omega_0\tau}{2}
\end{aligned}
$$

式中，

$$f(t)=\sum_{n=-\infty}^{\infty}\frac{E\tau}{T}Sa\,\frac{n\omega_0\tau}{2}\mathrm{e}^{\mathrm{j}n\omega_0 t}=|F_n|\,\mathrm{e}^{\mathrm{j}\varphi_n}$$

$$|F_n|=\frac{E\tau}{T}\left|Sa\,\frac{n\omega_0\tau}{2}\right|$$

使 $Sa\,\frac{n\omega_0\tau}{2}=0$ 的 ω 是 F_n 的零点，由此可解出 F_n 的零点为

$$\omega=\frac{2n\pi}{\tau}\qquad(n=\pm 1,\pm 2,\cdots)$$

$$|F_n|=\frac{E\tau}{T}\left|Sa\,\frac{n\omega_0\tau}{2}\right|$$

$$\varphi_n=\begin{cases} 0 & \frac{4k\pi}{\tau}<\omega<\frac{2(2k+1)\pi}{\tau} \\ -\pi & \frac{2(2k+1)\pi}{\tau}<\omega<\frac{4(2k+1)\pi}{\tau} \end{cases}\qquad k\geqslant 0$$

其三角形式的傅里叶级数，由式(3-9)可得

$$\left.\begin{aligned} F_0 &= \frac{E\tau}{T} \\ |F_n| &= \frac{E\tau}{T}\left|Sa\,\frac{n\omega_0\tau}{2}\right| \end{aligned}\right\}$$

$$f(t)=\frac{E\tau}{T}+\frac{2E\tau}{T}\sum_{n=1}^{\infty}Sa\,\frac{n\omega_0\tau}{2}\cos n\omega_0 t$$

若设 $T=5\tau, E=1, \tau=\frac{T}{5}$，代入上式，得：$|F_n|=\frac{1}{5}\left|Sa\,\frac{n\pi}{5}\right|$，其零点为

$$\frac{2n\pi}{\tau}=\frac{2n\pi}{T/5}=5n\cdot\frac{2\pi}{T}=5n\omega_0$$，即 $5\omega_0, 10\omega_0, \cdots$ 为过零点。

当 $T=5\tau$ 时，周期矩形脉冲 $f(t)$ 的幅度谱、相位谱如图 3-6 所示。

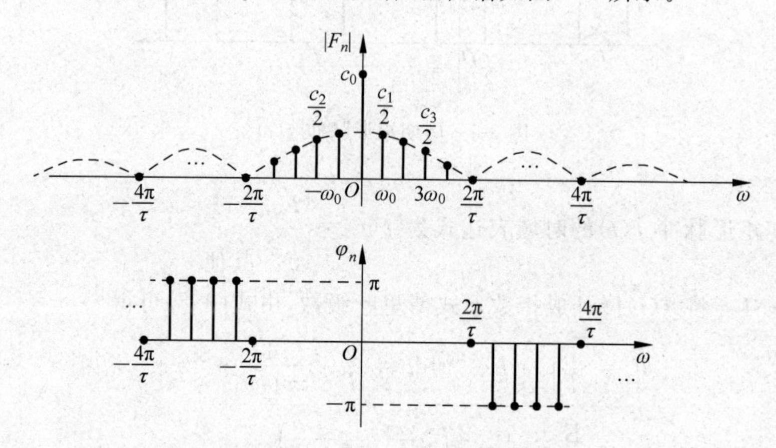

图 3-6　周期矩形信号的复振幅频谱

使用 MATLAB 将周期矩形脉冲 $f(t)$ 展开为傅里叶级数的程序如下。

【例 3-4】 将基频为 50Hz 的方波展开为傅里叶级数。

解：MATLAB 程序如下：

```
clear
N = 5000; T = 0.01; n = 1: 8 * N;
D = 2 * pi/(N * T);
f = square(2 * pi * n * T);                    % 产生方波
F = T * fftshift(fft(f));
k = floor( - (8 * N - 1)/2: 8 * N/2);
subplot(2, 1, 1);
plot(n * T, f);
axis([0, 10, - 1.5, 1.5]);
ylabel('f(t)');
line([ - 1, 50], [0, 0]);
line([0, 0], [ - 6.1, 4.1]);
subplot(2, 1, 2);
plot(k * D, abs(F));
ylabel('幅频');
axis([ - 1000, 1000, - 10, 300]);
```

程序运行结果如图 3-7 所示。

【例 3-5】 利用 MATLAB 分析周期矩形脉冲 $f(t)$ 的周期 T 及脉冲宽度 τ 变化对频谱发生影响，并以此结果来分析周期信号频谱的特性。

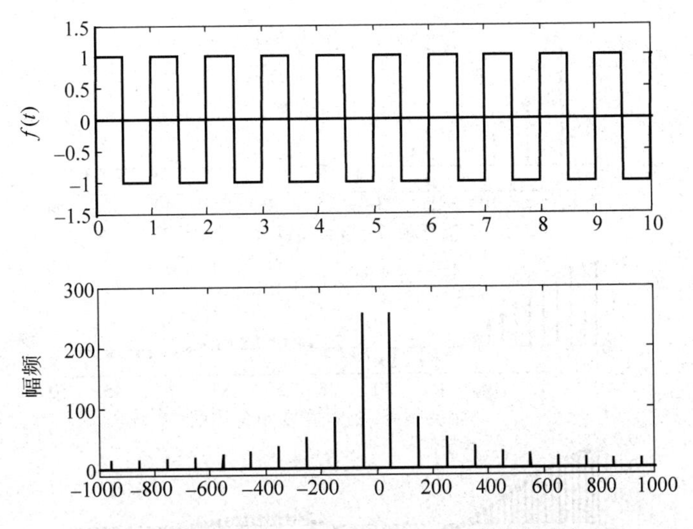

图 3-7 例 3-4 的 $f(t)$与其傅里叶级数幅频特性

解：首先定义一个抽样函数(Sa. m)：

```
Sa.m
% 抽样函数(连续或离散)
% 高度为 1,
% 调用: y = Sa(t) 函数幅度为 1,第一个过零点为 pi
function f = Sa(t)
f = sinc(t./pi);
```

(1) 周期矩形脉冲 τ 不变、T 变化时频谱改变的 MATLAB 程序如下：

```
clear all
tau = 0.5;t = [2 5 10];
tau_T = tau./t;                                    % 占空比
omega_0 = 2 * pi./t
n0 = 0;n1 = 50;
N = length(t);
for k = 1:N
n = [n0:omega_0(k):n1];
    F_n = tau_T(k) * Sa(tau * n/2)
    Fn_max = max(F_n);
    Fn_min = min(F_n);
    subplot(N,1,k),stem(n,F_n,'.');
    axis([n0 n1 Fn_min - 0.01 Fn_max + 0.01]);
    line([n0 n1],[0 0],'color','r');           % 画直线,表示横轴,线为红色
    title(strcat('幅度频谱:脉冲宽度 = 0.5,周期 = ',num2str(t(k)))); % 图上标题
end
```

结果如图 3-8 所示。

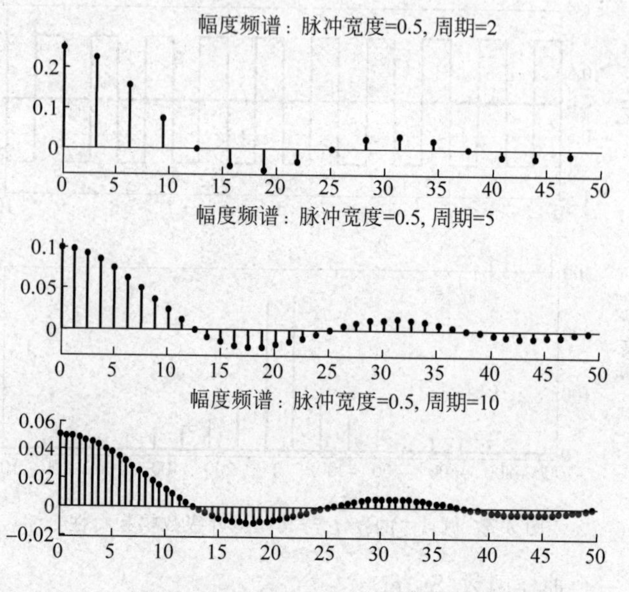

图 3-8 周期矩形脉冲 τ 不变、T 变化时频谱的改变

(2) 周期矩形脉冲 T 不变、τ 变化时频谱改变的 MATLAB 程序如下：

```
clear all
tau = [0.2 0.5 1];t = 5;
tau_T = tau./t;                                   % 占空比
omega_0 = 2 * pi/t
n0 = 0;n1 = 50;N = length(tau);
n = [n0:omega_0:n1];
for k = 1:N
F_n = tau_T(k) * Sa(tau(k) * n/2);
Fn_max = max(F_n);
Fn_min = min(F_n);
subplot(N,1,k),stem(n,F_n,'.');                   % 画幅度频谱
axis([n0 n1 Fn_min - 0.01 Fn_max + 0.01]);
line([n0 n1],[0 0],'color','r');                  % 画直线,表示横轴,线为红色
title(strcat('幅度频谱:周期 = 5,脉冲宽度 = ',num2str(tau(k)))); % 在图上写标题
end
```

结果如图 3-9 所示。

从例 3-5 仿真结果图可以看到，周期矩形脉冲 $f(t)$ 的频谱具有如下特点：

(1) 周期矩形脉冲 $f(t)$ 的频谱图是离散的，频率间隔 $\omega_0 = 2\pi/T$。特别是随着周期 T 的增加，离散谱线的间隔 ω_0 减小；若 $T\to\infty$，$\omega_0\to 0$，$|F_n|\to 0$，离散谱将变为连续谱。

(2) 直流、基波及各次谐波分量的大小正比于脉冲幅度 E 及脉冲宽度 τ，反比于周期 T。各谐波幅度随 $Sa(n\omega_0\tau/2)$ 的包络而变化，$\omega = 2n\pi/\tau$ 为零点($n=1,2,\cdots$)。若 $\tau\to 0$，第一个零点 $\omega=2\pi/\tau\to\infty$。

(3) 频谱图中有无穷多根谱线，但主要能量集中在第一个零点 $\omega=2\pi/\tau$ 之间。实际应用时，通常把 $0\sim 2\pi/\tau$ 的频率范围称为矩形信号的频带宽度，记为 B，于是矩形信号的频带宽度

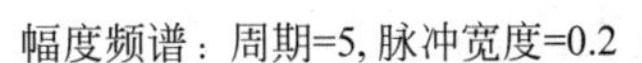

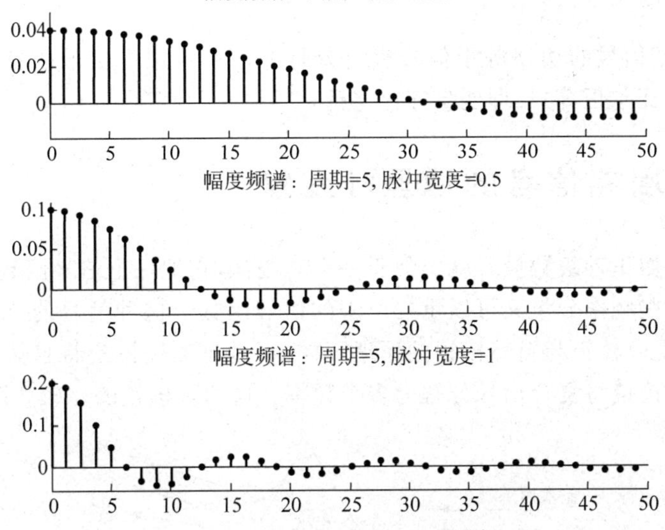

图 3-9 周期矩形脉冲 T 不变、τ 变化时频谱的改变

$$\begin{cases} B_w = \dfrac{2\pi}{\tau} \\ B_f = \dfrac{1}{\tau} \end{cases} \tag{3-10}$$

式(3-10)中 B_w 的单位是弧度/秒，B_f 的单位是赫兹(Hz)。

以上虽然是对周期矩形信号的频谱分析，但其基本特性对所有周期信号都适用，由此给出周期信号频谱的一般特性。

一般周期信号的频谱具有以下三个特点。

(1) 离散性：谱线沿频率轴离散分布。谱线仅在 $0,\omega_0$，$2\omega_0$……基波的倍频(离散的)频率点上出现。

(2) 谐波性：各谱线等距分布，相邻谱线的距离等于基波频率。周期信号没有基波频率整数倍以外的频率分量。

(3) 收敛性：随着 $n\to\infty$，$|F_n|$ 趋于零。

3.2.3 周期信号的功率

周期信号随着时间的延续，信号的幅度周期性变化着，因而周期信号的能量无限，而平均功率是有界的，因此周期信号是功率信号。

周期信号的功率定义为周期信号在 1Ω 电阻上消耗的平均功率。因而，对于周期为 T 的周期信号 $f(t)$，其平均功率为

$$P = \frac{1}{T}\int_{-\frac{T}{2}}^{\frac{T}{2}} f^2(t)\,\mathrm{d}t \tag{3-11}$$

已知周期信号 $f(t)$ 可展开为傅里叶级数展开式

$$f(t) = \sum_{n=-\infty}^{\infty} F_n \mathrm{e}^{\mathrm{j}n\omega_0 t}$$

将其代入式(3-11)，得到

$$P = |F_0|^2 + 2\sum_{n=1}^{\infty} |F_n|^2 \tag{3-12}$$

式(3-12)说明周期信号的功率等于信号直流分量的功率再加上信号的各次谐波分量功率之和，这就是帕塞瓦尔恒等式，即能量守恒定理。

3.3 非周期信号的傅里叶变换

从本质上讲，傅里叶级数展开就类似于一个三棱镜，它把一个信号函数分解为众多的频率分量，而利用这些频率分量又可以重构原来的信号函数。这种信号的分解是可逆的且保持能量不变。傅里叶棱镜与自然棱镜的原理一样，不过自然棱镜是将自然光分解为多种颜色的光，而傅里叶棱镜将复合信号分解为多个频率。这两种棱镜的比较如图 3-10 所示。

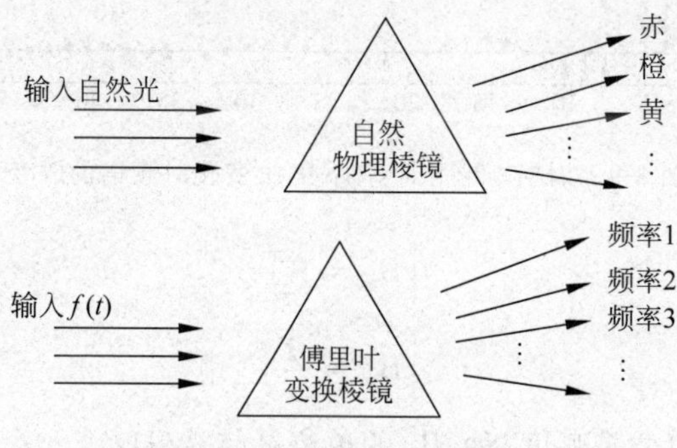

图 3-10　两种棱镜的比较

3.3.1 从傅里叶级数到傅里叶变换

若将非周期信号看作是周期信号 $T\to\infty$ 的极限情况，非周期信号就可以表示为

$$f(t) = \lim_{T\to\infty} f_T(t)$$

以周期矩形脉冲为例，当 $T\to\infty$ 时，周期信号就变成单脉冲信号的非周期信号。由 3.2 节的分析可知，随着 T 的增大，离散谱线间隔 ω_0 就变窄；当 $T\to\infty$，$\omega_0\to 0$，$|F_n|\to 0$ 时，离散谱就变成了连续谱。虽然 $|F_n|\to 0$，但其频谱分布规律依然存在，它们之间的相对值仍有差别。为了表明这种振幅、相位随频率变化的相对关系，我们引入**频谱密度函数**。

已知周期函数的傅里叶级数为

$$f_T(t) = \sum_{n=-\infty}^{\infty} F_n \mathrm{e}^{\mathrm{j}n\omega_0 t}$$

式中

$$F_n = F(\mathrm{j}n\omega_0) = \frac{1}{T}\int_{-T/2}^{T/2} f_T(t)\mathrm{e}^{-\mathrm{j}n\omega_0 t}\mathrm{d}t \tag{3-13}$$

对式(3-13)两边取极限，并乘以 T 使 F_n 不趋向于零，得到

$$\lim_{T\to\infty} TF_n = \lim_{T\to\infty}\int_{-T/2}^{T/2} f_T(t)\mathrm{e}^{-\mathrm{j}n\omega_0 t}\mathrm{d}t$$

令 $\lim\limits_{T\to\infty} TF_n = F(\mathrm{j}\omega)$，则

$$F(\mathrm{j}\omega)=\int_{-\infty}^{\infty}f(t)\mathrm{e}^{-\mathrm{j}\omega t}\mathrm{d}t \tag{3-14}$$

由傅里叶级数可得

$$\begin{aligned}f_T(t)&=\sum_{n=-\infty}^{\infty}F_n\mathrm{e}^{\mathrm{j}n\omega_0 t}\\&=\sum_{n=-\infty}^{\infty}\frac{1}{T}\left[\int_{-T/2}^{T/2}f_T(t)\mathrm{e}^{-\mathrm{j}n\omega_0 t}\mathrm{d}t\right]\mathrm{e}^{\mathrm{j}n\omega_0 t}\\&=\sum_{n=-\infty}^{\infty}\frac{\omega_0}{2\pi}\left[\int_{-T/2}^{T/2}f_T(t)\mathrm{e}^{-\mathrm{j}n\omega_0 t}\mathrm{d}t\right]\mathrm{e}^{\mathrm{j}n\omega_0 t}\end{aligned}$$

当 $T\to\infty$时，$f_T(t)\to f(t)$，$n\omega_0\to\omega$，$\omega_0\to\mathrm{d}\omega$，求和变成求积分，则有

$$f(t)=\int_{-\infty}^{\infty}\frac{1}{2\pi}\left(\int_{-\infty}^{\infty}f(t)\mathrm{e}^{-\mathrm{j}\omega t}\mathrm{d}t\right)\mathrm{e}^{\mathrm{j}\omega t}\mathrm{d}\omega$$

即：

$$f(t)=\frac{1}{2\pi}\int_{-\infty}^{\infty}F(\mathrm{j}\omega)\mathrm{e}^{\mathrm{j}\omega t}\mathrm{d}\omega \tag{3-15}$$

一般把式(3-14)与式(3-15)叫作傅里叶变换对，其中式(3-14)为傅里叶变换，式(3-15)为傅里叶反变换，而傅里叶级数是傅里叶变换的特殊表示形式。

傅里叶变换对的关系也常用下述符号表示

$$\left.\begin{aligned}F(\mathrm{j}\omega)&=\mathcal{F}[f(t)]\\f(t)&=\mathcal{F}^{-1}[F(\mathrm{j}\omega)]\end{aligned}\right\} \tag{3-16}$$

或记为

$$f(t)\leftrightarrow F(\mathrm{j}\omega)$$

式(3-16)表示 $F(\mathrm{j}\omega)$与 $f(t)$具有一一对应关系，$F(\mathrm{j}\omega)$是 $f(t)$的频谱密度函数，而 $f(t)$是 $F(\mathrm{j}\omega)$的原函数。

傅里叶变换简称傅氏变换，用英文缩写 FT 表示；傅里叶反变换用英文缩写 IFT 表示。若 $f(t)$为因果信号，则傅里叶变换式为

$$F(\mathrm{j}\omega)=\int_{0}^{\infty}f(t)\mathrm{e}^{-\mathrm{j}\omega t}\mathrm{d}t$$

其反变换与式(3-15)相同。

由傅里叶反变换式，我们可以得到任意信号在不同频率时的幅度和相位值，特别当频率和观察时间为零时，有

$$\left.\begin{aligned}F(0)&=\int_{-\infty}^{\infty}f(t)\mathrm{d}t\\f(0)&=\frac{1}{2\pi}\int_{-\infty}^{\infty}F(\omega)\mathrm{d}\omega\end{aligned}\right\} \tag{3-17}$$

式(3-17)表明信号的直流分量可以由傅里叶变换在 ω 为零时的值来确定，而 t 为零时的信号取值与 $f(t)$的频谱密度函数的净面积成比例。

由傅里叶变换的推导过程可以看出，信号进行傅里叶变换存在的条件与傅里叶级数存在条件基本相同，不同之处是时间范围由一个周期变为无限区间。

傅里叶变换存在的充分条件是信号 $f(t)$在无限区间内绝对可积，即

$$\int_{-\infty}^{\infty}|f(t)|\mathrm{d}t<\infty \tag{3-18}$$

信号的时间函数 $f(t)$和它的傅里叶变换即频谱 $F(\mathrm{j}\omega)$是同一信号的两种不同的表现形式。$f(t)$显示了时间信息而隐藏了频率信息，而 $F(\mathrm{j}\omega)$显示了频率信息而隐藏了时间信息。

3.3.2 非周期信号的频谱函数

由非周期信号的傅里叶变换可知

$$f(t)=\frac{1}{2\pi}\int_{-\infty}^{\infty}F(\mathrm{j}\omega)\mathrm{e}^{\mathrm{j}\omega t}\mathrm{d}\omega$$

$$F(\mathrm{j}\omega)=\int_{-\infty}^{\infty}f(t)\mathrm{e}^{-\mathrm{j}\omega t}\mathrm{d}t$$

频谱函数 $F(\mathrm{j}\omega)$一般是复函数，记为

$$F(\mathrm{j}\omega)=|F(\mathrm{j}\omega)|\mathrm{e}^{\mathrm{j}\varphi(\omega)} \tag{3-19}$$

式中，$|F(\mathrm{j}\omega)|$是幅度谱密度函数，简称幅度谱；$\varphi(\omega)$是相位谱密度函数，简称相位谱。它们都是 ω 的连续函数。

利用欧拉公式，非周期信号的傅里叶变换表示式也可改写成三角函数形式

$$\begin{aligned}f(t)&=\frac{1}{2\pi}\int_{-\infty}^{\infty}F(\mathrm{j}\omega)\mathrm{e}^{\mathrm{j}\omega t}\mathrm{d}\omega=\frac{1}{2\pi}\int_{-\infty}^{\infty}|F(\mathrm{j}\omega)|\mathrm{e}^{\mathrm{j}(\omega t+\varphi(\omega))}\mathrm{d}\omega\\&=\frac{1}{2\pi}\int_{-\infty}^{\infty}|F(\mathrm{j}\omega)|\cos(\omega t+\varphi(\omega))\mathrm{d}\omega+\mathrm{j}\frac{1}{2\pi}\int_{-\infty}^{\infty}|F(\mathrm{j}\omega)|\sin(\omega t+\varphi(\omega))\mathrm{d}\omega\end{aligned}$$

即非周期信号 $f(t)$也可以分解为许多不同频率的正弦分量。

由于基波频率趋于无穷小量，因此非周期信号 $f(t)$包含了所有的频率分量，即非周期信号的频谱为连续谱。由于各频率成分的振幅趋于无穷小，因此非周期信号 $f(t)$的频谱只能用密度函数$|F(\mathrm{j}\omega)|$来表述各分量的相对大小。

3.3.3 典型信号的傅里叶变换

1. 单边指数函数

1）单边因果指数函数

$$f(t)=\mathrm{e}^{-at}\varepsilon(t)\quad a>0$$

$$\begin{aligned}F(\mathrm{j}\omega)&=\int_{-\infty}^{\infty}\mathrm{e}^{-at}\varepsilon(t)\mathrm{e}^{-\mathrm{j}\omega t}\mathrm{d}t=\int_{0}^{\infty}\mathrm{e}^{-(a+\mathrm{j}\omega)}\mathrm{d}t\\&=\left.\frac{-\mathrm{e}^{-(a+\mathrm{j}\omega)t}}{a+\mathrm{j}\omega}\right|_{0}^{\infty}=\frac{1}{a+\mathrm{j}\omega}=\frac{1}{\sqrt{a^2+\omega^2}}\mathrm{e}^{-\mathrm{j}\arctan\frac{\omega}{a}}\end{aligned}$$

即

$$F(\mathrm{j}\omega)=\frac{1}{a+\mathrm{j}\omega} \tag{3-20}$$

$$\left.\begin{aligned}|F(\mathrm{j}\omega)|&=\frac{1}{\sqrt{a^2+\omega^2}}\\\varphi(\omega)&=-\arctan\frac{\omega}{a}\end{aligned}\right\}$$

单边因果指数函数的时域波形 $f(t)$、幅度谱$|F(\mathrm{j}\omega)|$、相位谱 $\varphi(\omega)$如图 3-11 所示。

【例 3-6】 编写单边因果指数函数 $f(t)=\mathrm{e}^{-at}\varepsilon(t)$傅里叶变换 $F(\mathrm{j}\omega)$的 MATLAB 程序，并画出波形。

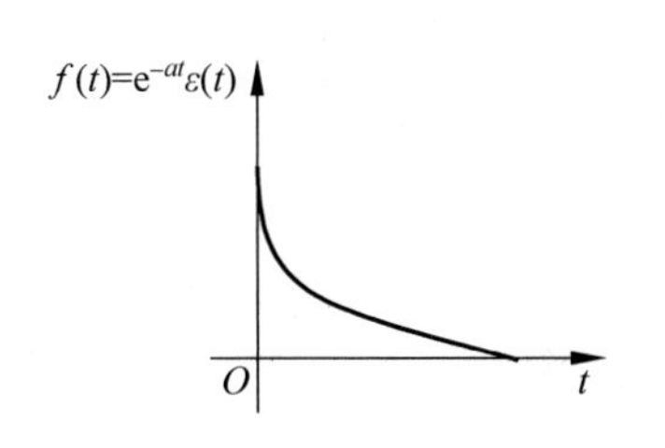

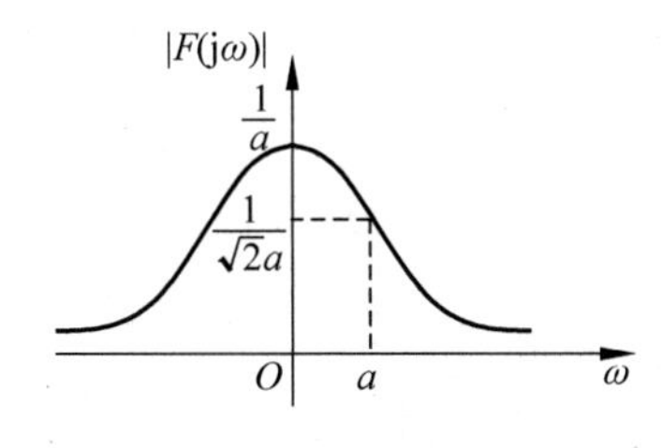

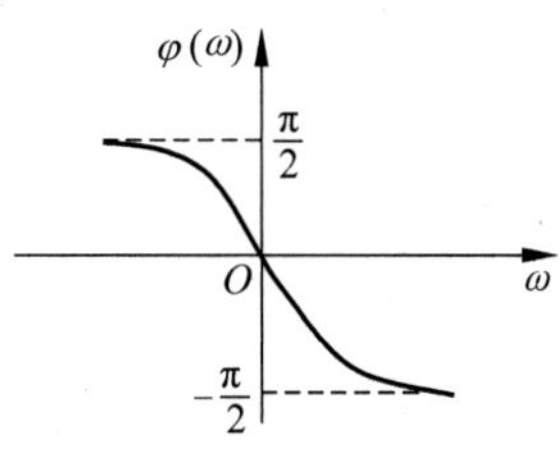

图 3-11　单边指数函数的波形，幅度谱和相位谱

解：MATLAB 程序为：

```
clear;
N = 500; T = 0.1; n = 1: N;
D = 2 * pi/(N * T);
f = exp( - 0.1 * n * T); subplot(3, 1, 1);
plot(n * T, f); axis([ - 1, 50, - 0.1, 1.2]);
ylabel('f(t)');
line([ - 1, 50], [0, 0]);
line([0, 0], [ - 0.1, 1.2]);
F = T * fftshift(fft(f));
k = floor( - (N - 1)/2: N/2);
subplot(3, 1, 2);
plot(k * D, abs(F));
ylabel('幅频');
axis([ - 2, 2, - 0.1, 10]);
subplot(3, 1, 3);
plot(k * D, angle(F));
ylabel('相频');
axis([ - 2, 2, - 2, 2]);
```

程序运行结果如图 3-12 所示。

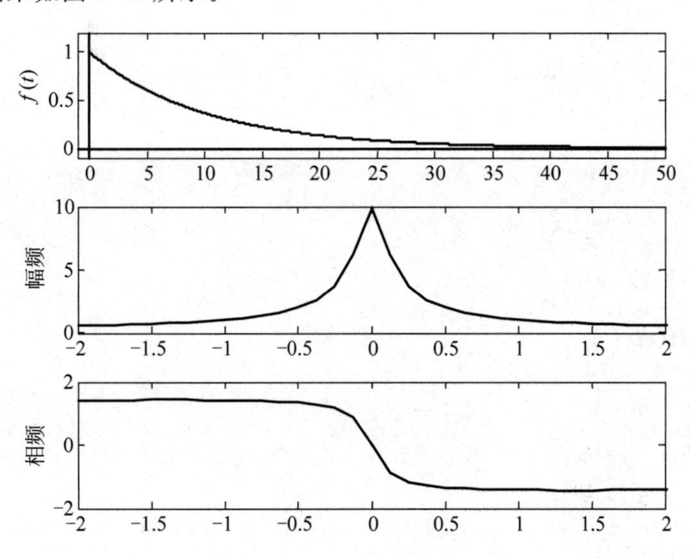

图 3-12　例 3-6 单边因果指数函数及其傅里叶变换

2）单边反因果指数函数

$$f(t)=\mathrm{e}^{at}\varepsilon(-t)\quad a>0$$

$$F(\mathrm{j}\omega)=\int_{-\infty}^{\infty}\mathrm{e}^{at}\varepsilon(-t)\mathrm{e}^{-\mathrm{j}\omega t}\mathrm{d}t=\int_{-\infty}^{0}\mathrm{e}^{(a-\mathrm{j}\omega)t}\mathrm{d}t$$

$$=\left.\frac{\mathrm{e}^{(a-\mathrm{j}\omega)t}}{a-\mathrm{j}\omega}\right|_{-\infty}^{0}=\frac{1}{a-\mathrm{j}\omega}=\frac{1}{\sqrt{a^2+\omega^2}}\mathrm{e}^{\mathrm{j}\arctan\frac{\omega}{a}}$$

即

$$F(\mathrm{j}\omega)=\frac{1}{a-\mathrm{j}\omega}\tag{3-21}$$

$$\left.\begin{aligned}|F(\mathrm{j}\omega)|&=\frac{1}{\sqrt{a^2+\omega^2}}\\ \varphi(\omega)&=\arctan\frac{\omega}{a}\end{aligned}\right\}$$

单边反因果指数函数的时域波形 $f(t)$、幅度谱 $|F(\mathrm{j}\omega)|$、相位谱 $\varphi(\omega)$ 如图 3-13 所示。

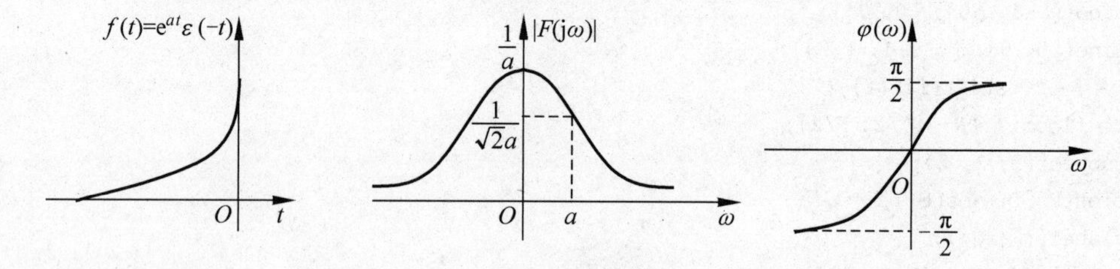

图 3-13　$\mathrm{e}^{at}\varepsilon(-t)$波形及其幅度谱、相位谱

【例 3-7】 编写求单边反因果指数函数 $f_2(t)=A\mathrm{e}^{at}\varepsilon(-t)$（令 $A=2,a=3$）傅里叶变换 $F(\mathrm{j}\omega)$的 MATLAB 程序，并画出波形。

解：MATLAB 程序为：

```
clear;
N = -500; T = 0.1; n = -1: -1: N;
D = 2 * pi/(N * T);
f = exp(0.1 * n * T);
subplot(3, 1, 1);
plot(n * T, f);
axis([-50, 1, -0.1, 1.2]);
ylabel('f(t)');
line([-50, 1], [0, 0]);
line([0, 0], [-0.1, 1.2]);
F = T * fftshift(fft(f));
k = floor(-(-N-1)/2: -N/2);
subplot(3, 1, 2);
plot(k * D, abs(F));
ylabel('幅频');
axis([-2, 2, -0.1, 10]);
subplot(3, 1, 3);
plot(k * D, angle(F));
ylabel('相频');
axis([-2, 2, -2, 2]);
```

程序运行结果如图 3-14 所示。

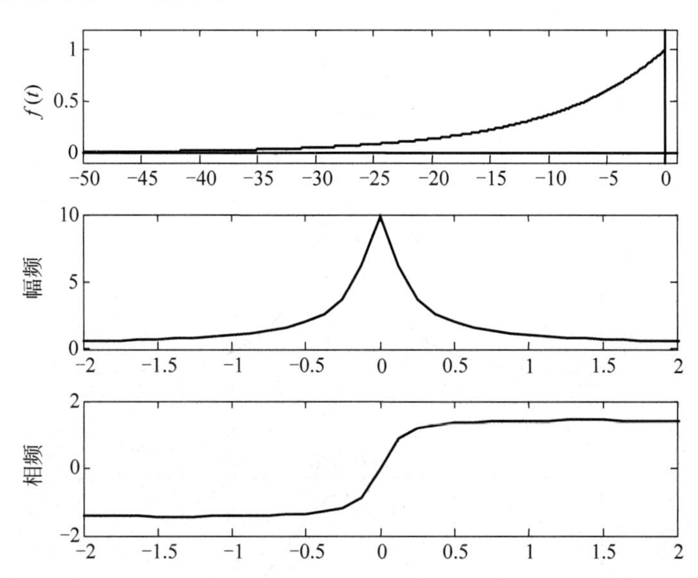

图 3-14　例 3-7 单边非因果指数函数及其傅里叶变换

2. 双边指数函数

双边指数函数 $f(t)=\mathrm{e}^{-a|t|}$，其中 $-\infty<t<\infty$，$a>0$

或
$$f(t)=\mathrm{e}^{at}\varepsilon(-t)+\mathrm{e}^{-at}\varepsilon(t)$$

利用以上单边指数函数傅里叶变换的结果，有

$$F(\mathrm{j}\omega)=\frac{1}{a-\mathrm{j}\omega}+\frac{1}{a+\mathrm{j}\omega}=\frac{2a}{a^2+\omega^2} \tag{3-22}$$

即
$$\left.\begin{aligned}|F(\mathrm{j}\omega)|&=\frac{2a}{a^2+\omega^2}\\ \varphi(\omega)&=0\end{aligned}\right\}$$

双边指数函数的时域波形 $f(t)$、频谱 $F(\mathrm{j}\omega)$ 如图 3-15 所示。

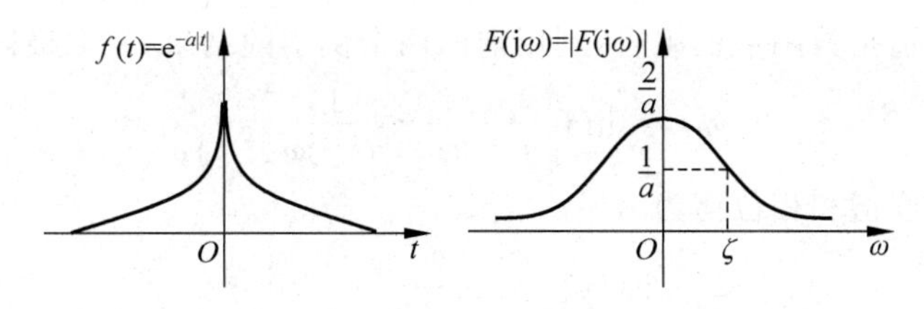

图 3-15　双边指数函数的时域波形和频谱

【例 3-8】 写出双边指数函数 $\mathrm{e}^{-2|t|}$ 傅里叶变换的 MATLAB 程序，并画出波形。

解：MATLAB 程序为：

```
clear;
syms t v;
F = fourier(exp( - 2 * abs(t)));
subplot(2, 1, 1);
```

```
ezplot(exp( - 2 * abs(t)));
subplot(2, 1, 2);
ezplot(F);
```

波形如图 3-16 所示。

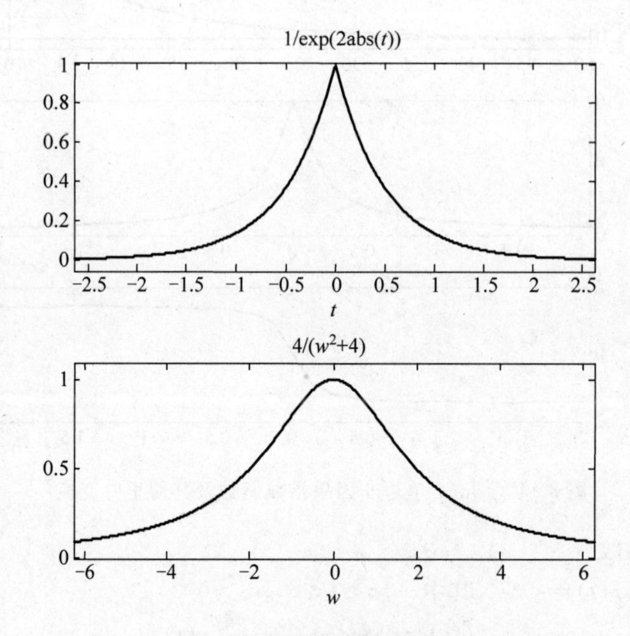

图 3-16 例 3-8 双边指数函数及其傅里叶函数

3. 符号函数

符号函数也称正负函数，记为 sgn(t)，其表达式为

$$\mathrm{sgn}(t)=-\varepsilon(-t)+\varepsilon(t)=\begin{cases}1 & t>0\\ -1 & t<0\end{cases}$$

显然，这个函数不满足绝对可积条件，不能用式(3-14)直接来求，但我们可用以下极限形式表示 sgn(t)函数

$$\mathrm{sgn}(t)=\lim_{a\to 0}\mathrm{e}^{-|a|t}=\lim_{a\to 0}\left[\mathrm{e}^{-at}\varepsilon(t)-\mathrm{e}^{at}\varepsilon(-t)\right]$$

上式是两个单边指数函数的组合，利用前面两个例子的结果，并取极限可得

$$F(\mathrm{j}\omega)=\lim_{a\to 0}\left[\frac{1}{a+\mathrm{j}\omega}-\frac{1}{a-\mathrm{j}\omega}\right]=\frac{2}{\mathrm{j}\omega} \tag{3-23}$$

符号函数的幅度谱和相位谱为

$$\left.\begin{aligned}|F(\mathrm{j}\omega)|&=\frac{2}{|\omega|}\\ \varphi(\omega)&=\begin{cases}\pi/2 & \omega<0\\ -\pi/2 & \omega>0\end{cases}\end{aligned}\right\}$$

符号函数的时域波形 $f(t)$、幅度谱$|F(\mathrm{j}\omega)|$和相位谱 $\varphi(\omega)$如图 3-17 所示。

4. 矩形脉冲信号 $g_\tau(t)$

矩形脉冲信号 $g_\tau(t)$是宽度为 τ，幅度为 1 的偶函数，常常称之为门函数，其表示式为

$$f(t)=\left[\varepsilon\left(t+\frac{\tau}{2}\right)-\varepsilon\left(t-\frac{\tau}{2}\right)\right]=g_\tau(t)$$

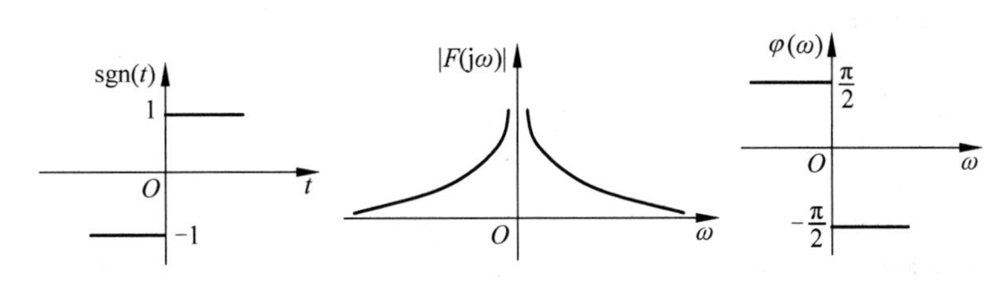

图 3-17　符号函数的波形及其幅度谱和相位谱

门函数的频谱函数为

$$F(\mathrm{j}\omega)=\int_{-\infty}^{\infty} g_\tau(t)\mathrm{e}^{-\mathrm{j}\omega t}\mathrm{d}t=\int_{-\tau/2}^{\tau/2}\mathrm{e}^{-\mathrm{j}\omega t}\mathrm{d}t$$

$$=\frac{2}{\omega}\sin\frac{\omega\tau}{2}=\tau\frac{\sin(\omega\tau/2)}{\omega\tau/2}=\tau\cdot Sa\left(\frac{\omega\tau}{2}\right) \tag{3-24}$$

因此，门函数的幅度谱和相位谱分别为

$$|F(\mathrm{j}\omega)|=\tau\left|Sa\left(\frac{\omega\tau}{2}\right)\right|$$

$$\varphi(\omega)=\begin{cases}0 & \dfrac{4n\pi}{\tau}<|\omega|<\dfrac{2(2n+1)\pi}{\tau}\\ \pi & \dfrac{2(2n+1)\pi}{\tau}<|\omega|<\dfrac{4(n+1)\pi}{\tau}\end{cases},\quad n\geqslant 0$$

门函数的波形 $f(t)$、振幅谱 $|F(\mathrm{j}\omega)|$、相位谱 $\varphi(\omega)$ 如图 3-18 所示。

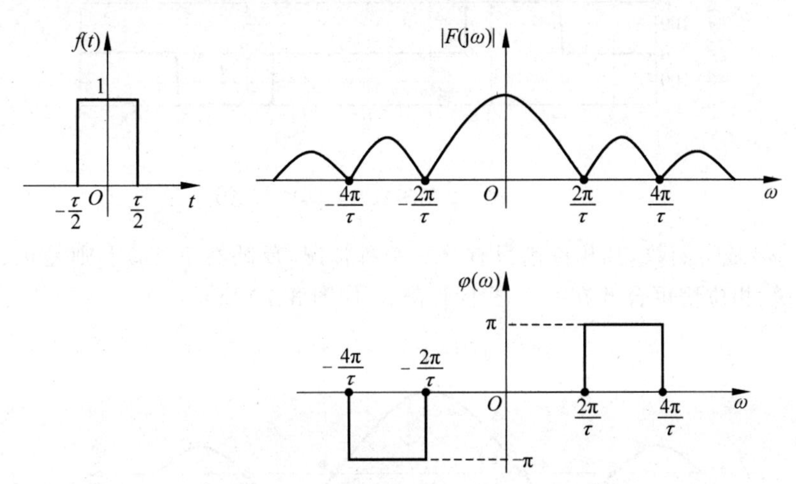

图 3-18　$g_\tau(t)$的波形及幅度谱和相位谱

【例 3-9】 写出门函数 $f(t)=g_2(t)=\varepsilon(t+1)-\varepsilon(t-1)$ 傅里叶变换的 MATLAB 程序并画出波形。

解：MATLAB 程序为：

```
clear;
T = 0.02; t = - 10: T: 10; N = 200;
W = 4 * pi; k = - N: N; w = k * W/N;
f1 = stepfun(t, - 1) - stepfun(t, 1);          % f(t)
F = T * f1 * exp( - j * t' * w);               % f(t)的傅里叶变换
```

```
F1 = abs(F); P1 = angle(F);
subplot(3, 1, 1); plot(t, f1);
axis([ - 3, 3, - 0.1, 1.2]); ylabel('f(t)');
xlabel('t'); title('f(t)'); grid;
subplot(3, 1, 2); plot(w, F1);
axis([ - 3 * pi, 3 * pi, - 0.01, 2.1]);
grid; ylabel('振幅');
subplot(3, 1, 3); plot(w, P1 * 180/pi);
grid; axis([ - 3 * pi, 3 * pi, - 180, 180]);
xlabel('w'); ylabel('相位(度)');
```

波形如图 3-19 所示。

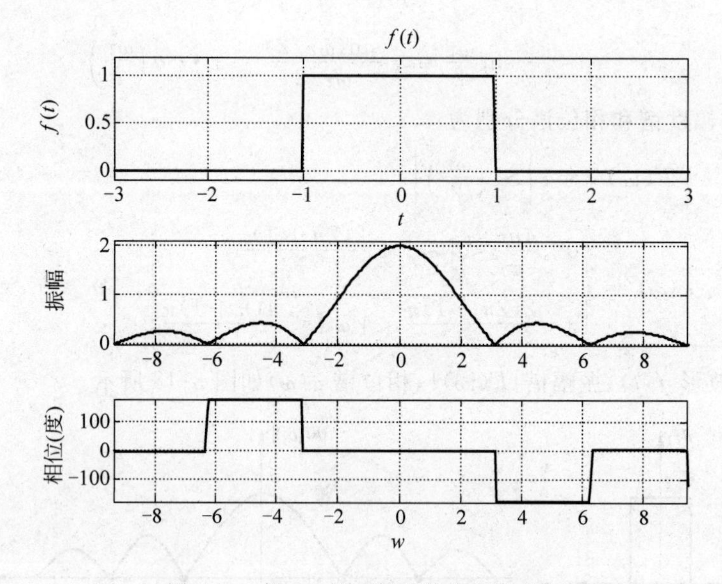

图 3-19 例 3-9 门函数及其傅里叶变换

由于 $F(\mathrm{j}\omega)$是实函数，其相位谱只有 0、π 两种情况，反映在 $F(\mathrm{j}\omega)$上则是正、负的变化，因此其幅度谱、相位谱可合并在一个图上来表示，如图 3-20 所示。

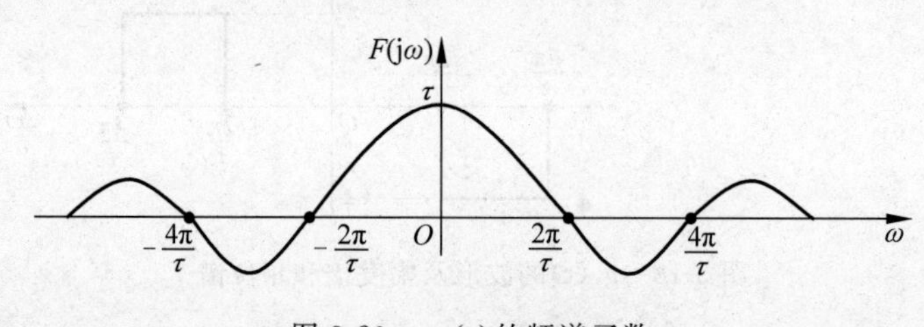

图 3-20 $g_\tau(t)$的频谱函数

由图 3-20 可见，门函数在时域中是持续时间有限的信号，而它的频谱是按 $Sa\left(\frac{\omega\tau}{2}\right)$规律变化的，是无限频宽的频谱。但是门函数信号的主要能量集中在频谱函数的第一个零点之内，所以通常定义门函数的频带宽度为 $B_w=\frac{2\pi}{\tau}$(弧度/秒)，或 $B_f=\frac{1}{\tau}$(赫兹)。

5. 冲激函数

时域冲激函数 $\delta(t)$的变换可由定义直接得到，即

$$F(\mathrm{j}\omega)=\int_{-\infty}^{\infty}\delta(t)\mathrm{e}^{-\mathrm{j}\omega t}\mathrm{d}t=1 \tag{3-25}$$

由式(3-25)可知,时域冲激函数 $\delta(t)$频谱的所有频率分量均匀分布(为常数 1),这样的频谱也称为白色谱。冲激函数 $\delta(t)$、频谱函数如图 3-21 所示。

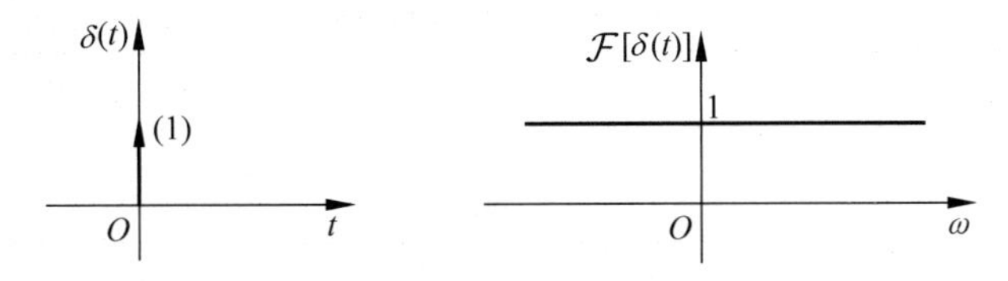

图 3-21　冲激函数及其频谱

频域冲激 $\delta(\omega)$的原函数也可由定义直接得到,即

$$f(t)=\frac{1}{2\pi}\int_{-\infty}^{\infty}\delta(\omega)\mathrm{e}^{\mathrm{j}\omega t}\mathrm{d}\omega=\frac{1}{2\pi} \tag{3-26}$$

由式(3-26)可知,频域冲激 $\delta(\omega)$的反变换是常数(直流分量)。

$$\left.\begin{aligned}&\frac{1}{2\pi}\leftrightarrow\delta(\omega)\\&1\leftrightarrow 2\pi\delta(\omega)\end{aligned}\right\} \tag{3-27}$$

频域冲激函数 $\delta(\omega)$及其原函数如图 3-22 所示。

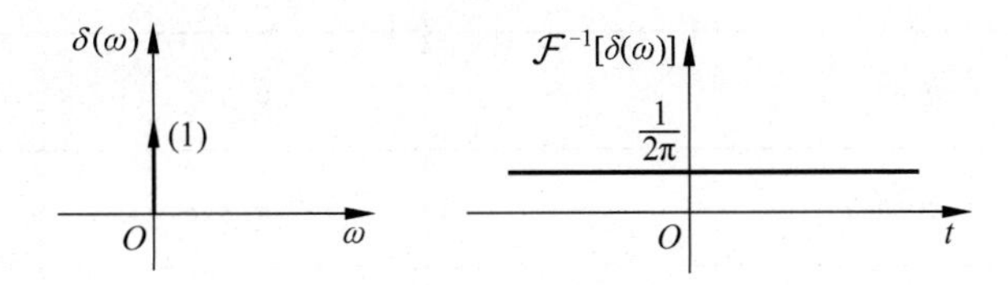

图 3-22　频域冲激函数 $\delta(\omega)$及其原函数

6. 阶跃函数 $\boldsymbol{\varepsilon}(\boldsymbol{t})$

阶跃函数虽不满足绝对可积条件,但 $\varepsilon(t)$可以表示为

$$\varepsilon(t)=\frac{1}{2}+\frac{1}{2}\mathrm{sgn}(t)$$

对上式两边同时进行傅里叶变换,有

$$\begin{aligned}\mathcal{F}[\varepsilon(t)]&=\pi\delta(t)+\frac{1}{2}\cdot\frac{2}{\mathrm{j}\omega}=\pi\delta(\omega)+\frac{1}{\mathrm{j}\omega}\\&=\pi\delta(\omega)+\frac{1}{\omega}\mathrm{e}^{-\mathrm{j}\frac{\pi}{2}\mathrm{sgn}\omega}\end{aligned} \tag{3-28}$$

阶跃函数的时域波形、幅度谱$|F(\mathrm{j}\omega)|$和相位谱 $\varphi(\omega)$如图 3-23 所示。

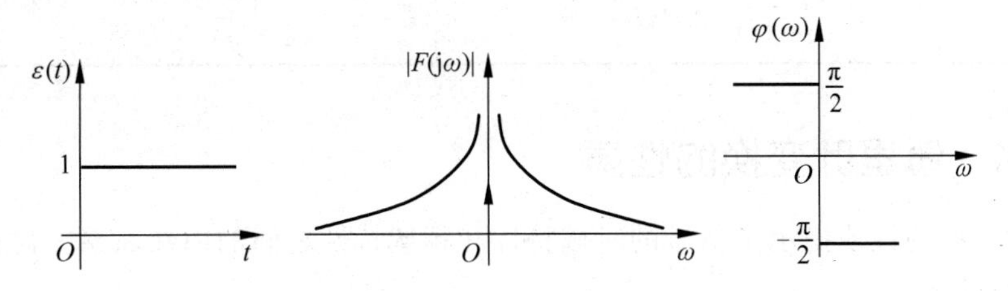

图 3-23　阶跃函数的波形以及幅度谱和相位谱

由以上常用信号傅里叶变换可见，在引入奇异(冲激)函数之后，许多不满足绝对可积条件，即式(3-18)的函数，如阶跃函数等，都可以有确切的频谱函数表示式。

表 3-1 列出了常用信号的频谱函数。

表 3-1 常用信号的频谱函数

编　号	$f(t)$	$F(\mathrm{j}\omega)$
1	$g_\tau(t)$	$\tau Sa\left(\frac{\omega\tau}{2}\right)$
2	$\tau Sa\left(\frac{\tau t}{2}\right)$	$2\pi g_\tau(\omega)$
3	$\mathrm{e}^{-\alpha t}\varepsilon(t),\alpha>0$	$\frac{1}{\alpha+\mathrm{j}\omega}$
4	$t\mathrm{e}^{-\alpha t}\varepsilon(t),\alpha>0$	$\frac{1}{(\alpha+\mathrm{j}\omega)^2}$
5	$\mathrm{e}^{-\alpha\|t\|},\alpha>0$	$\frac{2\alpha}{\alpha^2+\omega^2}$
6	$\delta(t)$	1
7	1	$2\pi\delta(\omega)$
8	$\delta(t-t_0)$	$\mathrm{e}^{-\mathrm{j}\omega t_0}$
9	$\cos\omega_0 t$	$\pi[\delta(\omega-\omega_0)+\delta(\omega+\omega_0)]$
10	$\sin\omega_0 t$	$\frac{\pi}{\mathrm{j}}[\delta(\omega-\omega_0)-\delta(\omega+\omega_0)]$
11	$\varepsilon(t)$	$\pi\delta(\omega)+\frac{1}{\mathrm{j}\omega}$
12	$\mathrm{sgn}(t)$	$\frac{2}{\mathrm{j}\omega},F(0)=0$
13	$\frac{1}{\pi t}$	$-\mathrm{j}\,\mathrm{sgn}(\omega)$
14	$\delta_T(t)$	$\Omega\delta_\Omega(\omega)$
15	$\sum_{n=-\infty}^{\infty}F_n\mathrm{e}^{\mathrm{j}n\Omega t}$	$2\pi\sum_{n=-\infty}^{\infty}F_n\delta(\omega-n\Omega)$
16	$\frac{t^{n-1}}{(n-1)!}\mathrm{e}^{-\alpha t}\varepsilon(t),\alpha>0$	$\frac{1}{(\alpha+\mathrm{j}\omega)^n}$

3.3.4 傅里叶变换的性质

傅里叶变换的性质揭示了信号的时域特性和频域特性之间的内在联系。讨论傅里叶变换的性质，目的在于：

- 进一步了解时频特性的内在联系；

- 利用傅里叶变换的性质，基于常用信号的傅里叶变换求一般信号的 $F(\mathrm{j}\omega)$；
- 了解傅里叶变换在通信系统领域中的应用。

1. 线性性质

若 $f_1(t)\leftrightarrow F_1(\mathrm{j}\omega)$，$f_2(t)\leftrightarrow F_2(\mathrm{j}\omega)$，则

$$af_1(t)+bf_2(t)\leftrightarrow aF_1(\mathrm{j}\omega)+bF_2(\mathrm{j}\omega) \tag{3-29}$$

式中，a、b 为任意常数。

证明：

$$\begin{aligned}\int_{-\infty}^{\infty}[af_1(t)+bf_2(t)]\mathrm{e}^{-\mathrm{j}\omega t}\mathrm{d}t &= a\int_{-\infty}^{\infty}f_1(t)\mathrm{e}^{-\mathrm{j}\omega t}\mathrm{d}t+b\int_{-\infty}^{\infty}f_2(t)\mathrm{e}^{-\mathrm{j}\omega t}\mathrm{d}t \\ &= aF_1(\mathrm{j}\omega)+bF_1(\mathrm{j}\omega)\end{aligned}$$

利用傅里叶变换的线性性质，可以将待求信号分解为若干基本信号之和，如在 3.3.3 节我们将阶跃信号分解为直流信号与符号函数之和，使得求解信号的傅里叶变换变得简单。

同时，线性性质是对信号与系统进行频域分析的基础，具有重要的应用价值。

2. 时延(时移、移位)性质

若 $f(t)\leftrightarrow F(\mathrm{j}\omega)$，则

$$f_1(t)=f(t-t_0)\leftrightarrow F_1(\mathrm{j}\omega)=F(\mathrm{j}\omega)\mathrm{e}^{-\mathrm{j}\omega t_0} \tag{3-30}$$

证明：

$$\begin{aligned}\int_{-\infty}^{\infty}f(t-t_0)\mathrm{e}^{-\mathrm{j}\omega t}\mathrm{d}t &= \int_{-\infty}^{\infty}f(x)\mathrm{e}^{-\mathrm{j}\omega(x+t_0)}\mathrm{d}x \\ &= \mathrm{e}^{-\mathrm{j}\omega t_0}\int_{-\infty}^{\infty}f(x)\mathrm{e}^{-\mathrm{j}\omega x}\mathrm{d}x \\ &= F(\mathrm{j}\omega)\mathrm{e}^{-\mathrm{j}\omega t_0}\end{aligned}$$

【例 3-10】 求如图 3-24 所示信号 $f_1(t)$ 的频谱函数 $F_1(\mathrm{j}\omega)$，并作频谱图。

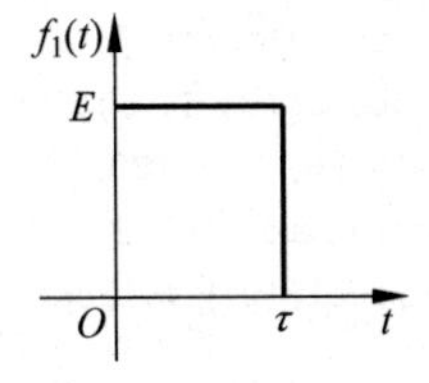

图 3-24 例 3-10 信号的波形图

解： $f_1(t)$ 与门函数 $f(t)$ 的关系为 $f_1(t)=Ef\left(t-\dfrac{\tau}{2}\right)$

由 3.3.3 节门函数的傅里叶变换，得

$$f(t)\leftrightarrow F(\mathrm{j}\omega)=\tau Sa\left(\frac{\omega\tau}{2}\right)$$

再由线性性质与时移性质，得到

$$F_1(\mathrm{j}\omega)=EF(\mathrm{j}\omega)\mathrm{e}^{-\mathrm{j}\omega t_0}\Big|_{t_0=\tau/2}=E\tau Sa\left(\frac{\omega\tau}{2}\right)\mathrm{e}^{-\mathrm{j}\frac{\omega\tau}{2}}$$

$$|F_1(\mathrm{j}\omega)|=E|F(\mathrm{j}\omega)|=E\tau\left|Sa\frac{\omega\tau}{2}\right|$$

$$\varphi_1(\omega)=\varphi(\omega)-\frac{\omega\tau}{2}$$

因此，$f_1(t)$ 的幅度、相位频谱函数 $|F_1(\mathrm{j}\omega)|$、$\varphi_1(\omega)$ 如图 3-25 所示。

【例 3-11】 编写 $f_1(t)=g_2(t-1)=\varepsilon(t)-\varepsilon(t-2)$ 的傅里叶变换 MATLAB 程序，并画出波形。

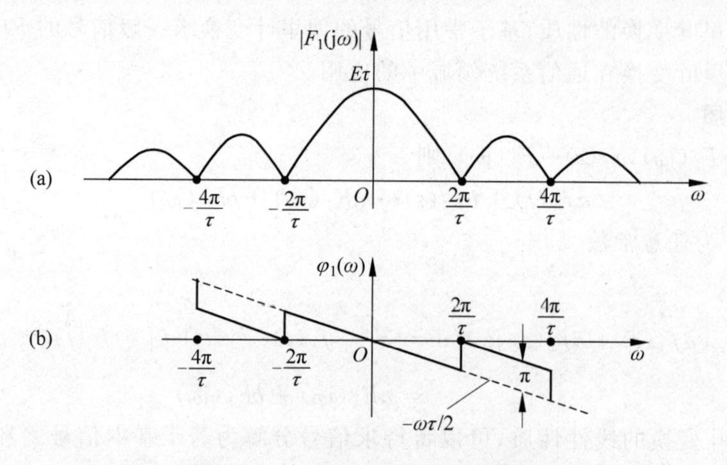

图 3-25 例 3-10 的幅度、相位频谱

解：MATLAB 程序为：

```
clear;
T = 0.02; t = - 10: T: 10; N = 200;
W = 4 * pi; k = - N: N; w = k * W/N;
f1 = stepfun(t, 0) - stepfun(t, 2);                    % f(t)的波形
F = T * f1 * exp( - j * t' * w);                       % f(t)的傅里叶变换
F1 = abs(F); P1 = angle(F);
subplot(3, 1, 1); plot(t, f1);
axis([ - 2, 2, - 0.1, 1.2]);
ylabel('f(t)');
xlabel('t'); title('f(t)'); grid;
subplot(3, 1, 2); plot(w, F1);
axis([ - 3 * pi, 3 * pi, - 0.01, 2.1]);
grid; ylabel('振幅');
subplot(3, 1, 3);
plot(w, P1 * 180/pi);
grid; axis([ - 3 * pi, 3 * pi, - 180, 180]);
xlabel('w'); ylabel('相位(度)');
```

波形如图 3-26 所示。

3. 频移性质

若 $f(t)\leftrightarrow F(j\omega)$，则

$$f(t)e^{j\omega_0 t}\leftrightarrow F(j(\omega-\omega_0)) \tag{3-31}$$

证明：

$$\int_{-\infty}^{\infty} f(t)e^{j\omega_0 t}e^{-j\omega t}dt=\int_{-\infty}^{\infty} f(t)e^{-j(\omega-\omega_0)t}dt=F(j(\omega-\omega_0))$$

频移特性表明信号在时域中与复因子 $e^{j\omega_0 t}$ 相乘，则在频域中将使整个频谱搬移了 ω_0。

在通信系统中，对信号进行调制与解调，就是通过将信号 $f(t)$ 乘以载波信号 $\cos\omega_0 t$（或 $\sin\omega_0 t$）来实现的。

实际调制、解调的载波（本振）信号是正/余弦信号，借助欧拉公式，正/余弦信号可以分别表示为

$$\cos\omega_0 t=\frac{e^{j\omega_0 t}+e^{-j\omega_0 t}}{2},\quad \sin\omega_0 t=\frac{e^{j\omega_0 t}-e^{-j\omega_0 t}}{j2}$$

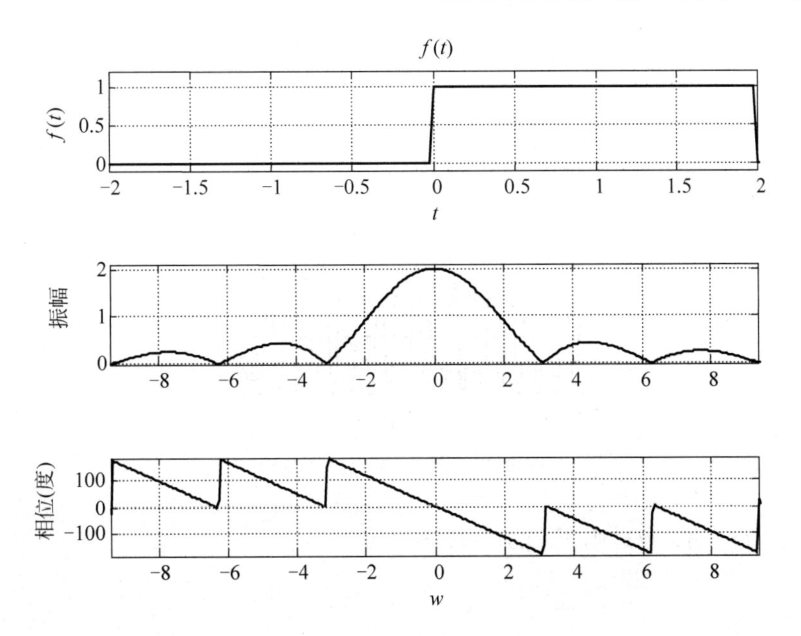

图 3-26 例 3-10 门函数时延的频谱

这样，若有 $f(t)\leftrightarrow F(\mathrm{j}\omega)$，则有

$$f(t)\cos\omega_0 t\leftrightarrow \frac{1}{2}[F(\mathrm{j}(\omega-\omega_0))+F(\mathrm{j}(\omega+\omega_0))]$$

$$f(t)\sin\omega_0 t\leftrightarrow \frac{1}{\mathrm{j}2}[F(\mathrm{j}(\omega-\omega_0))-F(\mathrm{j}(\omega+\omega_0))]$$

【例 3-12】 求 $f(t)=\cos\omega_0 t\varepsilon(t)$的频谱函数。

解：已知 $\varepsilon(t)\leftrightarrow\pi\delta(\omega)+\frac{1}{\mathrm{j}\omega}$

利用频移特性，有

$$\cos\omega_0 t\varepsilon(t)\leftrightarrow\frac{\pi}{2}[\delta(\omega+\omega_0)+\delta(\omega-\omega_0)]+\frac{1}{2\mathrm{j}(\omega+\omega_0)}+\frac{1}{2\mathrm{j}(\omega-\omega_0)}$$

$$=\frac{\pi}{2}[\delta(\omega+\omega_0)+\delta(\omega-\omega_0)]+\frac{\mathrm{j}\omega}{\omega_0^2-\omega^2}$$

$f(t)$的波形以及频谱如图 3-27 所示。

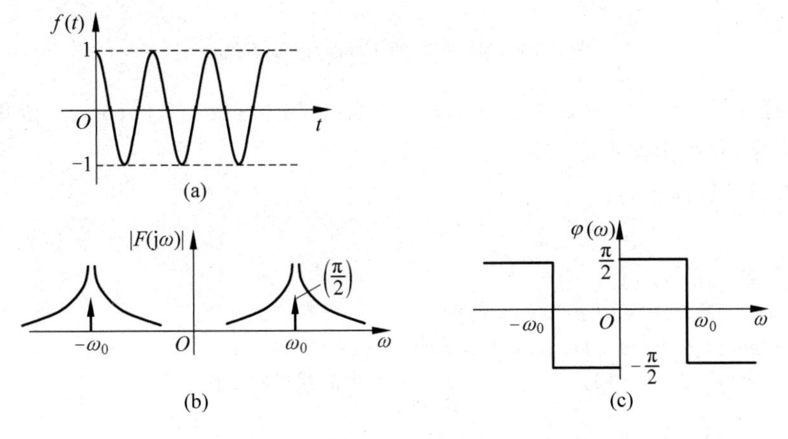

图 3-27 例 3-12 的波形及幅度、相位频谱

同理可得

$$\sin\omega_0 t\varepsilon(t)\leftrightarrow \frac{\pi}{j^2}[\delta(\omega-\omega_0)-\delta(\omega+\omega_0)]+\frac{\omega_0}{\omega_0^2-\omega^2}$$

【例 3-13】 求如图 3-28 所示 $f(t)$的 $F(\mathrm{j}\omega)$并作图。

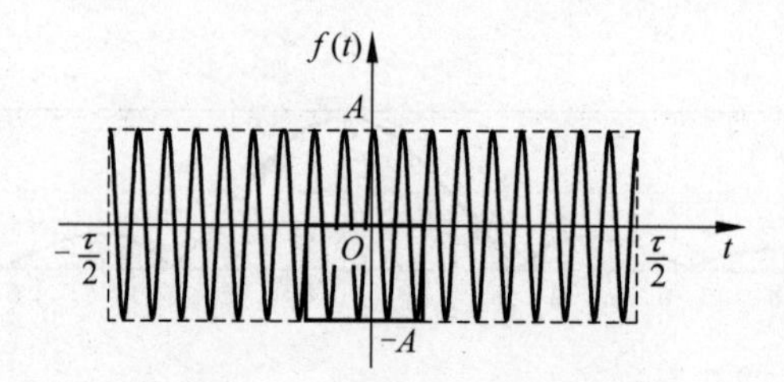

图 3-28 例 3-13 $f(t)$的波形

解：令 $f_1(t)=Ag_\tau(t)$，则 $F_1(\mathrm{j}\omega)=A\tau Sa\left(\frac{\omega\tau}{2}\right)$

而

$$f(t)=f_1(t)\cos\omega_0 t\leftrightarrow F(\mathrm{j}\omega)=\frac{1}{2}[F_1(\mathrm{j}(\omega-\omega_0))+F_1(\mathrm{j}(\omega+\omega_0))]$$

$$=\frac{A\tau}{2}\left[Sa\,\frac{(\omega-\omega_0)\tau}{2}+Sa\,\frac{(\omega+\omega_0)\tau}{2}\right]$$

如果 $\omega_0\gg 2\pi/\tau$，则 $F_1(\mathrm{j}\omega)$以及 $F(\mathrm{j}\omega)$如图 3-29 所示。

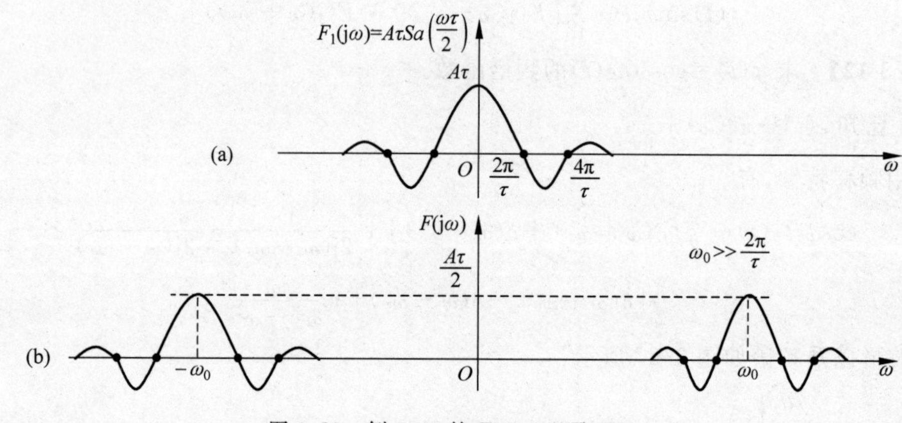

图 3-29 例 3-13 的 $F_1(\mathrm{j}\omega)$以及 $F(\mathrm{j}\omega)$

【例 3-14】 写出 $f(t)=g_4(t)\cos\omega_0 t=[\varepsilon(t+2)-\varepsilon(t-2)]\cos\omega_0 t$ 傅里叶变换的 MATLAB 程序，并画出波形。

解：MATLAB 程序为：

```
clear;
T = 0.02; t = - 10: T: 10;
N = 200; W = 4 * pi; k = - N: N; w = k * W/N;
f1 = (stepfun(t, - 2) - stepfun(t,2)). * cos(2 * pi * t); % f(t)
F = T * f1 * exp( - j * t' * w);                       % f(t)的傅里叶变换
F1 = abs(F);
subplot(2, 1, 1); plot(t, f1); axis([ - 4, 4, - 1.2, 1.2]);
```

```
ylabel('f(t)');
xlabel('t'); title('f(t)'); grid;
subplot(2, 1, 2); plot(w, F1);
axis([ - 3 * pi, 3 * pi, - 0.01, 2.1]);
grid; ylabel('振幅');
```

波形如图 3-30 所示。

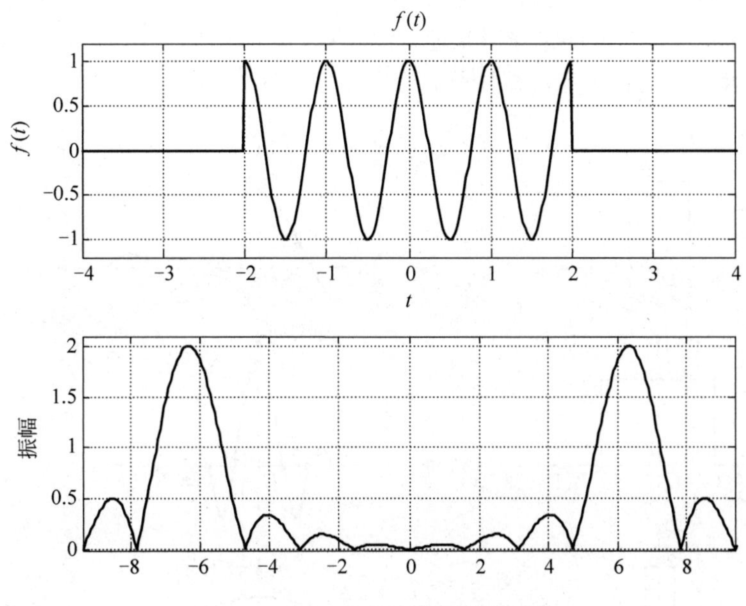

图 3-30 例 3-14 门函数调制的频谱

4. 尺度变换性质

若 $f(t)\leftrightarrow F(\mathrm{j}\omega)$，则

$$f(at)\leftrightarrow \frac{1}{|a|}F\left(\mathrm{j}\,\frac{\omega}{a}\right) \quad a\neq 0 \tag{3-32}$$

证明：$\mathcal{F}[f(at)]=\int_{-\infty}^{\infty} f(at)\mathrm{e}^{-\mathrm{j}\omega t}\,\mathrm{d}t$

当 $a>0$ 时，令 $at=x$，则 $\mathrm{d}t=\frac{1}{a}\mathrm{d}x$，$t=\frac{x}{a}$，代入上式有

$$\mathcal{F}[f(at)] = \frac{1}{a}\int_{-\infty}^{\infty} f(x)\mathrm{e}^{-\mathrm{j}\frac{\omega}{a}x}\,\mathrm{d}x = \frac{1}{a}F\left(\mathrm{j}\,\frac{\omega}{a}\right)$$

当 $a<0$ 时，令 $at=x$，则有

$$\begin{aligned}\mathcal{F}[f(at)] &= \frac{1}{a}\int_{\infty}^{-\infty} f(x)\mathrm{e}^{-\mathrm{j}\frac{\omega}{a}x}\,\mathrm{d}x\\ &= \frac{-1}{a}\int_{-\infty}^{\infty} f(t)\mathrm{e}^{-\mathrm{j}\frac{\omega}{a}t}\,\mathrm{d}t = -\frac{1}{a}F\left(\mathrm{j}\,\frac{\omega}{a}\right)\end{aligned}$$

综合 $a>0$、$a<0$ 两种情况，尺度变换特性表示为

$$f(at)\leftrightarrow \frac{1}{|a|}F\left(\mathrm{j}\,\frac{\omega}{a}\right)$$

特别当 $a=-1$ 时，得到 $f(t)$的时域翻转函数 $f(-t)$，其频谱同样为原频谱的翻转，即

$$f(-t) \leftrightarrow F(-\mathrm{j}\omega)$$

尺度特性说明，信号在时域中压缩，频域中就扩展；反之，信号在时域中扩展，在频域中就压缩，即信号的脉宽与频宽成反比。

一般时宽有限的信号，其频宽无限，反之亦然。由于信号在时域压缩（扩展）时，其能量成比例地减少（增加），因此其频谱幅度要相应乘以系数 $1/|a|$。也可以理解为信号波形压缩（扩展）a 倍，信号随时间变化加快（慢）a 倍，所以信号所包含的频率分量增加（减少）a 倍，频谱展宽（压缩）a 倍。又因能量守恒原理，各频率分量的大小减小（增加）a 倍。图 3-31 表示了矩形脉冲及频谱的扩展和压缩情况。

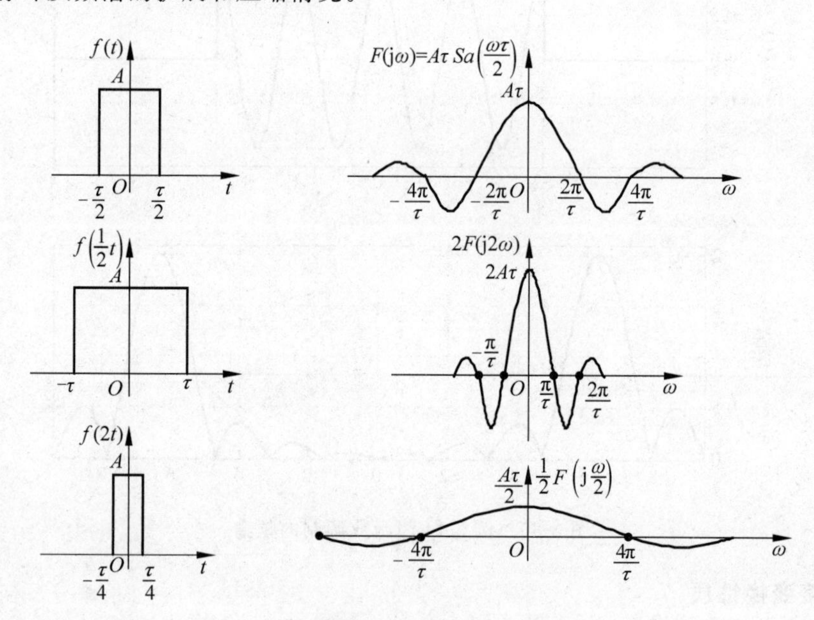

图 3-31　矩形脉冲及频谱的扩展和压缩

【例 3-15】 画出尺度变换后的门函数的频谱图，$f_1(t)=\varepsilon(t+1/2)-\varepsilon(t-1/2)$ 与 $f_2(t)=\varepsilon(t+2)-\varepsilon(t-2)$，写出对应的傅里叶变换的 MATLAB 程序及程序运行结果。

解：其 MATLAB 程序为：

```
clear;
T = 0.02; t = - 10: T: 10; N = 200; W = 4 * pi; k = - N: N; w = k * W/N;
f1 = stepfun(t, - 0.5) - stepfun(t, 0.5);            % f1(t)
F = T * f1 * exp( - j * t' * w);                     % f1(t)的傅里叶变换
F1 = abs(F); P1 = angle(F); subplot(3, 1, 1); plot(t, f1);
axis([ - 3, 3, - 0.1, 1.2]); ylabel('f(t)'); xlabel('t');
title('f(t)'); grid;
subplot(3, 1, 2); plot(w, F1); axis([ - 3 * pi, 3 * pi, - 0.01, 1.1]);
grid; ylabel('振幅');
subplot(3, 1, 3); plot(w, P1 * 180/pi); grid;
axis([ - 3 * pi, 3 * pi, - 180, 180]);
xlabel('w'); ylabel('相位(度)');
```

$f_2(t)=\varepsilon(t+2)-\varepsilon(t-2)$傅里叶变换的 MATLAB 程序为：

```
clear;
T = 0.02; t = - 10: T: 10; N = 200; W = 4 * pi; k = - N: N; w = k * W/N;
f1 = stepfun(t, - 2) - stepfun(t, 2);                    % f2(t)
F = T * f1 * exp( - j * t' * w);                         % f2(t)的傅里叶变换
F1 = abs(F); P1 = angle(F);
subplot(3, 1, 1); plot(t, f1);
axis([ - 3, 3, - 0.1, 1.2]); ylabel('f(t)');
xlabel('t'); title('f(t)'); grid;
subplot(3, 1, 2); plot(w, F1);
axis([ - 3 * pi, 3 * pi, - 0.01, 4.1]);
grid; ylabel('振幅');
subplot(3, 1, 3); plot(w, P1 * 180/pi); grid;
axis([ - 3 * pi, 3 * pi, - 180, 180]);
xlabel('w'); ylabel('相位(度)');
```

波形如图 3-32 所示。

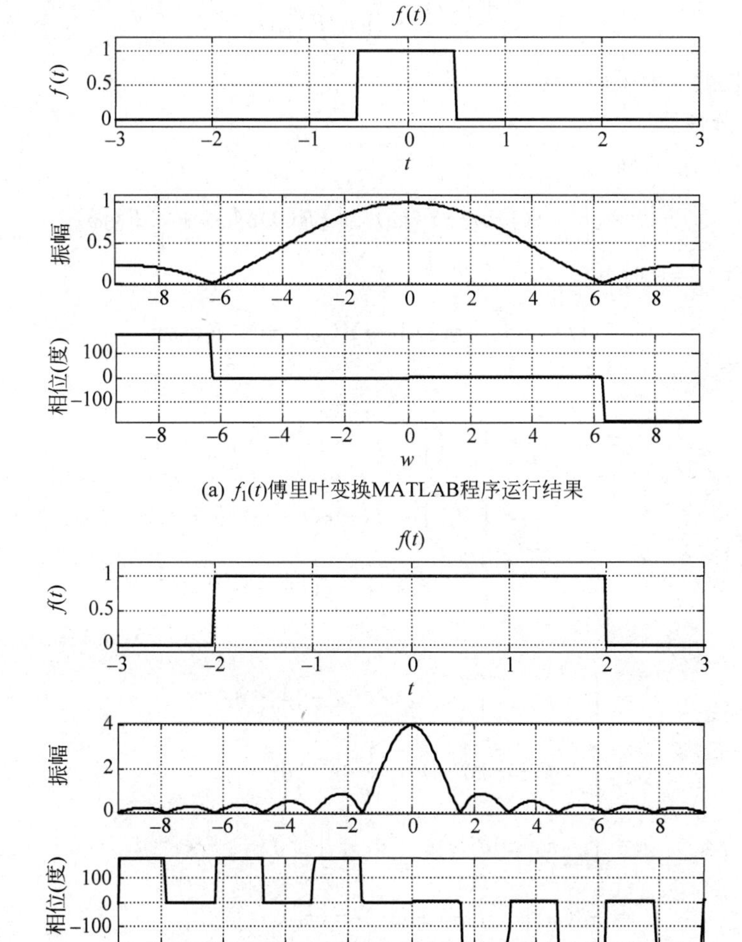

(a) $f_1(t)$傅里叶变换MATLAB程序运行结果

(b) $f_2(t)$傅里叶变换MATLAB程序运行结果

图 3-32 例 3-15 门函数压缩的频谱

5. 时域微分性质

若 $f(t) \leftrightarrow F(\mathrm{j}\omega)$，则

$$\frac{\mathrm{d}f(t)}{\mathrm{d}t} \leftrightarrow \mathrm{j}\omega F(\mathrm{j}\omega) \tag{3-33}$$

证明：由傅里叶变换的定义式得 $f(t)=\frac{1}{2\pi}\int_{-\infty}^{\infty}F(\mathrm{j}\omega)\mathrm{e}^{\mathrm{j}\omega t}\mathrm{d}\omega$，则

$$\begin{aligned}\frac{\mathrm{d}f(t)}{\mathrm{d}t} &= \frac{1}{2\pi}\frac{\mathrm{d}}{\mathrm{d}t}\int_{-\infty}^{\infty}F(\mathrm{j}\omega)\mathrm{e}^{\mathrm{j}\omega t}\mathrm{d}\omega\text{（交换微分、积分次序）}\\ &= \frac{1}{2\pi}\int_{-\infty}^{\infty}F(\mathrm{j}\omega)\left(\frac{\mathrm{d}}{\mathrm{d}t}\mathrm{e}^{\mathrm{j}\omega t}\right)\mathrm{d}\omega = \frac{1}{2\pi}\int_{-\infty}^{\infty}\mathrm{j}\omega F(\mathrm{j}\omega)\mathrm{e}^{\mathrm{j}\omega t}\mathrm{d}\omega\end{aligned}$$

所以，与傅里叶变换的定义式比较，可知

$$\frac{\mathrm{d}f(t)}{\mathrm{d}t} \leftrightarrow \mathrm{j}\omega F(\mathrm{j}\omega)$$

同理，性质可推广到高阶导数的傅里叶变换：

$$\frac{\mathrm{d}^n f(t)}{\mathrm{d}t^n} \leftrightarrow (\mathrm{j}\omega)^n F(\mathrm{j}\omega) \tag{3-34}$$

式中，$\mathrm{j}\omega$ 是微分因子。

6. 时域积分性质

若 $f(t) \leftrightarrow F(\mathrm{j}\omega)$，则

$$y(t)=\int_{-\infty}^{t}f(\tau)\mathrm{d}\tau \leftrightarrow Y(\mathrm{j}\omega)=\pi F(0)\delta(\omega)+\frac{1}{\mathrm{j}\omega}F(\mathrm{j}\omega) \tag{3-35}$$

特别，当 $F(0)=0$ 时

$$y(t)=\int_{-\infty}^{t}f(\tau)\mathrm{d}\tau \leftrightarrow Y(\mathrm{j}\omega)=\frac{1}{\mathrm{j}\omega}F(\mathrm{j}\omega) \tag{3-36}$$

证明：

$$\begin{aligned}\mathcal{F}[y(t)] &= \int_{-\infty}^{\infty}\left(\int_{-\infty}^{t}f(\tau)\mathrm{d}\tau\right)\mathrm{e}^{-\mathrm{j}\omega t}\mathrm{d}t\\ &= \int_{-\infty}^{\infty}\left[\int_{-\infty}^{\infty}f(\tau)\varepsilon(t-\tau)\mathrm{d}\tau\right]\mathrm{e}^{-\mathrm{j}\omega t}\mathrm{d}t\\ &= \int_{-\infty}^{\infty}f(\tau)\left[\int_{-\infty}^{\infty}\varepsilon(t-\tau)\mathrm{e}^{-\mathrm{j}\omega t}\mathrm{d}t\right]\mathrm{d}\tau\end{aligned}$$

令 $x=t-\tau$

$$\begin{aligned} &= \int_{-\infty}^{\infty}f(\tau)\left[\int_{-\infty}^{\infty}\varepsilon(x)\mathrm{e}^{-\mathrm{j}\omega x}\mathrm{d}x\right]\mathrm{e}^{-\mathrm{j}\omega\tau}\mathrm{d}\tau\\ &= \int_{-\infty}^{\infty}f(\tau)\left[\pi\delta(\omega)+\frac{1}{\mathrm{j}\omega}\right]\mathrm{e}^{-\mathrm{j}\omega\tau}\mathrm{d}\tau\\ &= \int_{-\infty}^{\infty}\pi f(\tau)\delta(\omega)\mathrm{e}^{-\mathrm{j}\omega\tau}\mathrm{d}\tau+\int_{-\infty}^{\infty}f(\tau)\frac{1}{\mathrm{j}\omega}\mathrm{e}^{-\mathrm{j}\omega\tau}\mathrm{d}\tau\\ &= \pi\delta(\omega)\int_{-\infty}^{\infty}f(\tau)\mathrm{d}\tau+\frac{1}{\mathrm{j}\omega}F(\mathrm{j}\omega)\\ &= \pi F(0)\delta(\omega)+\frac{1}{\mathrm{j}\omega}F(\mathrm{j}\omega)\end{aligned}$$

显然，若 $F(0)=0$，有 $\int_{-\infty}^{t}f(\tau)\mathrm{d}\tau \leftrightarrow \frac{1}{\mathrm{j}\omega}F(\mathrm{j}\omega)$

从时域上看，如果 $y(t)$ 在无限区间内可积，即 $\int_{-\infty}^{\infty} y(t)\mathrm{d}t < \infty$，说明无直流分量，则 $F(0)=0$。

利用积分特性可以简化由折线组成的信号频谱的求解。

【例 3-16】 求如图 3-33(a)所示 $f(t)$ 的频谱函数 $F(\mathrm{j}\omega)$。

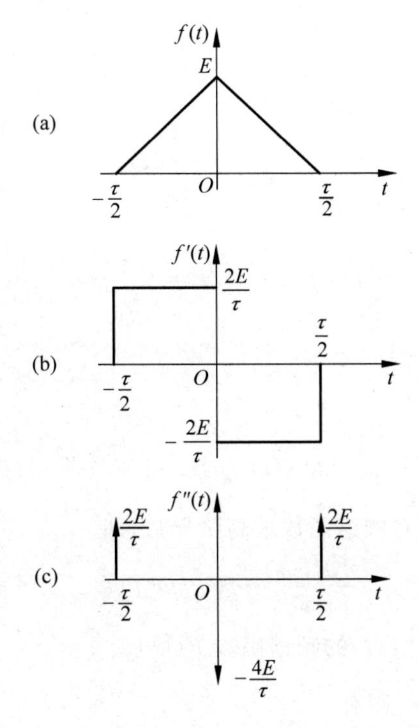

图 3-33 例 3-16 $f(t)$、$f'(t)$和 $f''(t)$的波形

解：

$$f(t)=\begin{cases} E\left(1-\frac{2}{\tau}\mid t\mid\right) & \mid t\mid<\frac{\tau}{2} \\ 0 & \mid t\mid>\frac{\tau}{2} \end{cases}$$

$$f_1(t)=f'(t)=\begin{cases} \frac{2E}{\tau} & -\frac{\tau}{2}<t<0 \\ -\frac{2E}{\tau} & 0<t<-\frac{\tau}{2} \end{cases}$$

$f'(t)$如图 3-32(b)所示。

$$f_2(t)=f''(t)=\frac{2E}{\tau}\left[\delta\left(t+\frac{\tau}{2}\right)-2\delta(t)+\delta\left(t-\frac{\tau}{2}\right)\right]$$

$f''(t)$如图 3-32(c)所示。

$$F_2(\mathrm{j}\omega)=\frac{2E}{\tau}\left(\mathrm{e}^{\mathrm{j}\frac{\omega\tau}{2}}+\mathrm{e}^{-\mathrm{j}\frac{\omega\tau}{2}}-2\right)=\frac{2E}{\tau}\left(2\cos\frac{\omega\tau}{2}-2\right)$$

$$=\frac{4E}{\tau}\left(\cos\frac{\omega\tau}{2}-1\right)=-\frac{8E}{\tau}\sin^2\left(\frac{\omega\tau}{4}\right)$$

本例中，$F_1(0)=F_2(0)=0$。

所以，最后可得：$F(\mathrm{j}\omega)=\frac{1}{(\mathrm{j}\omega)^2}F_2(\mathrm{j}\omega)=\frac{1}{\omega^2}\cdot\frac{8E}{\tau}\sin^2\left(\frac{\omega\tau}{4}\right)=\frac{E\tau}{2}Sa^2\left(\frac{\omega\tau}{4}\right)$

7. 频域微分性质

若 $f(t)\leftrightarrow F(\mathrm{j}\omega)$，则

$$\frac{\mathrm{d}F(\mathrm{j}\omega)}{\mathrm{d}\omega}\leftrightarrow(-\mathrm{j}t)f(t) \tag{3-37}$$

一般频域微分特性的实用形式为

$$\mathrm{j}\frac{\mathrm{d}F(\mathrm{j}\omega)}{\mathrm{d}\omega}\leftrightarrow tf(t) \tag{3-38}$$

证明：

$$\begin{aligned}\frac{\mathrm{d}F(\mathrm{j}\omega)}{\mathrm{d}\omega}&=\frac{\mathrm{d}}{\mathrm{d}\omega}\int_{-\infty}^{\infty}f(t)\mathrm{e}^{-\mathrm{j}\omega t}\mathrm{d}t=\int_{-\infty}^{\infty}f(t)\left(\frac{\mathrm{d}}{\mathrm{d}\omega}\mathrm{e}^{-\mathrm{j}\omega t}\right)\mathrm{d}t\\&=\int_{-\infty}^{\infty}-\mathrm{j}tf(t)\mathrm{e}^{-\mathrm{j}\omega t}\mathrm{d}t\end{aligned}$$

所以

$$\frac{\mathrm{d}F(\mathrm{j}\omega)}{\mathrm{d}\omega}\leftrightarrow(-\mathrm{j}t)f(t)\quad 或\quad \mathrm{j}\frac{\mathrm{d}F(\mathrm{j}\omega)}{\mathrm{d}\omega}\leftrightarrow tf(t)$$

同理可证，定理可推广到对频谱函数求高阶导数，即

$$\frac{\mathrm{d}^nF(\mathrm{j}\omega)}{\mathrm{d}\omega^n}\leftrightarrow(-\mathrm{j}t)^nf(t) \tag{3-39}$$

【例 3-17】 求 $f(t)=t\mathrm{e}^{-at}\varepsilon(t)$的频谱函数 $F(\mathrm{j}\omega)$。

解：已知 $\mathrm{e}^{-at}\varepsilon(t)\leftrightarrow\frac{1}{a+\mathrm{j}\omega}$，则有

$$t\mathrm{e}^{-at}\varepsilon(t)\leftrightarrow F(\mathrm{j}\omega)=\mathrm{j}\frac{\mathrm{d}}{\mathrm{d}\omega}\left(\frac{1}{a+\mathrm{j}\omega}\right)=\mathrm{j}\frac{-\mathrm{j}}{(a+\mathrm{j}\omega)^2}=\frac{1}{(a+\mathrm{j}\omega)^2}$$

8. 对称(偶)性质

若 $f(t)\leftrightarrow F(\mathrm{j}\omega)$，则

$$F(t)\leftrightarrow 2\pi f(-\omega) \tag{3-40}$$

或

$$\frac{1}{2\pi}F(t)\leftrightarrow f(-\omega)$$

证明：

$$f(t)=\frac{1}{2\pi}\int_{-\infty}^{\infty}F(\mathrm{j}\omega)\mathrm{e}^{\mathrm{j}\omega t}\mathrm{d}\omega$$

则

$$f(-t)=\frac{1}{2\pi}\int_{-\infty}^{\infty}F(\mathrm{j}\omega)\mathrm{e}^{-\mathrm{j}\omega t}\mathrm{d}\omega$$

将变量 t 与 ω 互换，得

$$2\pi f(-\omega)=\int_{-\infty}^{\infty}F(t)\mathrm{e}^{-\mathrm{j}\omega t}\mathrm{d}t$$

所以有

$$2\pi f(-\omega) \leftrightarrow F(t)$$

特别是，当 $f(t)$ 为 t 的偶函数时，则有

$$F(t) \leftrightarrow 2\pi f(-\omega) = 2\pi f(\omega)$$

即

$$f(\omega) \leftrightarrow \frac{1}{2\pi}F(t)$$

【例 3-18】 已知 $F_1(\mathrm{j}\omega)$ 如图 3-34 所示，利用对称性求 $f_1(t)$。

$$F_1(\mathrm{j}\omega) = \begin{cases} E\left(1 - \dfrac{|\omega|}{\omega_1}\right) & |\omega| < \omega_1 \\ 0 & |\omega| > \omega_1 \end{cases}$$

解： 已知例 3-16 中 $f(t)$ 的波形是与本题 $F_1(\omega)$ 相似的对称三角波，而例 3-16 的 $f(t)$ 为

$$f(t) = \begin{cases} E\left(1 - \dfrac{2}{\tau}|t|\right) & |t| < \dfrac{\tau}{2} \\ 0 & |t| > \dfrac{\tau}{2} \end{cases}$$

其对应的 $F(\mathrm{j}\omega) = \dfrac{E\tau}{2}Sa^2\left(\dfrac{\omega\tau}{4}\right)$。因而，本题 $F_1(\mathrm{j}\omega)$ 对应的 $f_1(t)$ 为（$\omega \to t$，$\tau/2 \to \omega_1$），即

$$f_1(t) = \frac{1}{2\pi}F(t) = \frac{1}{2\pi}E\omega_1 Sa^2\left(\frac{\omega_1 t}{2}\right)$$

【例 3-19】 已知 $F_1(\mathrm{j}\omega) = E[\varepsilon(\omega + \omega_0) - \varepsilon(\omega - \omega_0)]$，利用对称性求 $f_1(t)$。

解： $F_1(\mathrm{j}\omega)$ 波形如图 3-35 所示，且已知

$$f(t) = E[\varepsilon(t + \tau) - \varepsilon(t - \tau)] \leftrightarrow F(\mathrm{j}\omega) = 2E\tau Sa(\omega\tau)$$

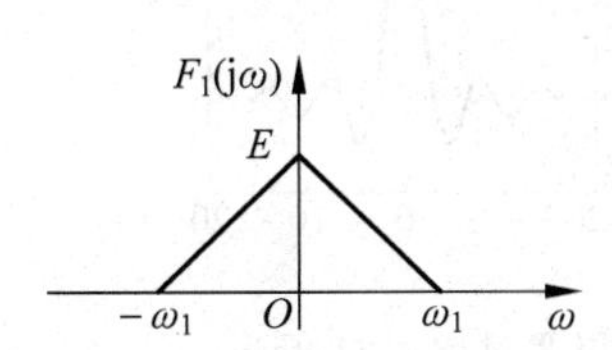

图 3-34 例 3-18 $F_1(\mathrm{j}\omega)$ 图

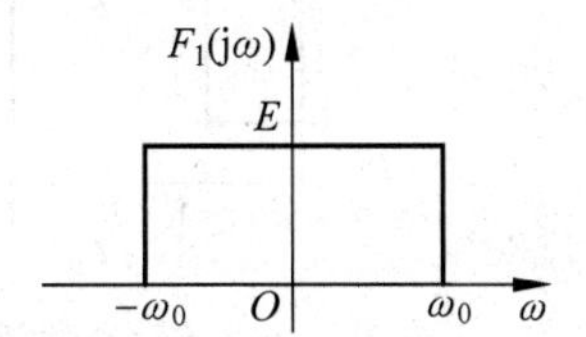

图 3-35 例 3-19 的 $F_1(\mathrm{j}\omega)$ 波形

因此

$$F_1(\mathrm{j}\omega) = E[\varepsilon(\omega + \omega_0) - \varepsilon(\omega - \omega_0)] \leftrightarrow f_1(t) = \frac{1}{2\pi}F(t),\ (\omega \to t,\ \tau \to \omega_0)$$

$$f_1(t) = \frac{1}{2\pi}2E\omega_0 \cdot Sa(\omega_0 t) = \frac{E\omega_0}{\pi}Sa(\omega_0 t)$$

【例 3-20】 设 $f(t) = Sa(t)$，已知信号 $f(t)$ 的傅里叶变换为 $F(\mathrm{j}\omega) = \pi g_2(\omega)$，用 MATLAB 求 $f_1(t) = \pi g_2(t)$ 的傅里叶变换 $F_1(\mathrm{j}\omega)$，并验证对称性。

解： MATLAB 程序为：

```
Clear all;
syms t
T = 0.01; j = sqrt( - 1);
t = - 15:T:15; N = 500;
f = sin(t)./t;                                  % f(t)
```

```
f1 = pi * (Heaviside(t + 1) - Heaviside(t - 1));     % f1(t)
W = 5 * pi;
k = - N:N; w = k * W/N;
F = T * sinc(t/pi) * exp( - j * t' * w);             % f(t) 的傅里叶变换
F1 = T * f1 * exp( - j * t' * w);                    % f1(t) 的傅里叶变换
subplot(2,2,1); plot(t,f);
xlabel('t'); ylabel('f(t)');                         % grid;
subplot(2,2,2); plot(w,F);
axis([ - 2 2 - 1 4]);
xlabel('w'); ylabel('F(w)');                         % grid;
subplot(2,2,3); plot(t,f1);
axis([ - 2 2 - 1 4]);
xlabel('t'); ylabel('f1(t)');                        % grid;
subplot(2,2,4); plot(w,F1);
axis([ - 20 20 - 3 7]);
xlabel('w'); ylabel('F1(w)');                        % grid;
```

程序运行结果如图 3-36 所示。

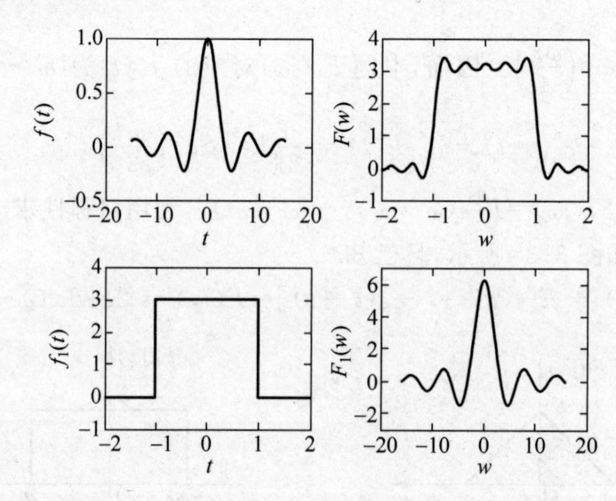

图 3-36 $Sa(t)$的傅里叶变换以及对称性的验证

【例 3-21】 求 $e^{j\omega_0 t}$的傅里叶变换。

解：由时延特性，得 $\delta(t+t_0)\leftrightarrow e^{j\omega t_0}$

利用对称性，将上式中的 t 变换成 $-\omega$，t_0 变换成 ω_0，并乘以系数 2π，得到相应的变换对

$$e^{j\omega_0 t}\leftrightarrow 2\pi\delta(-\omega+\omega_0)=2\pi\delta(\omega-\omega_0)$$

利用这一结果，可以推导出正弦周期函数、余弦周期函数的傅里叶变换为

$$\cos\omega_0 t=\frac{1}{2}(e^{j\omega_0 t}+e^{-j\omega_0 t})\leftrightarrow\pi[\delta(\omega+\omega_0)+\delta(\omega-\omega_0)]$$

$$\sin\omega_0 t=\frac{1}{j2}(e^{j\omega_0 t}-e^{-j\omega_0 t})\leftrightarrow j\pi[\delta(\omega+\omega_0)-\delta(\omega-\omega_0)]$$

$\cos\omega_0 t$、$\sin\omega_0 t$ 的时域波形与频谱如图 3-37 所示。

9. 时域卷积定理

若 $f_1(t)\leftrightarrow F_1(j\omega)$，$f_2(t)\leftrightarrow F_2(j\omega)$，则

$$f_1(t)*f_2(t)\leftrightarrow F_1(j\omega)F_2(j\omega) \tag{3-41}$$

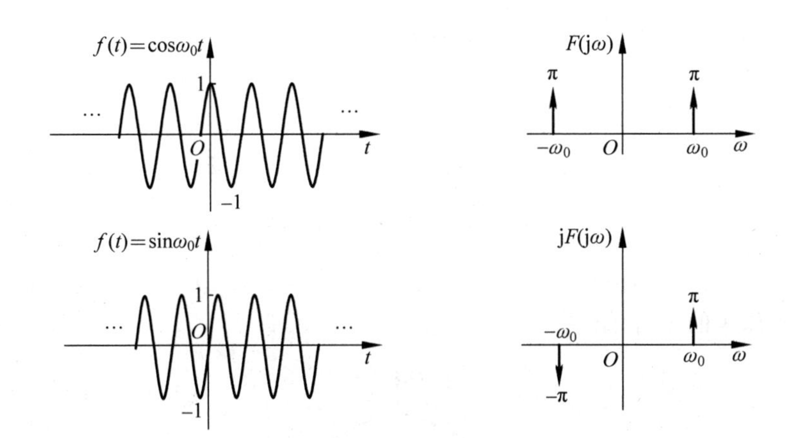

图 3-37　正、余弦信号及其频谱

证明：

$$f_1(t)*f_2(t)\leftrightarrow\int_{-\infty}^{\infty}\left[\int_{-\infty}^{\infty}f_1(\tau)f_2(t-\tau)\mathrm{d}\tau\right]\mathrm{e}^{-\mathrm{j}\omega t}\mathrm{d}t\qquad(\text{交换积分次序})$$

$$=\int_{-\infty}^{\infty}f_1(\tau)\left[\int_{-\infty}^{\infty}f_2(t-\tau)\mathrm{e}^{-\mathrm{j}\omega t}\mathrm{d}t\right]\mathrm{d}\tau$$

$$=\int_{-\infty}^{\infty}f_1(\tau)F_2(\mathrm{j}\omega)\mathrm{e}^{-\mathrm{j}\omega\tau}\mathrm{d}\tau$$

$$=\left[\int_{-\infty}^{\infty}f_1(\tau)\mathrm{e}^{-\mathrm{j}\omega\tau}\mathrm{d}\tau\right]F_2(\mathrm{j}\omega)$$

$$=F_1(\mathrm{j}\omega)F_2(\mathrm{j}\omega)$$

10. 频域卷积定理

若　$f_1(t)\leftrightarrow F_1(\mathrm{j}\omega)$，$f_2(t)\leftrightarrow F_2(\mathrm{j}\omega)$，则

$$f_1(t)f_2(t)\leftrightarrow\frac{1}{2\pi}F_1(\mathrm{j}\omega)*F_2(\mathrm{j}\omega)\tag{3-42}$$

证明：

$$\frac{1}{2\pi}F_1(\mathrm{j}\omega)*F_2(\mathrm{j}\omega)=\frac{1}{2\pi}\int_{-\infty}^{\infty}F_1(u)F_2(\omega-u)\mathrm{d}u$$

$$\leftrightarrow\frac{1}{2\pi}\int_{-\infty}^{\infty}\left[\frac{1}{2\pi}\int_{-\infty}^{\infty}F_1(u)F_2(\omega-u)\mathrm{d}u\right]\mathrm{e}^{\mathrm{j}\omega t}\mathrm{d}\omega$$

$$=\frac{1}{2\pi}\int_{-\infty}^{\infty}F_1(u)\left[\frac{1}{2\pi}\int_{-\infty}^{\infty}F_2(\omega-u)\mathrm{e}^{\mathrm{j}\omega t}\mathrm{d}\omega\right]\mathrm{d}u$$

$$=\frac{1}{2\pi}\int_{-\infty}^{\infty}F_1(u)f_2(t)\mathrm{e}^{\mathrm{j}ut}\mathrm{d}u=f_1(t)f_2(t)$$

【例 3-22】　若已知 $f(t)$的频谱 $F(\mathrm{j}\omega)$如图 3-38 所示，试粗略画出 $f_1(t)=f^2(t)$，$f_2(t)=f^3(t)$的频谱图(不必精确画出，只需指出频谱的范围，说明频谱展宽情况)。

解：

$$f_1(t)=f^2(t)\leftrightarrow F_1(\mathrm{j}\omega)=F(\mathrm{j}\omega)*F(\mathrm{j}\omega)$$

频谱展宽为原来的 2 倍。

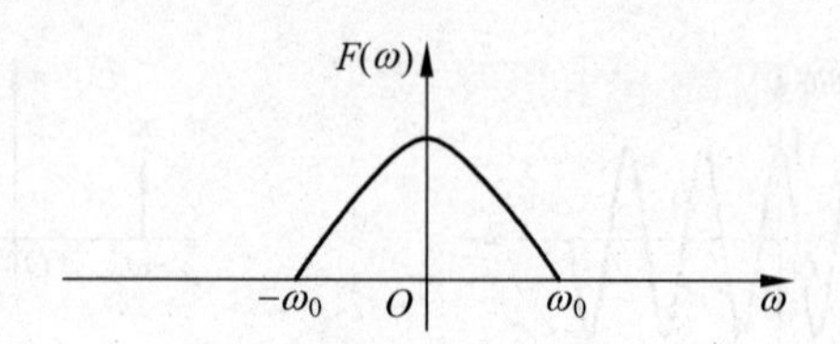

图 3-38 例 3-22 的频谱函数

$$f_2(t)=f^3(t)\leftrightarrow F_2(\mathrm{j}\omega)=F_1(\mathrm{j}\omega)*F(\mathrm{j}\omega)=F(\mathrm{j}\omega)*F(\mathrm{j}\omega)*F(\mathrm{j}\omega)$$

则频谱展宽为原来的 3 倍，结果如图 3-39 所示。

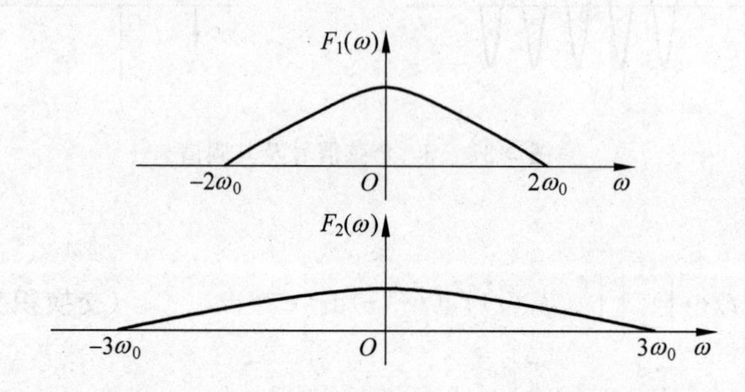

图 3-39 例 3-22 中 $f_1(t)$，$f_2(t)$的频谱函数

表 3-2 对傅里叶变换的性质作了归纳。

表 3-2 傅里叶变换的性质

序　号	性　质	时域 $f(t)$	频域 $F(\mathrm{j}\omega)$
1	线性性质	$af_1(t)+bf_2(t)$	$aF_1(\mathrm{j}\omega)+bF_2(\mathrm{j}\omega)$
2	时延性质	$f(t-t_0)$	$F(\mathrm{j}\omega)\mathrm{e}^{-\mathrm{j}\omega t_0}$
3	频移性质	$f(t)\mathrm{e}^{\mathrm{j}\omega_0 t}$	$F[\mathrm{j}(\omega-\omega_0)]$
4	尺度变换性质	$f(at)\quad a\neq 0$	$\frac{1}{\lvert a\rvert}F\left(\mathrm{j}\,\frac{\omega}{a}\right)$
5	时域微分性质	$\frac{\mathrm{d}^n f(t)}{\mathrm{d}t^n}$	$(\mathrm{j}\omega)^n F(\mathrm{j}\omega)$
6	时域积分性质	$\int_{-\infty}^{t} f(\tau)\mathrm{d}\tau$	$\pi F(0)\delta(\omega)+\frac{1}{\mathrm{j}\omega}F(\mathrm{j}\omega)$
7	频域微分性质	$(-\mathrm{j}t)^n f(t)$	$\frac{\mathrm{d}^n F(\mathrm{j}\omega)}{\mathrm{d}\omega^n}$
8	对称(偶)性质	$F(t)$	$2\pi F(-\omega)$
9	时域卷积定理	$f_1(t)*f_2(t)$	$F_1(\mathrm{j}\omega)F_2(\mathrm{j}\omega)$
10	频域卷积定理	$f_1(t)f_2(t)$	$\frac{1}{2\pi}F_1(\mathrm{j}\omega)*F_2(\mathrm{j}\omega)$

3.3.5 周期信号的傅里叶变换

1. 傅里叶系数 F_n 与频谱函数 $F(j\omega)$ 的关系

若 $f(t)$ 是从 $-T/2 \sim T/2$ 截取周期信号 $f_T(t)$ 一个周期得到的，则

$$F(j\omega)=\int_{-T/2}^{T/2} f(t)e^{-j\omega t}dt \tag{3-43}$$

而对应的周期信号 $f_T(t)$ 傅里叶级数的系数计算公式为

$$F_n=\frac{1}{T}\int_{-T/2}^{T/2} f_T(t)e^{-jn\omega_0 t}dt \tag{3-44}$$

比较式(3-43)和式(3-44)，可见除了差一个系数 $1/T$ 及指数项 $n\omega_0$ 与 ω 不同之外，其余均相同，即有

$$F_n=\frac{1}{T}F(j\omega)\big|_{\omega=n\omega_0} \tag{3-45}$$

式(3-45)说明周期信号傅里叶级数的系数 F_n 等于其一个周期的傅里叶变换 $F(j\omega)$ 在 $n\omega_0$ 频率点的值乘以 $1/T$，我们可以利用这个关系，即用式(3-45)来求周期信号的傅里叶级数系数。

【例 3-23】 求如图 3-40(a)所示周期矩形脉冲 $f_T(t)$ 的傅里叶级数。

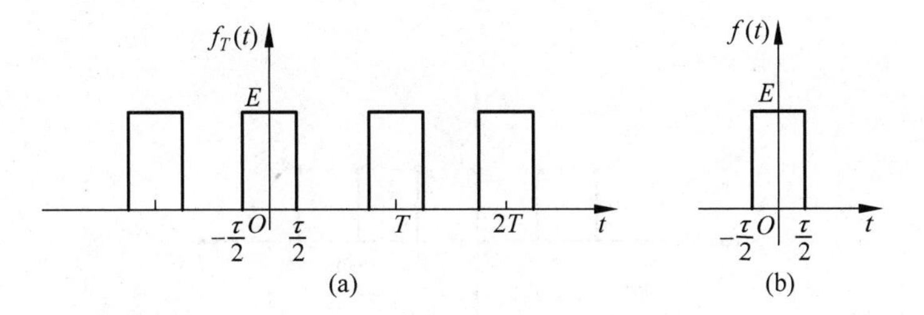

图 3-40 (a)周期矩形脉冲 $f_T(t)$；(b)矩形脉冲 $f(t)$

解：截取 $f_T(t)$ 从 $-\frac{\tau}{2}\sim\frac{\tau}{2}$ 的一段，正是矩形脉冲信号 $f(t)$，如图 3-40(b)所示，则有

$$f(t)=E\left[\varepsilon\left(t+\frac{\tau}{2}\right)-\varepsilon\left(t-\frac{\tau}{2}\right)\right]$$

对应的傅里叶变换为 $F(j\omega)=E\tau Sa\left(\frac{\omega\tau}{2}\right)$

由式(3-45)得 $F_n=\frac{1}{T}F(j\omega)\big|_{\omega=n\omega_0}=\frac{E\tau}{T}Sa\left(\frac{n\omega_0\tau}{2}\right)$

最终得 $f_T(t)$ 的傅里叶级数为

$$f_T(t)=\frac{E\tau}{T}\sum_{n=-\infty}^{\infty}Sa\left(\frac{n\omega_0\tau}{2}\right)e^{jn\omega_0 t}$$

2. 由傅里叶系数 F_n 求周期函数 $f_T(t)$ 的频谱函数

由 $e^{j\omega_0 t}$ 的傅里叶变换，可以推导出任意周期函数 $f_T(t)$ 的频谱函数为

$$f_T(t)=\sum_{n=-\infty}^{\infty}F_n e^{jn\omega_0 t}\leftrightarrow 2\pi\sum_{n=-\infty}^{\infty}F_n\delta(\omega-n\omega_0) \tag{3-46}$$

证明：

$$\mathcal{F}[f_T(t)]=\mathcal{F}\Big[\sum_{n=-\infty}^{\infty}F_n\mathrm{e}^{\mathrm{j}n\omega_0 t}\Big]=\sum_{n=-\infty}^{\infty}F_n\,\mathcal{F}[\mathrm{e}^{\mathrm{j}n\omega_0 t}]=2\pi\sum_{n=-\infty}^{\infty}F_n\delta(\omega-n\omega_0)$$

【例 3-24】 求周期单位冲激序列 $\delta_T(t)=\sum\limits_{n=-\infty}^{\infty}\delta(t-nT)$ 的傅里叶变换。

解：先将周期单位冲激序列展开成傅里叶级数 $\delta_T(t)=\sum\limits_{n=-\infty}^{\infty}F_n\mathrm{e}^{\mathrm{j}n\omega_0 t}$

其中，$\omega_0=2\pi/T, F_n=\dfrac{1}{T}\displaystyle\int_{-T/2}^{T/2}\delta_T(t)\mathrm{e}^{-\mathrm{j}\omega t}\mathrm{d}t=\dfrac{1}{T}\displaystyle\int_{-T/2}^{T/2}\delta(t)\mathrm{d}t=\dfrac{1}{T}$

F_n 如图 3-41(a)所示。即

$$\delta_T(t)=\frac{1}{T}\sum_{n=-\infty}^{\infty}\mathrm{e}^{\mathrm{j}n\omega_0 t}$$

再根据式(3-46)，求这个级数的傅里叶变换

$$\mathcal{F}\Big[\frac{1}{T}\sum_{n=-\infty}^{\infty}\mathrm{e}^{\mathrm{j}n\omega_0 t}\Big]=\frac{2\pi}{T}\sum_{n=-\infty}^{\infty}\delta(\omega-n\omega_0)=\omega_0\sum_{n=-\infty}^{\infty}\delta(\omega-n\omega_0)$$

$\delta_T(t)$的频谱函数如图 3-41(b)所示。

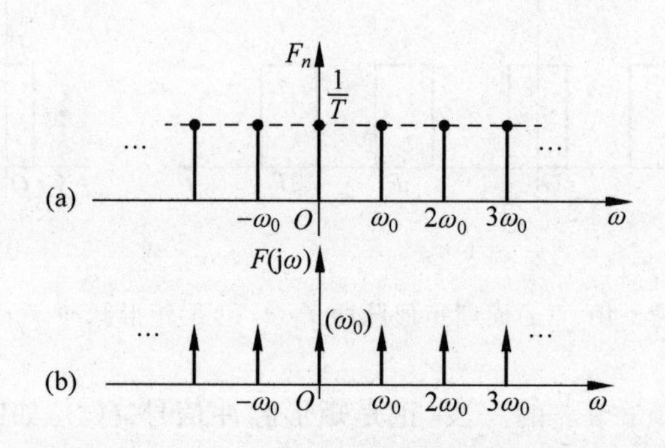

图 3-41　$\delta_T(t)$波形及其频谱函数

本例说明，周期冲激序列的傅里叶变换仍为周期冲激序列，其冲激强度为 ω_0。

由上例可归纳出求周期信号傅里叶变换(频谱函数)的一般步骤为：

(1) 将周期函数展开为傅里叶级数；

(2) 对该傅里叶级数求傅里叶变换(频谱函数)，或按式(3-46)求傅里叶变换。

3. 频谱函数的奇偶性和虚实性

$f(t)$为实函数时，$F(\mathrm{j}\omega)$的模与幅角、实部与虚部的表示形式为

$$\begin{aligned}F(\mathrm{j}\omega)&=\int_{-\infty}^{\infty}f(t)\mathrm{e}^{-\mathrm{j}\omega t}\mathrm{d}t=\int_{-\infty}^{\infty}f(t)\cos\omega t\,\mathrm{d}t-\mathrm{j}\int_{-\infty}^{\infty}f(t)\sin\omega t\,\mathrm{d}t\\&=R(\omega)+\mathrm{j}X(\omega)=|F(\mathrm{j}\omega)|\,\mathrm{e}^{-\mathrm{j}\varphi(\omega)}\end{aligned}$$

其中

$$\left.\begin{aligned} R(\omega) &= \int_{-\infty}^{\infty} f(t)\cos\omega t\,\mathrm{d}t = R(-\omega) \\ X(\omega) &= -\mathrm{j}\int_{-\infty}^{\infty} f(t)\sin\omega t\,\mathrm{d}t = -X(-\omega) \\ |F(\mathrm{j}\omega)| &= \sqrt{R^2(\omega)+X^2(\omega)} \\ \varphi(\omega) &= \arctan\frac{X(\omega)}{R(\omega)} = -\varphi(-\omega) \end{aligned}\right\} \tag{3-47}$$

在一般情况下，若 $f(t)$ 为实函数，则由式(3-47)可知，$R(\omega)$、$|F(\mathrm{j}\omega)|$ 是 ω 的偶函数；$X(\omega)$、$\varphi(\omega)$ 是 ω 的奇函数。

特别是，当 $f(t)$ 为实偶函数时，有

$$\left.\begin{aligned} X(\omega) &= -\int_{-\infty}^{\infty} f(t)\sin\omega t\,\mathrm{d}t = 0 \\ F(\mathrm{j}\omega) &= R(\omega) = \int_{-\infty}^{\infty} f(t)\cos\omega t\,\mathrm{d}t \end{aligned}\right\} \tag{3-48}$$

由式(3-48)可知，若 $f(t)$ 是 t 的实偶函数，则 $F(\mathrm{j}\omega)$ 必为 ω 的实偶函数。
若 $f(t)$ 为实奇函数，有

$$\left.\begin{aligned} R(\omega) &= \int_{-\infty}^{\infty} f(t)\cos\omega t\,\mathrm{d}t = 0 \\ F(\mathrm{j}\omega) &= \mathrm{j}X(\omega) = -\mathrm{j}\int_{-\infty}^{\infty} f(t)\sin\omega t\,\mathrm{d}t \end{aligned}\right\} \tag{3-49}$$

由式(3-49)可知，若 $f(t)$ 是 t 的实奇函数，则 $F(\mathrm{j}\omega)$ 必为 ω 的虚奇函数。

利用这一特性，可判断所求的傅里叶变换对是否正确。

例如 $\mathrm{sgn}(t)$ 是实奇函数，其傅里叶变换 $2/\mathrm{j}\omega$ 为虚奇函数；而 $g_\tau(t)$ 是实偶函数，其傅里叶变换 $\tau Sa(\omega\tau/2)$ 为实偶函数；$\varepsilon(t)$ 是非奇、非偶函数，其傅里叶变换 $\pi\delta(\omega)+1/\mathrm{j}\omega$ 既不是奇或偶函数，也不是实或虚函数。

3.4 LTI 连续系统的频域分析

3.4.1 系统的频率响应函数

设系统的激励是 $f(t)$，系统的单位冲激响应为 $h(t)$，若系统的初始状态为零，则系统的响应为

$$y(t) = y_{zs}(t) = f(t) * h(t) \tag{3-50}$$

对式(3-50)两边取傅里叶变换，由卷积定理可得

$$Y(\mathrm{j}\omega) = F(\mathrm{j}\omega)H(\mathrm{j}\omega) \tag{3-51}$$

其中，$H(\mathrm{j}\omega)$ 是系统单位冲激响应 $h(t)$ 的傅里叶变换。

系统单位冲激响应 $h(t)$ 表征的是系统的时域特性，而 $H(\mathrm{j}\omega)$ 表征的是系统频域特性，所以称 $H(\mathrm{j}\omega)$ 为系统频率响应函数，简称频响函数或系统函数。

式(3-51)还可以表示为

$$H(\mathrm{j}\omega)=\frac{Y(\mathrm{j}\omega)}{F(\mathrm{j}\omega)}=|H(\mathrm{j}\omega)|\mathrm{e}^{\mathrm{j}\varphi(\omega)} \tag{3-52}$$

式中，$|H(\mathrm{j}\omega)|$是系统的幅频特性，$\varphi(\omega)$是系统的相频特性。式(3-52)表明，$H(\mathrm{j}\omega)$除了可由系统单位冲激响应$h(t)$求取，还可以由系统输出(零状态)的傅里叶变换与输入傅里叶变换来求取。在实际应用中，稳定系统的频率响应函数才有意义。

3.4.2 系统函数 $H(\mathrm{j}\omega)$的求取

由系统不同的表示形式，可以用不同的方法来得到系统函数。

1. 由微分方程求系统函数

已知 n 阶 LTI 系统的微分方程的一般表示为

$$\begin{aligned}&\frac{\mathrm{d}^n y(t)}{\mathrm{d}t^n}+a_{n-1}\frac{\mathrm{d}^{n-1} y(t)}{\mathrm{d}t^{n-1}}+\cdots+a_1\frac{\mathrm{d}y(t)}{\mathrm{d}t}+a_0 y(t)\\&=b_m\frac{\mathrm{d}^m f(t)}{\mathrm{d}t^m}+b_{m-1}\frac{\mathrm{d}^{m-1} f(t)}{\mathrm{d}t^{m-1}}+\cdots+b_1\frac{\mathrm{d}f(t)}{\mathrm{d}t}+b_0 f(t)\end{aligned} \tag{3-53}$$

对式(3-53)两边取傅里叶变换，得到

$$\begin{aligned}&[(\mathrm{j}\omega)^n+a_{n-1}(\mathrm{j}\omega)^{n-1}+\cdots+a_1(\mathrm{j}\omega)+a_0]Y(\mathrm{j}\omega)\\&=[b_m(\mathrm{j}\omega)^m+b_{m-1}(\mathrm{j}\omega)^{m-1}+\cdots+b_1(\mathrm{j}\omega)+b_0]F(\mathrm{j}\omega)\end{aligned}$$

从而可得到系统的频响函数为

$$H(\mathrm{j}\omega)=\frac{Y(\mathrm{j}\omega)}{F(\mathrm{j}\omega)}=\frac{b_m(\mathrm{j}\omega)^m+b_{m-1}(\mathrm{j}\omega)^{m-1}+\cdots+b_1(\mathrm{j}\omega)+b_0}{(\mathrm{j}\omega)^n+a_{n-1}(\mathrm{j}\omega)^{n-1}+\cdots+a_1(\mathrm{j}\omega)+a_0} \tag{3-54}$$

式(3-54)表明 $H(\mathrm{j}\omega)$只与系统本身有关，与激励无关。

【例 3-25】 已知某系统的微分方程为$\frac{\mathrm{d}^2 y(t)}{\mathrm{d}t^2}+3\frac{\mathrm{d}y(t)}{\mathrm{d}t}+2y(t)=\frac{\mathrm{d}f(t)}{\mathrm{d}t}+3f(t)$，求系统函数 $H(\mathrm{j}\omega)$。

解：对微分方程两边同时取傅里叶变换，得到

$$[(\mathrm{j}\omega)^2+3(\mathrm{j}\omega)+2]Y(\mathrm{j}\omega)=[(\mathrm{j}\omega)+3]F(\mathrm{j}\omega)$$

因此系统函数为 $H(\mathrm{j}\omega)=\frac{Y(\mathrm{j}\omega)}{F(\mathrm{j}\omega)}=\frac{(\mathrm{j}\omega)+3}{(\mathrm{j}\omega)^2+3(\mathrm{j}\omega)+2}$

2. 由转移算子求系统函数

已知稳定系统的转移算子，将其中的 p 用 $\mathrm{j}\omega$ 替代，可以得到系统函数。

$$H(\mathrm{j}\omega)=H(p)|_{p=\mathrm{j}\omega} \tag{3-55}$$

【例 3-26】 已知某稳定系统的转移算子 $H(p)=\frac{3p}{p^2+3p+2}$，求系统函数。

解：将系统的转移算子中的 p 用 $\mathrm{j}\omega$ 替代，得到系统函数

$$H(\mathrm{j}\omega)=\left.\frac{3p}{p^2+3p+2}\right|_{p=\mathrm{j}\omega}=\frac{3\mathrm{j}\omega}{(\mathrm{j}\omega)^2+3\mathrm{j}\omega+2}$$

3. 由系统的冲激响应 $h(t)$求系统函数

先求出系统的冲激响应 $h(t)$，然后对冲激响应 $h(t)$求傅里叶变换得到系统函数。

【例 3-27】 已知系统的单位冲激响应 $h(t)=5[\varepsilon(t)-\varepsilon(t-2)]$，求系统函数。

解：

$$H(\mathrm{j}\omega)=5\left[\pi\delta(\omega)+\frac{1}{\mathrm{j}\omega}-\left(\pi\delta(\omega)+\frac{1}{\mathrm{j}\omega}\right)\mathrm{e}^{-\mathrm{j}2\omega}\right]=\frac{5}{\mathrm{j}\omega}(1-\mathrm{e}^{-\mathrm{j}2\omega})$$

【例 3-28】 求图 3-42 零阶保持电路的系统函数 $H(\mathrm{j}\omega)$。

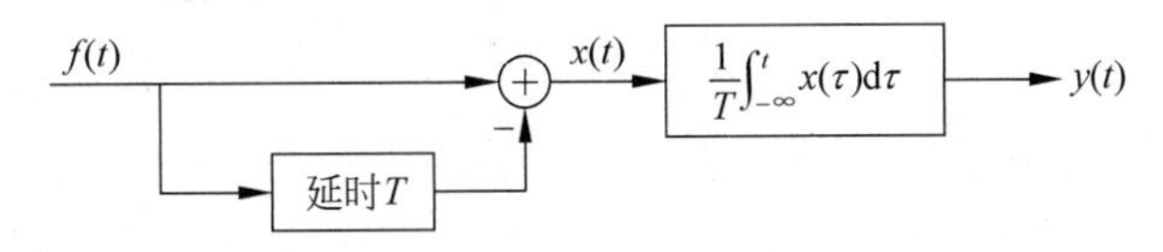

图 3-42 例 3-28 的零阶保持电路

解：（方法一）先求系统的单位响应 $h(t)$，当零阶保持电路的 $f(t)=\delta(t)$ 时，则有

$$x(t)=\delta(t)-\delta(t-T)$$

则
$$y(t)=h(t)=\frac{1}{T}[\varepsilon(t)-\varepsilon(t-T)]$$

对上式求傅里叶变换，得

$$H(\mathrm{j}\omega)=\mathcal{F}[h(t)]=\mathcal{F}\left\{\frac{1}{T}[\varepsilon(t)-\varepsilon(t-T)]\right\}=\frac{1}{\mathrm{j}\omega T}(1-\mathrm{e}^{-\mathrm{j}\omega T})=Sa\left(\frac{\omega T}{2}\right)\mathrm{e}^{-\mathrm{j}\frac{\omega T}{2}}$$

（方法二）利用系统各部分的傅里叶变换，第一部分是加法器，输出为

$$X(\mathrm{j}\omega)=F(\mathrm{j}\omega)(1-\mathrm{e}^{-\mathrm{j}\omega T})$$

第二部分是积分器，由上式 $X(\mathrm{j}0)=0$，输出 $Y(\mathrm{j}\omega)$ 为

$$Y(\mathrm{j}\omega)=\frac{1}{\mathrm{j}\omega T}X(\mathrm{j}\omega)=\frac{1}{\mathrm{j}\omega T}(1-\mathrm{e}^{-\mathrm{j}\omega T})F(\mathrm{j}\omega)$$

$$H(\mathrm{j}\omega)=\frac{Y(\mathrm{j}\omega)}{F(\mathrm{j}\omega)}=\frac{1}{\mathrm{j}\omega T}(1-\mathrm{e}^{-\mathrm{j}\omega T})=Sa\left(\frac{\omega T}{2}\right)\mathrm{e}^{-\mathrm{j}\frac{\omega T}{2}}$$

得到方法一相同的结果。

$h(t)$ 与 $|H(\mathrm{j}\omega)|$ 如图 3-43 所示。

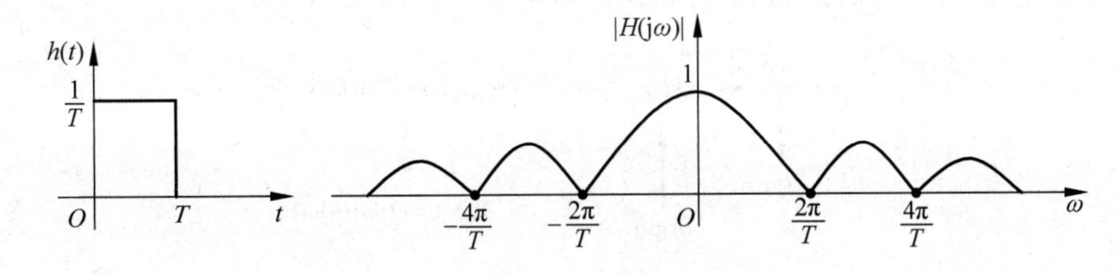

图 3-43 例 3-28 系统的 $h(t)$ 与 $H(\mathrm{j}\omega)$

4. 由频域电路求系统函数

该方法与时域分析时的算子法相似，利用频域电路简化运算。

无初始储能的动态元件时域与频域电压电流关系分别为

$$v_L(t)=L\frac{\mathrm{d}}{\mathrm{d}t}i_L(t)\leftrightarrow V_L(\mathrm{j}\omega)=\mathrm{j}\omega L\cdot I_L(\mathrm{j}\omega)$$

$$v_C(t)=\frac{1}{C}\int_{-\infty}^{t}i_C(\tau)\mathrm{d}\tau\leftrightarrow V_C(\mathrm{j}\omega)=\frac{1}{\mathrm{j}\omega C}I_C(\mathrm{j}\omega)$$

【例 3-29】 如图 3-44(a)所示电路，输入是激励电压 $f(t)$，输出是电容电压 $y(t)$，求系统函数 $H(\mathrm{j}\omega)$。

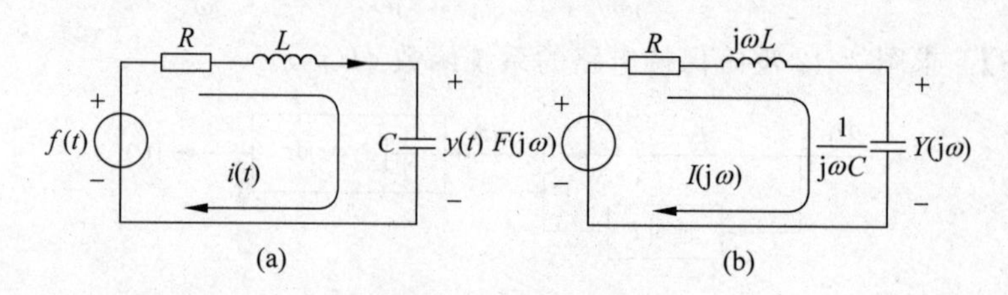

图 3-44 例 3-29 电路

解：频域电路如图 3-44(b)所示，可列出方程

$$I(\mathrm{j}\omega)=\frac{F(\mathrm{j}\omega)}{R+\mathrm{j}\omega L+1/\mathrm{j}\omega C}$$

$$Y(\mathrm{j}\omega)=I(\mathrm{j}\omega)\frac{1}{\mathrm{j}\omega C}$$

将 $I(\mathrm{j}\omega)$ 代入式 $Y(\mathrm{j}\omega)$，得

$$Y(\mathrm{j}\omega)=\frac{1/\mathrm{j}\omega C}{R+\mathrm{j}\omega L+1/\mathrm{j}\omega C}F(\mathrm{j}\omega)$$

从而得到系统函数

$$H(\mathrm{j}\omega)=\frac{Y(\mathrm{j}\omega)}{F(\mathrm{j}\omega)}=\frac{1/\mathrm{j}\omega C}{R+\mathrm{j}\omega L+1/\mathrm{j}\omega C}$$

$$=\frac{1}{(\mathrm{j}\omega)^2LC+\mathrm{j}\omega RC+1}=\frac{1}{Z(\mathrm{j}\omega)}$$

其中，$Z(\mathrm{j}\omega)=(\mathrm{j}\omega)^2LC+\mathrm{j}\omega RC+1$ 为系统的阻抗函数。

3.4.3 系统的频域分析

由卷积定理我们可以得到频域分析法的基本方法，如图 3-45 所示。

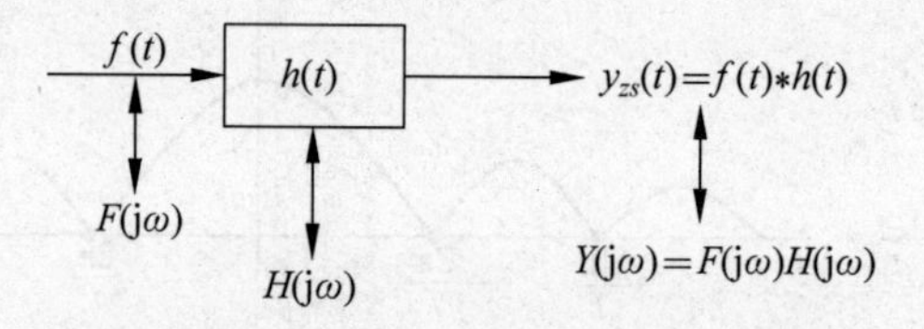

图 3-45 频域分析法基本框图

即用频域分析法求系统零状态响应的步骤如下：

(1) 求输入信号 $f(t)$的傅里叶变换 $F(\mathrm{j}\omega)$；

(2) 求系统函数 $H(\mathrm{j}\omega)$；

(3) 求零状态响应 $y_{zs}(t)$的傅里叶变换，得

$$Y_{zs}(\mathrm{j}\omega)=F(\mathrm{j}\omega)H(\mathrm{j}\omega);$$

(4) 求 $Y_{zs}(\mathrm{j}\omega)$的傅里叶反变换，得 $y_{zs}(t)$。

1. 系统对周期正弦信号的响应

设系统的激励信号为：$f(t)=\sin\omega_0 t$，其傅里叶变换为 $F(\mathrm{j}\omega)=\mathrm{j}\pi[\delta(\omega+\omega_0)-\delta(\omega-\omega_0)]$当系统的冲激响应 $h(t)$为实函数时，则

$$H(\mathrm{j}\omega)=|H(\mathrm{j}\omega)|\mathrm{e}^{\mathrm{j}\varphi(\omega)}$$
$$H(-\mathrm{j}\omega)=|H(\mathrm{j}\omega)|\mathrm{e}^{-\mathrm{j}\varphi(\omega)}$$

则系统响应的象函数为

$$\begin{aligned}Y(\mathrm{j}\omega)&=F(\mathrm{j}\omega)H(\mathrm{j}\omega)\\&=\mathrm{j}\pi H(\mathrm{j}\omega)[\delta(\omega+\omega_0)-\delta(\omega-\omega_0)]\\&=\mathrm{j}\pi[H(-\mathrm{j}\omega_0)\delta(\omega+\omega_0)-H(\mathrm{j}\omega_0)\delta(\omega-\omega_0)]\end{aligned}$$

即系统对周期正弦信号的响应为

$$\begin{aligned}y(t)&=\mathcal{F}^{-1}[Y(\mathrm{j}\omega)]=\frac{1}{2\pi}\int_{-\infty}^{\infty}Y(\mathrm{j}\omega)\mathrm{e}^{\mathrm{j}\omega t}\mathrm{d}\omega\\&=\frac{\mathrm{j}}{2}|H(\mathrm{j}\omega_0)|[\mathrm{e}^{-\mathrm{j}\phi(\omega_0)}\mathrm{e}^{-\mathrm{j}\omega_0 t}-\mathrm{e}^{\mathrm{j}\phi(\omega_0)}\mathrm{e}^{\mathrm{j}\omega_0 t}]\\&=|H(\mathrm{j}\omega_0)|\frac{1}{\mathrm{j}2}[\mathrm{e}^{\mathrm{j}(\omega_0 t+\phi(\omega_0))}-\mathrm{e}^{-\mathrm{j}(\omega_0 t+\phi(\omega_0))}]\\&=|H(\mathrm{j}\omega_0)|\sin[\omega_0 t+\phi(\omega_0)]\end{aligned}$$

【例 3-30】 已知某 LTI 系统的系统函数为 $H(\mathrm{j}\omega)=\dfrac{1}{a+\mathrm{j}\omega}$，系统求对激励 $f(t)=\sin\omega_0 t$ 的响应。

解：

$$H(\mathrm{j}\omega_0)=\frac{1}{a+\mathrm{j}\omega_0}=|H(\mathrm{j}\omega_0)|\mathrm{e}^{\mathrm{j}\varphi(\omega_0)}=\frac{1}{\sqrt{a^2+\omega_0^2}}\mathrm{e}^{-\mathrm{j}\arctan\frac{\omega_0}{a}}$$

所以，系统对激励信号的响应为

$$\begin{aligned}y(t)&=|H(\mathrm{j}\omega_0)|\sin[\omega_0 t+\varphi(\omega_0)]\\&=\frac{1}{\sqrt{a^2+\omega_0^2}}\sin\left(\omega_0 t-\arctan\frac{\omega_0}{a}\right)\end{aligned}$$

由例 3-30 可见，正弦周期信号的响应仍是同频周期正弦信号，仅幅度、相位有所改变。这种响应是稳态响应，可以利用正弦稳态分析法来进行计算。

若正弦激励信号 $f(t)=A\sin(\omega_0 t+\varphi)$，通过系统函数为$|H(\mathrm{j}\omega)|\mathrm{e}^{\mathrm{j}\varphi(\omega)}$的系统后，其响应可以直接表示为

$$y(t)=A|H(\mathrm{j}\omega_0)|\sin[\omega_0 t+\varphi(\omega_0)+\varphi] \tag{3-56}$$

2. 系统对非正弦周期信号的响应

将非正弦周期信号展开为傅里叶级数，取傅里叶变换后，处理方法与正弦周期信号的响应求解方法相同，即

$$f_T(t)=\sum_{n=-\infty}^{\infty}F_n\mathrm{e}^{\mathrm{j}n\omega_0 t}\leftrightarrow F_T(\mathrm{j}\omega)=2\pi\sum_{n=-\infty}^{\infty}F_n\delta(\omega-n\omega_0)$$

$$Y_T(\mathrm{j}\omega)=F_T(\mathrm{j}\omega)H(\mathrm{j}\omega)=2\pi\left[\sum_{n=-\infty}^{\infty}F_n\delta(\omega-n\omega_0)\right]H(\mathrm{j}\omega)$$

$$= 2\pi\left[\sum_{n=-\infty}^{\infty} F_n H(\mathrm{j}n\omega_0)\delta(\omega - n\omega_0)\right]$$

$$y_T(t) = \mathcal{F}^{-1}[Y_T(\mathrm{j}\omega)] = \frac{1}{2\pi}\int_{-\infty}^{\infty} Y_T(\mathrm{j}\omega)\mathrm{e}^{\mathrm{j}\omega t}\,\mathrm{d}\omega = \sum_{n=-\infty}^{\infty} F_n H(\mathrm{j}n\omega_0)\mathrm{e}^{\mathrm{j}n\omega_0 t} \tag{3-57}$$

综上所述,求解非正弦周期信号通过线性系统响应的计算步骤为:

(1) 将激励 $f_T(t)$分解为无穷多个正弦分量之和,即将激励信号展开为傅里叶级数;

(2) 求出系统函数 $H(\mathrm{j}\omega)=\{H(0),H(\mathrm{j}\omega_0),H(\mathrm{j}2\omega_0),\cdots\}$;

(3) 利用正弦稳态分析法计算第 n 次谐波的响应为

$$y_n(t) = F_n H(\mathrm{j}n\omega_0)\mathrm{e}^{\mathrm{j}n\omega_0 t}$$

(4) 将各谐波分量的响应值相加,得到非正弦周期信号通过线性系统的响应

$$\begin{aligned} y_T(t) &= y_0(t) + y_1(t) + y_2(t) + \cdots + y_n(t) + \cdots \\ &= \sum_{n=0}^{\infty} F_n H(\mathrm{j}n\omega_0)\mathrm{e}^{\mathrm{j}n\omega_0 t} \end{aligned}$$

在实际处理时,可以根据 $f_T(t)$的收敛情况、系统的带宽等因素,从第(2)步就只取有限项。

【例 3-31】 若系统频率特性 $H(\mathrm{j}\omega)=\frac{1}{\mathrm{j}\omega+1}$,激励信号 $f(t)=\cos t+\cos 3t$,试求系统的响应 $y(t)$。

解:

$$H(\mathrm{j}\omega)\,|_{\omega=1} = \frac{1}{\mathrm{j}+1} = \frac{1}{\sqrt{2}}\mathrm{e}^{-\mathrm{j}45^\circ}$$

$$H(\mathrm{j}\omega)\,|_{\omega=3} = \frac{1}{\mathrm{j}3+1} = \frac{1}{\sqrt{10}}\mathrm{e}^{-\mathrm{j}71.6^\circ}$$

所以,系统的响应为

$$y(t) = \frac{1}{\sqrt{2}}\cos(t - 45^\circ) + \frac{1}{\sqrt{10}}\cos(3t - 71.6^\circ)$$

3. 系统对非周期信号的响应

非周期信号通过线性系统的响应可以利用卷积定理:先求输入信号的傅里叶变换及系统的频响,再将两者相乘得到输出的傅氏变换,最后经傅里叶反变换得到时域响应。

【例 3-32】 已知系统函数 $H(\mathrm{j}\omega)=\frac{\mathrm{j}\omega+3}{(\mathrm{j}\omega+1)(\mathrm{j}\omega+2)}$,激励 $f(t)=\mathrm{e}^{-3t}\varepsilon(t)$,求响应 $y(t)$。

解: 激励信号的傅里叶变换为

$$f(t) = \mathrm{e}^{-3t}\varepsilon(t) \leftrightarrow F(\mathrm{j}\omega) = \frac{1}{\mathrm{j}\omega + 3}$$

响应的频谱函数为

$$\begin{aligned} Y(\mathrm{j}\omega) &= F(\mathrm{j}\omega)H(\mathrm{j}\omega) \\ &= \frac{1}{(\mathrm{j}\omega + 1)(\mathrm{j}\omega + 2)} = \frac{1}{\mathrm{j}\omega + 1} - \frac{1}{\mathrm{j}\omega + 2} \end{aligned}$$

因此,系统的零状态响应为

$$y(t) = \mathcal{F}^{-1}[Y(\mathrm{j}\omega)] = (\mathrm{e}^{-t} - \mathrm{e}^{-2t})\varepsilon(t)$$

由例 3-32 我们看到利用频域分析法可以求解系统的零状态响应。频域分析法的优点

是时域的卷积运算变为频域的乘法运算，代价是要求正、反两次傅里叶变换。另外，与周期信号的稳态响应不同，这里一般求的是由非周期信号产生的响应，所以必有瞬态响应。

3.4.4 无失真传输

在信号传输过程中，为了不丢失信息，系统应该不失真地传输信号。

所谓失真，是信号通过系统时，其输出波形发生了畸变，与原输入信号波形不一样。而如果信号通过系统时，只引起时间延迟及幅度增减，而形状不变，则称不失真。能够不失真传输信号的系统称为无失真传输系统，人们也称无失真传输系统为理想传输系统。无失真传输系统的输出波形与输入相比，只有幅度大小及时延的不同而形状不变，如图 3-46 所示。

若系统发生失真，通常有两种：线性失真和非线性失真。

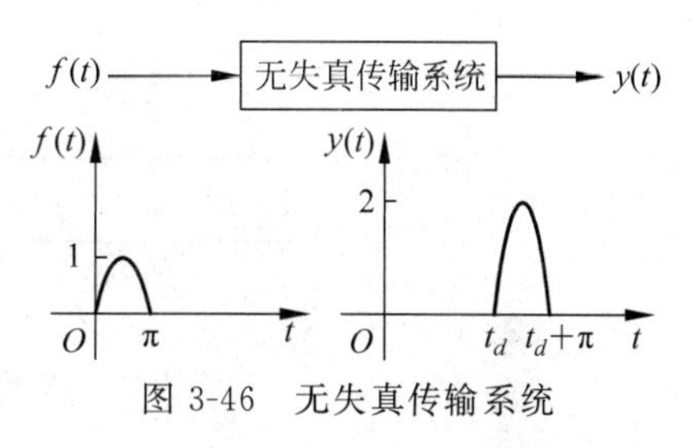

图 3-46 无失真传输系统

线性失真为信号通过线性系统所产生的失真，如图 3-47 所示，它包括两个方面：一是振幅失真，系统对信号中各频率分量的幅度产生不同程度的衰减（或放大），使各频率分量之间的相对幅度关系发生了变化；二是相位失真，系统对信号中各频率分量产生的相移与频率不成正比，使各频率分量在时间轴上的相对位置发生了变化。这两种失真都不会使信号产生新的频率分量。因此线性失真的特点是在响应 $y(t)$ 中不会产生新频率，也即组成响应 $y(t)$ 的各频率分量在激励信号 $f(t)$ 中都含有，只不过各频率分量的幅度、相位不同而已。

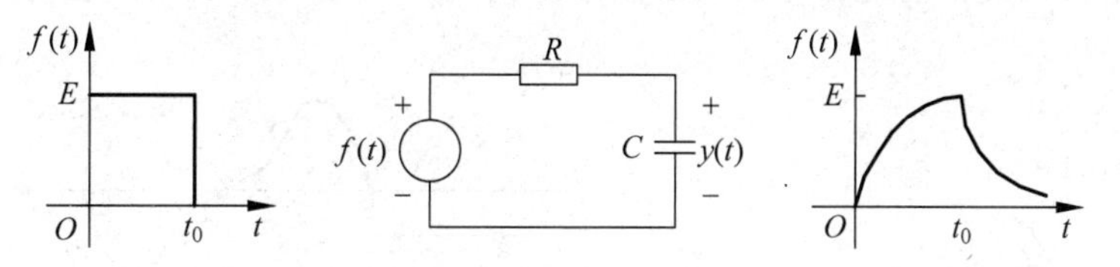

图 3-47 线性失真传输

另一类是非线性失真，如图 3-48 所示，这类失真是由信号通过非线性系统产生的，特点是信号通过系统后产生了新的频率分量。

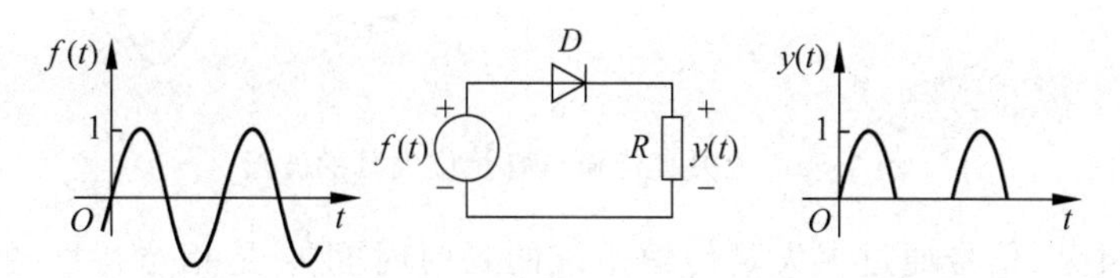

图 3-48 非线性失真传输

工程设计中针对不同的实际应用，对系统有不同的要求。对传输系统一般要求不失真，但在对信号进行处理时失真往往是必要的。在通信、电子技术中失真的应用也十分广泛，如各类调制技术就是利用非线性系统，产生所需要的频率分量；而滤波则是提取所需要的频率分量，衰减其余部分。

本节从时域、频域两个方面来讨论线性系统所引起的失真，即振幅、相位失真的情况。

设激励信号为 $f(t)$，响应为 $y(t)$，则系统无失真时，输出信号应为

$$y(t) = kf(t-t_0) \tag{3-58}$$

其中，k 是系统的增益，t_0 是延迟时间，k 与 t_0 均为常数。

由式(3-58)得到理想传输系统的时域不失真条件：一是幅度乘以 k 倍，二是波形滞后 t_0。对线性时不变系统来说，因为 $y(t)=f(t)*h(t)$，则式(3-58)可表示为

$$y(t) = f(t) * k\delta(t-t_0) \tag{3-59}$$

所以无失真传输系统的单位冲激响应为

$$h(t) = k\delta(t-t_0) \tag{3-60}$$

对式(3-60)两边取傅里叶变换，可得

$$\mathcal{F}[h(t)] = H(\mathrm{j}\omega) = k\mathrm{e}^{-\mathrm{j}\omega t_0} = |H(\mathrm{j}\omega)|\mathrm{e}^{-\mathrm{j}\varphi(\omega)} \tag{3-61}$$

对应的幅频及相频特性如图3-49所示。

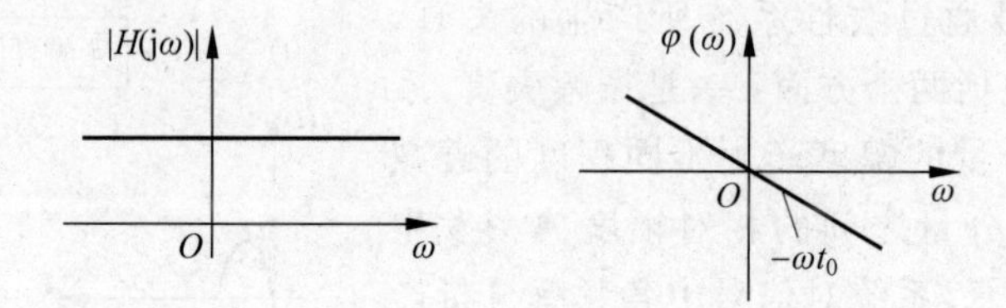

图3-49 无失真传输系统的幅频及相频特性

式(3-61)是理想传输系统的频域不失真条件。它要求系统具有无限宽的均匀带宽，幅频特性在全频域内为常数；相移与频率成正比，即相频特性是通过原点的直线。

图3-50是无失真传输与有相位失真波形的比较。

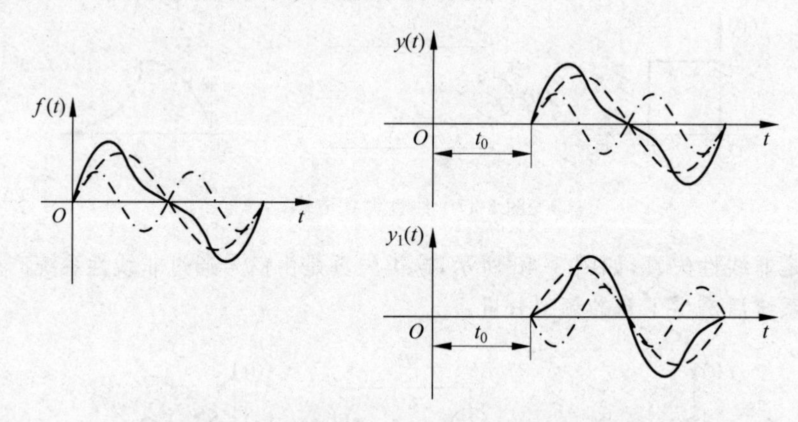

图3-50 无失真传输与有相位失真的波形

由图3-50可见，信号通过无失真传输系统的延时时间 t_0 是相位特性的斜率。实际应用中相频特性也常用"群时延"表示，群时延定义为

$$\tau = -\frac{\mathrm{d}\varphi(\omega)}{\mathrm{d}\omega} \tag{3-62}$$

由式(3-61)与式(3-62)不难推得信号传输不产生相位失真的条件是群时延为常数。

【例3-33】 已知某系统的振幅、相位特性如图3-51所示，输入为 $x(t)$，输出为 $y(t)$。求：

(1) 给定输入 $x_1(t)=2\cos 10\pi t+\sin 12\pi t$ 及 $x_2(t)=2\cos 10\pi t+\sin 26\pi t$ 时的输出 $y_1(t)$、$y_2(t)$；

(2) $y_1(t)$、$y_2(t)$有无失真？若有，指出为何种失真。

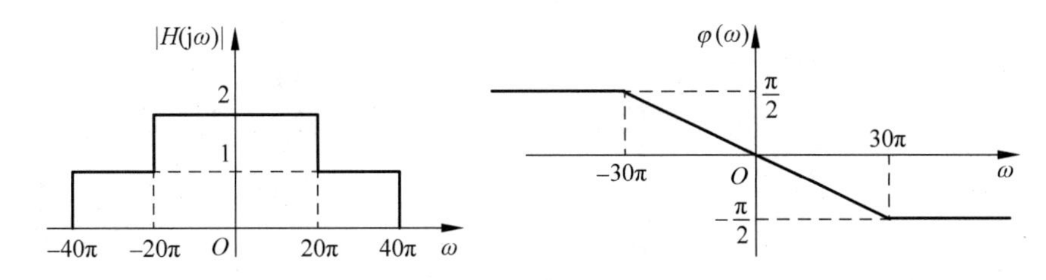

图 3-51 例 3-33 传输系统的幅频及相频特性

解：由图 3-51 可知该系统的振幅、相位函数为

$$|H(\mathrm{j}\omega)|=\begin{cases}2 & |\omega|<20\pi\\ 1 & 20\pi<|\omega|<40\pi\\ 0 & \text{其他}\end{cases}$$

$$\varphi(\omega)=\begin{cases}-\dfrac{\pi}{2} & \omega>30\pi\\ -\dfrac{\omega}{60} & |\omega|<30\pi\\ \dfrac{\pi}{2} & \omega<-30\pi\end{cases}$$

由振幅、相位函数可知：

- 信号频率在$|\omega|\leqslant 20\pi$范围内，系统增益为$k=2$；
- 信号频率在$20\pi\leqslant|\omega|\leqslant 40\pi$范围内，系统增益$k=1$；
- 信号频率$|\omega|>40\pi$，系统增益$k=0$；
- 信号频率$|\omega|\leqslant 30\pi$，系统相移与频率成正比，其时延$t_0=1/60$；
- 信号频率$\omega<-30\pi$，系统相移与频率不成正比，为$\pi/2$；
- 信号频率$\omega>30\pi$，系统相移与频率不成正比，为$-\pi/2$。

由无失真传输条件，可得输入信号在$|\omega|\leqslant 20\pi$或$20\pi\leqslant|\omega|\leqslant 30\pi$范围内，输出信号无失真。利用频域分析方法可得激励为$x_1(t)$、$x_2(t)$时的响应为

$$\begin{aligned}y_1(t)&=2[2\cos 10\pi(t-t_0)+\sin 12\pi(t-t_0)]\\&=2\left[2\cos\left(10\pi t-\frac{10\pi}{60}\right)+\sin\left(12\pi t-\frac{12\pi}{60}\right)\right]\\&=4\cos\left(10\pi t-\frac{\pi}{6}\right)+2\sin\left(12\pi t-\frac{\pi}{5}\right)\end{aligned}$$

输入信号$|\omega|\leqslant 20\pi$，输出信号$y_1(t)$无失真。

$$y_2(t)=4\cos\left(10\pi t-\frac{\pi}{6}\right)+\sin\left(26\pi t-\frac{13\pi}{30}\right)\neq kx(t-t_0)$$

输入信号$|\omega|\leqslant 30\pi$，输出信号$y_2(t)$有幅度失真。

从这个例题我们看到，在实际应用时，虽然系统不满足全频域无失真传输要求，但在一定的条件及范围内可以为无失真传输。这表明系统可以具有分段无失真或线性性质，这种性质在工程中经常用到。

习题

3-1 证明如图 3-52 所示矩形函数 $f(t)$ 与 $\{\cos nt \mid n$ 为整数$\}$ 在区间 $(0,2\pi)$ 上正交。

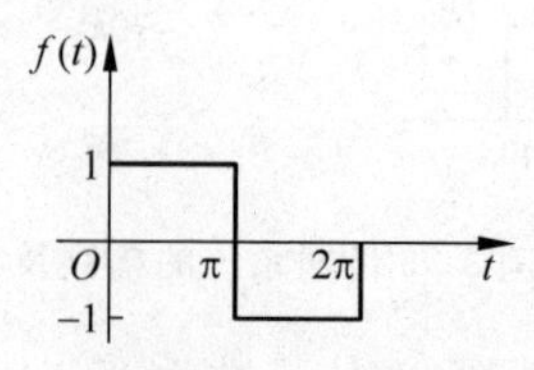

图 3-52 题 3-1 图

3-2 试求如图 3-53 所示信号的三角形傅里叶级数展开式，并画出频谱图。

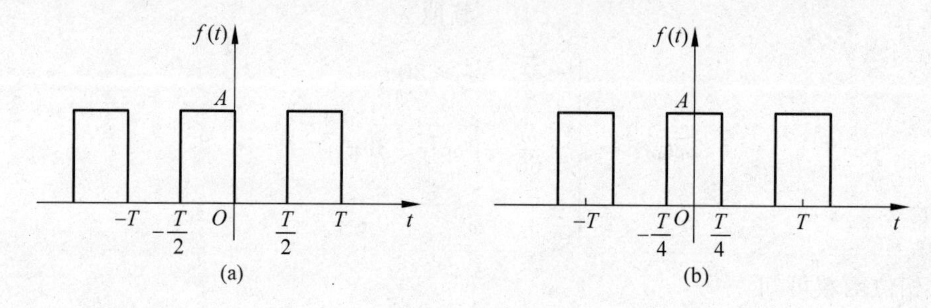

图 3-53 题 3-2 图

3-3 试求如图 3-54 所示周期信号的指数型傅里叶级数系数 F_n，并画出其幅度谱。

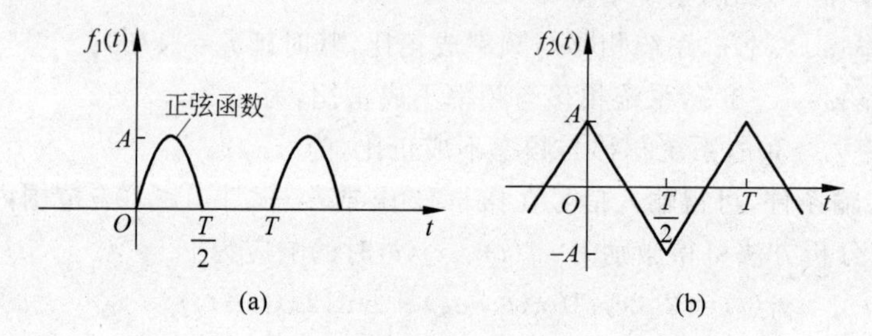

图 3-54 题 3-3 图

3-4 求如图 3-55 所示信号的傅里叶变换。

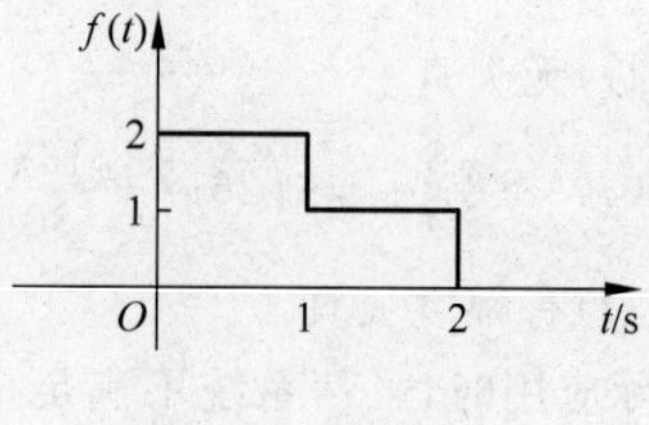

图 3-55 题 3-4 图

3-5 求如图 3-56 所示锯齿脉冲与单周正弦脉冲的傅里叶变换。

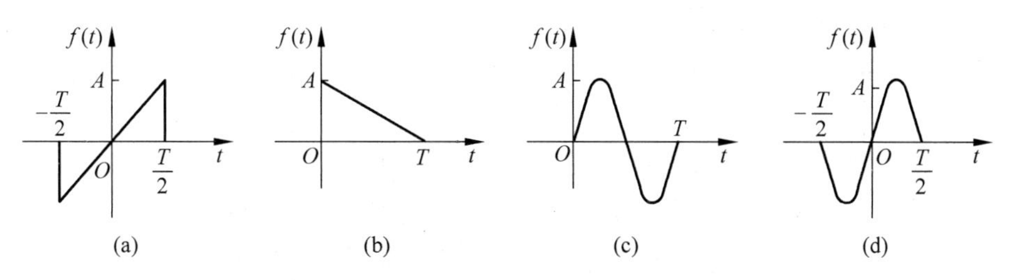

题 3-56 题 3-5 图

3-6 试用 $f(t)$的傅里叶变换 $F(\mathrm{j}\omega)$表示如下函数的傅里叶变换：

(1) $tf(2t)$； (2) $(t-2)f(t)$； (3) $(t-2)f(-2t)$； (4) $t\frac{\mathrm{d}f(t)}{\mathrm{d}t}$； (5) $(1-t)f(1-t)$。

3-7 利用傅里叶变换证明如下等式：

(1) $\frac{1}{\pi}\int_{-\infty}^{\infty}\frac{\sin\omega t}{\omega}\mathrm{d}\omega=\begin{cases}1 & t>0\\ -1 & t<0\end{cases}$；

(2) $\int_{-\infty}^{\infty}\frac{\sin a\omega}{a\omega}\mathrm{d}\omega=\frac{\pi}{|a|}$。

3-8 据傅里叶变换的定义及性质，利用三种以上的方法计算如图 3-57 所示各信号的傅里叶变换。

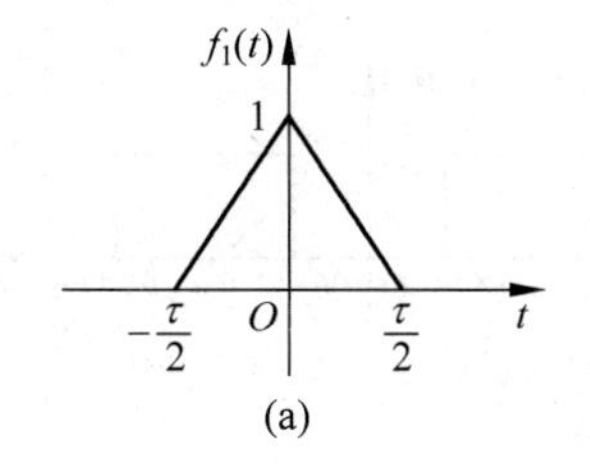

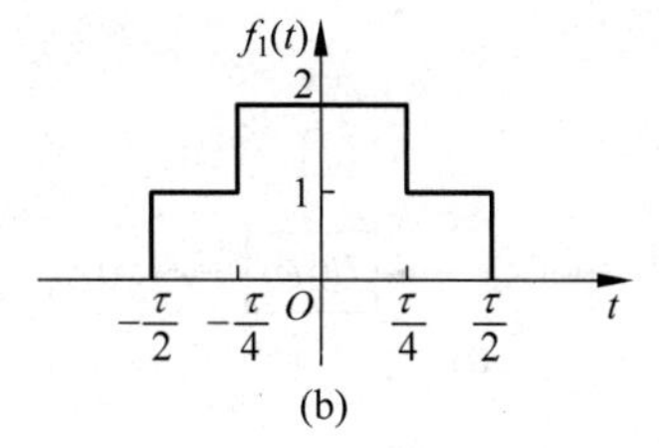

图 3-57 题 3-8 图

3-9 求如图 3-58(a)、(b)所示 $F(\mathrm{j}\omega)$的傅里叶反变换 $f(t)$。

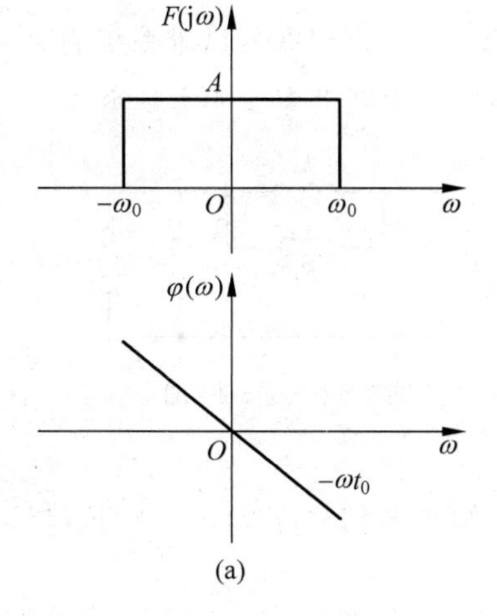

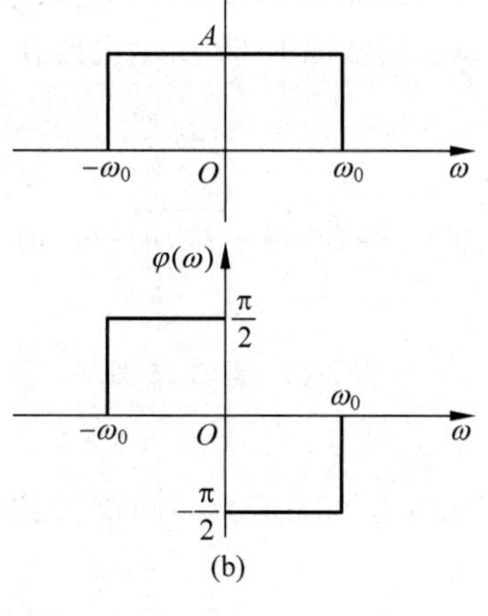

图 3-58 题 3-9 图

3-10　已知 $f(t)*f'(t)=(1-t)\mathrm{e}^{-t}\varepsilon(t)$，求信号 $f(t)$。

3-11　试求如图 3-59 所示各周期信号的频谱函数。

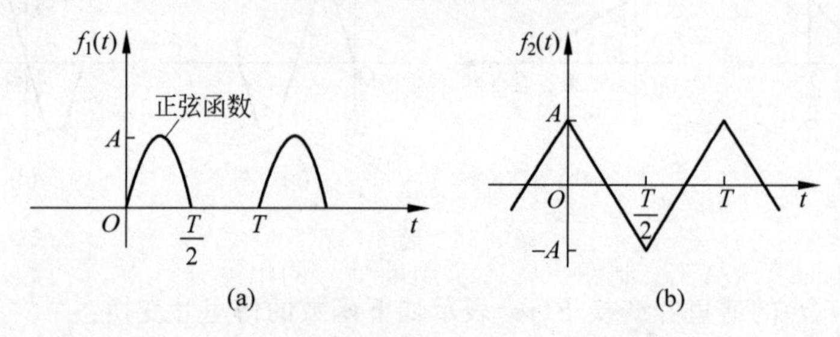

图 3-59　题 3-11 图

3-12　已知一线性时不变系统的方程为

$$\frac{\mathrm{d}^2y(t)}{\mathrm{d}t^2}+4\frac{\mathrm{d}y(t)}{\mathrm{d}t}+3y(t)=\frac{\mathrm{d}f(t)}{\mathrm{d}t}+2f(t)$$

求其系统函数 $H(\mathrm{j}\omega)$和冲激响应 $h(t)$。

3-13　已知 $f(t)=2\cos997t\cdot\dfrac{\sin5t}{\pi t}$，$h(t)=2\cos1000t\cdot\dfrac{\sin4t}{\pi t}$，试用傅里叶变换法求 $f(t)*h(t)$。

3-14　已知 $f(t)=Sa(\omega_c t)$，$s(t)=\cos\omega_o t$，且 $\omega_o\gg\omega_c$。求如图 3-60 所示系统的输出 $y(t)$。

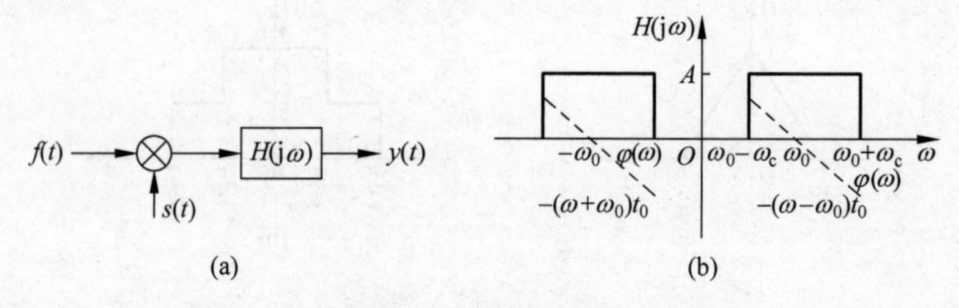

图 3-60　题 3-14 图

3-15　已知系统如图 3-61 所示，其中：$f(t)=8\cos100t\cdot\cos500t$，$s(t)=\cos500t$，理想低通滤波器的系统函数 $H(\mathrm{j}\omega)=\varepsilon(\omega+120)-\varepsilon(\omega-120)$，试求系统响应 $y(t)$。

3-16　试证明如图 3-62 所示电路在 $R_1L_2=R_2L_1$ 条件下为一无失真系统。

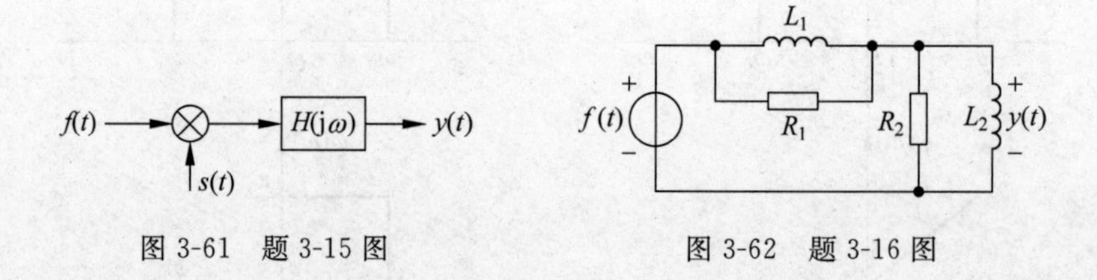

图 3-61　题 3-15 图　　　　图 3-62　题 3-16 图

3-17　如图 3-63(a) 为一频谱压缩系统，已知周期信号 $f(t)=\sum_{n=-2}^{2}F_n\mathrm{e}^{\mathrm{j}n\Omega t}$，$\delta_{T_s}(t)=\sum_{m=-\infty}^{\infty}\delta(t-mT_s)$（式中，$\omega_s=2\pi/T_s=\Omega/10.025$，$H(\mathrm{j}\omega)$ 如图 3-63(b) 所示。求证该系统的输出 $y(t)=f(at)$，并确定压缩比 a 的值。

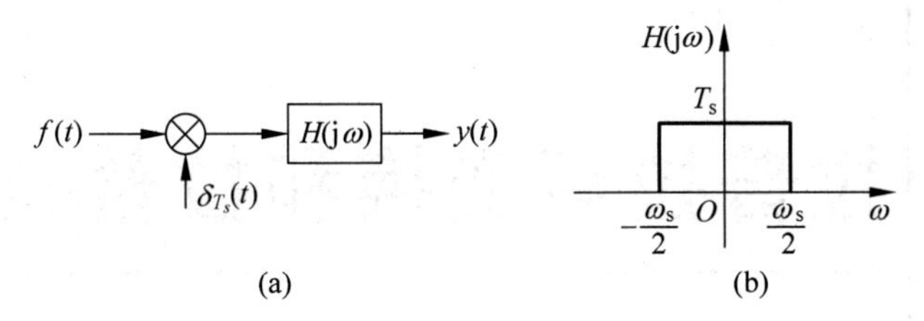

图 3-63　题 3-17 图

3-18　试用 MATLAB 绘制题 3-3 所示周期信号的幅度谱。

3-19　试用 MATLAB 绘制题 3-5 所示各函数的时域波形及幅度谱。

3-20　试用 MATLAB 绘制题 3-12 所示系统的幅频响应及相频响应。

第 4 章 拉普拉斯变换和拉普拉斯分析

CHAPTER 4

4.1 引言

以傅里叶变换为基础的频域分析法的优点在于给出的结果有着清楚的物理意义，但也有不足之处，傅里叶变换只能处理符合条件的信号，有些信号是不满足绝对可积条件的，因而这类信号的分析受到限制。另外，在求时域响应时运用傅里叶反变换对频率进行的无穷积分求解很困难。

为了解决不符合条件信号的分析，第 3 章中引入了广义函数去解释傅里叶变换，同时，还可利用本章要讨论的拉普拉斯变换扩大信号变换的范围。

拉普拉斯分析法的优点在于求解比较简单，特别是对系统的微分方程进行变换时，初始条件被自动计入，因此应用更为普遍。其缺点是物理概念不如傅里叶变换那样清楚。

本章首先由傅里叶变换引出拉普拉斯变换，然后对拉普拉斯正变换、拉普拉斯反变换及拉普拉斯变换的性质进行讨论。接着介绍连续系统的拉普拉斯分析法，系统函数及其零极点概念，并根据它们的分布研究系统特性，分析频率响应，以及根据系统函数讨论系统的稳定性问题。最后介绍连续系统的模拟。

本章的重点是以拉普拉斯变换为工具对系统进行分析。注意与傅里叶变换的对比，便于理解与记忆。

4.2 拉普拉斯变换

4.2.1 从傅里叶变换到拉普拉斯变换

当信号不满足绝对可积条件时，其傅里叶变换不一定存在。为了扩大傅里叶变换的范围，可将信号 $f(t)$ 乘以衰减因子 $\mathrm{e}^{-\sigma t}$，若选择适当的 σ，使 $f(t)\mathrm{e}^{-\sigma t}$ 满足绝对可积条件，则有

$$\mathcal{F}[f(t)\mathrm{e}^{-\sigma t}] = \int_{-\infty}^{\infty} f(t)\mathrm{e}^{-\sigma t}\mathrm{e}^{-\mathrm{j}\omega t}\,\mathrm{d}t = \int_{-\infty}^{\infty} f(t)\mathrm{e}^{-(\sigma+\mathrm{j}\omega)t}\,\mathrm{d}t \tag{4-1}$$

令 $s=\sigma+\mathrm{j}\omega$，则

$$\mathcal{F}[f(t)\mathrm{e}^{-\sigma t}] = \int_{-\infty}^{\infty} f(t)\mathrm{e}^{-st}\,\mathrm{d}t \tag{4-2}$$

上式积分把时间域的信号变换成 s 域的信号，因此，定义

$$F(s)=\int_{-\infty}^{\infty}f(t)\mathrm{e}^{-st}\mathrm{d}t \tag{4-3}$$

为信号 $f(t)$的双边拉普拉斯变换。

因为 $F(s)$是 $f(t)\mathrm{e}^{-\sigma t}$的傅里叶变换，所以对 $F(s)$求傅里叶反变换可得到

$$f(t)\mathrm{e}^{-\sigma t}=\frac{1}{2\pi}\int_{-\infty}^{\infty}F(s)\mathrm{e}^{\mathrm{j}\omega t}\mathrm{d}\omega \tag{4-4}$$

上式两边乘以 $\mathrm{e}^{\sigma t}$，得到

$$f(t)=\frac{1}{2\pi}\int_{-\infty}^{\infty}F(s)\mathrm{e}^{(\sigma+\mathrm{j}\omega)t}\mathrm{d}\omega=\frac{1}{2\pi\mathrm{j}}\int_{\sigma-\mathrm{j}\infty}^{\sigma+\mathrm{j}\infty}F(s)\mathrm{e}^{st}\mathrm{d}s \tag{4-5}$$

其中，$\mathrm{d}s=\mathrm{j}\mathrm{d}\omega$。该式称为拉普拉斯逆变换，它把 s 域的信号还原为时间信号。

通常记 $F(s)=\mathcal{L}[f(t)]$，$f(t)=\mathcal{L}^{-1}[F(s)]$。拉普拉斯变换对也可表示为

$$f(t)\leftrightarrow F(s) \tag{4-6}$$

$F(s)$称为 $f(t)$的象函数，$f(t)$又称为 $F(s)$的原函数。

4.2.2　双边拉普拉斯变换的收敛域

由 4.2.1 节讨论可知，若信号 $f(t)$乘以衰减因子 $\mathrm{e}^{-\sigma t}$，就有可能满足绝对可积条件，即

$$\int_{-\infty}^{\infty}|f(t)|\mathrm{e}^{-\sigma t}\mathrm{d}t<\infty \tag{4-7}$$

在该条件下，$f(t)$的双边拉普拉斯变换一定存在。

式(4-7)说明，$F(s)$是否存在取决于能否选取适当的 σ，而 $\sigma=\mathrm{Re}[s]$，所以 $F(s)$的存在取决于能否选取适当的 s。在 s 复平面上，使 $f(t)$的双边拉普拉斯变换存在的 s 取值的范围称为 $F(s)$的收敛域。

1. $F(s)$的极点和零点

若象函数为有理函数，即 $F(s)=\dfrac{B(s)}{A(s)}$，其零点是使 $F(s)=0$ 的 s 值，即分子 $B(s)=0$ 的根；极点是使 $F(s)\to\infty$的 s 值，即分母 $A(s)=0$ 的根。因此，象函数 $F(s)$可由其零极点表示为

$$F(s)=K\frac{(s-z_1)(s-z_2)\cdots(s-z_m)}{(s-p_1)(s-p_2)\cdots(s-p_n)} \tag{4-8}$$

其中，z_1，z_2，…，z_m 是 $F(s)$的零点，p_1，p_2，…，p_n 是 $F(s)$的极点，K 是常数。在 s 平面上，通常用×表示极点，用○表示零点。

2. 极点和收敛域

$F(s)$的收敛域是由使 $f(t)\mathrm{e}^{-\sigma t}$绝对收敛的 σ 值组成，它具有以下两个性质：

(1) 收敛域内不包含任何极点。因为收敛域是拉普拉斯变换的定义域，若极点在收敛域内，则 $F(s)$在极点处为无穷大，这和定义域相矛盾。

(2) 收敛域的边界是平行于 $\mathrm{j}\omega$ 轴的直线。由式(4-7)可知，收敛域由 s 的实部 σ 决定，与虚部 $\mathrm{j}\omega$ 无关，所以，$F(s)$的收敛域的边界是平行于 $\mathrm{j}\omega$ 轴的直线。

3. 各类信号双边拉普拉斯变换的收敛域

1) 有限支撑信号

当 t 不在有限时段 $t_1\leqslant t\leqslant t_2$ 内时，$f(t)=0$。其双边拉氏变换的收敛域是整个 s 平面，

即$-\infty<\sigma<\infty$。

2）无限支撑信号

$f(t)$定义在一个无限支撑上，即t是无限的。

一个有限支撑或无限支撑信号按存在的区间又分为：

(1) 因果的。当$t<0$时，$f(t)=0$。若因果信号的双边拉普拉斯变换存在，则其收敛域在其极点右边的一个平面。

(2) 反因果的。当$t>0$时，$f(t)=0$。若反因果信号的双边拉普拉斯变换存在，则其收敛域在其极点左边的一个平面。

(3) 非因果的，以上二者的组合。若非因果信号的双边拉普拉斯变换存在，则其收敛域是其因果部分的收敛域和其反因果部分的收敛域的交集。

【例 4-1】 求有限支撑信号$f_1(t)=\mathrm{e}^{-at}[\varepsilon(t)-\varepsilon(t-\tau)]$，因果信号$f_2(t)=\mathrm{e}^{-at}\varepsilon(t)$，反因果信号$f_3(t)=\mathrm{e}^{-bt}\varepsilon(-t)$和无限支撑信号$f_4(t)=\mathrm{e}^{at}\varepsilon(t)+\mathrm{e}^{bt}\varepsilon(-t)$的双边拉普拉斯变换及其收敛域，其中$a$，$b$是实数且$a<b$。

解：(1) $F_1(s)=\mathcal{L}[f_1(t)]=\int_{-\infty}^{\infty}\mathrm{e}^{-at}[\varepsilon(t)-\varepsilon(t-\tau)]\mathrm{e}^{-st}\mathrm{d}t=\int_0^{\tau}\mathrm{e}^{-at}\mathrm{e}^{-st}\mathrm{d}t=\int_0^{\tau}\mathrm{e}^{-(s+a)t}\mathrm{d}t$

对任意的σ，$\int_{-\infty}^{\infty}\left|f_1(t)\right|\mathrm{e}^{-\sigma t}\mathrm{d}t=\int_0^{\tau}\mathrm{e}^{-(a+\sigma)t}\mathrm{d}t<\infty$成立，所以有

$$F_1(s)=\int_0^{\tau}\mathrm{e}^{-(s+a)t}\mathrm{d}t=\frac{1-\mathrm{e}^{-(s+a)\tau}}{s+a}\quad\sigma>-\infty$$

$F_1(s)$分母的零点$s=-a$和分子的零点相消，因此无极点，其收敛域是整个s平面。

(2) $F_2(s)=\mathcal{L}[f_2(t)]=\int_{-\infty}^{\infty}\mathrm{e}^{-at}\varepsilon(t)\mathrm{e}^{-st}\mathrm{d}t=\int_0^{\infty}\mathrm{e}^{-(s+a)t}\mathrm{d}t$

当$\mathrm{Re}[s+a]=\sigma+a>0$时，$\int_{-\infty}^{\infty}\left|f_2(t)\right|\mathrm{e}^{-\sigma t}\mathrm{d}t=\int_0^{\infty}\mathrm{e}^{-(\sigma+a)t}\mathrm{d}t<\infty$成立，所以有

$$F_2(s)=\int_0^{\infty}\mathrm{e}^{-(s+a)t}\mathrm{d}t=\frac{1}{s+a}\quad\sigma>-a$$

$F_2(s)$的极点为$p=-a$。其收敛域如图 4-1(a)所示，是极点右边的平面。

(3) $F_3(s)=\mathcal{L}[f_3(t)]=\int_{-\infty}^{\infty}\mathrm{e}^{-bt}\varepsilon(-t)\mathrm{e}^{-st}\mathrm{d}t=\int_{-\infty}^{0}\mathrm{e}^{-(s+b)t}\mathrm{d}t$

当$\mathrm{Re}[s+b]=\sigma+b<0$时，$\int_{-\infty}^{\infty}\left|f_3(t)\right|\mathrm{e}^{-\sigma t}\mathrm{d}t=\int_{-\infty}^{0}\mathrm{e}^{-(\sigma+b)t}\mathrm{d}t<\infty$成立，所以有

$$F_3(s)=\int_{-\infty}^{0}\mathrm{e}^{-(s+b)t}\mathrm{d}t=-\frac{1}{s+b}\quad\sigma<-b$$

$F_3(s)$的极点为$p=-b$。其收敛域如图 4.1(b)所示，是极点左边的平面。

(4) $F_4(s)=\mathcal{L}[f_4(t)]=\int_{-\infty}^{\infty}[\mathrm{e}^{at}\varepsilon(t)+\mathrm{e}^{bt}\varepsilon(-t)]\mathrm{e}^{-st}\mathrm{d}t=\int_0^{\infty}\mathrm{e}^{-(s-a)t}\mathrm{d}t+\int_{-\infty}^{0}\mathrm{e}^{-(s-b)t}\mathrm{d}t$

同理，当$\sigma-a>0$且$\sigma-b<0$时，$\int_{-\infty}^{\infty}\mid f_4(t)\mid\mathrm{e}^{-\sigma t}\mathrm{d}t=\int_0^{\infty}\mathrm{e}^{-(\sigma-a)t}\mathrm{d}t+\int_{-\infty}^{0}\mathrm{e}^{-(\sigma-b)t}\mathrm{d}t<\infty$成立，则有

$$F_4(s)=\int_0^{\infty}\mathrm{e}^{-(s-a)t}\mathrm{d}t+\int_{-\infty}^{0}\mathrm{e}^{-(s-b)t}\mathrm{d}t=\frac{1}{s-a}-\frac{1}{s-b}\quad a<\sigma<b$$

$F_4(s)$的极点为$p_1=a$，$p_2=b$。其收敛域如图 4-1(c)所示，是两个极点中间的条带平面。

若 $a>b$，则 $f_4(t)=e^{at}\varepsilon(t)-e^{bt}\varepsilon(-t)$ 的双边拉氏变换不存在。

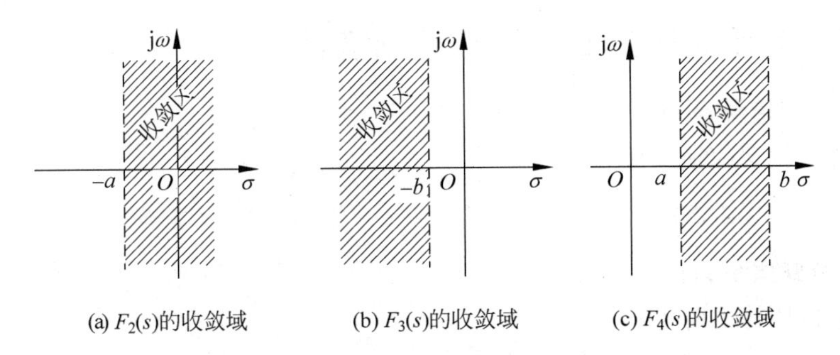

(a) $F_2(s)$的收敛域　(b) $F_3(s)$的收敛域　(c) $F_4(s)$的收敛域

图 4-1　例 4-1 各信号的收敛域

4.2.3　单边拉普拉斯变换

在实际应用中，人们用物理手段和实验方法所能记录与产生的信号大都是有起始时刻的，若起始时刻 $t_0=0$，则 $f(t)$ 为因果信号。因此定义信号的单边拉普拉斯变换和单边拉普拉斯逆变换(或反变换)分别为

$$F(s)=\int_{0_-}^{\infty}f(t)e^{-st}\,dt \tag{4-9}$$

$$f(t)=\frac{1}{2\pi j}\int_{\sigma-j\infty}^{\sigma+j\infty}F(s)e^{st}\,ds\quad t\geqslant 0 \tag{4-10}$$

其中，积分下限定义为零的左极限，目的在于分析和计算时可以直接利用初始的 0_- 状态。

根据式(4-7)，单边拉普拉斯变换存在的充分条件为

$$\int_{0_-}^{\infty}|f(t)|e^{-\sigma t}dt<\infty \tag{4-11}$$

对任意信号 $f(t)$，若满足式(4-11)，则 $f(t)$ 应满足

$$\lim_{t\to\infty}f(t)e^{-\sigma t}=0 \tag{4-12}$$

满足此条件的 σ 的取值范围即为单边拉氏变换的收敛域，可表示为

$$\sigma>\sigma_0 \tag{4-13}$$

这表明 $f(t)$ 的单边拉普拉斯变换的收敛域为 s 平面上平行于 $j\omega$ 轴的一条直线的右边区域。与因果信号双边拉氏变换的收敛域相同。

【例 4-2】 计算下列信号拉普拉斯变换的收敛域。

(1) $\varepsilon(t)-\varepsilon(t-6)$　(2) $\varepsilon(t)$　(3) $e^{-3t}\varepsilon(t)$　(4) $t^n\varepsilon(t)$　(5) t^t，e^{t^2}

解： 求收敛域，即找出满足式(4-11)或式(4-12)的 σ 取值范围。

(1) $\lim\limits_{t\to\infty}[\varepsilon(t)-\varepsilon(t-6)]e^{-\sigma t}=0\Rightarrow\sigma>-\infty$

(2) $\lim\limits_{t\to\infty}[\varepsilon(t)]e^{-\sigma t}=\lim\limits_{t\to\infty}e^{-\sigma t}=0\Rightarrow\sigma>0$

(3) $\lim\limits_{t\to\infty}[e^{-3t}\varepsilon(t)]e^{-\sigma t}=\lim\limits_{t\to\infty}e^{-(3+\sigma)t}=0\Rightarrow 3+\sigma>0\Rightarrow\sigma>-3$

(4) $\lim\limits_{t\to\infty}[t^n\varepsilon(t)]e^{-\sigma t}=\lim\limits_{t\to\infty}\dfrac{t^n}{e^{\sigma t}}=0\Rightarrow\sigma>0$

(5) $\lim\limits_{t\to\infty}[t^t]e^{-\sigma t}=\lim\limits_{t\to\infty}\dfrac{t^t}{e^{\sigma t}}=\lim\limits_{t\to\infty}\dfrac{t\ln t}{\sigma t}=\infty$，$\lim\limits_{t\to\infty}[e^{t^2}]e^{-\sigma t}=\lim\limits_{t\to\infty}\dfrac{e^{t^2}}{e^{\sigma t}}=\lim\limits_{t\to\infty}\dfrac{t^2}{\sigma t}=\infty$，

因此，信号 t^t 和 e^{t^2} 的单边拉普拉斯变换不存在。

4.2.4 常用信号的单边拉普拉斯变换

1. 单位冲激信号 $\boldsymbol{\delta}(t)$

$\delta(t)$的单边拉普拉斯变换为

$$\mathcal{L}[\delta(t)]=\int_{0_-}^{\infty}\delta(t)\mathrm{e}^{-st}\mathrm{d}t=\mathrm{e}^{-st}\big|_{t=0}=1\quad \sigma>-\infty \tag{4-14}$$

2. 单位阶跃信号 $\boldsymbol{\varepsilon}(t)$

$\varepsilon(t)$的单边拉普拉斯变换为

$$\mathcal{L}[\varepsilon(t)]=\int_{0_-}^{\infty}\varepsilon(t)\mathrm{e}^{-st}\mathrm{d}t=\int_{0_-}^{\infty}\mathrm{e}^{-st}\mathrm{d}t=\frac{1}{s}\quad \sigma>0 \tag{4-15}$$

3. 门信号 $g_2(t)=\varepsilon(t+1)-\varepsilon(t-1)$

$g_2(t)$的单边拉普拉斯变换为

$$\mathcal{L}[\varepsilon(t+1)-\varepsilon(t-1)]=\int_{0_-}^{1}\mathrm{e}^{-st}\mathrm{d}t=\frac{1-\mathrm{e}^{-s}}{s}\quad \sigma>-\infty \tag{4-16}$$

4. 单边指数信号 $\mathrm{e}^{\alpha t}\boldsymbol{\varepsilon}(t)$

$\mathrm{e}^{\alpha t}\varepsilon(t)$的单边拉普拉斯变换为

$$\mathcal{L}[\mathrm{e}^{\alpha t}\varepsilon(t)]=\int_{0_-}^{\infty}\mathrm{e}^{\alpha t}\varepsilon(t)\mathrm{e}^{-st}\mathrm{d}t=\int_{0_-}^{\infty}\mathrm{e}^{(\alpha-s)t}\mathrm{d}t=\frac{1}{s-\alpha}\quad \sigma>\alpha \tag{4-17}$$

可以利用 MATLAB 函数 laplace 求信号的单边拉普拉斯变换。代码如下：

```
syms t s
d = sym('dirac(t)');                              %单位冲激函数
D = laplace(d)
u = sym('heaviside(t)');                          %单位阶跃信号
U = laplace(u)
g = heaviside(t + 1) - heaviside(t - 1);          %门函数
G = laplace(g)
x = exp( - 2 * t);                                %指数函数
Y = laplace(x)
```

运行结果为

```
D = 1; U = 1/s; G = 1/s - exp( - s)/s; Y = 1/(s + 2)
```

4.3 单边拉普拉斯变换的性质

拉普拉斯变换的性质揭示了信号的时域特性和 s 域特性的内在联系，掌握拉氏变换的性质有助于计算一些复杂信号的拉普拉斯变换。

1. 线性

若$\mathcal{L}[f_1(t)]=F_1(s)$，$\sigma>\sigma_1$ 和$\mathcal{L}[f_2(t)]=F_2(s)$，$\sigma>\sigma_2$，则

$$\mathcal{L}[\alpha f_1(t)+\beta f_2(t)]=\alpha F_1(s)+\beta F_2(s)\quad \sigma>\max(\sigma_1,\sigma_2) \tag{4-18}$$

证明： $\mathcal{L}[\alpha f_1(t)+\beta f_2(t)]=\int_{0_-}^{\infty}[\alpha f_1(t)+\beta f_2(t)]\mathrm{e}^{-st}\mathrm{d}t$

$$= \alpha\int_{0_-}^{\infty} f_1(t)\mathrm{e}^{-st}\mathrm{d}t + \beta\int_{0_-}^{\infty} f_2(t)\mathrm{e}^{-st}\mathrm{d}t$$

$$= \alpha F_1(s) + \beta F_2(s) \quad \sigma > \max(\sigma_1, \sigma_2)$$

2. 时移性

若$\mathcal{L}[f(t)]=F(s)$，$\sigma>\sigma_1$，则

$$\mathcal{L}[f(t-t_0)\varepsilon(t-t_0)] = \mathrm{e}^{-st_0}F(s) \quad t_0 \geqslant 0 \quad \sigma > \sigma_1 \tag{4-19}$$

证明：根据单边拉普拉斯变换的定义

$$\mathcal{L}[f(t-t_0)\varepsilon(t-t_0)] = \int_{0_-}^{\infty}[f(t-t_0)\varepsilon(t-t_0)]\mathrm{e}^{-st}\mathrm{d}t = \int_{t_0}^{\infty} f(t-t_0)\mathrm{e}^{-st}\mathrm{d}t$$

令 $t-t_0=\tau$，可得

$$\mathcal{L}[f(t-t_0)\varepsilon(t-t_0)] = \int_{0_-}^{\infty} f(\tau)\mathrm{e}^{-s(\tau+t_0)}\mathrm{d}\tau$$

$$= \mathrm{e}^{-st_0}\int_{0_-}^{\infty} f(\tau)\mathrm{e}^{-s\tau}\mathrm{d}\tau = \mathrm{e}^{-st_0}F(s) \quad \sigma > \sigma_1$$

【例 4-3】 已知 $f_1(t)=\mathrm{e}^{-3(t-2)}$，$f_2(t)=\mathrm{e}^{-3(t-2)}\varepsilon(t)$，$f_3(t)=\mathrm{e}^{-3(t-2)}\varepsilon(t-2)$，$f_4(t)=\mathrm{e}^{-3t}\varepsilon(t-2)$，试比较这四个信号的单边拉普拉斯变换。

解：根据指数函数的单边拉氏变换公式，有

$$\mathrm{e}^{-3t}\varepsilon(t) \leftrightarrow \frac{1}{s+3} \quad \sigma > -3$$

因此有

$$F_1(s) = \mathcal{L}[\mathrm{e}^{-3(t-2)}] = \mathcal{L}[\mathrm{e}^{-3(t-2)}\varepsilon(t)] = \mathcal{L}[\mathrm{e}^{6}\mathrm{e}^{-3t}\varepsilon(t)] = \frac{\mathrm{e}^{6}}{s+3} \quad \sigma > -3$$

$$F_2(s) = \mathcal{L}[\mathrm{e}^{-3(t-2)}\varepsilon(t)] = \frac{\mathrm{e}^{6}}{s+3} \quad \sigma > -3$$

根据时移性质，有

$$F_3(s) = \mathcal{L}[\mathrm{e}^{-3(t-2)}\varepsilon(t-2)] = \frac{\mathrm{e}^{-2s}}{s+3} \quad \sigma > -3$$

$$F_4(s) = \mathcal{L}[\mathrm{e}^{-3t}\varepsilon(t-2)] = \mathcal{L}[\mathrm{e}^{-6}\mathrm{e}^{-3(t-2)}\varepsilon(t-2)] = \frac{\mathrm{e}^{-2s-6}}{s+3} \quad \sigma > -3$$

由上例可知：信号 $f(t-\tau)$的拉氏变换即为 $f(t-\tau)\varepsilon(t)$的拉氏变换，而与 $f(t-\tau)\varepsilon(t-\tau)$的拉氏变换不一定相等，只有当 $f(t)$是因果信号时，两者才相等。

时移性质的一个重要应用是求有始周期信号的拉普拉斯变换。设 $f(t)$是以 T 为周期的周期信号，若 $f_1(t)$是它的第一个周期的信号，则有

$$f(t) = f_1(t) + f_1(t-T) + f_1(t-2T) + \cdots = \sum_{k=0}^{+\infty} f_1(t-kT) \tag{4-20}$$

记 $f_1(t)$的象函数为 $F_1(s)$，根据时移性质，可得到周期信号 $f(t)$的象函数为

$$F(s) = F_1(s) + \mathrm{e}^{-sT}F_1(s) + \mathrm{e}^{-2sT}F_1(s) + \cdots = \frac{F_1(s)}{1-\mathrm{e}^{-sT}} \tag{4-21}$$

式(4-21)表明，从 0 开始的周期信号的单边拉氏变换等于其第一个周期信号的象函数乘上因子$\frac{1}{1-\mathrm{e}^{-sT}}$。例如，如图 4-2 所示从 0 开始的周期冲激函数 $\delta_T(t)=\sum_{k=0}^{+\infty}\delta(t-kT)$的

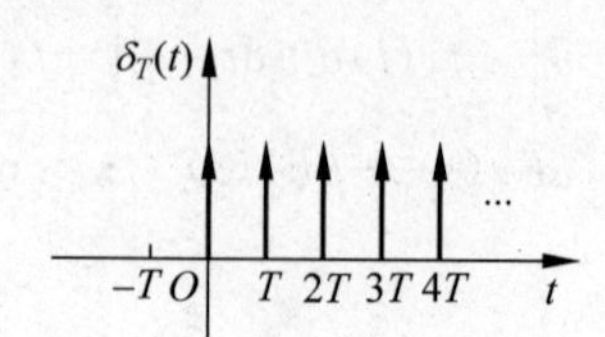

图 4-2　有始周期冲激函数

单边拉氏变换即为$\frac{1}{1-e^{-sT}}$，因为其第一个周期的信号为$\delta(t)$，而$\mathcal{L}[\delta(t)]=1$。

3. s 域平移

若$\mathcal{L}[f(t)]=F(s)\quad \sigma>\sigma_1$，则

$$\mathcal{L}[e^{s_0 t}f(t)] = F(s-s_0)\quad \sigma>\sigma_1+\sigma_0 \tag{4-22}$$

式中 s_0 为复常数，$\sigma_0=\mathrm{Re}[s_0]$。

证明：根据单边拉普拉斯变换的定义

$$\begin{aligned}\mathcal{L}[e^{s_0 t}f(t)] &= \int_{0_-}^{\infty} e^{s_0 t}f(t)e^{-st}\mathrm{d}t \\ &= \int_{0_-}^{\infty} f(t)e^{-(s-s_0)t}\mathrm{d}t = F(s-s_0)\quad \sigma>\sigma_1+\sigma_0\end{aligned}$$

由于 $F(s-s_0)$是 $F(s)$在 s 域右移 s_0，所以其收敛域也向右平移 σ_0，即为 $\sigma>\sigma_1+\sigma_0$。

【例 4-4】 已知信号 $f_1(t)=\cos(\omega_0 t)\varepsilon(t)$，$f_2(t)=\sin(\omega_0 t)\varepsilon(t)$，$f_3(t)=e^{-\alpha t}\cos(\omega_0 t)\varepsilon(t)$，试求它们的象函数。

解：根据欧拉公式有

$$f_1(t) = \frac{1}{2}(e^{j\omega_0 t}+e^{-j\omega_0 t})\varepsilon(t)$$

由于

$$\varepsilon(t)\leftrightarrow \frac{1}{s}\quad \sigma>0$$

根据 s 域平移性质，有

$$e^{j\omega_0 t}\varepsilon(t)\leftrightarrow \frac{1}{s-j\omega_0}\quad \sigma>0$$

$$e^{-j\omega_0 t}\varepsilon(t)\leftrightarrow \frac{1}{s+j\omega_0}\quad \sigma>0$$

$$F_1(s) = \mathcal{L}[\cos(\omega_0 t)\varepsilon(t)] = \frac{1}{2}\left(\frac{1}{s-j\omega_0}+\frac{1}{s+j\omega_0}\right) = \frac{s}{s^2+\omega_0^2}\quad \sigma>0$$

同理可得

$$F_2(s) = \mathcal{L}[\sin(\omega_0 t)\varepsilon(t)] = \frac{\omega_0}{s^2+\omega_0^2}\quad \sigma>0$$

再次应用 s 域平移性质，由 $F_1(s)$的结果可得到

$$F_3(s) = \mathcal{L}[e^{-\alpha t}\cos\omega_0 t\varepsilon(t)] = F_1(s+\alpha) = \frac{s+\alpha}{(s+\alpha)^2+\omega_0^2}\quad \sigma>-\alpha$$

【例 4-5】 用 MATLAB 比较 $\cos 10t\varepsilon(t)$和 $e^{-t}\cos 10t\varepsilon(t)$的极点位置，分析 s 域平移性质对收敛域的影响。

解：采用符号计算方法，代码如下：

```
syms t s
x = cos(10 * t);
y = exp( - t) * cos(10 * t);
X = laplace(x)
Y = laplace(y)
% plotting of signals and poles/zeros
figure(1)
subplot(221)
ezplot(x,[0,5]);grid
axis([0 5 - 1.1 1.1]);title('x(t) = cos(10t)ε(t)')
num = [1 0];den = [1 0 100];
sys = tf(num,den);
poles = roots(den)
subplot(222)
pzmap(sys);
axis([ - 2 1 - 20 20]);
subplot(223)
ezplot(y,[ - 1,5]);grid
axis([0 5 - 1.1 1.1]);title('y(t) = cos(10t)exp( - t)ε(t)')
num = [0 1 1];den = [1 2 101];
sys = tf(num,den);
poles = roots(den)
subplot(224)
pzmap(sys);
axis([ - 2 1 - 20 20]);
```

运行结果如图 4-3 所示，$e^{-t}\cos 10t\varepsilon(t)$的极点左移，收敛域的边界也左移。

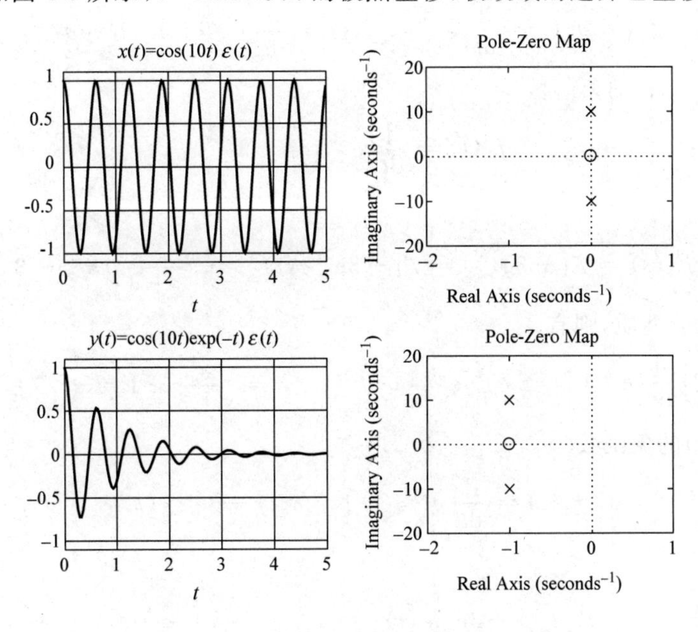

图 4-3 s 域平移性质对极点位置的影响

4. 时域微分

若$\mathcal{L}[f(t)]=F(s)\quad \sigma>\sigma_1$，则

$$\mathcal{L}\left[\frac{\mathrm{d}f(t)}{\mathrm{d}t}\right]=sF(s)-f(0_-)\quad \sigma>\sigma_1 \tag{4-23}$$

式中，$f(0_-)$是$f(t)$在$t=0_-$时的值。

证明：$\mathcal{L}\left[\frac{\mathrm{d}f(t)}{\mathrm{d}t}\right]=\int_{0_-}^{\infty}\frac{\mathrm{d}f(t)}{\mathrm{d}t}\mathrm{e}^{-st}\mathrm{d}t=f(t)\mathrm{e}^{-st}\Big|_{0_-}^{\infty}-\int_{0_-}^{\infty}f(t)(-s\mathrm{e}^{-st})\mathrm{d}t$

$$=-f(0_-)+s\int_{0_-}^{\infty}f(t)\mathrm{e}^{-st}\mathrm{d}t=sF(s)-f(0_-)\quad \sigma>\sigma_1$$

重复应用微分性质，可得

$$\begin{aligned}\mathcal{L}\left[\frac{\mathrm{d}^2f(t)}{\mathrm{d}t^2}\right]&=\mathcal{L}\left[\frac{\mathrm{d}}{\mathrm{d}t}\left(\frac{\mathrm{d}f(t)}{\mathrm{d}t}\right)\right]=s\cdot\mathcal{L}\left[\frac{\mathrm{d}f(t)}{\mathrm{d}t}\right]-\frac{\mathrm{d}f(t)}{\mathrm{d}t}\bigg|_{t=0-}\\&=s[sF(s)-f(0_-)]-f'(0_-)\\&=s^2F(s)-sf(0_-)-f'(0_-)\end{aligned}$$

其中，$f'(0_-)$是$f'(t)$在$t=0_-$时的值。

同理，可导出一般公式如下

$$\begin{aligned}\mathcal{L}\left[\frac{\mathrm{d}^nf(t)}{\mathrm{d}t^n}\right]&=s^nF(s)-s^{n-1}f(0_-)-s^{n-2}f'(0_-)-\cdots-f^{(n-1)}(0_-)\\&=s^nF(s)-\sum_{r=0}^{n-1}s^{n-r-1}f^{(r)}(0_-)\end{aligned} \tag{4-24}$$

式中，$f^{(r)}(0_-)$是$f^{(r)}(t)$在$t=0_-$时的值。

若$f(t)$是因果信号，则有$f^{(n)}(0_-)=0(n=0,1,2,\cdots)$，此时

$$\mathcal{L}[f^{(n)}(t)]=s^nF(s) \tag{4-25}$$

【例 4-6】 已知信号$f_1(t)=\frac{\mathrm{d}}{\mathrm{d}t}(\mathrm{e}^{-3t})$，$f_2(t)=\frac{\mathrm{d}}{\mathrm{d}t}[\mathrm{e}^{-3t}\varepsilon(t)]$，试求它们的象函数。

解：(1) 求$f_1(t)$的象函数

$$f_1(t)=\frac{\mathrm{d}}{\mathrm{d}t}(\mathrm{e}^{-3t})=-3\mathrm{e}^{-3t}$$

于是有

$$F_1(s)=\mathcal{L}[-3\mathrm{e}^{-3t}]=\mathcal{L}[-3\mathrm{e}^{-3t}\varepsilon(t)]=-\frac{3}{s+3}\quad \sigma>-3$$

直接应用时域微分性质，则有

$$F_1(s)=\mathcal{L}\left[\frac{\mathrm{d}}{\mathrm{d}t}(\mathrm{e}^{-3t})\right]=s\cdot\mathcal{L}[\mathrm{e}^{-3t}]-\mathrm{e}^{-3t}\big|_{t=0_-}=\frac{s}{s+3}-1=-\frac{3}{s+3}\quad \sigma>-3$$

(2) 求$f_2(t)$的象函数

$$f_2(t)=\frac{\mathrm{d}}{\mathrm{d}t}[\mathrm{e}^{-3t}\varepsilon(t)]=\delta(t)-3\mathrm{e}^{-3t}\varepsilon(t)$$

于是有

$$F_2(s)=\mathcal{L}[\delta(t)-3\mathrm{e}^{-3t}\varepsilon(t)]=1-\frac{3}{s+3}=\frac{s}{s+3}\quad \sigma>-3$$

直接应用时域微分性质，则有

$$F_2(s)=\mathcal{L}\left[\frac{\mathrm{d}}{\mathrm{d}t}[\mathrm{e}^{-3t}\varepsilon(t)]\right]=s\cdot\mathcal{L}[\mathrm{e}^{-3t}\varepsilon(t)]-\mathrm{e}^{-3t}\varepsilon(t)\big|_{t=0-}=\frac{s}{s+3}\quad\sigma>-3$$

5. 时域卷积

若 $f_1(t)$和 $f_2(t)$是因果信号，并且有$\mathcal{L}[f_1(t)]=F_1(s)$，$\sigma>\sigma_1$ 和$\mathcal{L}[f_2(t)]=F_2(s)$，$\sigma>\sigma_2$，则

$$\mathcal{L}[f_1(t)*f_2(t)]=F_1(s)F_2(s)\quad\sigma>\max(\sigma_1,\sigma_2)\tag{4-26}$$

证明：因为 $f_1(t)$ 和 $f_2(t)$ 是因果信号，则 $f_1(t)*f_2(t)=\int_{-\infty}^{\infty}f_1(\tau)f_2(t-\tau)\mathrm{d}\tau$ 仍为因果信号。根据单边拉普拉斯变换的定义，可得

$$\mathcal{L}[f_1(t)*f_2(t)]=\int_{0_-}^{\infty}[f_1(t)*f_2(t)]\mathrm{e}^{-st}\mathrm{d}t=\int_{0_-}^{\infty}\left[\int_{0_-}^{\infty}f_1(\tau)f_2(t-\tau)\mathrm{d}\tau\right]\mathrm{e}^{-st}\mathrm{d}t$$

交换积分次序，得到

$$\mathcal{L}[f_1(t)*f_2(t)]=\int_{0_-}^{\infty}f_1(\tau)\left[\int_{0_-}^{\infty}f_2(t-\tau)\mathrm{e}^{-st}\mathrm{d}t\right]\mathrm{d}\tau$$

其中，$\int_{0_-}^{\infty}f_2(t-\tau)\mathrm{e}^{-st}\mathrm{d}t$ 是 $f_2(t-\tau)$的单边拉普拉斯变换，根据时移性质，则有

$$\int_{0_-}^{\infty}f_2(t-\tau)\mathrm{e}^{-st}\mathrm{d}t=\mathrm{e}^{-s\tau}F_2(s)$$

于是可得

$$\mathcal{L}[f_1(t)*f_2(t)]=\int_{0_-}^{\infty}f_1(\tau)\mathrm{e}^{-s\tau}F_2(s)\mathrm{d}\tau=F_2(s)\int_{0_-}^{\infty}f_1(\tau)\mathrm{e}^{-s\tau}\mathrm{d}\tau=F_2(s)F_1(s)$$

6. 时域积分

若$\mathcal{L}[f(t)]=F(s)$　$\sigma>\sigma_1$，则

$$\mathcal{L}\left[\int_{-\infty}^{t}f(\tau)\mathrm{d}\tau\right]=\frac{F(s)}{s}+\frac{f^{(-1)}(0_-)}{s}\quad\sigma>\max(\sigma_1,\ 0)\tag{4-27}$$

式中，$f^{(-1)}(0_-)=\int_{-\infty}^{0_-}f(\tau)\mathrm{d}\tau$。

证明：根据单边拉氏变换的定义有

$$\begin{aligned}\mathcal{L}\left[\int_{-\infty}^{t}f(\tau)\mathrm{d}\tau\right]&=\mathcal{L}\left[\int_{-\infty}^{0_-}f(\tau)\mathrm{d}\tau+\int_{0_-}^{t}f(\tau)\mathrm{d}\tau\right]\\&=\mathcal{L}\left[\int_{-\infty}^{0_-}f(\tau)\mathrm{d}\tau\right]+\mathcal{L}\left[\int_{0_-}^{t}f(\tau)\mathrm{d}\tau\right]\end{aligned}$$

记 $f^{(-1)}(0_-)=\int_{-\infty}^{0_-}f(\tau)\mathrm{d}\tau$，该定积分为常数，所以有

$$\mathcal{L}\left[\int_{-\infty}^{0_-}f(\tau)\mathrm{d}\tau\right]=\frac{f^{(-1)}(0_-)}{s}$$

因为

$$\int_{0_-}^{t}f(\tau)\mathrm{d}\tau=\int_{-\infty}^{\infty}f(\tau)\varepsilon(\tau)\varepsilon(t-\tau)\mathrm{d}\tau=f(t)\varepsilon(t)*\varepsilon(t)$$

根据时域卷积性质，则有

$$\mathcal{L}\left[\int_{0_-}^{t}f(\tau)\mathrm{d}\tau\right]=\mathcal{L}[f(t)\varepsilon(t)*\varepsilon(t)]=\frac{F(s)}{s}$$

根据线性性质，可得

$$\mathcal{L}[f^{(-1)}(t)]=\mathcal{L}\left[\int_{-\infty}^{t}f(\tau)\mathrm{d}\tau\right]=\frac{f^{(-1)}(0_-)}{s}+\frac{F(s)}{s}$$

时域微分、积分性质主要应用于线性连续系统 s 域分析中的微、积分运算和系统微分方程的求解，是线性连续系统 s 域分析的依据之一。

若 $f(t)$是因果信号，则 $f^{(-1)}(0_-)=0$，时域积分性质可简化为

$$\mathcal{L}[f^{(-1)}(t)]=\mathcal{L}\left[\int_0^t f(\tau)\mathrm{d}\tau\right]=\frac{F(s)}{s} \tag{4-28}$$

$$\mathcal{L}[f^{(-n)}(t)]=\frac{F(s)}{s^n} \tag{4-29}$$

【例 4-7】 求如图 4-4(a)所示信号的单边拉普拉斯变换。

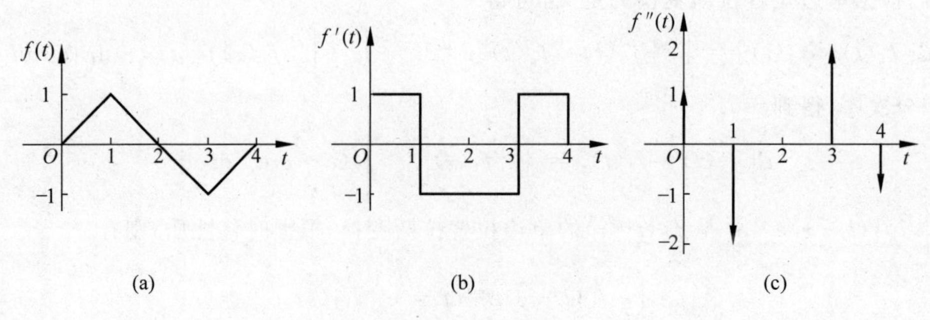

图 4-4 例 4-7 图

解：直接按定义求 $f(t)$的象函数很繁琐，可先求 $f(t)$的二阶导数的象函数，再用单边拉氏变换的时域积分性质求 $f(t)$的象函数。$f(t)$的一阶、二阶导函数如图 4-4(b)、(c)所示，由图 4-4(c)可得

$$f''(t)=\delta(t)-2\delta(t-1)+2\delta(t-3)-\delta(t-4)$$

由于$\mathcal{L}[\delta(t)]=1$，由时移和线性性质可得

$$\mathcal{L}[f''(t)]=1-2\mathrm{e}^{-s}+2\mathrm{e}^{-3s}-\mathrm{e}^{-4s}$$

根据时域积分性质则有

$$F(s)=\mathcal{L}[f(t)]=\frac{\mathcal{L}[f''(t)]}{s^2}=\frac{1-2\mathrm{e}^{-s}+2\mathrm{e}^{-3s}-\mathrm{e}^{-4s}}{s^2}$$

【例 4-8】 求因果信号 $f(t)=t^n\varepsilon(t)$的单边拉普拉斯变换。

解：由于 $\int_{-\infty}^t \varepsilon(\tau)\mathrm{d}\tau=\int_{0_-}^t \varepsilon(\tau)\mathrm{d}\tau=t\varepsilon(t)$，且 $\varepsilon(t)\leftrightarrow\frac{1}{s}\quad \sigma>0$

根据时域积分性质，有

$$t\varepsilon(t)=\int_{0_-}^t \varepsilon(\tau)\mathrm{d}\tau\leftrightarrow\frac{\mathcal{L}[\varepsilon(t)]}{s}=\frac{1}{s^2}\quad \sigma>0$$

又因为

$$\int_{0_-}^t \tau\varepsilon(\tau)\mathrm{d}\tau=\frac{1}{2}t^2\varepsilon(t)$$

再次应用时域积分性质，有

$$t^2\varepsilon(t)=2\int_{0_-}^t \tau\varepsilon(\tau)\mathrm{d}\tau\leftrightarrow 2\,\frac{\mathcal{L}[t\varepsilon(t)]}{s}=\frac{2}{s^3}=\frac{2!}{s^3}\quad \sigma>0$$

以此类推，可以得到

$$t^n\varepsilon(t)\leftrightarrow\frac{n!}{s^{n+1}}\quad \sigma>0$$

7. 尺度变换

若$\mathcal{L}[f(t)]=F(s)\quad \sigma>\sigma_1$，则

$$f(at)\leftrightarrow \frac{1}{a}F\left(\frac{s}{a}\right)\quad \sigma>a\sigma_1 \tag{4-30}$$

其中，a 为实常数且 $a>0$。

证明：根据单边拉普拉斯变换的定义有

$$\mathcal{L}[f(at)]=\int_{0_-}^{\infty}f(at)\mathrm{e}^{-st}\mathrm{d}t$$

令 $at=\tau$，$t=\frac{\tau}{a}$，则有

$$\mathcal{L}[f(at)]=\int_{0_-}^{\infty}f(\tau)\mathrm{e}^{-s\frac{\tau}{a}}\mathrm{d}\frac{\tau}{a}=\frac{1}{a}\int_{0_-}^{\infty}f(\tau)\mathrm{e}^{-\frac{s}{a}\tau}\mathrm{d}\tau=\frac{1}{a}F\left(\frac{s}{a}\right)\quad \sigma>a\sigma_1$$

由于 $F(s)$的收敛域是 $\sigma>\sigma_1$，所以 $F\left(\frac{s}{a}\right)$的收敛域是$\frac{\sigma}{a}>\sigma_1$，即为 $\sigma>a\sigma_1$。

【例 4-9】 因果信号 $f(t)\varepsilon(t)$经时移和尺度变换后为 $f_1(t)=f(at-t_0)\varepsilon(at-t_0)$，其中 $a>0$，$t_0>0$。求 $f_1(t)$的象函数。

解：记 $F(s)=\mathcal{L}[f(t)\varepsilon(t)]\quad \sigma>\sigma_1$，根据尺度变换性质有

$$\mathcal{L}[f(at)\varepsilon(at)]=\frac{1}{a}F\left(\frac{s}{a}\right)\quad \sigma>a\sigma_1$$

根据时移性质

$$\begin{aligned}F_1(s)&=\mathcal{L}[f_1(t)]=\mathcal{L}[f(at-t_0)\varepsilon(at-t_0)]\\&=\mathcal{L}\left\{f\left[a\left(t-\frac{t_0}{a}\right)\right]\varepsilon\left[a\left(t-\frac{t_0}{a}\right)\right]\right\}=\frac{1}{a}F\left(\frac{s}{a}\right)\mathrm{e}^{-\frac{t_0}{a}s}\quad \sigma>a\sigma_1\end{aligned}$$

8. s 域卷积

若$\mathcal{L}[f_1(t)]=F_1(s)$，$\sigma>\sigma_1$ 和$\mathcal{L}[f_2(t)]=F_2(s)$，$\sigma>\sigma_2$，则

$$\mathcal{L}[f_1(t)f_2(t)]=\frac{1}{2\pi\mathrm{j}}[F_1(s)*F_2(s)]\quad \sigma>\sigma_1+\sigma_2 \tag{4-31}$$

证明：根据卷积定义有

$$\begin{aligned}\frac{1}{2\pi\mathrm{j}}[F_1(s)*F_2(s)]&=\frac{1}{2\pi\mathrm{j}}\int_{\sigma-\mathrm{j}\infty}^{\sigma+\mathrm{j}\infty}F_1(\eta)F_2(s-\eta)\mathrm{d}\eta\\&=\frac{1}{2\pi\mathrm{j}}\int_{\sigma-\mathrm{j}\infty}^{\sigma+\mathrm{j}\infty}F_1(\eta)\left[\int_{0_-}^{\infty}f_2(t)\mathrm{e}^{\eta t}\mathrm{e}^{-st}\mathrm{d}t\right]\mathrm{d}\eta\\&=\int_{0_-}^{\infty}f_2(t)\mathrm{e}^{-st}\left[\frac{1}{2\pi\mathrm{j}}\int_{\sigma-\mathrm{j}\infty}^{\sigma+\mathrm{j}\infty}F_1(\eta)\mathrm{e}^{\eta t}\mathrm{d}\eta\right]\mathrm{d}t\\&=\int_{0_-}^{\infty}f_2(t)f_1(t)\mathrm{e}^{-st}\mathrm{d}t\end{aligned}$$

于是可得

$$\mathcal{L}[f_1(t)f_2(t)]=\frac{1}{2\pi\mathrm{j}}[F_1(s)*F_2(s)]\quad \sigma>\sigma_1+\sigma_2$$

9. s 域微分

若$\mathcal{L}[f(t)]=F(s)\quad \sigma>\sigma_1$，则

$$\mathcal{L}[(-t)f(t)] = \frac{\mathrm{d}F(s)}{\mathrm{d}s} \quad \sigma > \sigma_1 \tag{4-32}$$

$$\mathcal{L}[(-t)^n f(t)] = \frac{\mathrm{d}^n F(s)}{\mathrm{d}s^n} \quad n = 1,2,3,\cdots,\ \sigma > \sigma_1 \tag{4-33}$$

证明：根据单边拉普拉斯变换的定义

$$F(s) = \int_{0_-}^{\infty} f(t)\mathrm{e}^{-st}\mathrm{d}t \quad \sigma > \sigma_1$$

上式两边关于 s 分别求一次导数和 n 次导数，并交换微分和积分次序，即可得证。

【例 4-10】 求因果信号 $f(t)=t^2\mathrm{e}^{-2t}\varepsilon(t)$ 的单边拉普拉斯变换。

解：由于

$$\mathrm{e}^{-2t}\varepsilon(t) \leftrightarrow \frac{1}{s+2} \quad \sigma > -2$$

根据 s 域微分性质，有

$$-t\mathrm{e}^{-2t}\varepsilon(t) \leftrightarrow \frac{\mathrm{d}}{\mathrm{d}s}\left(\frac{1}{s+2}\right) = -\frac{1}{(s+2)^2} \quad \sigma > -2$$

再次应用 s 域微分性质，得到

$$t^2\mathrm{e}^{-2t}\varepsilon(t) = -t[-t\mathrm{e}^{-2t}\varepsilon(t)] \leftrightarrow \frac{\mathrm{d}}{\mathrm{d}s}\left(-\frac{1}{(s+2)^2}\right) = \frac{2}{(s+2)^3} \quad \sigma > -2$$

10. s 域积分

若 $\mathcal{L}[f(t)]=F(s)$，$\sigma>\sigma_1$，则

$$\mathcal{L}\left[\frac{f(t)}{t}\right] = \int_{s}^{\infty} F(\eta)\mathrm{d}\eta \quad \sigma > \max(\sigma_1, 0) \tag{4-34}$$

证明：根据单边拉普拉斯变换的定义

$$F(s) = \int_{0_-}^{\infty} f(t)\mathrm{e}^{-st}\mathrm{d}t \quad \sigma > \sigma_1$$

对上式两边从 s 到 ∞ 积分，并交换积分次序，可得

$$\int_{s}^{\infty} F(\eta)\mathrm{d}\eta = \int_{s}^{\infty}\left[\int_{0_-}^{\infty} f(t)\mathrm{e}^{-\eta t}\mathrm{d}t\right]\mathrm{d}\eta = \int_{0_-}^{\infty} f(t)\left[\int_{s}^{\infty}\mathrm{e}^{-\eta t}\mathrm{d}\eta\right]\mathrm{d}t$$

因为 $t>0$，所以上式方括号中的积分 $\int_{s}^{\infty}\mathrm{e}^{-\eta t}\mathrm{d}\eta$ 收敛。因此有

$$\int_{s}^{\infty} F(\eta)\mathrm{d}\eta = \int_{0_-}^{\infty} f(t)\left(\frac{\mathrm{e}^{-st}}{t}\right)\mathrm{d}t = \int_{0_-}^{\infty}\frac{f(t)}{t}\mathrm{e}^{-st}\mathrm{d}t = \mathcal{L}\left[\frac{f(t)}{t}\right]$$

【例 4-11】 求因果信号 $f(t)=\frac{\sin t}{t}\varepsilon(t)$ 的单边拉普拉斯变换。

解：由于

$$\sin t\,\varepsilon(t) \leftrightarrow \frac{1}{s^2+1} \quad \sigma > 0$$

根据 s 域积分性质，有

$$\frac{\sin t}{t}\varepsilon(t) \leftrightarrow \int_{s}^{\infty}\frac{1}{\eta^2+1}\mathrm{d}\eta = \arctan\eta\Big|_{s}^{\infty} = \frac{\pi}{2} - \arctan s = \arctan\frac{1}{s} \quad \sigma > 0$$

11. 初值定理

若信号 $f(t)$ 及其导数 $\frac{\mathrm{d}f(t)}{\mathrm{d}t}$ 的拉普拉斯变换存在，且 $\mathcal{L}[f(t)]=F(s)$，则信号 $f(t)$ 的初值为

$$f(0_+)=\lim_{t\to 0_+}f(t)=\lim_{s\to\infty}sF(s) \tag{4-35}$$

证明：根据单边拉普拉斯变换的时域微分性质可知

$$\begin{aligned}sF(s)-f(0_-)&=\mathcal{L}\left[\frac{\mathrm{d}f(t)}{\mathrm{d}t}\right]=\int_{0_-}^{\infty}\frac{\mathrm{d}f(t)}{\mathrm{d}t}\mathrm{e}^{-st}\mathrm{d}t\\&=\int_{0_-}^{0_+}\frac{\mathrm{d}f(t)}{\mathrm{d}t}\mathrm{e}^{-st}\mathrm{d}t+\int_{0_+}^{\infty}\frac{\mathrm{d}f(t)}{\mathrm{d}t}\mathrm{e}^{-st}\mathrm{d}t\\&=f(0_+)-f(0_-)+\int_{0_+}^{\infty}\frac{\mathrm{d}f(t)}{\mathrm{d}t}\mathrm{e}^{-st}\mathrm{d}t\end{aligned}$$

因此有

$$sF(s)=f(0_+)+\int_{0+}^{\infty}\frac{\mathrm{d}f(t)}{\mathrm{d}t}\mathrm{e}^{-st}\mathrm{d}t$$

当 $s\to\infty$ 时，上式两边取极限为

$$\lim_{s\to\infty}sF(s)=f(0_+)+\lim_{s\to\infty}\left[\int_{0_+}^{\infty}\frac{\mathrm{d}f(t)}{\mathrm{d}t}\mathrm{e}^{-st}\mathrm{d}t\right]=f(0_+)+\int_{0_+}^{\infty}\frac{\mathrm{d}f(t)}{\mathrm{d}t}\lim_{s\to\infty}[\mathrm{e}^{-st}]\mathrm{d}t=f(0_+)$$

12. 终值定理

若信号 $f(t)$ 及其导数 $\frac{\mathrm{d}f(t)}{\mathrm{d}t}$ 的拉普拉斯变换存在，且 $\mathcal{L}[f(t)]=F(s)$，$\lim_{t\to\infty}f(t)$ 存在，则

$$f(\infty)=\lim_{t\to\infty}f(t)=\lim_{s\to 0}sF(s) \tag{4-36}$$

证明：由前述可知

$$sF(s)=f(0_+)+\int_{0_+}^{\infty}\frac{\mathrm{d}f(t)}{\mathrm{d}t}\mathrm{e}^{-st}\mathrm{d}t$$

当 $s\to 0$ 时，上式两边取极限为

$$\lim_{s\to 0}sF(s)=f(0_+)+\lim_{s\to 0}\left[\int_{0_+}^{\infty}\frac{\mathrm{d}f(t)}{\mathrm{d}t}\mathrm{e}^{-st}\mathrm{d}t\right]=f(0_+)+\lim_{t\to\infty}f(t)-f(0_+)$$

于是得到

$$f(\infty)=\lim_{t\to\infty}f(t)=\lim_{s\to 0}sF(s)$$

【例 4-12】 已知象函数 $F(s)=\frac{3s^2-1}{(s+1)(s+2)^2}$，求其原函数 $f(t)$ 的初值和终值。

解：根据初值和终值定理，有

$$f(0_+)=\lim_{s\to\infty}sF(s)=\lim_{s\to\infty}\frac{(3s^2-1)s}{(s+1)(s+2)^2}=3$$

$$f(\infty)=\lim_{s\to 0}sF(s)=\lim_{s\to 0}\frac{(3s^2-1)s}{(s+1)(s+2)^2}=0$$

为方便查阅和应用，将上述单边拉氏变换的性质列在表 4-1 中。

表 4-1　单边拉普拉斯变换的基本性质

序　号	性　质	时域信号	单边拉普拉斯变换
0	定义	$f(t)=\frac{1}{2\pi\mathrm{j}}\int_{\sigma-\mathrm{j}\infty}^{\sigma+\mathrm{j}\infty}F(s)\mathrm{e}^{st}\mathrm{d}s$	$F(s)=\int_{0_-}^{\infty}f(t)\mathrm{e}^{-st}\mathrm{d}t$
1	线性	$\alpha f_1(t)+\beta f_2(t)$	$\alpha F_1(s)+\beta F_2(s)$

续表

序号	性质	时域信号	单边拉普拉斯变换
2	时域平移	$f(t-t_0)\varepsilon(t-t_0)$，$t_0>0$	$e^{-st_0}F(s)$
3	s 域平移	$f(t)e^{s_0t}$	$F(s-s_0)$
4	时域微分	$\dfrac{df(t)}{dt}$	$sF(s)-f(0_-)$
		$\dfrac{d^nf(t)}{dt^n}$	$s^nF(s)-\sum_{m=0}^{n-1}s^{n-1-m}f^{(m)}(0_-)$
5	时域积分	$\int_{-\infty}^{t}f(\tau)d\tau$	$\dfrac{F(s)}{s}+\dfrac{f^{(-1)}(0_-)}{s}$
6	尺度变换	$f(at)$，$a>0$	$\dfrac{1}{a}F\left(\dfrac{s}{a}\right)$
7	时域卷积	$f_1(t)*f_2(t)=\int_{0_-}^{\infty}f_1(\tau)f_2(t-\tau)d\tau$	$F_1(s)F_2(s)$
8	s 域卷积	$f_1(t)\cdot f_2(t)$	$\dfrac{1}{2\pi j}F_1(s)*F_2(s)$
9	s 域微分	$-tf(t)$	$\dfrac{dF(s)}{ds}$
		$(-t)^nf(t)$	$\dfrac{d^nF(s)}{ds^n}$
10	s 域积分	$\dfrac{f(t)}{t}$	$\int_{s}^{\infty}F(\eta)d\eta$
11	初值	$\lim_{t\to0}f(t)=\lim_{t\to\infty}sF(s)$	
12	终值	$\lim_{t\to\infty}f(t)=\lim_{t\to0}sF(s)$	

4.4 单边拉普拉斯逆变换

在利用拉普拉斯变换分析连续时间系统时，最后需要求出象函数的逆变换，得到系统的时域响应。欲求象函数 $F(s)$的逆变换，可利用逆变换的定义式来求解，但是利用定义式求原函数比较困难。实际问题中，可采用部分分式法并结合拉普拉斯变换的性质来求得原函数。

4.4.1 部分分式展开法

若 $F(s)$为有理函数，即

$$F(s)=\frac{B(s)}{A(s)}=\frac{b_ms^m+b_{m-1}s^{m-1}+\cdots+b_1s+b_0}{s^n+a_{n-1}s^{n-1}+\cdots+a_1s+a_0} \tag{4-37}$$

式中，$a_i(i=0,1,2,\cdots,n-1)$，$b_j(j=0,1,2,\cdots,m)$均为实数。若 $m<n$，则 $F(s)$为真分式，若 $m\geqslant n$，$F(s)$为假分式，此时需要用多项式除法将 $F(s)$分解为有理多项式与有理真分式之和来处理。其中有理多项式的逆变换为冲激函数及其各阶导数之和。下面讨论 $F(s)$为有理真分式时，采用部分分式法求其逆变换。

将象函数的分母作因式分解得到

$$F(s)=\frac{B(s)}{A(s)}=\frac{B(s)}{(s-p_1)(s-p_2)\cdots(s-p_n)} \tag{4-38}$$

其中，$p_i(i=1,2,\cdots,n)$是 $F(s)$的极点。根据极点的不同特点，部分分式展开法求拉普拉斯逆变换分为以下几种情况。

1. $F(s)$的极点是实数且为单极点

由于极点 $p_i(i=1,2,\cdots,n)$是实数，且各不相同，此时可将 $F(s)$展开为

$$F(s)=\frac{K_1}{s-p_1}+\frac{K_2}{s-p_2}+\cdots+\frac{K_n}{s-p_n}=\sum_{i=1}^{n}\frac{K_i}{s-p_i} \tag{4-39}$$

其中，各个部分分式的系数为

$$K_i=(s-p_i)F(s)\big|_{s=p_i} \tag{4-40}$$

由于$\mathcal{L}[e^{p_it}\varepsilon(t)]=\dfrac{1}{s-p_i}$，故 $F(s)$的单边拉氏逆变换可表示为

$$f(t)=\mathcal{L}^{-1}[F(s)]=K_1e^{p_1t}\varepsilon(t)+K_2e^{p_2t}\varepsilon(t)+\cdots+K_ne^{p_nt}\varepsilon(t)=\sum_{i=1}^{n}K_ie^{p_it}\varepsilon(t) \tag{4-41}$$

【例 4-13】 已知象函数 $F(s)=\dfrac{3s^3+11s^2+15s+6}{s^2+3s+2}$，求其逆变换 $f(t)$。

解：用长除法得到

$$\begin{aligned}F(s)&=3s+2+\frac{3s+2}{s^2+3s+2}=3s+2+\frac{3s+2}{(s+1)(s+2)}\\&=3s+2+\frac{4}{s+2}+\frac{-1}{s+1}\\f(t)&=\mathcal{L}^{-1}[F(s)]=3\delta'(t)+2\delta(t)+(4e^{-2t}-e^{-t})\varepsilon(t)\end{aligned}$$

2. $F(s)$包含共轭复极点

如果 $A(s)=0$ 的复根为 $p_1=-\alpha+j\beta$，$p_2=-\alpha-j\beta$，则 $F(s)$可展开为

$$F(s)=\frac{B(s)}{(s+\alpha-j\beta)(s+\alpha+j\beta)}=\frac{K_1}{s+\alpha-j\beta}+\frac{K_2}{s+\alpha+j\beta} \tag{4-42}$$

式中，$K_1=(s+\alpha-j\beta)F(s)\big|_{s=-\alpha+j\beta}$，$K_2=(s+\alpha+j\beta)F(s)\big|_{s=-\alpha-j\beta}$，且有 $K_2=K_1^*$。记 $K_1=|K_1|e^{j\varphi}$，$K_2=|K_1|e^{-j\varphi}$，于是有

$$F(s)=\frac{K_1}{s+\alpha-j\beta}+\frac{K_1^*}{s+\alpha+j\beta}=\frac{|K_1|e^{j\varphi}}{s+\alpha-j\beta}+\frac{|K_1|e^{-j\varphi}}{s+\alpha+j\beta} \tag{4-43}$$

$$\begin{aligned}f(t)&=\mathcal{L}^{-1}[F(s)]=[|K_1|e^{j\varphi}e^{(-\alpha+j\beta)t}+|K_1|e^{-j\varphi}e^{(-\alpha-j\beta)t}]\varepsilon(t)\\&=|K_1|e^{-\alpha t}[e^{j(\beta t+\varphi)}+e^{-j(\beta t+\varphi)}]\varepsilon(t)\\&=2|K_1|e^{-\alpha t}\cos(\beta t+\varphi)\varepsilon(t)\end{aligned} \tag{4-44}$$

【例 4-14】 已知象函数 $F(s)=\dfrac{s^2-4}{(s^2+4s+8)(s+3)}$，求其逆变换 $f(t)$。

解：将 $F(s)$的分母进一步分解为

$$F(s)=\frac{s^2-4}{(s+2-j2)(s+2+j2)(s+3)}$$

$F(s)$有一对共轭极点 $p_{1,2}=-2\pm j2$ 和一个单极点 $p_3=-3$，按极点作部分分式展开，有

$$F(s)=\frac{K_1}{s+2-\mathrm{j}2}+\frac{K_2}{s+2+\mathrm{j}2}+\frac{K_3}{s+3}$$

$$K_1=(s+2-\mathrm{j}2)F(s)\big|_{s=-2+\mathrm{j}2}=\frac{s^2-4}{(s+2+\mathrm{j}2)(s+3)}\bigg|_{s=-2+\mathrm{j}2}=\mathrm{j}=\mathrm{e}^{\mathrm{j}\frac{\pi}{2}}$$

$$K_2=(s+2+\mathrm{j}2)F(s)\big|_{s=-2-\mathrm{j}2}=\frac{s^2-4}{(s+2-\mathrm{j}2)(s+3)}\bigg|_{s=-2-\mathrm{j}2}=-\mathrm{j}=\mathrm{e}^{-\mathrm{j}\frac{\pi}{2}}$$

$$K_3=(s+3)F(s)\big|_{s=-3}=\frac{s^2-4}{(s+2-\mathrm{j}2)(s+2+\mathrm{j}2)}\bigg|_{s=2-\mathrm{j}2}=1$$

根据式(4-44)，可得原函数为

$$f(t)=\mathcal{L}^{-1}[F(s)]=2\mathrm{e}^{-2t}\cos\left(2t+\frac{\pi}{2}\right)\varepsilon(t)+\mathrm{e}^{-3t}\varepsilon(t)$$

3. $F(s)$包含多重极点

若$F(s)$可作如下的分解

$$F(s)=\frac{B(s)}{(s-p_1)^r D(s)} \tag{4-45}$$

则$F(s)$具有r重极点p_1。可将$F(s)$展开为

$$F(s)=\frac{K_{1r}}{(s-p_1)^r}+\frac{K_{1r-1}}{(s-p_1)^{r-1}}+\cdots+\frac{K_{11}}{s-p_1}+\frac{E(s)}{D(s)}=F_1(s)+\frac{E(s)}{D(s)} \tag{4-46}$$

其中，待定系数为

$$K_{1i}=\frac{1}{(r-i)!}\frac{\mathrm{d}^{r-i}}{\mathrm{d}s^{r-i}}[(s-p_1)^r F(s)]\big|_{s=p_1},\quad i=1,2,\cdots,r \tag{4-47}$$

因为有

$$\mathcal{L}\left[\frac{1}{(i-1)!}t^{i-1}\varepsilon(t)\right]=\frac{1}{s^i} \tag{4-48}$$

根据s域平移性质，可得

$$\mathcal{L}\left[\frac{1}{(i-1)!}\mathrm{e}^{p_1 t}t^{i-1}\varepsilon(t)\right]=\frac{1}{(s-p_1)^i} \tag{4-49}$$

再由线性性质求得$F_1(s)$的单边拉普拉斯逆变换为

$$\begin{aligned}f_1(t)&=\mathcal{L}^{-1}[F_1(s)]=\frac{K_{1r}}{(r-1)!}t^{r-1}\mathrm{e}^{p_1 t}\varepsilon(t)+\frac{K_{1r-1}}{(r-2)!}t^{r-2}\mathrm{e}^{p_1 t}\varepsilon(t)+\cdots+K_{11}\mathrm{e}^{p_1 t}\varepsilon(t)\\&=\sum_{i=1}^{r}\frac{K_{1i}}{(i-1)!}t^{i-1}\mathrm{e}^{p_1 t}e(t)\end{aligned} \tag{4-50}$$

【例 4-15】 已知象函数$F(s)=\dfrac{s+4}{(s+1)^3(s+2)}$，求其逆变换$f(t)$。

解：将$F(s)$部分分式展开为

$$F(s)=\frac{K_{13}}{(s+1)^3}+\frac{K_{12}}{(s+1)^2}+\frac{K_{11}}{s+1}+\frac{K_2}{s+2}$$

$$K_{13}=(s+1)^3F(s)\big|_{s=-1}=\frac{s+4}{s+2}\bigg|_{s=-1}=3$$

$$K_{12}=\frac{\mathrm{d}}{\mathrm{d}s}[(s+1)^3F(s)]\big|_{s=-1}=\frac{\mathrm{d}}{\mathrm{d}s}\left[\frac{s+4}{s+2}\right]\bigg|_{s=-1}=-2$$

$$K_{11}=\frac{1}{2!}\frac{\mathrm{d}^2}{\mathrm{d}s^2}[(s+1)^3F(s)]\big|_{s=-1}=\frac{1}{2}\frac{\mathrm{d}^2}{\mathrm{d}s^2}\left[\frac{s+4}{s+2}\right]\bigg|_{s=-1}=2$$

$$K_2=(s+2)F(s)\big|_{s=-2}=\frac{s+4}{(s+1)^3}\bigg|_{s=-2}=-2$$

则有
$$F(s)=\frac{3}{(s+1)^3}-\frac{2}{(s+1)^2}+\frac{2}{s+1}-\frac{2}{s+2}$$

于是得到
$$f(t)=\mathcal{L}^{-1}[F(s)]=\left(\frac{3}{2}t^2\mathrm{e}^{-t}-2t\mathrm{e}^{-t}+2\mathrm{e}^{-t}-2\mathrm{e}^{-2t}\right)\varepsilon(t)$$

4.4.2 象函数部分分式展开的 MATLAB 实现

象函数 $F(s)$的部分分式展开可用 residue 函数实现，调用形式为

```
[r, p, k] = residue(num, den)
```

式中 num，den 分别为 $F(s)$分子多项式和分母多项式的系数向量，r 为部分分式的系数，p 为极点，k 为多项式的系数，若为真分式，则 k 为零。

计算多项式根的函数 roots 可用于计算 $H(s)$的零极点。$H(s)$零极点分布图可用 pzmap 函数画出，调用形式为

```
pzmap(sys)
```

表示画出 sys 所描述系统的零极点图。

【例 4-16】 用 MATLAB 求解例 4-13。

解：先建立 $F(s)$分子多项式和分母多项式的系数向量，然后用 residue 函数求部分分式的系数和极点。代码如下：

```
format rat
num = [3 11 15 6];
den = [1 3 2];
[r,p,k] = residue(num,den)
```

运行结果为：

```
r = 4, -1
p = -2, -1
k = 3,2
```

故 $F(s)$可展开为
$$F(s)=3s+2+\frac{4}{s+2}+\frac{-1}{s+1}$$

即
$$f(t)=3\delta'(t)+2\delta(t)+4\mathrm{e}^{-2t}\varepsilon(t)-\mathrm{e}^{-t}\varepsilon(t)$$

【例 4-17】 用 MATLAB 求解例 4-14。

解：先产生象函数分子多项式和分母多项式的系数向量，然后用 residue 函数求部分分式的系数和极点，最后求部分分式系数的模和幅角。代码如下：

```
num = [1 0 -4];
den = conv([1 4 8],[1 3]);          % 将因子相乘的形式转换成多项式的形式
[r,p,k] = residue(num,den)
magr = abs(r)                       % 求 r 的模
angr = angle(r)                     % 求 r 的相角
```

运行结果为

```
r = 1 + 0i,1/321685687669322 + 1i,1/321685687669322 - 1i
p = -3 + 0i,-2 + 2i,-2 - 2i
magr = 1,1,1
angr = 0,355/226,-355/226
```

故 $F(s)$可展开为

$$F(s)=\frac{1}{s+3}+\frac{\mathrm{e}^{\mathrm{j}355/226}}{s+2-\mathrm{j}2}+\frac{\mathrm{e}^{-\mathrm{j}355/226}}{s+2+\mathrm{j}2}=\frac{1}{s+3}+\frac{\mathrm{e}^{\mathrm{j}1.57}}{s+2-\mathrm{j}2}+\frac{\mathrm{e}^{-\mathrm{j}1.57}}{s+2+\mathrm{j}2}$$

则原函数为

$$f(t)=\mathrm{e}^{-3t}\varepsilon(t)+2\mathrm{e}^{-2t}\cos(2t+1.57)\varepsilon(t)$$

【例 4-18】 用 MATLAB 求解例 4-15。

解：先建立 $F(s)$分子多项式和分母多项式的系数向量，然后用 residue 函数求部分分式的系数和极点，最后求系数的模和幅角。代码如下：

```
num = [1 4];
den = conv([1 3 3 1],[1 2]);          %将因子相乘的形式转换成多项式的形式
[r,p,k] = residue(num,den)
magr = abs(r)                         %求 r 的模
angr = angle(r)                       %求 r 的相角
```

运行结果为：

```
r = -2,2,-2,3
p = -2,-1,-1,-1
magr = 2,2,2,3
angr = 355/113,0,-355/113,0
```

故 $F(s)$可展开为 $$F(s)=\frac{-2}{s+2}+\frac{2}{s+1}+\frac{-2}{(s+1)^2}+\frac{3}{(s+1)^3}$$

即 $$f(t)=\left(\frac{3}{2}t^2\mathrm{e}^{-t}-2t\mathrm{e}^{-t}+2\mathrm{e}^{-t}-2\mathrm{e}^{-2t}\right)\varepsilon(t)$$

4.5 连续系统的拉普拉斯分析

4.5.1 微分方程描述的连续系统的拉普拉斯分析

利用拉普拉斯变换可把描述线性时不变连续系统的微分方程转换为 s 域的代数方程，从而使系统响应的分析计算简便易行。

假设二阶连续系统的微分方程为

$$y''(t)+a_1y'(t)+a_0y(t)=b_2f''(t)+b_1f'(t)+b_0f(t) \tag{4-51}$$

式中，a_0，a_1 以及 b_0，b_1，b_2 为实常数，$f(t)$为因果信号，$f(0_-)$、$f'(0_-)$均为零。

设初始时刻 $t_0=0$，$y(t)$的单边拉氏变换为 $Y(s)$，对式(4-51)两端作单边拉氏变换，根据单边拉氏变换的时域微分性质，有

$$\begin{aligned}&[s^2Y(s)-sy(0_-)-y'(0_-)]+a_1[sY(s)-y(0_-)]+a_0Y(s)\\&=b_2s^2F(s)+b_1sF(s)+b_0F(s)\end{aligned} \tag{4-52}$$

整理可得

$$(s^2+a_1s+a_0)Y(s)=[(s+a_1)y(0_-)+y'(0_-)]+(b_2s^2+b_1s+b_0)F(s) \quad (4\text{-}53)$$

若记 $A(s)=s^2+a_1s+a_0$，$B(s)=b_2s^2+b_1s+b_0$，$C(s)=(s+a_1)y(0_-)+y'(0_-)$，则有

$$Y(s)=\frac{C(s)}{A(s)}+\frac{B(s)}{A(s)}F(s) \quad (4\text{-}54)$$

其中，$\frac{C(s)}{A(s)}=\frac{(s+a_1)y(0_-)+y'(0_-)}{s^2+a_1s+a_0}$只与初始值有关，而与系统的输入无关，因此它的逆变换对应系统的零输入响应；$\frac{B(s)}{A(s)}F(s)$只与输入有关，而与初始值无关，因此，它的逆变换对应系统的零状态响应。令 $H(s)=\frac{B(s)}{A(s)}=\frac{b_2s^2+b_1s+b_0}{s^2+a_1s+a_0}$，它与系统的微分方程一一对应，称为连续系统的系统函数。

对式(4-54)作单边拉普拉斯逆变换，就得到系统的完全响应 $y(t)$、零输入响应 $y_{zi}(t)$和零状态响应 $y_{zs}(t)$，即

$$y(t)=\mathcal{L}^{-1}\left[\frac{C(s)}{A(s)}+\frac{B(s)}{A(s)}F(s)\right] \quad (4\text{-}55)$$

$$y_{zi}(t)=\mathcal{L}^{-1}\left[\frac{C(s)}{A(s)}\right] \quad (4\text{-}56)$$

$$y_{zs}(t)=\mathcal{L}^{-1}\left[\frac{B(s)}{A(s)}F(s)\right] \quad (4\text{-}57)$$

【例 4-19】 已知线性时不变系统的微分方程为

$$y''(t)+3y'(t)+2y(t)=f'(t)+3f(t)$$

输入信号 $f(t)=\mathrm{e}^{-4t}\varepsilon(t)$，$y(0_-)=1$，$y'(0_-)=1$，求系统的零输入响应、零状态响应和全响应。

解：根据单边拉氏变换的时域微分性质，对系统微分方程两边取单边拉普拉斯变换，得到

$$[s^2Y(s)-sy(0_-)-y'(0_-)]+3[sY(s)-y(0_-)]+2Y(s)=sF(s)+3F(s)$$

$$Y(s)=\frac{(s+3)y(0_-)+y'(0_-)}{s^2+3s+2}+\frac{s+3}{s^2+3s+2}F(s)$$

$f(t)$的单边拉普拉斯变换为

$$F(s)=\mathcal{L}[\mathrm{e}^{-4t}\varepsilon(t)]=\frac{1}{s+4}$$

代入已知条件，可得

$$Y(s)=\frac{s+4}{s^2+3s+2}+\frac{s+3}{s^2+3s+2}\frac{1}{s+4}=\frac{11/3}{s+1}-\frac{5/2}{s+2}-\frac{1/6}{s+4}$$

$$Y_{zi}(s)=\frac{s+4}{s^2+3s+2}=\frac{3}{s+1}-\frac{2}{s+2}$$

$$Y_{zs}(s)=\frac{s+3}{s^2+3s+2}\frac{1}{s+4}=\frac{2/3}{s+1}-\frac{1/2}{s+2}-\frac{1/6}{s+4}$$

求 $Y(s)$、$Y_{zi}(s)$、$Y_{zs}(s)$的单边拉氏逆变换，可得

$$y(t)=\mathcal{L}^{-1}[Y(s)]=\left(\frac{11}{3}\mathrm{e}^{-t}-\frac{5}{2}\mathrm{e}^{-2t}-\frac{1}{6}\mathrm{e}^{-4t}\right)\varepsilon(t)$$

$$y_{zi}(t)=\mathcal{L}^{-1}[Y_{zi}(s)]=(3\mathrm{e}^{-t}-2\mathrm{e}^{-2t})\varepsilon(t)$$

$$y_{zs}(t)=\mathcal{L}^{-1}[Y_{zs}(s)]=\left(\frac{2}{3}e^{-t}-\frac{1}{2}e^{-2t}-\frac{1}{6}e^{-4t}\right)\varepsilon(t)$$

【例 4-20】 用 MATLAB 求解例 4-19。

解：采用符号计算方法，代码如下：

```
syms s t
ft = exp( - 4 * t) * heaviside(t),                        % 输入信号
a = [1,3,2],b = [1,3],                                    % 微分方程的系数向量
y0 = [1,1],                                               % 系统初始状态
Fs = laplace(ft),
 % 计算 Y0S
n = length(a) - 1;Y0s = 0;
for k = 1:n;
    for r = 0:(k - 1);
        Y0s = Y0s + a(n - k + 1) * y0(r + 1) * s^(k - 1 - r);
    end
end
As = s^2 + 3 * s + 2;Bs = s + 3;
Hs = Bs./As
ht = ilaplace(Hs);disp('系统冲激响应'),ht,
Ys = (Bs * Fs + Y0s)/As;disp('Y(s) = '),pretty(Ys),       % 全响应的象函数
yt = ilaplace(Ys);disp('系统全响应'),yt,                    % 计算并显示全响应
yzit0 = ilaplace(Y0s/As);yzit = vpa(yzit0,4);              % 求零输入响应
disp('零输入响应'),yzit,                                    % 输出零输入响应
yzst0 = ilaplace((Bs * Fs)/As);yzst = vpa(yzst0,4);        % 求零状态响应
disp('零状态响应'),yzst,                                    % 输出零状态响应
 % 绘图
t1 = linspace(eps,5,100); ht1 = subs(ht,t,t1); subplot(2,1,1);plot(t1,ht1),
xlabel('时间(秒)'),ylabel('幅度'),grid,title('冲激响应'),
yt1 = subs(yt,t,t1);subplot(2,1,2);plot(t1,yt1,'r - '),
yzit1 = subs(yzit,t,t1);hold on;plot(t1,yzit1,'k -- '),
yzst1 = subs(yzst,t,t1);hold on;plot(t1,yzst1,'b - .')
xlabel('时间(秒)'),ylabel('幅度'),grid,title('系统响应'),
legend('全响应','零输入','零状态')
```

运行结果为：

```
系统全响应:yt = (11 * exp( - t))/3 - (5 * exp( - 2 * t))/2 - exp( - 4 * t)/6
零输入响应:yzit = 3.0 * exp( - 1.0 * t) - 2.0 * exp( - 2.0 * t)
零状态响应:yzst = 0.6667 * exp( - 1.0 * t) - 0.5 * exp( - 2.0 * t) - 0.1667 * exp( - 4.0 * t)
```

冲激响应和输出响应的曲线如图 4-5 所示。

4.5.2 电路系统的拉普拉斯分析

1. 电路元件的 s 域模型

电阻、电感和电容元件的电压与电流时域关系为：

$$u_R(t)=Ri_R(t) \tag{4-58}$$

$$u_L(t)=L\frac{\mathrm{d}i_L(t)}{\mathrm{d}t} \tag{4-59}$$

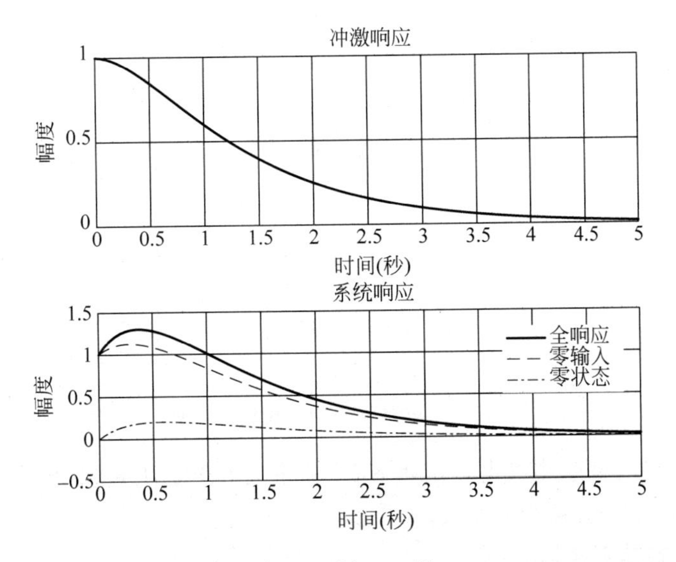

图 4-5　例 4-20 图

$$u_C(t) = u_C(0_-) + \frac{1}{C}\int_{0_-}^{t} i_C(\tau)\mathrm{d}\tau \quad t \geqslant 0 \tag{4-60}$$

将上面三式分别作拉普拉斯变换，则有

$$U_R(s) = RI_R(s) \tag{4-61}$$

$$U_L(s) = sLI_L(s) - Li_L(0_-) \tag{4-62}$$

$$U_C(s) = \frac{1}{sC}I_C(s) + \frac{u_C(0_-)}{s} \tag{4-63}$$

其中，$i_L(0_-)$是电感的初始电流，$u_C(0_-)$是电容的初始电压。$U_R(s)$、$U_L(s)$和$U_C(s)$分别是s域中电阻、电感和电容两端的电压，$I_R(s)$、$I_L(s)$和$I_C(s)$分别是s域中流过电阻、电感和电容的电流。

根据电流和电压关系，可得到电阻、电感和电容的s域串联模型，如图 4-6 所示。

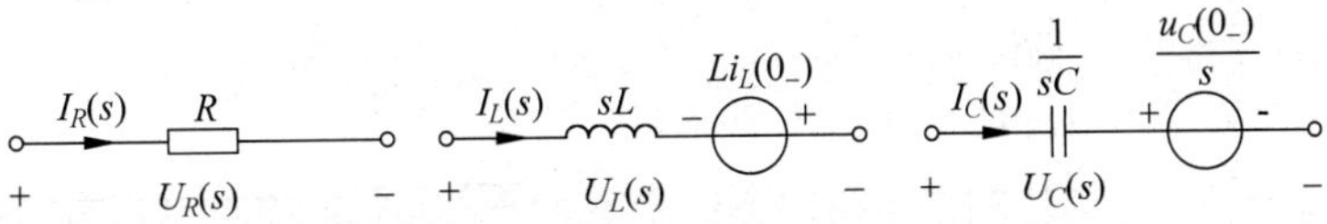

$I_R(s)$　R　$U_R(s)$　+　−　$I_L(s)$　sL　$Li_L(0_-)$　$U_L(s)$　+　−　$I_C(s)$　$\frac{1}{sC}$　$\frac{u_C(0_-)}{s}$　$U_C(s)$　+　−

图 4-6　电路元件的s域串联模型

如果用电压表示电流，则有

$$i_R(t) = \frac{u_R(t)}{R} \tag{4-64}$$

$$i_L(t) = i_L(0_-) + \frac{1}{L}\int_{0_-}^{t} u_L(\tau)\mathrm{d}\tau \quad t \geqslant 0 \tag{4-65}$$

$$i_C(t) = C\frac{\mathrm{d}u_C(t)}{\mathrm{d}t} \tag{4-66}$$

同样，对上面三式作拉普拉斯变换，得到

$$I_R(s) = \frac{U_R(s)}{R} \tag{4-67}$$

$$I_L(s)=\frac{1}{sL}U_L(s)+\frac{i_L(0_-)}{s} \tag{4-68}$$

$$I_C(s)=sCU_C(s)-Cu_C(0_-) \tag{4-69}$$

根据电压和电流关系，可得到电阻、电感和电容的 s 域并联模型如图 4-7 所示。

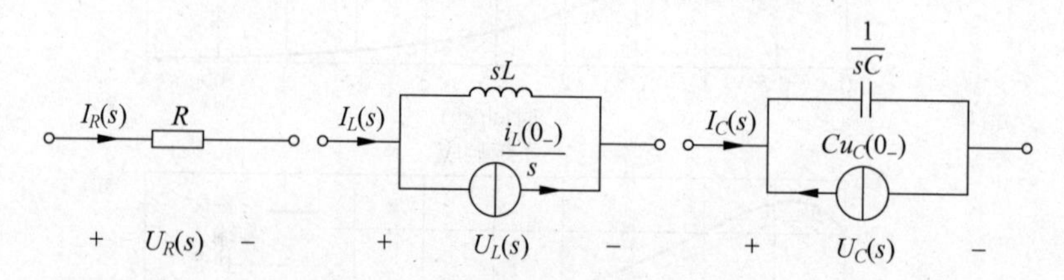

图 4-7 电路元件的 s 域并联模型

由上面分析可知，基尔霍夫电流定律 KCL 和霍夫电压定律 KVL 可直接用于 s 域，戴维南定理和诺顿定理也可直接用于 s 域。

2. 电路系统的拉普拉斯分析

用拉普拉斯分析法分析电路系统时，首先建立电路的 s 域模型：即把电路中的电压源、电流源、受控源用象函数表示，R、L、C 元件用其 s 域模型表示；然后依据电路原理，在 s 域求解电路的输出响应；最后作拉氏逆变换即可得到系统输出的时域响应。下面举例说明。

【例 4-21】 如图 4-8 所示的电路系统，已知 $u_S=12\text{V}$，$R_1=3\Omega$，$R_2=2\Omega$，$R_3=1\Omega$，$L=1\text{H}$，$C=1\text{F}$。$t<0$ 时电路已达稳态，$t=0$ 时开关闭合。求 $t\geqslant 0$ 时电压 $u(t)$ 的完全响应、零输入响应 $u_{zi}(t)$ 和零状态响应 $u_{zs}(t)$。

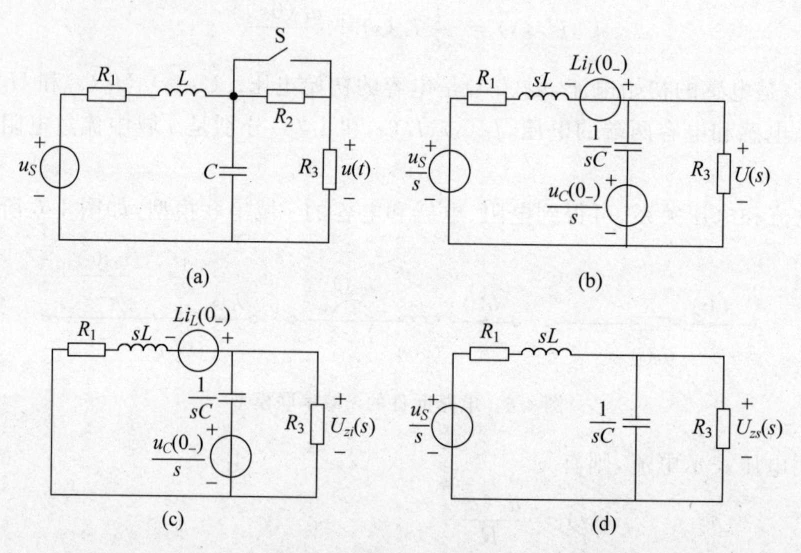

图 4-8 例 4-21 电路图

解：(1) 在 $t<0$ 时，S 断开，电路已达稳态，电感短路，电容开路，由此可知电感的初始电流和电容的初始电压分别为

$$i_L(0_-)=\frac{u_S}{R_1+R_2+R_3}=2\text{A}$$

$$u_C(0_-) = \frac{u_S(R_2 + R_3)}{R_1 + R_2 + R_3} = 6\text{V}$$

电路的 s 域模型如图 4-8(b)所示，可根据该模型直接计算完全响应 $u(t)$。由节点电压法可得

$$\left(\frac{1}{R_1 + sL} + sC + \frac{1}{R_3}\right)U(s) = \frac{u_C(0_-)}{s} \cdot sC + \frac{\frac{u_S}{s} + Li_L(0_-)}{R_1 + sL}$$

代入已知参数及电感和电容的初始状态，得到

$$\left(\frac{1}{3+s} + s + 1\right)U(s) = 6 + \frac{12/s + 2}{3+s}$$

$$U(s) = \frac{2(3s^2 + 10s + 6)}{(s^2 + 4s + 4)s} = \frac{2}{(s+2)^2} + \frac{3}{s+2} + \frac{3}{s}$$

求逆变换得到完全响应为

$$u(t) = \mathcal{L}^{-1}[U(s)] = (2t\text{e}^{-2t} + 3\text{e}^{-2t} + 3)\varepsilon(t)$$

(2) 零输入响应 $u_{zi}(t)$：输入为 0 时的电路模型如图 4-8(c)所示，由节点电压法可得

$$\left(\frac{1}{R_1 + sL} + sC + \frac{1}{R_3}\right)U_{zi}(s) = \frac{u_C(0_-)}{s} \cdot sC + \frac{Li_L(0_-)}{R_1 + sL}$$

代入参数有

$$U_{zi}(s) = \frac{2(10 + 3s)}{s^2 + 4s + 4} = \frac{8}{(s+2)^2} + \frac{6}{s+2}$$

求逆变换得到零输入响应为

$$u_{zi}(t) = \mathcal{L}^{-1}[U_{zi}(s)] = (8t\text{e}^{-2t} + 6\text{e}^{-2t})\varepsilon(t)$$

(3) 零状态响应 $u_{zs}(t)$：初始状态为 0 时的电路模型如图 4-8(d)所示，同样由节点电压法可得

$$\left(\frac{1}{R_1 + sL} + sC + \frac{1}{R_3}\right)U_{zs}(s) = \frac{\frac{u_S}{s}}{R_1 + sL}$$

代入参数有

$$U_{zs}(s) = \frac{12}{(s^2 + 4s + 4)s} = \frac{-6}{(s+2)^2} + \frac{-3}{s+2} + \frac{3}{s}$$

求逆变换得到零状态响应为

$$u_{zs}(t) = \mathcal{L}^{-1}[U_{zs}(s)] = (-6t\text{e}^{-2t} - 3\text{e}^{-2t} + 3)\varepsilon(t)$$

完全响应也可由下式计算

$$u(t) = u_{zi}(t) + u_{zs}(t) = (2t\text{e}^{-2t} + 3\text{e}^{-2t} + 3)\varepsilon(t)$$

4.5.3 系统函数描述的连续系统的拉普拉斯分析

如果一个连续系统由系统函数 $H(s)$ 描述，则系统的零状态响应可通过下述步骤求得：

(1) 计算系统输入 $f(t)$ 的单边拉氏变换 $F(s)$；

(2) 计算零状态响应的单边拉氏变换 $Y_{zs}(s)$，即 $Y_{zs}(s)=F(s)H(s)$；

(3) 计算 $Y_{zs}(s)$ 的单边拉氏逆变换，即可得到零状态响应 $y_{zs}(t)$。

【例 4-22】 已知线性时不变系统的系统函数 $H(s)=\frac{s+2}{s^2+4}$，输入信号 $f(t)=\varepsilon(t)$，求系统的零状态响应。

解：由于输入信号的单边拉氏变换为

$$\varepsilon(t) \leftrightarrow \frac{1}{s}$$

则零状态响应的象函数为

$$Y_{zs}(s)=F(s)H(s)=\frac{s+2}{s(s^2+4)}=\frac{1}{2s}-\frac{\sqrt{2}\,\mathrm{e}^{\mathrm{j}\frac{\pi}{4}}}{4(s-\mathrm{j}2)}-\frac{\sqrt{2}\,\mathrm{e}^{-\mathrm{j}\frac{\pi}{4}}}{4(s+\mathrm{j}2)}$$

求逆变换,得到

$$y_{zs}(t)=\mathcal{L}^{-1}[Y_{zs}(s)]=\frac{1}{2}\varepsilon(t)-\frac{\sqrt{2}}{2}\cos\left(2t+\frac{\pi}{4}\right)\varepsilon(t)$$

【例 4-23】 用 MATLAB 求解例 4-22。

解:采用符号计算方法,代码如下:

```
syms s t
ft = heaviside(t);
Fs = laplace(ft);
As = s^2 + 4;Bs = s + 2;
Hs = Bs./As;
ht = ilaplace(Hs);
yzst0 = ilaplace((Bs * Fs)/As);yzst = vpa(yzst0,4);
disp('零状态响应'),yzst,
t1 = linspace(eps,5,100);
ht1 = subs(ht,t,t1);
subplot(2,1,1);plot(t1,ht1),
xlabel('时间(秒)'),ylabel('幅度'),grid,title('冲激响应'),
subplot(2,1,2);
yzst1 = subs(yzst,t,t1);hold on;plot(t1,yzst1,'b-.'),
xlabel('时间(秒)'),ylabel('幅度'),grid,title('零状态响应')
```

运行结果为:

```
零状态响应 yzst =  0.5 * sin(2.0 * t) - 0.5 * cos(2.0 * t) + 0.5
```

冲激响应和零状态响应的波形如图 4-9 所示。

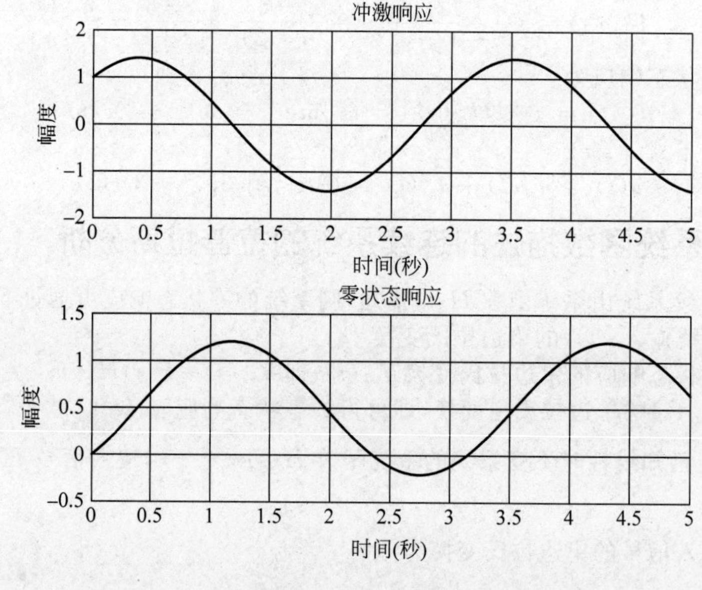

图 4-9 例 4-23 图

4.6　系统函数与系统特性

冲激响应 $h(t)$和系统函数 $H(s)$从时域和变换域两方面表征了同一系统的本性。在 s 域分析中，借助系统函数在 s 平面上的零点与极点分布的研究，可以简明、直观地给出系统响应的许多规律。系统的时域、频域特性集中地以其系统函数的零、极点分布表现出来。

4.6.1　$H(s)$的零点和极点

若 n 阶连续系统的微分方程为

$$\sum_{i=0}^{n} a_i y^{(i)}(t) = \sum_{j=0}^{m} b_j f^{(j)}(t) \quad m \leqslant n \tag{4-70}$$

其中，$a_i(i=0,1,2,\cdots,n)$，$b_j(j=0,1,2,\cdots,m)$为实常数。则该 n 阶连续系统的系统函数为

$$H(s) = \frac{B(s)}{A(s)} = \frac{b_m s^m + b_{m-1}s^{m-1} + \cdots + b_1 s + b_0}{a_n s^n + a_{n-1}s^{n-1} + \cdots + a_1 s + a_0} \tag{4-71}$$

上式给出了系统微分方程与系统函数之间的对应关系。根据这个关系，可由系统微分方程得到系统函数 $H(s)$，也可由系统函数得到系统的微分方程。

若系统函数的零、极点分别为 z_1，z_1，…，z_m 和 p_1，p_1，…，p_n，则系统函数可表示为

$$H(s) = \frac{b_m(s-z_1)(s-z_2)\cdots(s-z_m)}{a_n(s-p_1)(s-p_2)\cdots(s-p_n)} = K\frac{\prod_{i=1}^{m}(s-z_i)}{\prod_{i=1}^{n}(s-p_i)} \tag{4-72}$$

式中，$K=\dfrac{b_m}{a_n}$。

零点 z_i 和极点 p_i 有三种情况：实数、虚数和复数。若零、极点为虚数或复数，则必然是共轭成对的，并关于实轴对称。在 s 平面上，画出 $H(s)$的零极点图，同前，极点用×表示，零点用○表示。同一位置画两个相同的符号表示为二阶零、极点。

【例 4-24】 求下面系统函数 $H(s)$的零、极点。

$$H(s) = \frac{2(s+1)[(s-1)^2+4]}{3(s+2)^2(s^2+1)}$$

解：由系统函数的分子表达式，可得系统的零点为

$$z_1 = -1, \quad z_{2,3} = 1 \pm \mathrm{j}2$$

由分母得到极点为

$$p_{1,2} = -2, \quad p_{3,4} = \pm \mathrm{j}$$

画出零、极点分布如图 4-10 所示。

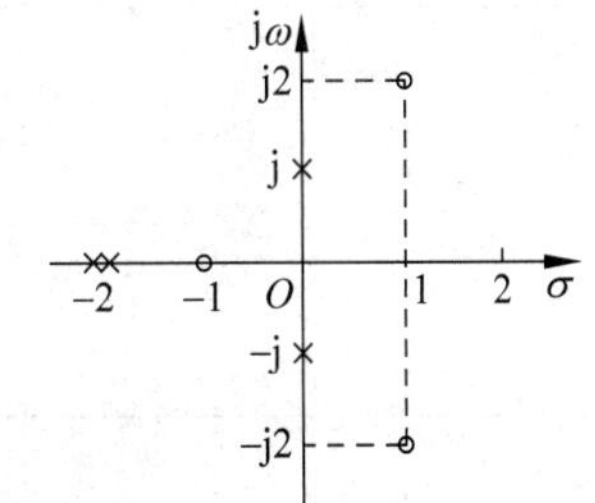

图 4-10　例 4-24 系统函数的零、极点分布

4.6.2　$H(s)$的零极点分布决定系统的时域特性

冲激响应 $h(t)$是系统函数 $H(s)$的拉普拉斯逆变换，如果把 $H(s)$作部分分式展开，那么，$H(s)$的每一个极点将决定一项对应的时间函数。极点的位置和特性决定了系统的时域特性，讨论如下：

(1) 若极点位于 s 平面的坐标原点，即 $H(s)=\frac{1}{s}$，则 $h(t)=\varepsilon(t)$，冲激响应是阶跃信号。

(2) 若极点位于 s 平面的实轴上，即 $H(s)=\frac{1}{s+a}$，则 $h(t)=\mathrm{e}^{-at}\varepsilon(t)$，若 $a>0$，冲激响应是指数衰减信号；若 $a<0$，冲激响应是指数增长信号。

(3) 若极点位于 s 平面的虚轴上，即 $H(s)=\frac{\omega_0}{s^2+\omega_0^2}$，则 $h(t)=\sin\omega_0 t\varepsilon(t)$，冲激响应是等幅的正弦振荡。

(4) 若极点位于 s 平面的左半平面，并共轭成对，即 $H(s)=\frac{\omega_0}{(s+a)^2+\omega_0^2}$，则 $h(t)=\mathrm{e}^{-at}\sin\omega_0 t\varepsilon(t)$，此时 $a>0$，冲激响应是衰减振荡；若 $a<0$，极点位于 s 平面的右半平面，则冲激响应是增幅振荡。

若系统函数具有重极点，那么重极点对应的部分分式的逆变换可能具有 $t, t^2, \cdots$ 与指数函数相乘的形式。

例如：$\mathcal{L}^{-1}\left[\frac{1}{s^3}\right]=\frac{1}{2}t^2\varepsilon(t)$　$\mathcal{L}^{-1}\left[\frac{1}{(s+a)^2}\right]=t\mathrm{e}^{-at}\varepsilon(t)$　$\mathcal{L}^{-1}\left[\frac{2\omega_0 s}{(s^2+\omega_0^2)^2}\right]=t\sin\omega_0 t\varepsilon(t)$

以上冲激响应 $h(t)$ 与系统函数 $H(s)$ 极点位置的对应关系整理如表 4-2 所示。

表 4-2　系统函数的极点分布与冲激响应的关系

$H(s)$	s 平面上的极点	系统的时域特性	$h(t)(t\geqslant 0)$
$\frac{1}{s}$	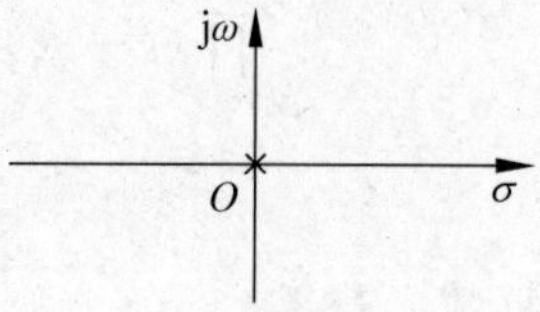 jω, O, σ	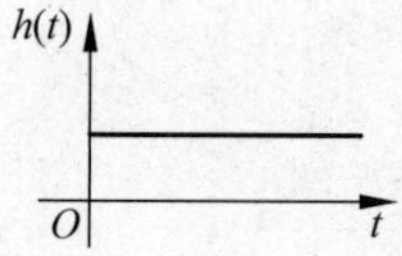 $h(t)$, O, t	$\varepsilon(t)$
$\frac{1}{s+a}$	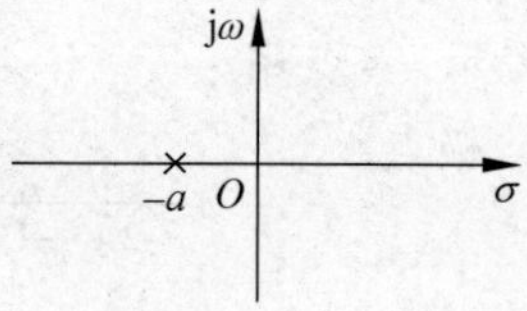 jω, $-a$, O, σ	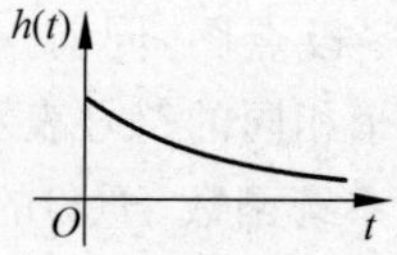 $h(t)$, O, t	e^{-at}
$\frac{1}{s-a}$	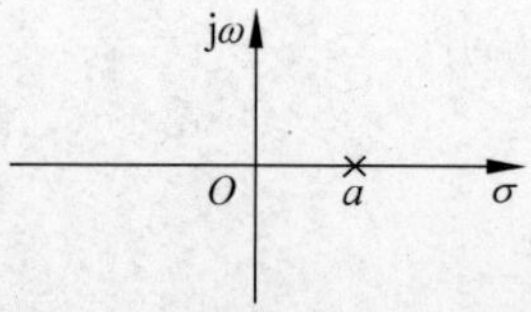 jω, O, a, σ	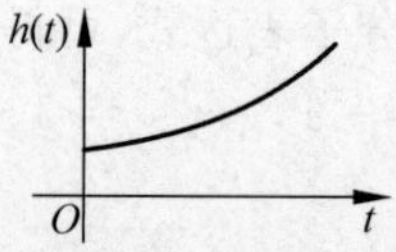 $h(t)$, O, t	e^{at}
$\frac{\omega_0}{s^2+\omega_0^2}$	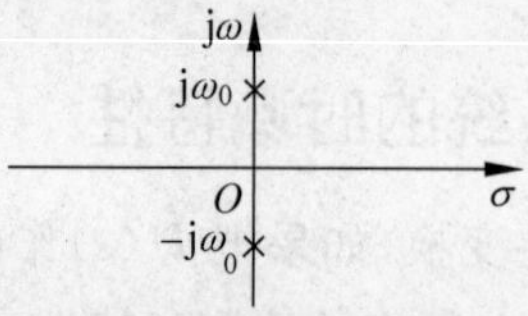 jω, jω_0, O, $-$jω_0, σ	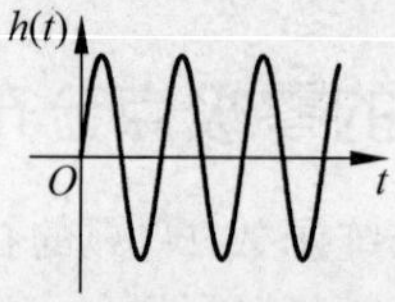 $h(t)$, O, t	$\sin\omega_0 t$

续表

$H(s)$	s平面上的极点	系统的时域特性	$h(t)(t\geqslant 0)$
$\frac{\omega_0}{(s+a)^2+\omega_0^2}$	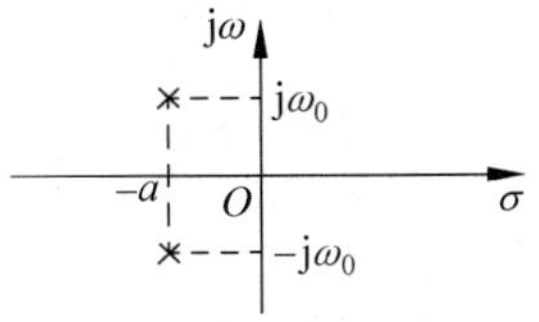 jω, jω₀, −a, O, σ, −jω₀	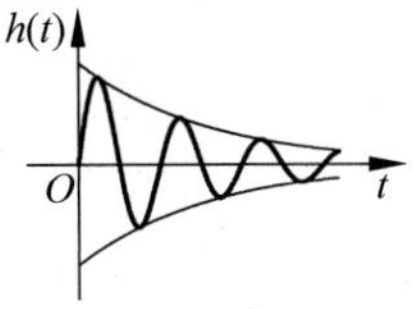 h(t), O, t	$e^{-at}\sin\omega_0 t$
$\frac{\omega_0}{(s-a)^2+\omega_0^2}$	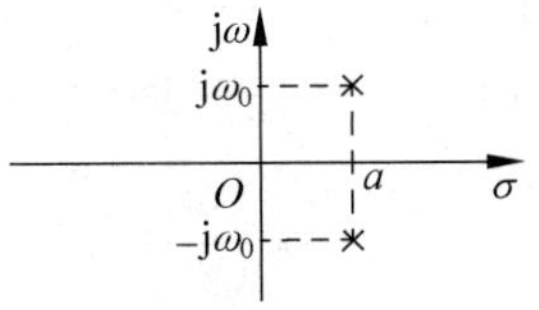 jω, jω₀, O, a, σ, −jω₀	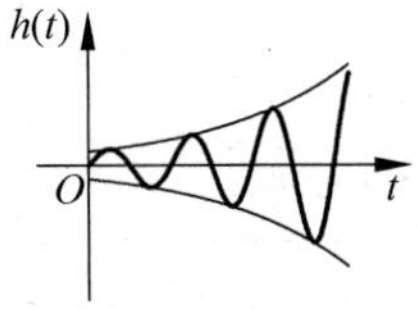 h(t), O, t	$e^{at}\sin\omega_0 t$
$\frac{1}{s^2}$	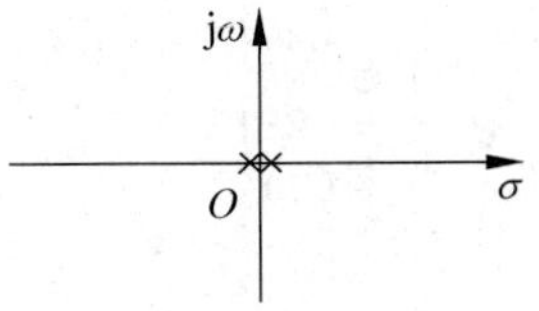 jω, O, σ	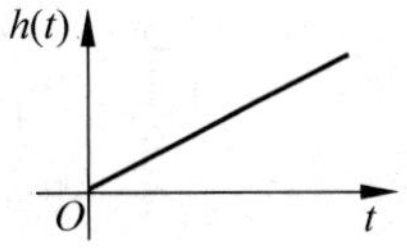 h(t), O, t	t
$\frac{2\omega_0 s}{(s^2+\omega_0^2)^2}$	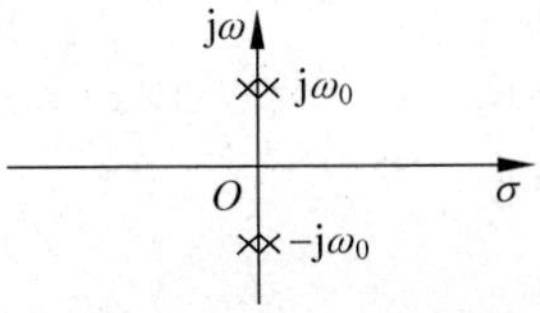 jω, jω₀, O, σ, −jω₀	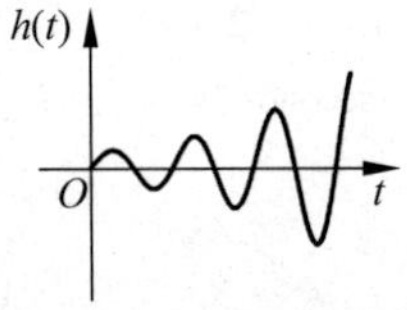 h(t), O, t	$t\sin\omega_0 t$

【例 4-25】 用 MATLAB 画出下列系统的零极点分布图,并画出系统的单位冲激响应 $h(t)$和阶跃响应 $g(t)$的波形。

$$(1)\ H_1(s)=\frac{s-2}{s(s+1)}\qquad (2)\ H_2(s)=\frac{2(s+1)}{s(s^2+1)^2}$$

解:先定义系统函数的分子、分母多项式的系数向量,然后求极点。最后用 impulse 函数求单位冲激响应,用 step 函数求阶跃响应。代码如下:

```
num = [1 - 2];den = [1 1 0];
sys = tf(num,den);
poles = roots(den)
figure(1)
subplot(2,3,1);pzmap(sys);
axis([ - 2.5 2.5 - 1.5 1.5]);
t = 0:0.02:15;
subplot(2,3,2);impulse(num,den,t);
subplot(2,3,3);step(num,den,t);
num = [2 2];den = conv([1 0 1 0],[1 0 1]);
sys = tf(num,den);
poles = roots(den)
subplot(2,3,4);pzmap(sys);
axis([ - 2.5 2.5 - 1.5 1.5]);
t = 0:0.02:15;
subplot(2,3,5);impulse(num,den,t);
subplot(2,3,6);step(num,den,t)
```

运行结果如图 4-11 所示。

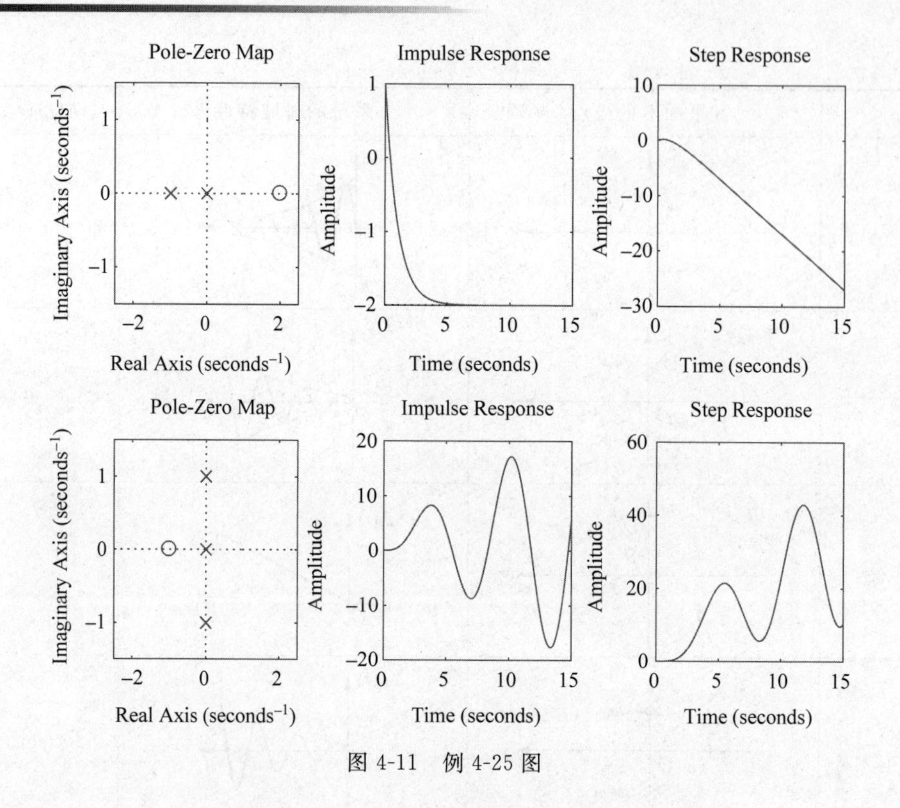

图 4-11　例 4-25 图

4.6.3　$H(s)$的零极点分布决定系统的频率特性

系统冲激响应 $h(t)$的傅里叶变换 $H(\mathrm{j}\omega)$表示系统的频率特性，称为系统的频率响应。若 $H(s)$的收敛域包含 $\mathrm{j}\omega$ 轴，即 $H(s)$的极点全部分布在左半平面时，$h(t)$的傅里叶变换存在，此时，系统的频率响应为

$$H(\mathrm{j}\omega)=H(s)\big|_{s=\mathrm{j}\omega}=K\frac{\prod_{i=1}^{m}(\mathrm{j}\omega-z_i)}{\prod_{i=1}^{n}(\mathrm{j}\omega-p_i)} \tag{4-73}$$

由于零点 z_i 和极点 p_i 是复平面上的点，它们和由原点指向零、极点的向量一一对应，$\mathrm{j}\omega$ 是虚轴上的向量，根据向量的三角形法则，$\mathrm{j}\omega-z_i$ 和 $\mathrm{j}\omega-p_i$ 也是向量，令

$$\mathrm{j}\omega-z_i=B_i\mathrm{e}^{\mathrm{j}\phi_i} \tag{4-74}$$

$$\mathrm{j}\omega-p_i=A_i\mathrm{e}^{\mathrm{j}\theta_i} \tag{4-75}$$

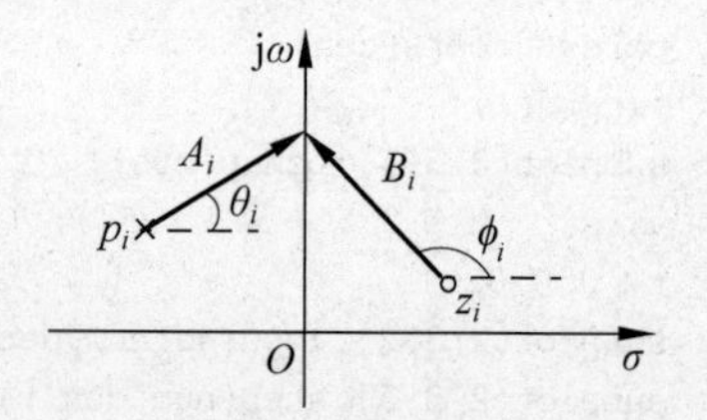

图 4-12　s 平面上零点、极点及差向量

其中，A_i、B_i 是向量的模，表示向量的大小；ϕ_i、θ_i 是向量的幅角，表示向量的方向，如图4-12 所示。

把式(4-74)、式(4-75)代入式(4-73)，得到频率响应为

$$H(\mathrm{j}\omega)=K\frac{\prod_{i=1}^{m}B_i\mathrm{e}^{\mathrm{j}\phi_i}}{\prod_{i=1}^{n}A_i\mathrm{e}^{\mathrm{j}\theta_i}}=K\frac{B_1B_2\cdots B_m}{A_1A_2\cdots A_n}\mathrm{e}^{\mathrm{j}(\phi_1+\phi_2+\cdots+\phi_m-\theta_1-\theta_2-\cdots-\theta_n)}=|H(\mathrm{j}\omega)|\mathrm{e}^{\mathrm{j}\varphi(\omega)} \tag{4-76}$$

其中，$|H(\mathrm{j}\omega)|$是系统的幅频响应，$\varphi(\omega)$是系统的相频响应，并且有

$$|H(\mathrm{j}\omega)| = K\frac{B_1B_2\cdots B_m}{A_1A_2\cdots A_n} \tag{4-77}$$

$$\varphi(\omega) = (\phi_1+\phi_2+\cdots+\phi_m)-(\theta_1+\theta_2+\cdots+\theta_n) \tag{4-78}$$

【例 4-26】 研究图 4-13 所示 RC 低通电路的频率响应。

$$H(\mathrm{j}\omega) = \frac{U_o(\mathrm{j}\omega)}{U_i(\mathrm{j}\omega)}$$

解：写出系统函数表达式

$$H(s) = \frac{U_o(s)}{U_i(s)} = \frac{1}{RC}\cdot\left(\frac{1}{s+\frac{1}{RC}}\right)$$

系统只有一个极点位于$-\frac{1}{RC}$处，则系统的频率响应为

$$H(\mathrm{j}\omega) = \frac{1}{RC}\frac{1}{A_1\mathrm{e}^{\mathrm{j}\theta_1}} = |H(\mathrm{j}\omega)|\mathrm{e}^{\mathrm{j}\varphi(\omega)}$$

其中，

$$|H(\mathrm{j}\omega)| = \frac{1}{RC}\frac{1}{A_1}$$

$$\varphi(\omega) = -\theta_1$$

根据图 4-14，分析当ω从 0 沿虚轴向∞变化时，频率响应随之变化情况：(1)当$\omega=0$时，$A_1=\frac{1}{RC}$，$\theta_1=0$，所以$|H(\mathrm{j}0)|=1$，$\varphi(0)=0$；(2)当$\omega=\frac{1}{RC}$时，$A_1=\sqrt{2}\cdot\frac{1}{RC}$，$\theta_1=45°$，所以$\left|H\left(\mathrm{j}\frac{1}{RC}\right)\right|=\frac{1}{\sqrt{2}}$，$\varphi\left(\frac{1}{RC}\right)=-45°$；(3)当$\omega\to\infty$时，$A_1\to\infty$，$\theta_1\to 90°$，所以$|H(\mathrm{j}\infty)|\to 0$，$\varphi(\infty)\to -90°$。

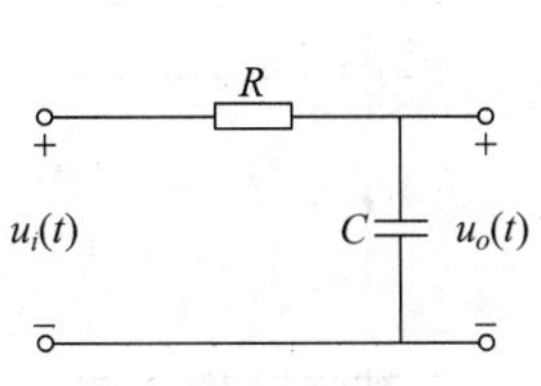

图 4-13 RC 低通电路

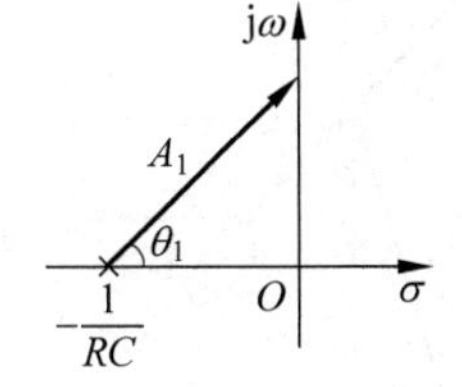

图 4-14 RC 低通电路的极点向量

按照上述分析可画出幅频特性曲线和相频特性曲线如图 4-15 所示。

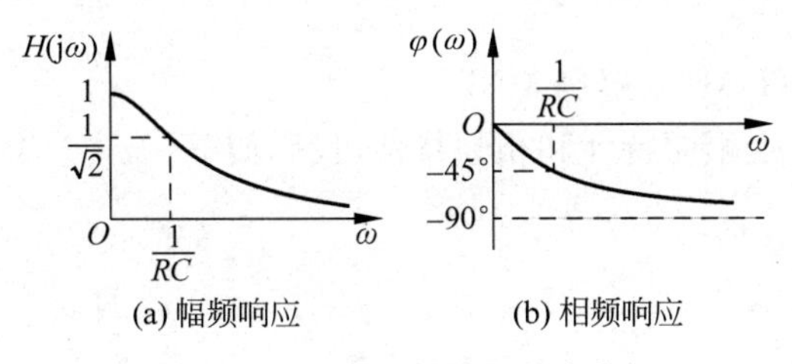

图 4-15 RC 低通系统的频率特性

【例 4-27】 已知二阶线性连续系统的系统函数为$H(s)=\frac{s-1}{(s+1)^2+4}$，试用向量法粗略

画出系统的幅频和相频特性曲线。

解：因为 $H(s)=\dfrac{s-1}{(s+1)^2+4}=\dfrac{s-1}{(s+1+\mathrm{j}2)(s+1-\mathrm{j}2)}$

所以，$H(s)$有一个零点（$z_1=1$）和两个极点（$p_{1,2}=-1\pm\mathrm{j}2$），如图 4-16 所示。由于$H(s)$的极点都在左半平面，因此，系统的频率响应可由系统函数得到

$$H(\mathrm{j}\omega)=H(s)\big|_{s=\mathrm{j}\omega}=\frac{\mathrm{j}\omega-1}{(\mathrm{j}\omega+1+\mathrm{j}2)(\mathrm{j}\omega+1-\mathrm{j}2)}$$

分子、分母分别用向量表示为：$\mathrm{j}\omega-1=B\mathrm{e}^{\mathrm{j}\phi}$，$\mathrm{j}\omega+1-\mathrm{j}2=A_1\mathrm{e}^{\mathrm{j}\theta_1}$，$\mathrm{j}\omega+1+\mathrm{j}2=A_2\mathrm{e}^{\mathrm{j}\theta_2}$，则有

$$H(\mathrm{j}\omega)=\frac{B\mathrm{e}^{\mathrm{j}\phi}}{A_1\mathrm{e}^{\mathrm{j}\theta_1}\cdot A_2\mathrm{e}^{\mathrm{j}\theta_2}}=\frac{B}{A_1A_2}\mathrm{e}^{\mathrm{j}(\phi-\theta_1-\theta_2)}=|H(\mathrm{j}\omega)|\,\mathrm{e}^{\mathrm{j}\varphi(\omega)}$$

幅频响应为
$$|H(\mathrm{j}\omega)|=\frac{B}{A_1A_2}$$

相频响应为
$$\varphi(\omega)=\phi-\theta_1-\theta_2$$

由图 4-16 分析可知：（1）当 $\omega=0$ 时，$A_1=A_2=\sqrt{5}$，$\theta_1=-\theta_2$，$B_1=1$，$\phi=\pi$，所以$|H(\mathrm{j}0)|=0.2$，$\varphi(0)=\pi$；（2）当 $\omega=2$ 时，$A_1=1$，$A_2=\sqrt{17}$，$\theta_1=0$，$\theta_2=1.33$，$B=\sqrt{5}$，$\phi=2.03$，所以$|H(\mathrm{j}2)|=0.54$，$\varphi(2)=0.7$；（3）当 $\omega\to\infty$时，A_1、$A_2\to\infty$，θ_1、$\theta_2\to\dfrac{\pi}{2}$；$B\to\infty$，$\phi\to\dfrac{\pi}{2}$，所以$|H(\mathrm{j}\infty)|\to0$，$\varphi(\infty)\to-\dfrac{\pi}{2}$。

根据向量法粗略绘制的幅频特性曲线和相频特性曲线如图 4-17 所示。

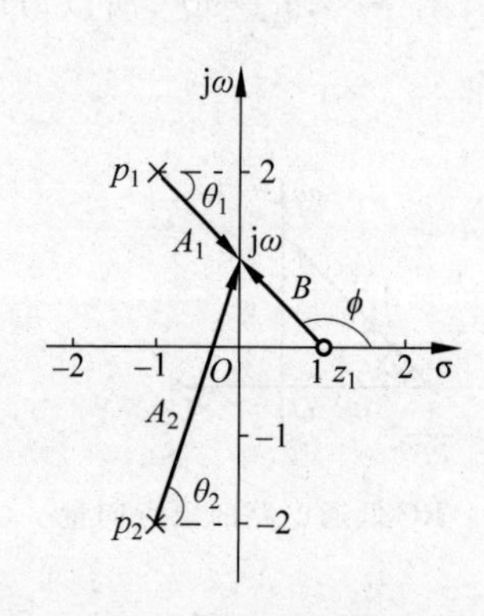

图 4-16　例 4-27 系统函数的零极点分布

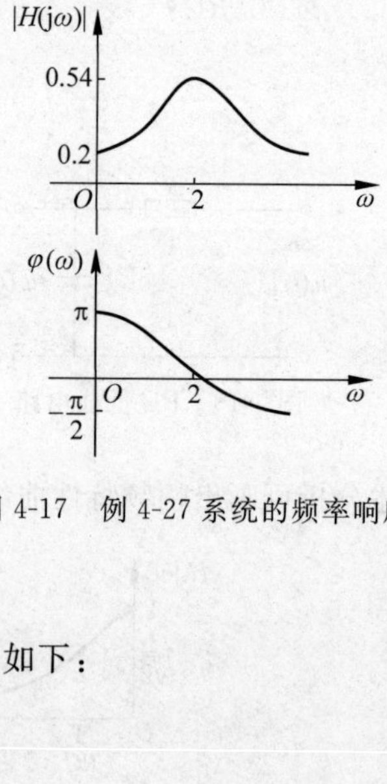

图 4-17　例 4-27 系统的频率响应

【例 4-28】 用 MATLAB 求解例 4-27。

解：用 freqs 函数产生幅频特性和相频特性，代码如下：

```
num = [1  - 1];den = [1 2 5];
sys = tf(num,den);
poles = roots(den)
subplot(2,2,1);pzmap(sys);axis([ - 1.5 1.5  - 3 3]);
t = 0:0.02:10;
h = impulse(num,den,t);
subplot(2,2,2);plot(t,h);title('Impulse Response')
```

```
[H,w] = freqs(num,den);
subplot(2,2,3);plot(w,abs(H))xlabel('\omega')
title('Magnitude Response')
subplot(2,2,4);plot(w,angle(H))xlabel('\omega')
title('Phase Response')
```

运行结果如图 4-18 所示。

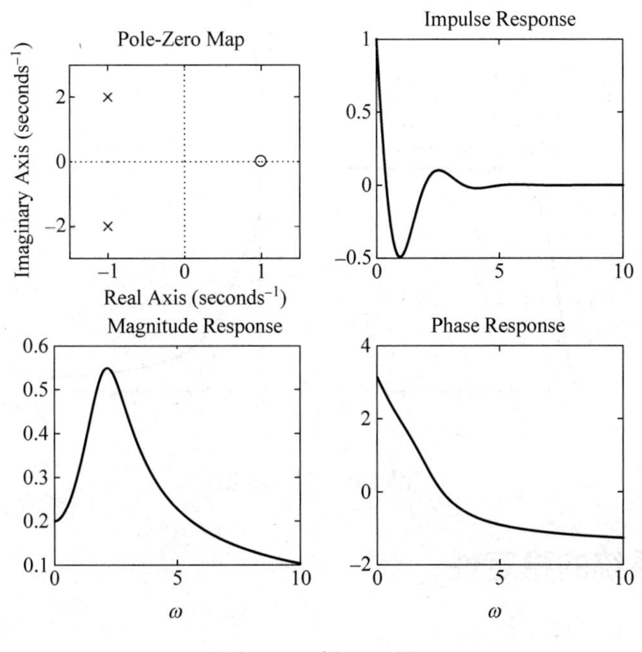

图 4-18 例 4-28 图

【例 4-29】 用 MATLAB 画出系统函数 $H(s)=\frac{s^2}{(s+1)^2+1}$ 的零点、极点图，并画出该系统的冲激响应 $h(t)$ 的波形和频率响应 $H(\mathrm{j}\omega)$ 的曲线，判断系统是低通、高通、带通、带阻中哪一种？

解：先画出系统的幅频特性曲线，再判断系统的类型。代码如下：

```
num = [1 0 0];den = [1 2 2];
sys = tf(num,den);
poles = roots(den)
subplot(2,2,1);pzmap(sys);
axis([ - 1.5 1.5  - 3 3]);
t = 0:0.02:10;
h = impulse(num,den,t);
subplot(2,2,2);plot(t,h)
title('Impulse Response')
[H,w] = freqs(num,den);
subplot(2,2,3);plot(w,abs(H))xlabel('\omega')
title('Magnitude Response')
subplot(2,2,4);plot(w,angle(H))xlabel('\omega')
title('Phase Response')
```

运行结果如图 4-19 所示，这是一个高通系统。

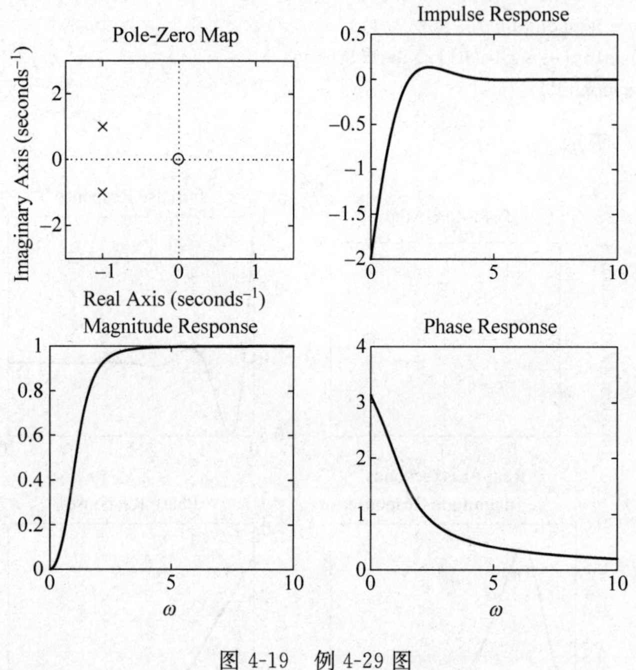

图 4-19 例 4-29 图

4.6.4 系统的稳定性

1. 稳定系统

一个连续系统，如果对任意有界输入产生的零状态响应也是有界的，则称该系统是有界输入有界输出意义下的稳定系统。

即对有限正实数 C_i 和 C_o，若 $|f(t)|\leqslant C_i$，并且 $|y_{zs}(t)|\leqslant C_o$，则系统是稳定系统。

判断线性连续系统是稳定系统的充分必要条件是系统的冲激响应 $h(t)$ 绝对可积。设 C 为有限正实数，系统稳定的充分必要条件可表示为

$$\int_{-\infty}^{\infty} |\ h(t)\ |\ \mathrm{d}t \leqslant C < \infty \tag{4-79}$$

实际应用中，通常利用 $H(s)$ 的极点分布来判断系统的稳定性。根据极点的分布状况，系统可分为稳定的、临界稳定的和不稳定的。

(1) 稳定系统：若 $H(s)$ 的极点全部位于 s 平面的左半平面，则系统是稳定的。

(2) 临界稳定系统：若 $H(s)$ 在原点或虚轴上有单阶极点，其余的极点全部位于 s 平面的左半平面，则系统是临界稳定的。

(3) 不稳定系统：若 $H(s)$ 的极点不全位于 s 平面的左半平面，或在原点或虚轴上有高阶重极点，则系统是不稳定的。

【例 4-30】 已知 LTI 因果系统的系统函数为 $H_1(s)=\dfrac{s-1}{(s+2)^2+9}$，$H_2(s)=\dfrac{s+3}{s^2-2s-8}$，试判断该系统的稳定性。

解：(1) 由系统函数 $H_1(s)$ 得到极点为

$$p_{1,2}=-2\pm \mathrm{j}3$$

两极点都位于 s 平面的左半平面，所以该系统是稳定的。

(2) 由系统函数 $H_2(s)$ 得到极点为

$$p_1=-2,\quad p_2=4$$

有一个极点位于 s 平面的右半平面，所以该系统是不稳定的。

2. 罗斯-霍尔维兹准则

根据 $H(s)$ 的极点判断系统稳定性的方法只适用于低阶系统，对于高阶系统，全部求出其极点有时是很困难的。罗斯和霍尔维兹提出了一种 s 域判断系统稳定性的方法，该方法避开了求系统函数的极点，而是根据系统函数分母多项式的系数来判断系统的稳定性。

若 n 阶连续系统的特征多项式为

$$A(s)=a_n s^n+a_{n-1}s^{n-1}+\cdots+a_1 s+a_0 \tag{4-80}$$

其中，a_i 为实常数。系统函数 $H(s)$ 的极点就是 $A(s)=0$ 的根，若 $A(s)=0$ 的根全部在 s 平面的左半平面，则系统稳定。

根据系统特征多项式的系数判定系统稳定的准则称为罗斯-霍尔维兹准则（R-H 准则）。用该准则判定系统的稳定性包括如下两个步骤。

(1) 将 $A(s)$ 的系数 a_i 按照如下规则排列并根据计算得到一个阵列，该阵列称为罗斯-霍尔维兹阵列

$$\begin{array}{lllll}
a_n & a_{n-2} & a_{n-4} & a_{n-6} & \cdots \\
a_{n-1} & a_{n-3} & a_{n-5} & a_{n-7} & \cdots \\
A_{n-2} & B_{n-2} & C_{n-2} & \cdots & \\
A_{n-3} & B_{n-3} & C_{n-3} & \cdots & \\
\cdots & \cdots & \cdots & \cdots & \\
A_2 & B_2 & 0 & & \\
A_1 & 0 & 0 & & \\
A_0 & 0 & 0 & &
\end{array}$$

若 n 为偶数，则第二行最后一列元素用零补上。罗斯阵列共有 $n+1$ 行，第三行及以后各行的元素按以下公式计算：

$$\left.\begin{array}{ll}
A_{n-2}=-\dfrac{1}{a_{n-1}}\begin{vmatrix} a_n & a_{n-2} \\ a_{n-1} & a_{n-3}\end{vmatrix}, & B_{n-2}=-\dfrac{1}{a_{n-1}}\begin{vmatrix} a_n & a_{n-4} \\ a_{n-1} & a_{n-5}\end{vmatrix},\cdots \\
A_{n-3}=-\dfrac{1}{A_{n-2}}\begin{vmatrix} a_{n-1} & a_{n-3} \\ A_{n-2} & B_{n-2}\end{vmatrix}, & B_{n-3}=-\dfrac{1}{A_{n-2}}\begin{vmatrix} a_{n-1} & a_{n-5} \\ A_{n-2} & C_{n-2}\end{vmatrix},\cdots
\end{array}\right\} \tag{4-81}$$

(2) 罗斯-霍尔维兹准则：罗斯-霍尔维兹阵列中第一列元素符号改变的次数（从正值到负值或从负值到正值的次数）等于 $A(s)=0$ 所具有的实部为正的根的个数。因此系统稳定的判断依据为：若罗斯-霍尔维兹阵列第一列元素的符号相同，则 $H(s)$ 的极点全部在左半平面，因而系统是稳定系统，反之，系统不稳定。

【例 4-31】 已知 LTI 因果系统的微分方程为

$$y'''(t)+2y''(t)+3y'(t)+2y(t)=f'(t)+f(t)$$

试判断该系统的稳定性。

解：由微分方程得到系统的特征多项式为

$$A(s)=s^3+2s^2+3s+2$$

由 $A(s)$ 的系数所组成的罗斯-霍尔维兹阵列为

$$\begin{matrix} 1 & 3 \\ 2 & 2 \\ A_1 & 0 \\ A_0 & 0 \end{matrix}$$

根据式(4-81)，有

$$A_1=-\frac{1}{2}\begin{vmatrix}1 & 3\\ 2 & 2\end{vmatrix}=2 \quad A_0=-\frac{1}{2}\begin{vmatrix}2 & 2\\ 2 & 0\end{vmatrix}=2$$

因为罗斯-霍尔维兹阵列第一列元素全大于零，所以该系统是稳定的。

【例 4-32】 已知 LTI 因果系统的特征方程为

$$8s^4+2s^3+3s^2+s+1=0$$

试判断该系统的稳定性。

解：由 $A(s)$ 的系数所组成的罗斯-霍尔维兹阵列为

$$\begin{matrix} 8 & 3 & 1 \\ 2 & 1 & 0 \\ A_2 & B_2 & 0 \\ A_1 & 0 & \\ A_0 & 0 & \end{matrix}$$

根据式(4-81)，有

$$A_2=-\frac{1}{2}\begin{vmatrix}8 & 3\\ 2 & 1\end{vmatrix}=-1 \; B_2=-\frac{1}{2}\begin{vmatrix}8 & 1\\ 2 & 0\end{vmatrix}=1 \; A_1=\begin{vmatrix}2 & 1\\ -1 & 1\end{vmatrix}=3 \; A_0=-\frac{1}{3}\begin{vmatrix}-1 & 1\\ 3 & 0\end{vmatrix}=1$$

因为罗斯-霍尔维兹阵列第一列元素为 8、2、−1、3、1，所以该系统是不稳定的。

【例 4-33】 用 MATLAB 判断下列系统是否稳定。

(1) $H_1(s)=\dfrac{(s+1)(s+2)}{(s+3)(s+4)(s+5)}$ (2) $H_2(s)=\dfrac{2(s^2+1)}{(s+2)(s^2+s-2)}$

解：通过画出零极点图从而判断系统的稳定性，代码如下。

```
num = conv([1 1],[1 2]); den = conv([1 3],[1 9 20]);
sys = tf(num,den);
poles = roots(den)
subplot(2,2,1);pzmap(sys);
axis([ - 3.5 3.5  - 1.5 1.5]);
t = 0:0.02:15;
subplot(2,2,2);
impulse(num,den,t);
num = [2 0 2];den = conv([1 2],[1 1 - 2]);
sys = tf(num,den);
poles = roots(den)
subplot(2,2,3);pzmap(sys);
axis([ - 3.5 3.5  - 1.5 1.5]);
```

```
t = 0:0.02:15;
subplot(2,2,4);
impulse(num,den,t);
```

运行结果如图 4-20 所示。

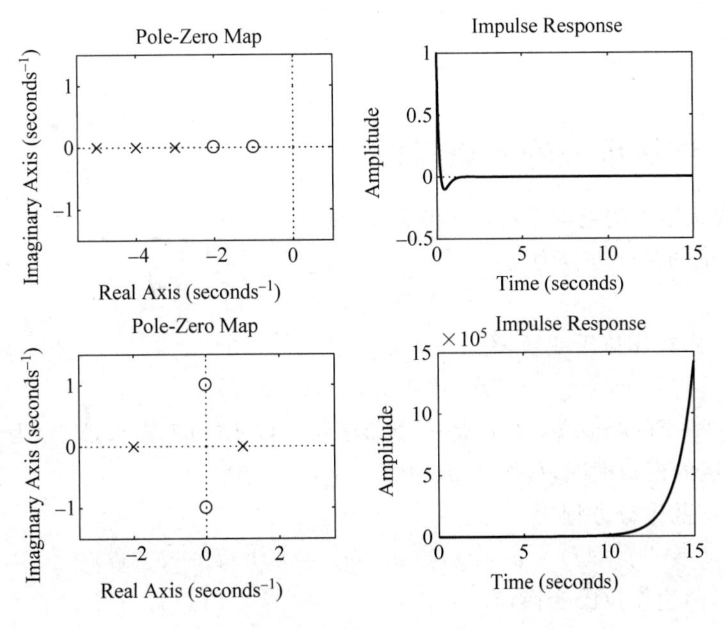

图 4-20 例 4-33 图

由极点位置可知：系统 1 的极点全部位于左半平面，其冲激响应在 $t\to\infty$时为 0，所以系统是稳定的；系统 2 有一个极点位于右半平面，且其冲激响应在 $t\to\infty$时不为 0，因此系统不稳定。

4.7 连续系统的 s 域模拟

线性时不变连续系统的输入输出关系可以用微分方程描述，也可以用方框图、信号流图来表示，这种表示避开了系统的内部结构，而集中着眼于系统的输入输出关系，使对系统输入输出关系的考察更加直观明了。如果已知系统的微分方程或系统函数，我们也可以用一些基本单元来构成系统，称为系统的模拟。

4.7.1 基本运算器的 s 域模型

1. 数乘器（见图 4-21）

数乘器的表达式为

$$Y(s) = aF(s) \tag{4-82}$$

2. 加法器（见图 4-22）

加法器的表达式为

$$Y(s) = F_1(s) + F_2(s) \tag{4-83}$$

3. 积分器(见图 4-23)

$$Y(s)=\frac{F(s)}{s} \tag{4-84}$$

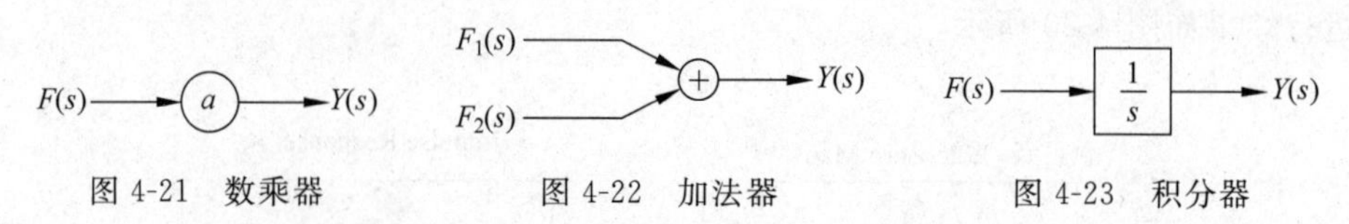

图 4-21 数乘器　　图 4-22 加法器　　图 4-23 积分器

4.7.2 连续系统的 s 域模拟

1. 微分方程描述的连续系统的 s 域模拟

若一阶系统的微分方程为

$$y'(t)+a_0y(t)=f(t) \tag{4-85}$$

忽略初始状态,两边作拉氏变换,有

$$sY(s)+a_0Y(s)=F(s) \tag{4-86}$$

移项得到 $sY(s)=F(s)-a_0Y(s)$,这是一个加法器。以 $F(s)$为输入,$Y(s)$为输出,可得到该一阶系统在 s 域的模拟框图,如图 4-24 所示。

若二阶系统的微分方程为

$$y''(t)+a_1y'(t)+a_0y(t)=b_1f'(t)+b_0f(t) \tag{4-87}$$

忽略初始状态,两边作拉氏变换,有

$$s^2Y(s)+a_1sY(s)+a_0Y(s)=b_1sF(s)+b_0F(s) \tag{4-88}$$

$$Y(s)=\frac{b_1s+b_0}{s^2+a_1s+a_0}\cdot F(s)=H(s)F(s) \tag{4-89}$$

引入辅助函数 $X(s)$,并令

$$X(s)=\frac{1}{s^2+a_1s+a_0}\cdot F(s) \tag{4-90}$$

则

$$s^2X(s)=F(s)-a_1sX(s)-a_0X(s) \tag{4-91}$$

把式(4-90)代入式(4-89),则有

$$Y(s)=(b_1s+b_0)X(s)=b_1sX(s)+b_0X(s) \tag{4-92}$$

式(4-91)和式(4-92)两个方程对应两个加法器。以 $F(s)$为输入,$Y(s)$为输出,可得到该二阶系统在 s 域的模拟框图,如图 4-25 所示。

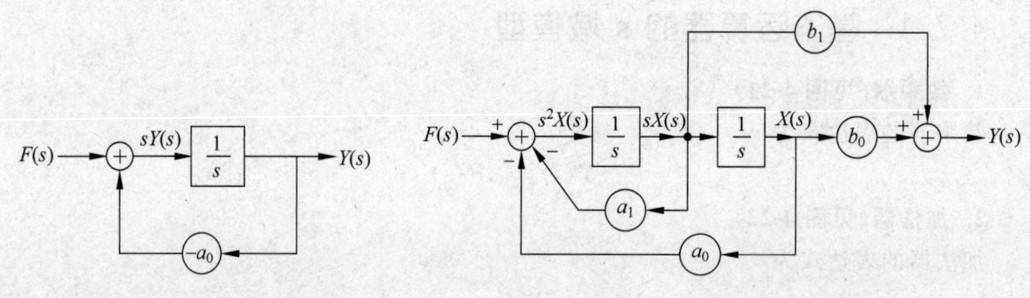

图 4-24 一阶系统的 s 域模拟　　图 4-25 二阶系统的 s 域模拟

2. 系统函数描述的连续系统的模拟

1）信号流图

系统的信号流图是由点和有向线段组成的线图，用来表示系统的输入输出关系，是系统框图表示的一种简化形式。如图 4-26 所示，输入输出关系为 $Y(s)=X(s)H(s)$。

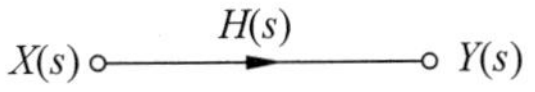

$X(s)$ —— $H(s)$ → $Y(s)$

图 4-26 节点、有向线段和传输函数

关于信号流图，下列名称定义如下。

(1) 节点：信号流图中表示信号的点称为节点。

(2) 支路：连接两个节点的有向线段称为支路。写在支路旁边的函数称为支路的传输函数。

(3) 源点与汇点：仅有输出支路的节点称为源点，仅有输入支路的节点称为汇点。如图 4-27 所示。信号流图的规则如下。

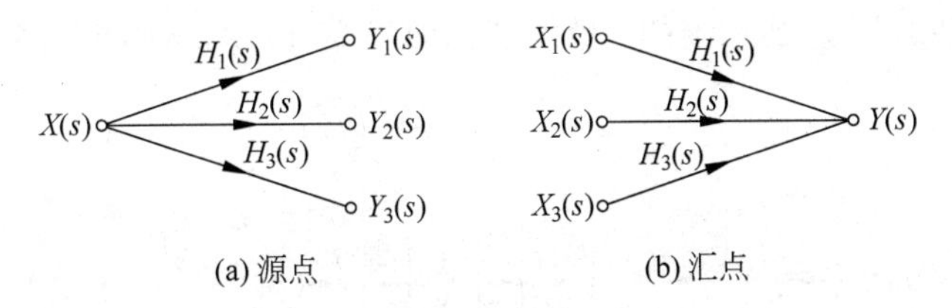

图 4-27 源点和汇点

对图 4-27(a)的源点有

$$Y_1(s)=X(s)H_1(s),\quad Y_2(s)=X(s)H_2(s),\quad Y_3(s)=X(s)H_3(s) \tag{4-93}$$

对图 4-27(b)的汇点有

$$Y(s)=X_1(s)H_1(s)+X_2(s)H_2(s)+X_3(s)H_3(s) \tag{4-94}$$

(4) 开路：一条通路与它经过的任一节点只相遇一次，该通路称为开路。

(5) 回路：如果通路的起点和终点为同一节点，并且与经过的其余节点只相遇一次，则该通路称为回路。

图 4-28 的输入输出关系为

$$X_4(s)=X_1(s)H_1(s)+X_2(s)H_2(s)+X_3(s)H_3(s) \tag{4-95}$$

$$Y_1(s)=X_4(s)H_4(s),\quad Y_2(s)=X_4(s)H_5(s) \tag{4-96}$$

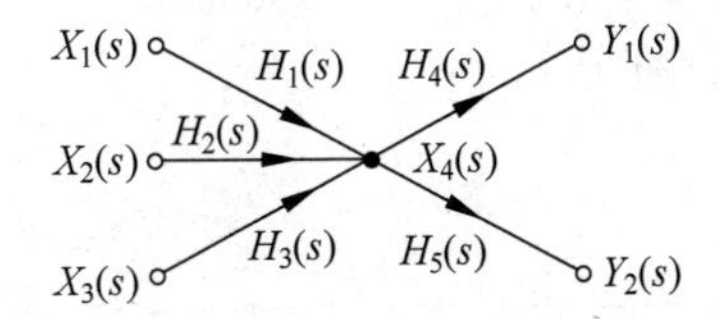

图 4-28 有输入支路和输出支路的节点

2）连续系统的信号流图

根据流图规则，基本运算器可用信号流图简化，如图 4-29 所示。

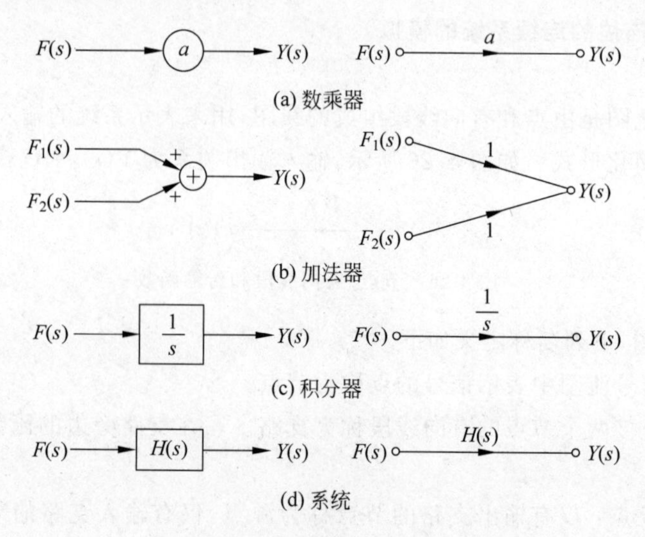

图 4-29 基本运算器的信号流图

【例 4-34】 某 LTI 连续系统的 s 域模拟如图 4-30 所示,试画出该系统的信号流图。

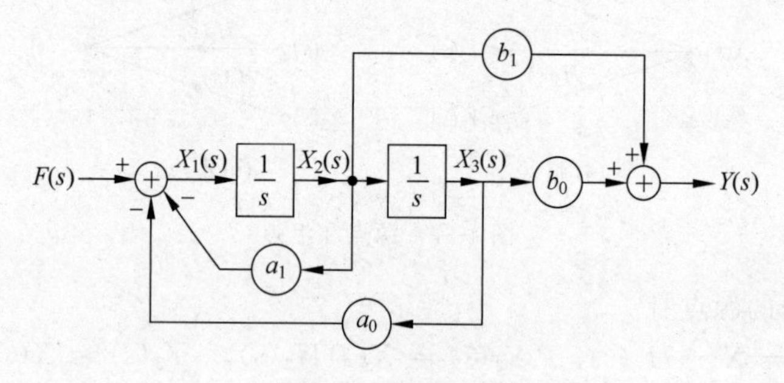

图 4-30 例 4-34 图

解:先标出系统中表示信号的节点。除了输入节点和输出节点外,加法器的输出、两个积分器的输出分别设为 $X_1(s)$、$X_2(s)$和 $X_3(s)$,并且有

$$X_1(s) = F(s) - a_1 X_2(s) - a_0 X_3(s)$$

$$X_2(s) = \frac{1}{s} X_1(s)$$

$$X_3(s) = \frac{1}{s} X_2(s)$$

$$Y(s) = b_1 X_2(s) + b_0 X_3(s)$$

根据信号关系画出信号流图,如图 4-31 所示。

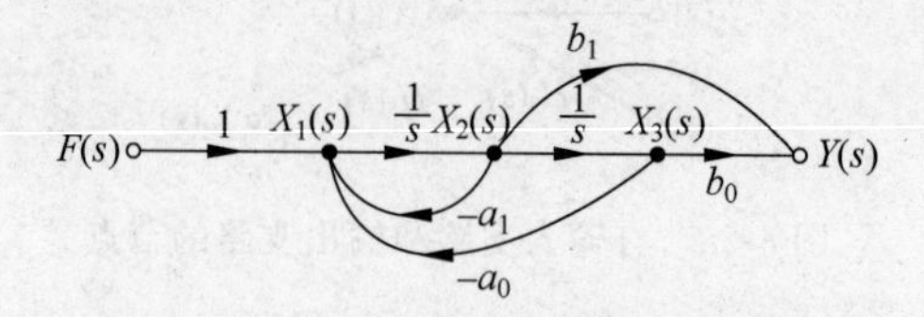

图 4-31 例 4-34 二阶系统的流图

3）梅森公式

梅森公式给出了由信号流图求系统函数 $H(s)$的简便方法。

梅森公式为

$$H(s)=\frac{\sum_{i=1}^{m}P_i\Delta_i}{\Delta} \tag{4-97}$$

式中，Δ 是信号流图的特征行列式，其计算公式为

$$\Delta=1-\sum_{j}L_j+\sum_{m,n}L_mL_n-\sum_{p,q,r}L_pL_qL_r+\cdots \tag{4-98}$$

$\sum_{j}L_j$ 是信号流图中所有回路的传输函数之和。L_j 等于构成第 j 个回路的各支路传输函数的乘积。$\sum_{m,n}L_mL_n$ 是信号流图中所有两个不相接触回路的传输函数乘积之和。若两个回路没有公共节点或支路，则称这两个回路不相接触。$\sum_{p,q,r}L_pL_qL_r$ 是信号流图中所有三个不相接触回路的传输函数乘积之和。

m 表示从输入节点 $F(s)$到输出节点 $Y(s)$之间开路的总数。

P_i 表示从 $F(s)$到 $Y(s)$之间第 i 条开路的传输函数，它等于第 i 条开路上所有支路传输函数的乘积。

Δ_i 称为第 i 条开路特征行列式的余因子，它是与第 i 条开路不接触的子流图的特征行列式。

【例 4-35】 已知连续系统的信号流图如图 4-32 所示。求该系统的系统函数 $H(s)$。

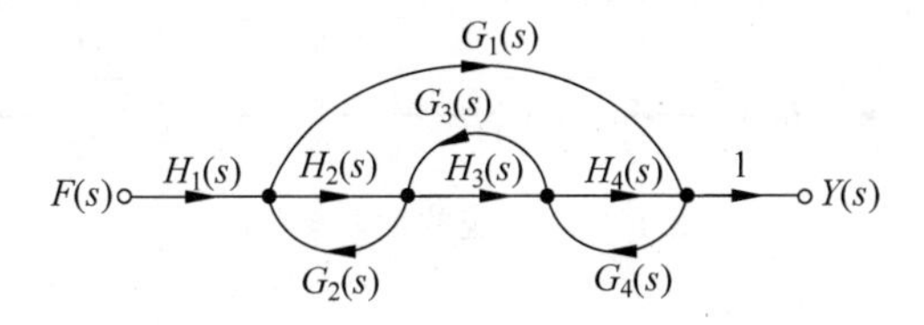

图 4-32 例 4-35 图

解：由系统信号流图可知，它共有三个环，环传输函数分别为

$$L_1=H_2(s)G_2(s)\quad L_2=H_3(s)G_3(s)\quad L_3=H_4(s)G_4(s)$$

其中，L_1 和 L_3 是两两不相接触的环，有

$$L_1L_3=H_2(s)G_2(s)H_4(s)G_4(s)$$

从输入节点 $F(s)$到输出节点 $Y(s)$有两条开路，开路传输函数和对应的子流图特征行列式分别为

$$P_1=H_1(s)H_2(s)H_3(s)H_4(s),\quad \Delta_1=1$$

$$P_2=H_1(s)G_1(s),\quad \Delta_2=1-H_3(s)G_3(s)$$

根据梅森公式，得到系统函数为

$$H(s)=\frac{P_1\Delta_1+P_2\Delta_2}{\Delta}=\frac{P_1\Delta_1+P_2\Delta_2}{1-(L_1+L_2+L_3)+L_1L_3}$$

$$=\frac{H_1(s)H_2(s)H_3(s)H_4(s)+H_1(s)G_1(s)[1-H_3(s)G_3(s)]}{1-[H_2(s)G_2(s)+H_3(s)G_3(s)+H_4(s)G_4(s)]+H_2(s)G_2(s)H_4(s)G_4(s)}$$

4）系统函数描述的连续系统的模拟

如果已知系统函数，可以把系统函数写成梅森公式的形式，从而画出系统的信号流图，最后转换成系统的模拟框图。根据系统的复杂程度，可以进行不同形式的模拟。

（1）连续系统的直接形式模拟。以二阶系统为例，如果二阶线性连续系统的系统函数为

$$H(s)=\frac{2s-3}{s^2+5s+6} \tag{4-99}$$

按照梅森公式的形式，把系统函数重写为

$$H(s)=\frac{2s^{-1}-3s^{-2}}{1-(-5s^{-1}-6s^{-2})} \tag{4-100}$$

根据式(4-100)画出系统流图和系统框图，如图 4-33 所示。

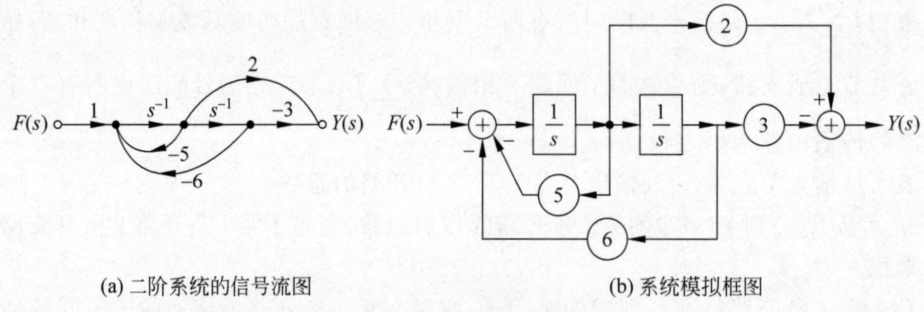

(a) 二阶系统的信号流图　　(b) 系统模拟框图

图 4-33　系统的直接形式模拟

（2）连续系统的串联形式模拟。如果线性连续系统由 n 个子系统串联组成，如图 4-34 所示。

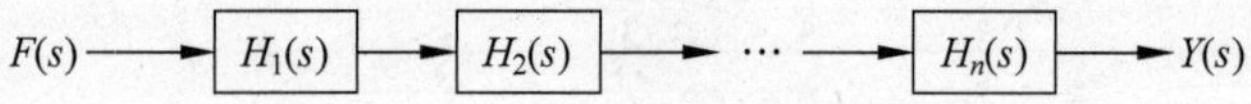

$F(s) \rightarrow H_1(s) \rightarrow H_2(s) \rightarrow \cdots \rightarrow H_n(s) \rightarrow Y(s)$

图 4-34　系统的串联模拟

则系统函数 $H(s)$ 为

$$H(s)=H_1(s)\cdot H_2(s)\cdot\cdots\cdot H_n(s)$$

用直接形式信号流图模拟各子系统，然后把子系统串联起来，即可得到系统串联形式的信号流图。子系统可采用一阶和二阶系统。

【例 4-36】 已知线性连续系统的系统函数为 $H(s)=\dfrac{2s(s+1)}{(s+3)(s^2+s-2)}$，求系统串联形式信号流图和系统模拟框图。

解：（1）用一阶子系统串联来模拟系统。$H(s)$ 又可以表示为

$$H(s)=\frac{2s}{s+3}\cdot\frac{s+1}{s+2}\cdot\frac{1}{s-1}$$

令

$$H_1(s)=\frac{2s}{s+3}=\frac{2}{1-(-3s^{-1})}$$

$$H_2(s)=\frac{s+1}{s+2}=\frac{1+s^{-1}}{1-(-2s^{-1})}$$

$$H_3(s)=\frac{1}{s-1}=\frac{s^{-1}}{1-s^{-1}}$$

则由一阶子系统串联的信号流图如图 4-35 所示，而与该信号流图对应的系统模拟框图如图 4-36 所示。

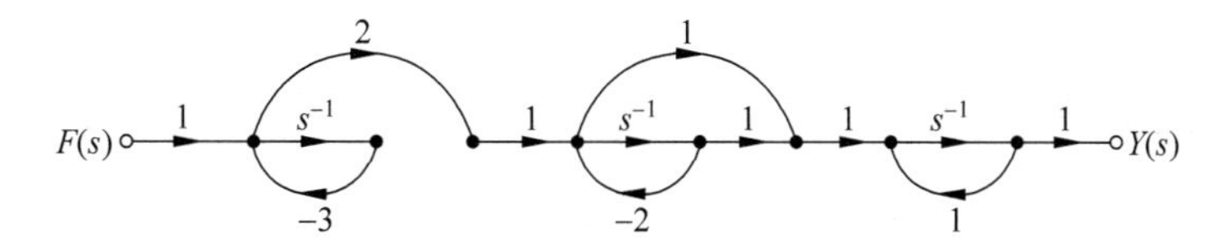

图 4-35 例 4-36 串联形式的信号流图 1

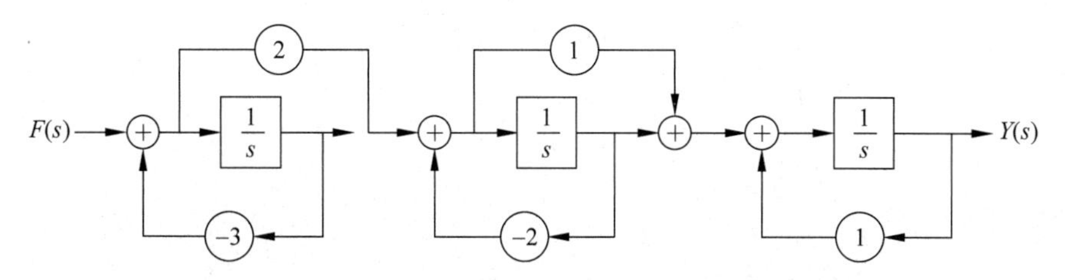

图 4-36 例 4-36 一阶子系统串联的系统模拟框图

(2) 用一阶和二阶子系统串联来模拟系统。$H(s)$又可以表示为

$$H(s)=\frac{2s}{s+3}\cdot\frac{s+1}{s^2+s-2}$$

令

$$H_1(s)=\frac{2s}{s+3}=\frac{2}{1-(-3s^{-1})}$$

$$H_2(s)=\frac{s+1}{s^2+s-2}=\frac{s^{-1}+s^{-2}}{1-(-s^{-1}+2s^{-2})}$$

则得到由一阶和二阶子系统串联的信号流图如图 4-37 所示。而与该信号流图对应的系统的模拟框图如图 4-38 所示。

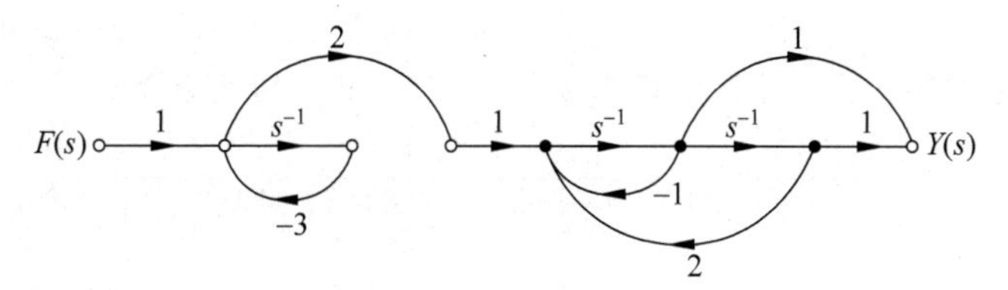

图 4-37 例 4-36 串联形式的信号流图 2

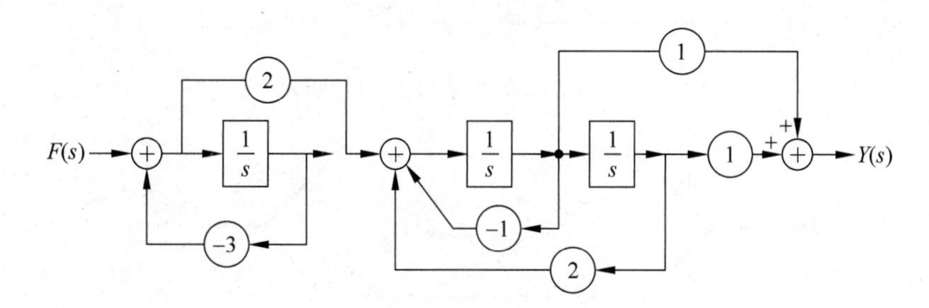

图 4-38 例 4-36 一阶子系统和二阶子系统串联的系统框图

(3) 连续系统的并联形式模拟。若系统由 n 个子系统并联组成，如图 4-39 所示。

则系统函数 $H(s)$为

$$H(s)=H_1(s)+H_2(s)+\cdots+H_n(s)$$

用直接形式信号流图模拟各子系统，然后把子系统并联起来，即可得到系统并联形式的信号流图。

【例 4-37】 已知线性连续系统的系统函数为 $H(s)=\dfrac{2s(s+1)}{(s+3)(s^2+s-2)}$，求系统并联形式信号流图。

解：(1) 用一阶子系统并联来模拟系统。$H(s)$又可以表示为

$$H(s)=\frac{2s(s+1)}{(s+3)(s+2)(s-1)}=\frac{3}{s+3}+\frac{-4/3}{s+2}+\frac{1/3}{s-1}$$

令

$$H_1(s)=\frac{3}{s+3}=\frac{3s^{-1}}{1-(-3s^{-1})}$$

$$H_2(s)=\frac{-4/3}{s+2}=-\frac{4}{3}\cdot\frac{s^{-1}}{1-(-2s^{-1})}$$

$$H_3(s)=\frac{1/3}{s-1}=\frac{1}{3}\cdot\frac{s^{-1}}{1-s^{-1}}$$

则仅由一阶子系统构成的并联形式的系统流图为

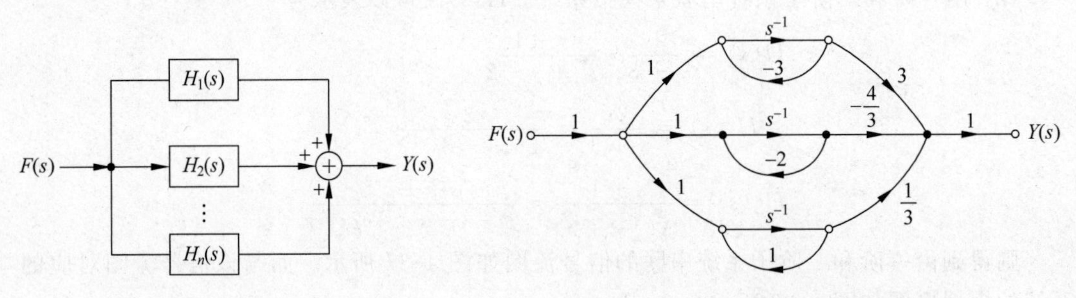

图 4-39 系统的并联模拟　　图 4-40 例 4-37 并联形式的信号流图 1

(2) 用一阶和二阶子系统并联来模拟系统。$H(s)$又可以表示为

$$H(s)=\frac{2s(s+1)}{(s+3)(s^2+s-2)}=\frac{2s(s+1)}{(s+3)(s+2)(s-1)}=\frac{3}{s+3}+\frac{-s+2}{s^2+s-2}$$

令

$$H_1(s)=\frac{3}{s+3}=\frac{3s^{-1}}{1-(-3s^{-1})}$$

$$H_2(s)=\frac{-s+2}{s^2+s-2}=\frac{-s^{-1}+2s^{-2}}{1-(-s^{-1}+2s^{-2})}$$

根据 $H_1(s)$为 $H_2(s)$画出并联形式的信号流图如图 4-41 所示。

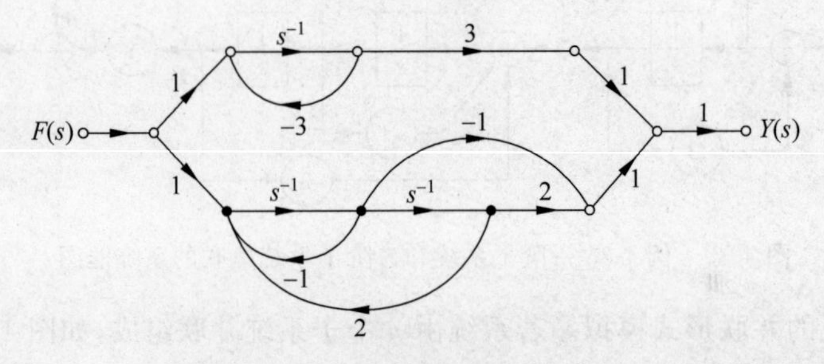

图 4-41 例 4-37 并联形式的信号流图 2

习题

4-1　求下列信号的双边拉氏变换并确定其零极点和收敛域。

(1) $\varepsilon(t+2)-\varepsilon(t-2)$；　　(2) $\mathrm{e}^{-2t}\varepsilon(-t)$；

(3) $\mathrm{e}^{-3|t|}$；　　(4) $\mathrm{e}^{-3t}\varepsilon(t)+\mathrm{e}^{-2t}\varepsilon(-t)$；

(5) $(1-\mathrm{e}^{-t})\varepsilon(-t)$；　　(6) $\delta(t-3)$。

4-2　求如图 4-42 所示各信号的拉普拉斯变换，并注明收敛域。

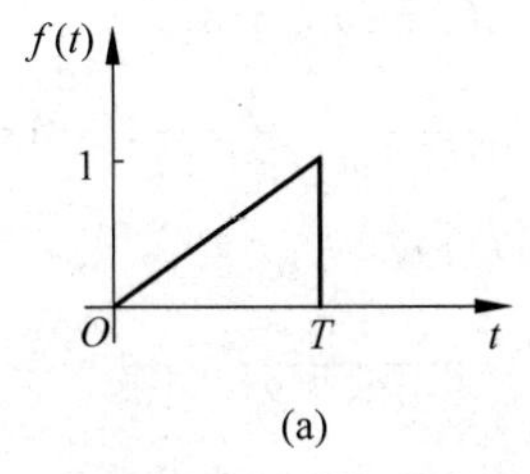

(a)

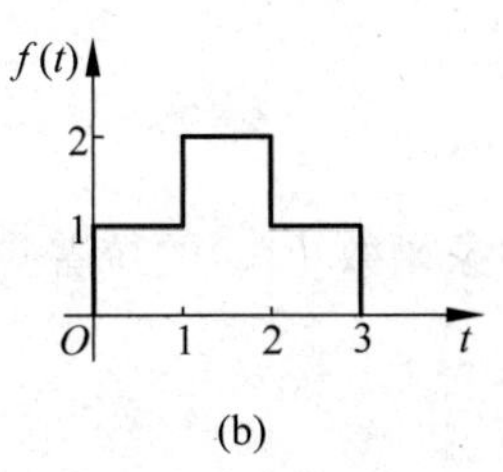

(b)

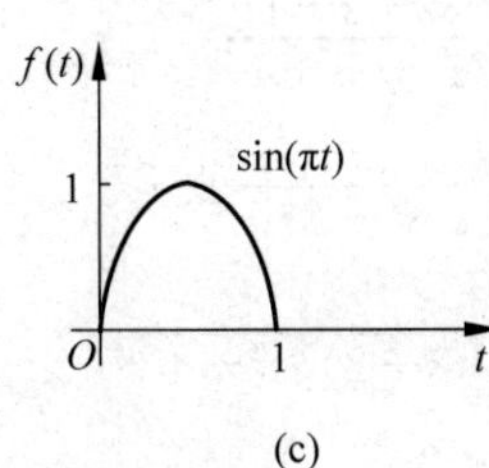

(c)

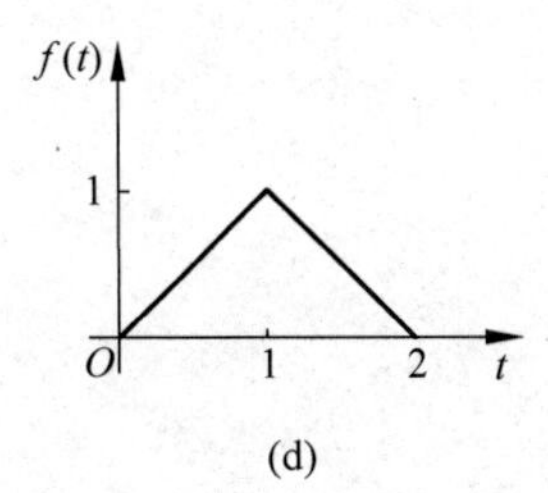

(d)

图 4-42　题 4-2 图

4-3　利用单边拉普拉斯变换的性质，求下列信号的单边拉普拉斯变换。

(1) $\mathrm{e}^{-t}\varepsilon(t)-\mathrm{e}^{-(t-2)}\varepsilon(t-2)$；　　(2) $\delta(t)+3\delta(t-1)-2\delta'(t-2)$；

(3) $\cos(\pi t)(\varepsilon(t)-\varepsilon(t-1))$；　　(4) $\delta(4t-2)$；

(5) $\mathrm{e}^{-t}\sin(t-2)\varepsilon(t-2)$；　　(6) $\sin\left(2t-\frac{\pi}{4}\right)\varepsilon(t)$；

(7) $\varepsilon(2t+1)$；　　(8) $\frac{\mathrm{d}^2}{\mathrm{d}t^2}[\sin(\pi t)\varepsilon(t)]$；

(9) $\int_0^t \sin(\pi x)\mathrm{d}x$；　　(10) $\frac{(1-\mathrm{e}^{-t})\varepsilon(t)}{t}$；

(11) $t^2\mathrm{e}^{-2t}\varepsilon(t)$；　　(12) $t\mathrm{e}^{-(t-3)}\varepsilon(t-1)$。

4-4　求下列有始周期信号的单边拉氏变换。

(1) $\sum_{n=0}^{+\infty}[\varepsilon(t-3n)-\varepsilon(t-3n-1)]$；　　(2) $\sum_{n=0}^{+\infty}[\delta(t-n)-\delta(t-n-1)]$；

(3) $\sum_{n=0}^{+\infty}\sin(\pi t)[\varepsilon(t-2n)-\varepsilon(t-2n-1)]$。

4-5　求下列象函数 $F(s)$ 的原函数的初值 $f(0_+)$ 和终值 $f(\infty)$。

(1) $F(s)=\frac{2s+3}{(s+1)^2(s+2)}$；　　(2) $F(s)=\frac{3s+1}{s(s+1)}$。

4-6 如已知因果信号 $f(t)$ 的象函数 $F(s)=\dfrac{1}{s^2-s+1}$，求下列信号 $y(t)$ 的象函数 $Y(s)$。

(1) $e^{-2t}f\left(\dfrac{t}{2}\right)$；

(2) $(t-1)f(t-1)$；

(3) $te^{-t}f(2t-1)$；

(4) $(t-1)^2f(2t-1)$。

4-7 求下列象函数的双边拉普拉斯逆变换。

(1) $\dfrac{-2}{(s-1)(s-3)}$，$1<\sigma<3$；

(2) $\dfrac{-2}{(s-1)(s-3)}$，$\sigma<1$；

(3) $\dfrac{-2}{(s-1)(s-3)}$，$\sigma>3$；

(4) $\dfrac{s(2s+1)}{(s+2)(s+3)}$，$-3<\sigma<-2$；

(5) $\dfrac{4}{s^2+4}$，$\sigma<0$；

(6) $\dfrac{-s+4}{(s^2+4)(s+1)}$，$-1<\sigma<0$。

4-8 求下列各象函数 $F(s)$ 的拉普拉斯逆变换 $f(t)$。

(1) $\dfrac{s-1}{s^2+6s+8}$；

(2) $\dfrac{s^2+5}{s^2+3s+2}$；

(3) $\dfrac{2s+4}{s(s^2+4)}$；

(4) $\dfrac{s^2-s+1}{s^2+2s+1}$；

(5) $\dfrac{1}{s(s-1)^2}$；

(6) $\dfrac{s+5}{s(s^2+2s+5)}$；

(7) $\dfrac{1}{(s^2+1)^2}$；

(8) $\dfrac{s}{(s+2)(s^2-4)}$；

(9) $\dfrac{2e^{-s}}{s(s^2+1)}$；

(10) $\dfrac{e^{-2(s+3)}}{s+3}$；

(11) $\dfrac{1-e^{-4s}}{s+1}$；

(12) $\dfrac{\pi(1-e^{-2s})}{s^2+\pi^2}$。

4-9 下列象函数 $F(s)$ 的原函数 $f(t)$ 是 $t=0$ 接入的有始周期信号，求周期 T 并写出其第一个周期 $(0<t<T)$ 的时间函数表达式 $f_1(t)$。

(1) $\dfrac{e^{-s}}{1+e^{-s}}$；

(2) $\dfrac{1}{s(1+e^{-2s})}$；

(3) $\dfrac{s}{(s^2+1)(1+e^{-2s})}$。

4-10 用拉普拉斯变换法求解微分方程

$$y''(t)+5y'(t)+6y(t)=3f(t)$$

的零输入响应和零状态响应。

(1) 已知 $f(t)=\varepsilon(t)$，$y(0_-)=1$，$y'(0_-)=2$。

(2) 已知 $f(t)=e^{-t}\varepsilon(t)$，$y(0_-)=0$，$y'(0_-)=1$。

4-11 描述某 LTI 系统的微分方程为

$$y''(t)+3y'(t)+2y(t)=f'(t)+4f(t)$$

求在下列条件下的零输入响应和零状态响应。

(1) $f(t)=\varepsilon(t)$，$y(0_-)=0$，$y'(0_-)=1$。

(2) $f(t)=e^{-2t}\varepsilon(t)$，$y(0_-)=1$，$y'(0_-)=1$。

4-12 求下列方程所描述的 LTI 系统的冲激响应 $h(t)$ 和阶跃响应 $g(t)$。

(1) $y''(t)+4y'(t)+3y(t)=f'(t)-3f(t)$；

(2) $y''(t)+7y'(t)+10y(t)=f''(t)+9f'(t)+8f(t)$。

4-13　已知系统函数和初始状态如下，求系统的零输入响应 $y_{zi}(t)$

(1) $H(s)=\dfrac{s+4}{s(s^2+3s+2)}$，$y(0)=y'(0_-)=y''(0_-)=1$；

(2) $H(s)=\dfrac{2s-1}{s^2+4}$，$y(0)=y'(0_-)=y''(0_-)=1$。

如果系统的输入信号 $f(t)=\delta(t-2)$，求上述系统的零状态响应。

4-14　在如图 4-43 所示电路中，$L=2\text{H}$，$C=0.1\text{F}$，$R=10\Omega$，求：

(1) 电压转移函数 $H(s)=\dfrac{U_o(s)}{U_S(s)}$；

(2) $H(s)$的零极点并画出 s 平面零、极点分布；

(3) 系统的冲激响应和阶跃响应。

4-15　在如图 4-44 所示电路中，求电容电压 $u_C(t)$的冲激响应和阶跃响应。

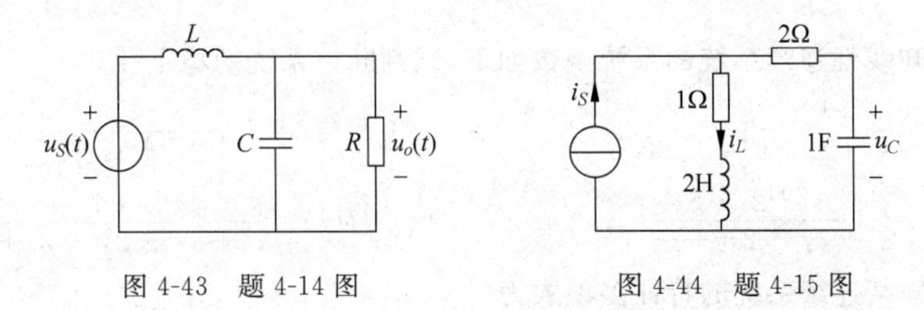

图 4-43　题 4-14 图　　图 4-44　题 4-15 图

4-16　在如图 4-45 所示电路系统，已知 $u_{s1}(t)=2\text{V}$，$u_{s2}(t)=4\text{V}$，其他电路参数如图 4-45 所示。$t<0$ 时电路已达稳态，$t=0$ 时开关 S 由位置 1 接到位置 2。求 $t\geqslant0$ 时电感电流 $i_L(t)$ 的完全响应、零输入响应和零状态响应。

4-17　在如图 4-46 所示电路中，$t<0$ 时电路已达稳态，$t=0$ 时开关打开。试求电流响应。

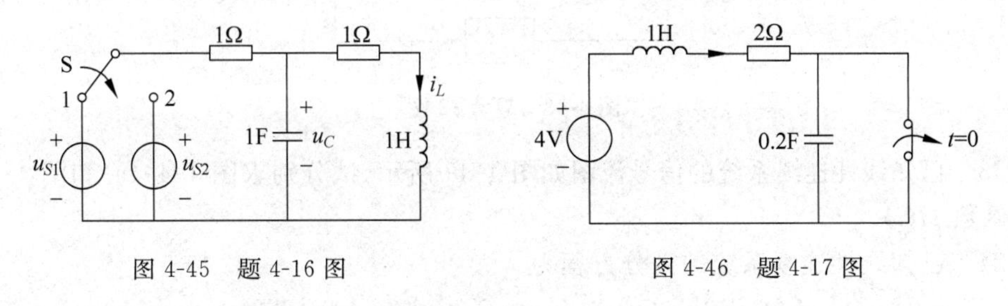

图 4-45　题 4-16 图　　图 4-46　题 4-17 图

4-18　某因果线性时不变系统满足如下方程

$$y'(t)+2y(t)=\int_{-\infty}^{t}f(\tau)\mathrm{e}^{2(t-\tau)}\,\mathrm{d}\tau+f(t)$$

求：(1) 系统函数 $H(s)$；

(2) 画出系统零极点图和系统方框图；

(3) 输入 $f(t)=\mathrm{e}^{-t}\varepsilon(t-2)$时的零状态响应。

4-19　已知线性连续系统的系统函数的零极点图如图 4-47 所示，求：

(1) 若 $H(\infty)=1$，图 4-47(a)对应系统的系统函数 $H(s)$；

(2) 若 $H(0)=-1$，图 4-47(b)对应系统的系统函数 $H(s)$；

(3) 频率响应 $H(j\omega)$，粗略画出系统的幅频响应和相频响应。

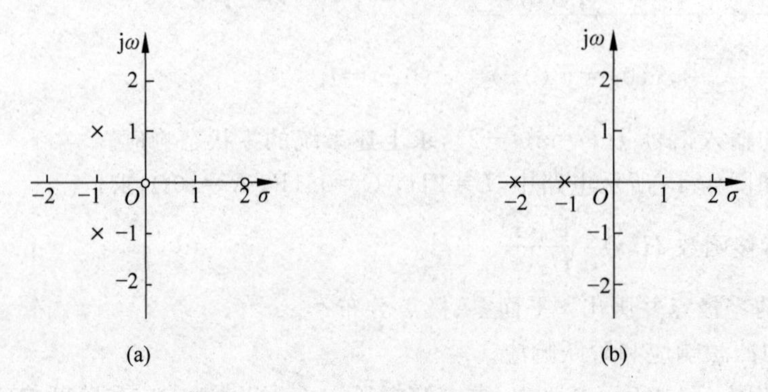

图 4-47　题 4-19 图

4-20　已知线性连续系统的系统函数如下，试判断该系统的稳定性。

(1) $H(s)=\dfrac{s+5}{s^2+3s+2}$；　(2) $H(s)=\dfrac{s-4}{s^3+2s^2+3s+2}$；

(3) $H(s)=\dfrac{s^2+2s-5}{s^4+3s^3+2s^2+s+1}$；　(4) $H(s)=\dfrac{s+1}{s^4+5s^3+2s^2-3s+2}$。

4-21　已知某连续系统的特征多项式为

$$D(s)=s^7+3s^6+6s^5+10s^4+11s^3+9s^2+6s+2$$

试判断该系统的稳定情况。

4-22　如图 4-48 所示系统框图，为使系统稳定，试求 K 的取值范围。

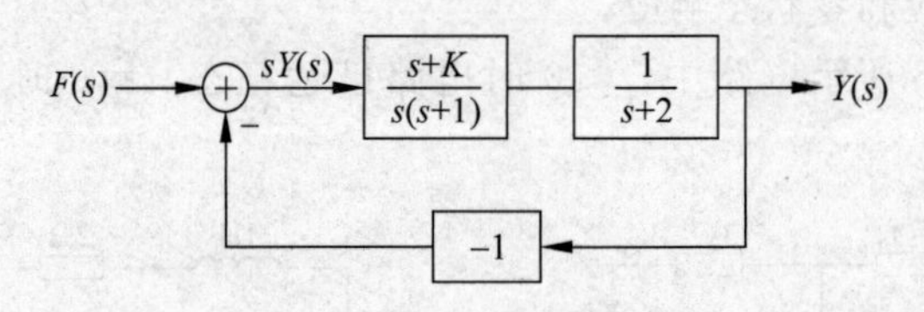

图 4-48　题 4-22 图

4-23　已知线性连续系统的信号流图如图 4-49 所示，试分别求图 4-49(a)和图 4-49(b)的系统函数 $H(s)$。

4-24　已知线性连续系统的微分方程为

$$y''(t)+3y'(t)-2y(t)=f''(t)+2f'(t)+3f(t)$$

(1) 写出系统的系统函数 $H(s)$；

(2) 画出系统的信号流图；

(3) 画出系统零极点图和系统方框图。

4-25　某系统的系统函数 $H(s)$的零极点分布如图 4-50 所示，且已知：$H(s)|_{s=0}=-1$。

(1) 求系统函数 $H(s)$；

(2) 若激励信号 $f(t)=\varepsilon(t)$，求系统的零状态响应 $y_{zs}(t)$；

(3) 运用矢量作图方法，粗略画出系统的幅频与相频特性曲线；

（4）画出系统直接型模拟框图或信号流图。

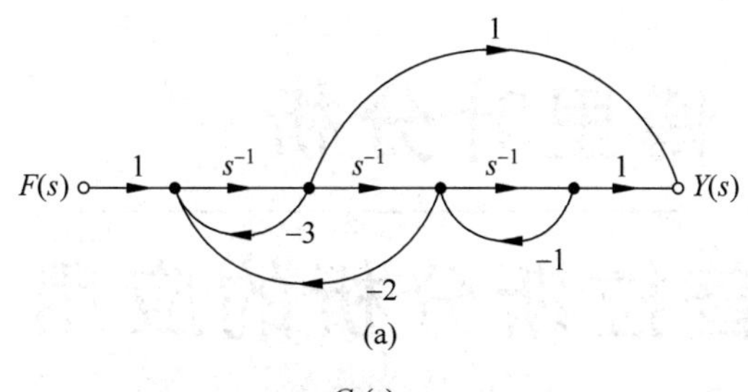

(a)

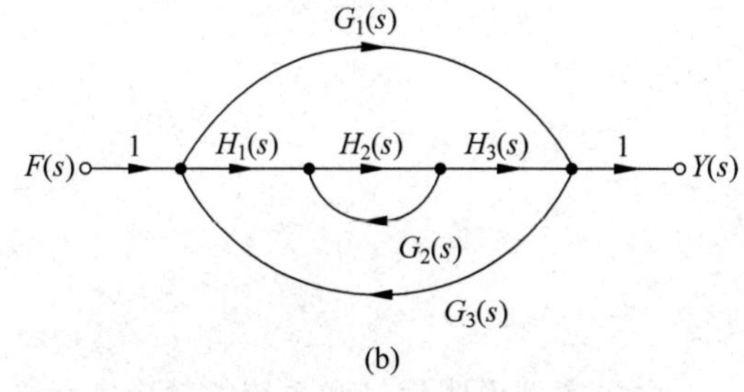

(b)

图 4-49　题 4-23 图

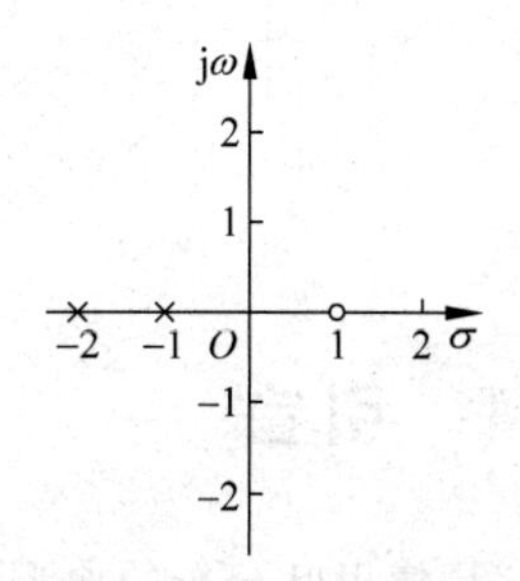

图 4-50　题 4-25 图

4-26　已知线性连续系统的系统函数如下，试用直接形式、串联形式和并联形式模拟系统，要求分别画出系统信号流图和系统的模拟框图。

（1）$H(s)=\dfrac{s+5}{s^2+4s+3}$；　　（2）$H(s)=\dfrac{s^2+5s+6}{s^3+7s^2+16s+12}$。

4-27　试用 MATLAB 求题 4-3 各信号的拉普拉斯变换。

4-28　试用 MATLAB 求题 4-8 各象函数的拉普拉斯逆变换。

4-29　试用 MATLAB 绘制题 4-8 各象函数的零极点图。

4-30　试用 MATLAB 求解题 4-10 的零输入响应和零状态响应。

4-31　试用 MATLAB 求解题 4-11 的零输入响应和零状态响应。

4-32　试用 MATLAB 求解题 4-12 的冲激响应和阶跃响应。

4-33　试用 MATLAB 绘制题 4-19 的系统的频率响应曲线。

4-34　试用 MATLAB 判断题 4-20 的系统的稳定性。

第5章 CHAPTER 5 傅里叶分析和拉普拉斯分析的应用

5.1 引言

通信是傅里叶分析的典型应用领域。本章用实例说明信号和系统的频率表示如何应用在通信中,并介绍在通信中使用的调制、带宽和频谱等概念。通信系统由三部分组成:发射机、信道和接收机。通信的目的是将消息通过信道传送至接收机。消息是一个信号,例如语音或音乐信号,一般包含的都是低频率信号。消息的传输可以通过无线电波来完成,也可以通过一根连接发射机和接收机的导线来完成,或将二者结合起来——由此构成具有不同特性的信道。电话通信可以用导线,也可以不用导线,而无线电广播和电视都是无线的。在通信系统的分析和设计中,通过傅里叶变换建立起来的频率以及带宽、频谱和调制等概念是最基础的内容。本章将介绍有关通信中的问题,并将它们与傅里叶分析联系起来,这个课题的进一步分析读者可参考通信领域方面的优秀书籍。本章涉及的另一个课题是模拟滤波器的设计。滤波是LTI系统在通信、控制和信号处理中非常重要的应用。本章介绍的这个课题的内容只是基础部分,我们将举例说明滤波器设计和实现中与信号和系统有关的重要问题。

拉普拉斯变换在许多工程领域都有应用,尤其是在控制领域,本章将阐明拉普拉斯变换是如何与经典控制理论和现代控制理论相联系的。经典控制理论的目的是利用频域的方法改变已知系统的动力学特性,从而达到所期望的响应。这通常是由一个控制器反馈连接到一个装置上来完成的,该装置是一个系统,例如一台发动机、一个化学装置或一辆汽车,总之我们想要控制该系统使之以某种方式产生响应。控制器也是一个系统,它需要被设计成使该装置能够跟随一个预定的参考输入信号,通过将装置的响应反馈至输入端,就可以判断该装置如何对控制器作出响应。常用负反馈产生一个误差信号,根据这个误差信号能够对控制器的性能作出评价。传输函数、系统稳定性和利用拉普拉斯变换获得各种不同的响应类型等概念在经典控制系统的分析和设计中非常有用。

现代控制理论与此不同,它用时域的方法来表征和控制系统。状态变量的表示是一种比转移函数更通用的表示方法,因为它允许包含初始条件,而且能够方便地推广到多输入多输出的一般情况中。状态变量理论与线性代数和微分方程有着密切的联系。本章将介绍状态变量的概念、状态变量与转移函数的关系、拉普拉斯变换在求全响应中的应用以及拉普拉斯变换在由状态方程和输出方程求转移函数中的应用。本章的目的是引出经典控制理论和现代控制理论中的一些问题，并将它们与拉普拉斯分析相关联。关于其更深入的分析可以在很多控制论的优秀著作中找到。

5.2　连续信号的抽样定理

前面各章讨论的连续时间信号也称为模拟信号，此类信号实际上是模拟欲传输的信息而得到的一种电流或电压。由于受诸多因素的限制，一般模拟信号的加工处理质量不高。而数字信号仅用 0、1 来表示，它的加工处理比模拟信号有着无可比拟的优越性，因而受到广泛重视。随着数字技术及电子计算机技术的迅速发展，数字信号处理得到越来越广泛的应用，电子设备的数字化也已成为一种发展方向。

要得到数字信号，往往首先要对表示信息的模拟信号进行抽样，从而得到一系列离散时刻的样值信号，然后对此离散时刻的样值信号进行量化、编码，就可得到数字信号。可见，这里的一个关键环节就是抽样。现在的问题是，从模拟信号 $f(t)$ 中经抽样得到的离散时刻的样值信号 $f_s(t)$ 是否包含了 $f(t)$ 的全部信息，即从离散时刻的样值信号 $f_s(t)$ 能否恢复原来的模拟信号 $f(t)$？抽样定理正是说明这样一个重要问题的定理，它在通信理论中占有相当重要的地位。

信号 $f(t)$ 抽样的工作原理可用图 5-1 表述。抽样器相当于一个定时开关，它每隔 T_s 秒闭合一次，每次闭合时间为 τ 秒，从而得到样值信号 $f_s(t)$。

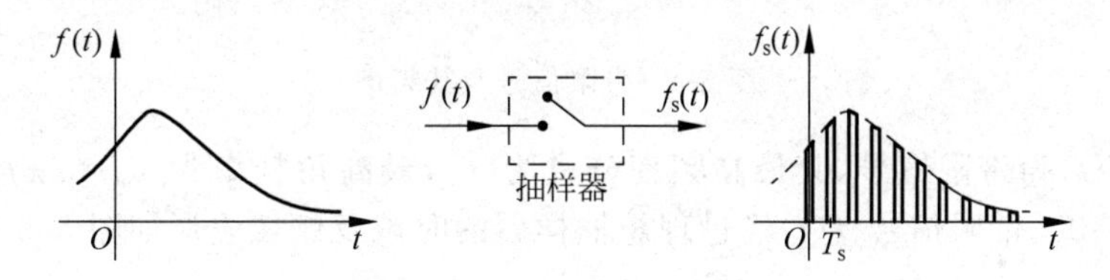

图 5-1　连续信号的抽样

图 5-1 所示的抽样原理从理论上分析可表述为 $f(t)$ 与抽样脉冲序列 $P_{T_s}(t)$ 的乘积，即

$$f_s(t) = f(t) \cdot P_{T_s}(t) \tag{5-1}$$

式中的抽样脉冲序列 $P_{T_s}(t)$ 如图 5-2 所示。它实际上就是以前所讨论过的周期矩形脉冲函数，可表示为

$$P_{T_s}(t) = \sum_{n=-\infty}^{\infty} g_\tau(t - nT_s) \tag{5-2}$$

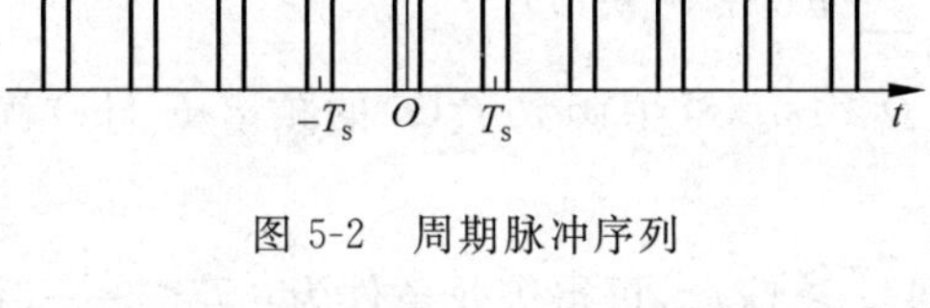

图 5-2　周期脉冲序列

如果抽样脉冲序列是周期冲激函数序列 $\delta_{T_s}(t)$，则抽样得到的样值函数也为一冲激函数序列，其各个冲激函数的冲激强度为该时刻 $f(t)$ 的瞬时值。这种抽样称为理想抽样，理

想抽样的过程及有关波形如图 5-3 所示。

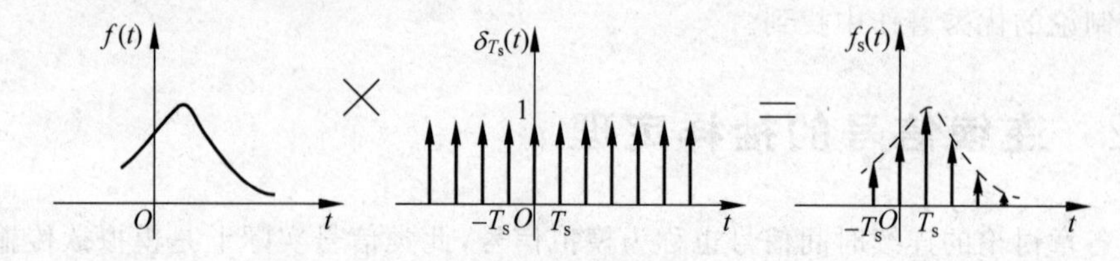

图 5-3　周期冲激函数序列抽样

1. 抽样定理

连续时间信号 $f(t)$的时域抽样定理可表述为：最高频率为 f_m(Hz)的带限信号，由它在均匀间隔上的抽样值唯一地决定，只要其抽样间隔 T_s 小于或等于$\frac{1}{2f_m}$(s)。

由抽样定理可知，要求被抽样的信号 $f(t)$为带限信号，即频带有限的信号，其最高频率为 f_m，最高角频率 $\omega_m=2\pi f_m$，即当$|\omega|>\omega_m$ 时，$F(j\omega)=0$。带限信号及其频谱示意图如图 5-4 所示。

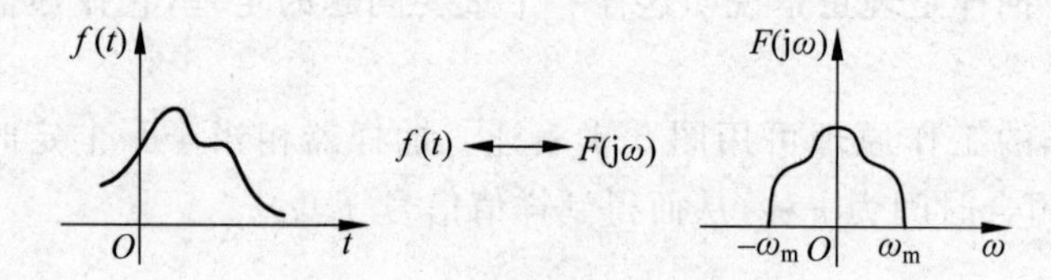

图 5-4　带限信号及其频谱

设信号 $f(t)$为带限信号，其最高频率分量为 f_m，最高角频率为 $\omega_m=2\pi f_m$，即当$|\omega|>\omega_m$ 时，$F(j\omega)=0$。带限信号 $f(t)$经过理想抽样后的时域及频域波形如图 5-5 所示。

$$f_s(t)=f(t)\cdot\delta_{T_s}(t)=f(t)\cdot\sum_{n=-\infty}^{\infty}\delta(t-nT_s)=\sum_{n=-\infty}^{\infty}f(nT_s)\delta(t-nT_s)\qquad(5\text{-}3)$$

$f_s(t)$为每隔 T_s 秒均匀抽样而得到的样值函数，它是一个冲激函数序列，各冲激函数的冲激强度为该时刻 $f(t)$的值。

由前面章节的内容已知，周期冲激函数 $\delta_{T_s}(t)$的频谱密度函数为

$$\Omega\delta_{\Omega}(\omega)=\Omega\sum_{n=-\infty}^{\infty}\delta(\omega-n\Omega)\qquad(5\text{-}4)$$

由于 $f_s(t)=f(t)\cdot\delta_{T_s}(t)$，根据傅里叶变换的频域卷积性质，有

$$\begin{aligned}\mathcal{F}[f_s(t)]&=\frac{1}{2\pi}\left[F(j\omega)*\Omega\sum_{n=-\infty}^{\infty}\delta(\omega-n\Omega)\right]=\frac{\Omega}{2\pi}\sum_{n=-\infty}^{\infty}F(j\omega)*\delta(\omega-n\Omega)]\\&=\frac{1}{T_s}\sum_{n=-\infty}^{\infty}F(j(\omega-n\Omega))\end{aligned}\qquad(5\text{-}5)$$

如图 5-5 所示，只要 $\Omega\geqslant 2\omega_m$，样值函数 $f_s(t)$的频谱 $F_s(j\omega)$就周期性地重复着 $F(j\omega)$，而不会发生重叠。

由于要求 $\Omega\geqslant 2\omega_m$，即$\frac{2\pi}{T_s}\geqslant 4\pi f_m$，可得等效条件为：$T_s\leqslant\frac{1}{2f_m}$，我们把最大允许的抽样间隔 $T_s=\frac{1}{2f_m}$称为奈奎斯特间隔，把最低允许的抽样频率 $f_s=2f_m$ 称为奈奎斯特频率。

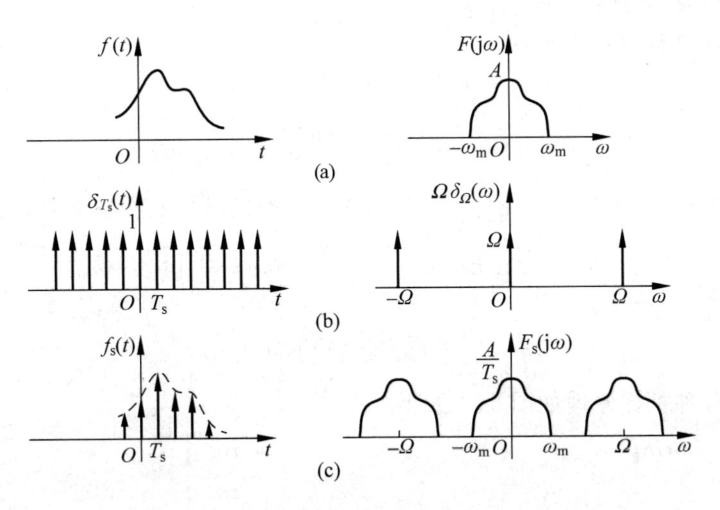

图 5-5　信号抽样分别在时域和频域的过程

上面的分析表明，只要以小于奈奎斯特间隔$\dfrac{1}{2f_m}$秒对信号 $f(t)$均匀抽样，那么得到的样值函数 $f_s(t)$的频谱密度函数 $F_s(j\omega)$就是 $F(j\omega)$的周期性复制，因而样值函数 $F_s(j\omega)$就包含了 $f(t)$的全部信息。

2. $f(t)$的恢复

当样值函数 $f_s(t)$经过一个截止频率为 ω_m 的理想低通滤波器，就可从 $F_s(j\omega)$中取出 $F(j\omega)$，从时域来说，这样就恢复了连续时间信号 $f(t)$，即

$$F(j\omega) = F_s(j\omega) \cdot H(j\omega) \tag{5-6}$$

式中，$H(j\omega)$为理想低通滤波器的频率特性。$H(j\omega)$的特性为

$$H(j\omega) = \begin{cases} T_s & |\omega| \leqslant \omega_m \\ 0 & |\omega| > \omega_m \end{cases} \tag{5-7}$$

信号的恢复过程如图 5-6 所示。

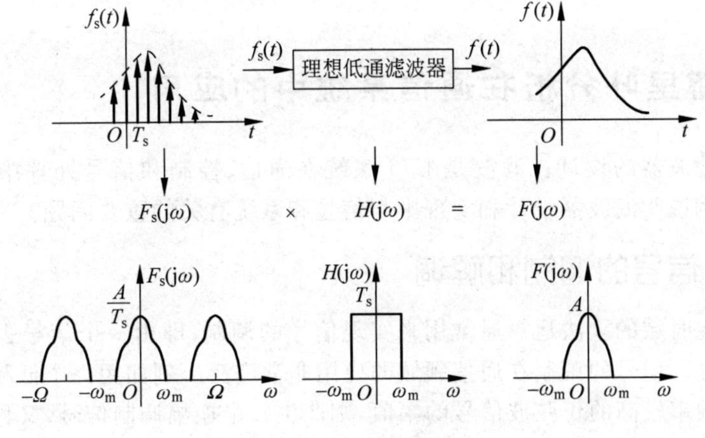

图 5-6　信号的恢复过程

3. 周期矩形脉冲抽样

周期矩形脉冲抽样可表示为

$$f_s(t) = f(t) \cdot P_{T_s}(t) \tag{5-8}$$

$$P_{T_s}(t) \leftrightarrow \frac{2\pi\tau}{T_s}\sum_{n=-\infty}^{\infty} Sa\left(\frac{n\Omega\tau}{2}\right)\delta(\omega - n\Omega) \tag{5-9}$$

由于 $f_s(t)=f(t)\cdot P_{T_s}(t)$，同样，根据傅里叶变换的频域卷积性质，可得

$$\begin{aligned}\mathcal{F}[f_s(t)] &= \frac{1}{2\pi}\left[F(\mathrm{j}\omega) * \sum_{n=-\infty}^{\infty}\frac{2\pi\tau}{T_s}Sa\left(\frac{n\Omega\tau}{2}\right)\delta(\omega-n\Omega)\right] \\ &= \frac{\tau}{T_s}\sum_{n=-\infty}^{\infty}Sa\left(\frac{n\Omega\tau}{2}\right)F[\mathrm{j}(\omega-n\Omega)]\end{aligned} \tag{5-10}$$

周期矩形脉冲抽样原理如图 5-7 所示。

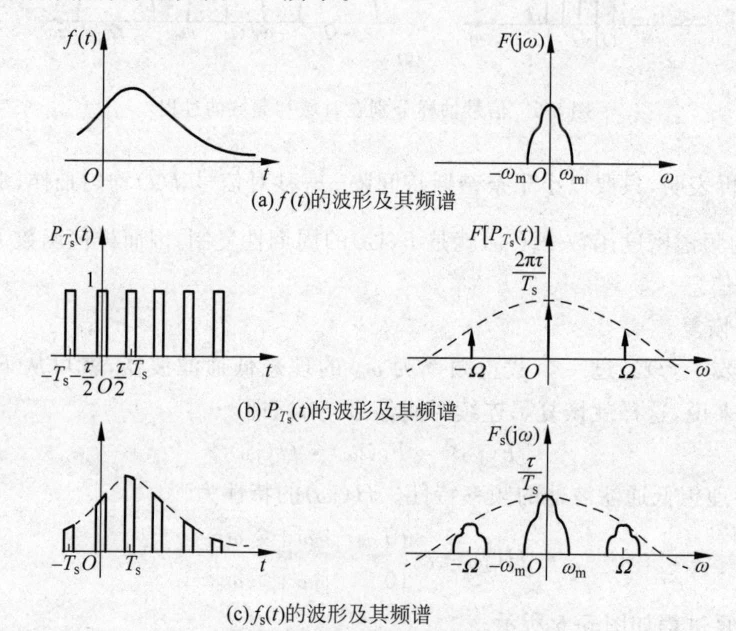

图 5-7 周期矩形脉冲抽样

5.3 傅里叶分析在通信系统中的应用

本节涉及滤波器的设计。滤波是 LTI 系统在通信、控制和信号处理中非常重要的应用。本节将举例说明滤波器设计和实现中与信号和系统有关的重要问题。

5.3.1 信号的调制和解调

两个信号在时域的乘法运算通常用来实现信号的调制，即由一个信号去控制另一个信号的某一个参量。信号的调制在通信领域的应用非常广泛。例如用一个低频的正弦波信号去控制另一个频率较高的正弦波信号的幅值，则产生一个振幅调制信号，又称调幅波。与产生调幅波的原理相似，还可以产生调频波、调相波和脉冲调制波等。

使用 Modulate 函数来实现信号的调制。有下面两种调用格式。

(1) Y＝Modulate($X,Fc,Fs,METHOD,OPT$)：其中频率为 Fc，采样频率为 Fs，载波调制原信号为 X，且 $Fs>2\times Fc+BW$，BW 为原信号 X 带宽，$METHOD$ 为调制方法，例如调频 FM、调幅 AM、调相 PM，OPT 为额外可选的参数，具体由调制方法而定。

(2) [Y,T]＝Modulate($X,Fc,Fs,METHOD,OPT$)：这里多出的 T 为与 Y 同长的时间向量。

相关 MATLAB 程序如下：

```
% 产生调制信号(AM)
clf;
n = [0:256];Fc = 100000;Fs = 1000000;N = 1000;
xn = abs(sin(2 * pi * n/256));
xf = abs(fft(xn,N));y2 = modulate(xn,Fc,Fs,'am');
subplot(211); plot(n(1:200),y2(1:200));
xlabel('时间(s)');ylabel('幅值');title('调幅信号');
yf = abs(fft(y2,N));
subplot(212);stem(yf(1:200));
xlabel('频率(H)');ylabel('幅值');
```

调制信号产生的调幅调制结果如图 5-8 所示。

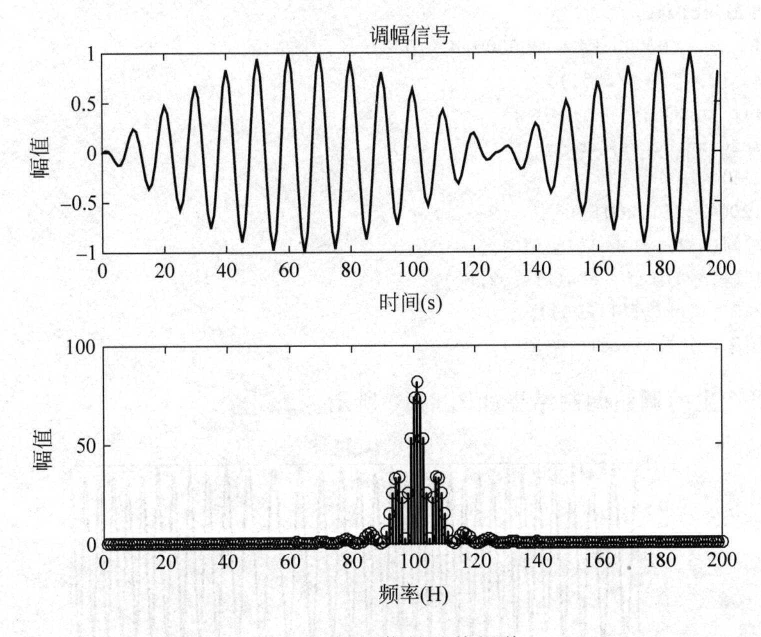

图 5-8　调幅信号及其频谱

在上面程序的基础之上加上以下程序段可以实现解调的操作。

```
% 解调(AM)
xo = demod(y2,Fc,Fs,'am');
figure; subplot(211);
plot(n(1:200),xn(1:200)); title('原信号'); subplot(212)
plot(n(1:200),2 * xo(1:200));
title('解调信号'); axis([1 200 0 1]);
```

解调结果如图 5-9 所示。

```
% 产生调制信号(FM)
```

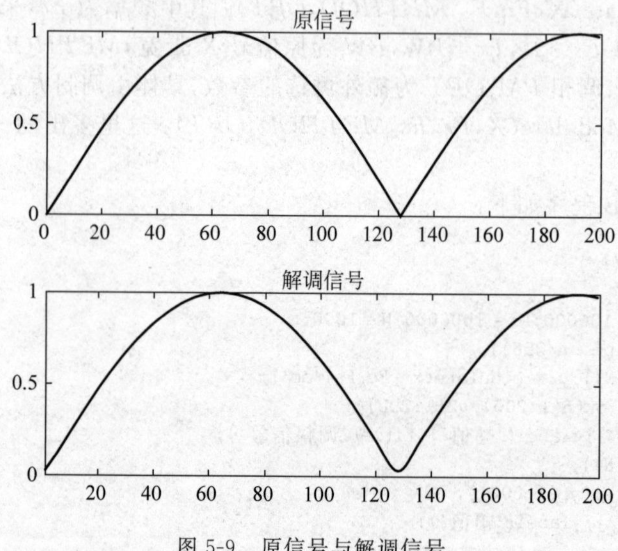

图 5-9　原信号与解调信号

```
clc;close all;clear;
n = [0:256];Fc = 100000;Fs = 1000000;N = 1000;
xn = abs(sin(2 * pi * n/256));
xf = abs(fft(xn,N));
y2 = modulate(xn,Fc,Fs,'fm');
subplot(211);
plot(n(1:200),y2(1:200));
xlabel('时间(s)');ylabel('幅值');
title('调频信号'); yf = abs(fft(y2,N));
subplot(212);stem(yf(1:200));
xlabel('频率(H)');ylabel('幅值');
```

调制信号产生的调频调制结果如图 5-10 所示。

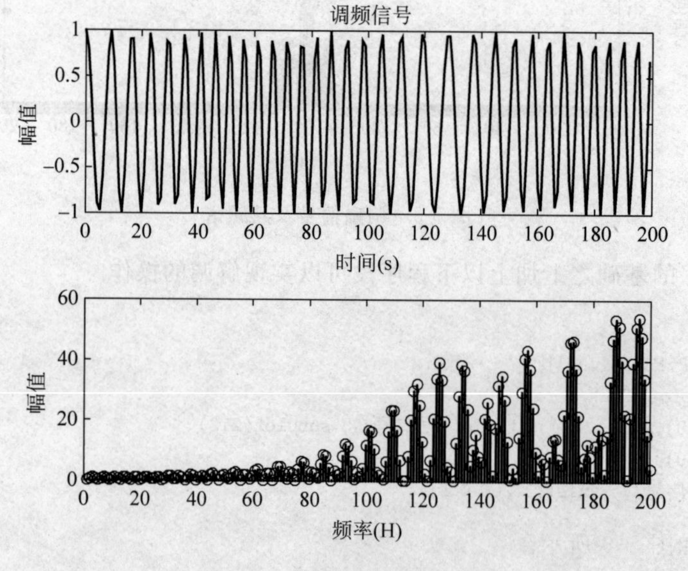

图 5-10　调频信号及其频谱

在上面程序的基础之上加上以下程序段可以实现信号解调的操作。

```
%解调(FM)
xo = demod(y2,Fc,Fs,'fm');
figure
subplot(211)
plot(n(1:200),xn(1:200));
title('原信号');subplot(212)
plot(n(1:200),1.6 * xo(1:200));
title('解调信号');axis([1 200 0 1]);
```

程序产生的图形和 AM 解调类似,这里不再给出。

```
%产生调制信号(PM)
clc;close all;clear;
n = [0:256];Fc = 100000;Fs = 1000000;N = 1000;
xn = abs(sin(2 * pi * n/256));
xf = abs(fft(xn,N)); y2 = modulate(xn,Fc,Fs,'pm');
subplot(211);plot(n(1:200),y2(1:200));
xlabel('时间(s)');ylabel('幅值');
title('调相信号'); yf = abs(fft(y2,N));
subplot(212);stem(yf(1:200));xlabel('频率(H)');ylabel('幅值');
```

调制信号产生的调相信号及其频谱结果如图 5-11 所示。

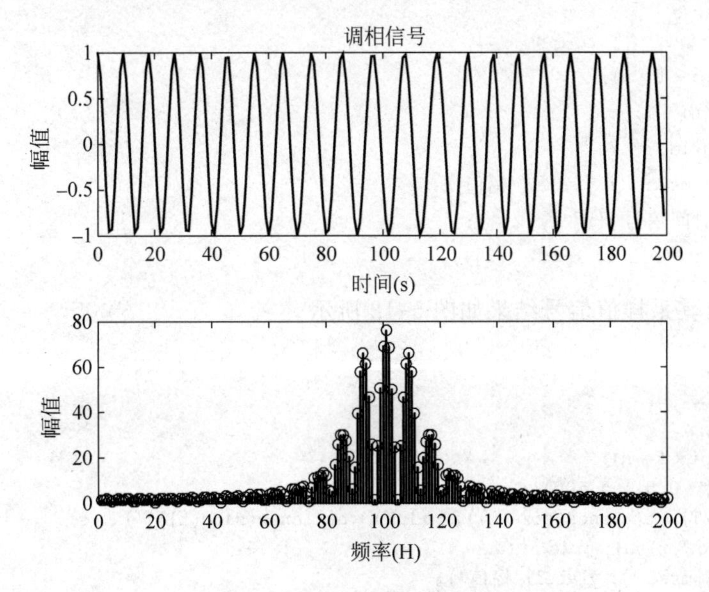

图 5-11 调相信号及其频谱

在上面程序的基础之上加上以下程序段可以实现解调的操作。

```
%解调(PM)
xo = demod(y2,Fc,Fs,'pm');
figure
subplot(211)
```

```
plot(n(1:200),xn(1:200));
title('原信号');subplot(212);x0 = x0/3.15
plot(n(1:200),xo(1:200));
title('解调信号');axis([1 200 0 1]);
```

程序产生的图形和 AM 解调类似,这里不再给出。

5.3.2 信号的抽样和恢复

信号抽样和恢复的原理在本章 5.2 节中已经描述清楚,这里不再重复。为了便于描述,我们采用单一频率的正弦信号作为带限信号进行抽样和恢复。

相关 MATLAB 程序如下:

```
%正弦信号采样
t = 0:0.0005:1;
f = 13;
xa = cos(2 * pi * f * t);
subplot(2,1,1);
plot(t,xa);grid
xlabel('时间(msec) ');ylabel('幅值');
title('连续时间信号 x_{a}(t) ');
axis([0 1 - 1.2 1.2])
subplot(2,1,2);
T = 0.1;n = 0:T:1;
xs = cos(2 * pi * f * n);
k = 0:length(n) - 1;
stem(k,xs);grid;
xlabel('时间(msec) ');ylabel('幅值');
title('离散时间信号 x[n]');
axis([0 (length(n) - 1) - 1.2 1.2]);
```

正弦信号及其采样值信号结果如图 5-12 所示。

```
%采样与重构
T = 0.1;f = 13;
n = (0:T:1)';
xs = cos(2 * pi * f * n);
t = linspace( - 0.5,1.5,500)';
ya = sinc((1/T) * t(:,ones(size(n))) - (1/T) * n(:,ones(size(t)))') * xs;
plot(n,xs, 'o ',t,ya); grid;
xlabel('时间,msec '); ylabel('幅值');
title('重构连续信号 y_{a}(t)');
axis([0  1  - 1.2 1.2]);
```

正弦信号的采样与重构结果如图 5-13 所示。

```
%采样的性质
t = 0:0.005:10;
xa = 2 * t. * exp( - t);
subplot(2,2,1)
```

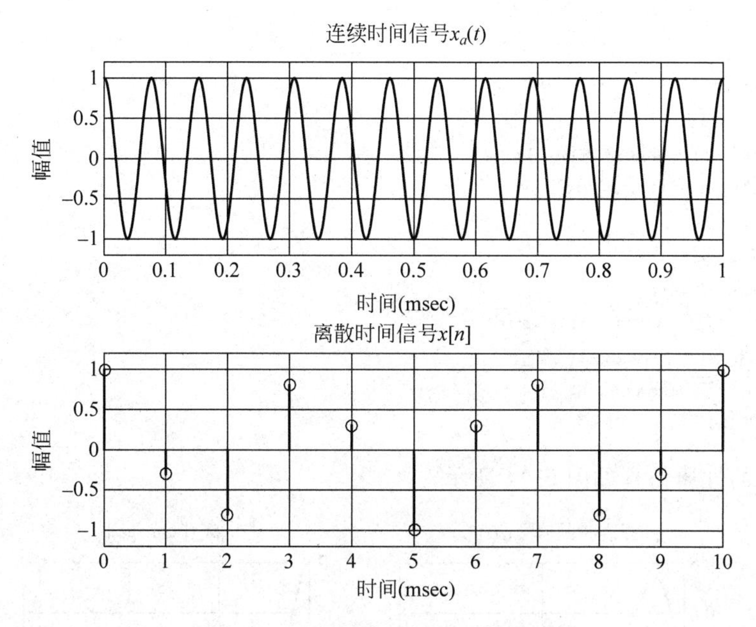

图 5-12 正弦信号及其采样值信号

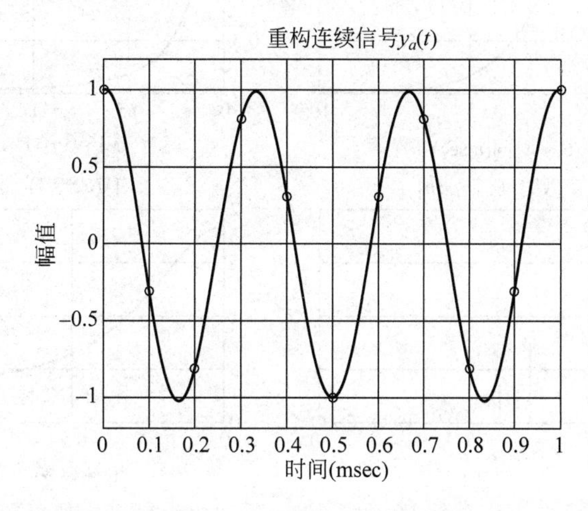

图 5-13 重构信号的波形

```
plot(t,xa); grid
xlabel('时间,msec');ylabel('幅值');
title('连续时间信号 x_{a}(t) ');
subplot(2,2,2)
wa = 0:10/511:10;
ha = freqs(2,[1 2 1],wa);
plot(wa/(2 * pi),abs(ha)); grid;
xlabel('频率,kHz'); ylabel('幅值');
title('|X_{a}(j\Omega)| ');
axis([0 5/pi 0 2]);
subplot(2,2,3)
T = 1;
```

```
n = 0:T:10;
xs = 2 * n. * exp( - n);
k = 0:length(n) - 1;
stem(k,xs); grid;
xlabel('时间 n');ylabel('幅值');
title('离散时间信号 x[n]');
subplot(2,2,4)
wd = 0:pi/255:pi;
hd = freqz(xs,1,wd);
plot(wd/(T * pi),T * abs(hd)); grid;
xlabel('频率,kHz'); ylabel('幅值');
title('|X(e^{j\omega})|');
axis([0 1/T 0 2])
```

信号采样的性质仿真如图 5-14 所示。

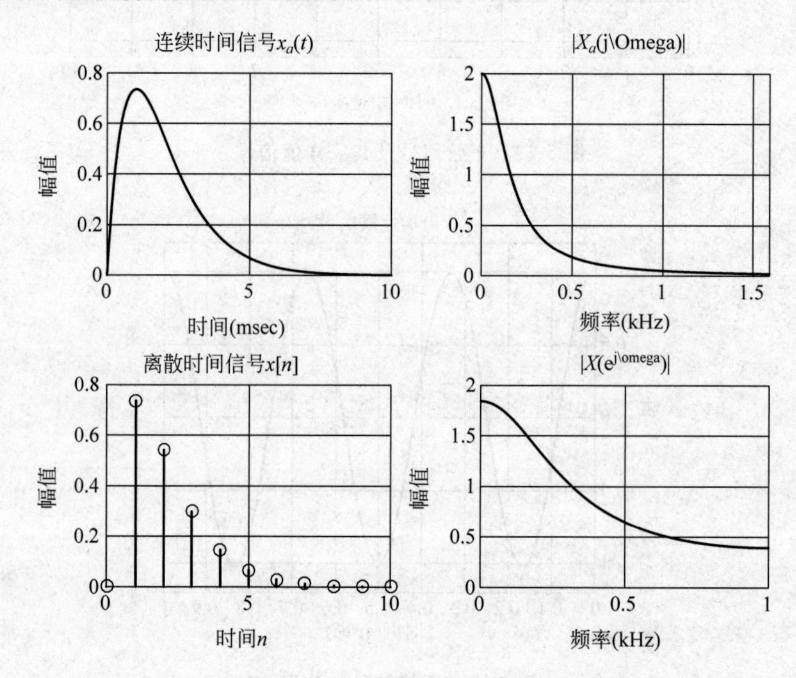

图 5-14　信号采样的性质仿真

```
%模拟低通滤波器设计
Fp = 3500; Fs = 4500;
Wp = 2 * pi * Fp; Ws = 2 * pi * Fs;
[N,Wn] = buttord(Wp,Ws,0.5,30, 's');
[b,a] = butter(N,Wn, 's');
wa = 0:(3 * Ws)/511:3 * Ws;
h = freqs(b,a,wa);
plot(wa/(2 * pi),20 * log10(abs(h)));grid
xlabel('Frequency,Hz'); ylabel('Gain,dB');
title('Gain response');
axis([0 3 * Fs  - 60 5]);
```

模拟低通滤波器的设计结果如图 5-15 所示。

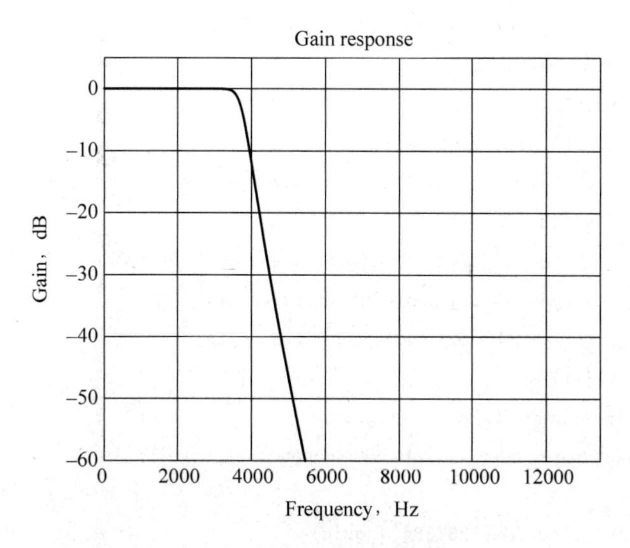

图 5-15　模拟低通滤波器

5.3.3　数字滤波器设计

对于数字信号滤波来说，模拟其过程，就是通过将输入数值序列和代表滤波器本身性质的冲激响应序列做卷积。根据冲激响应序列有限长或无限长，分为有限冲激响应(FIR)滤波器和无限冲激响应(IIR)滤波器。

FIR 的差分方程为

$$a(1)\times y(k)=b(1)\times f(k)+b(2)\times f(k-1)+\cdots+b(nb+1)\times f(k-nb) \tag{5-11}$$

IIR 的差分方程为

$$\begin{aligned}&a(1)\times y(k)+a(2)\times y(k-1)+\cdots+a(na+1)\times y(k-na)\\&=b(1)\times f(k)+b(2)\times f(k-1)+\cdots+b(nb+1)\times f(k-nb)\end{aligned} \tag{5-12}$$

在 MATLAB 中，可以用$[b,a]=butter(N,Wn)$等函数辅助设计 IIR 数字滤波器，也可以用 $b=fir1(N,Wn,'ftype')$等函数辅助设计 FIR 数字滤波器。

涉及函数有

$[B,A]=butter(3,2/0.00025,'s')$

$[num2,den2]=bilinear(B,A,4000)$

$wn=kaiser(30,4.55)$

以下是某个 FIR 滤波器设计的 MATLAB 程序。

```
% 文件:FIRFilterExample.m
fscale = 1;fshift = 0.0;dscale = 1000; % 比例参数
c9_Filter_Data; % 载入数据
Freq_Resp = data;fs = 900;filtsize = 512;ts = 1/fs;
[himptime] = FIR_Filter_AMP_Delay(Freq_Resp,fs,filtsize,fscale,fshift,dscale);
% 使用窗[HJ2.4mm]
nw = 256;window1 = hamming(nw);window = zeros(filtsize,1);
% 确保这个窗是个合适的中心窗
```

```
wstart = (filtsize/2) - (nw/2);wend = (filtsize/2) + (nw/2) - 1;
window(wstart:wend) = window1;
impw = himp. * window';
figure;subplot(1,2,1);plot(abs(himp));grid;
xlabel('TimeSampleIndex');ylabel('FilterImpulseResponse');
subplot(1,2,2);plot(abs(impw));grid;
xlabel('TimeSampleIndex');ylabel('WindowedFilterImpulseResponse');
[logpsd,freq,ptotal,pmax] = log_psd(himp,filtsize,ts);
[logpsdw,freq,ptotal,pmax] = log_psd(impw,filtsize,ts);
figure;subplot(1,2,1)
plot(freq(128:384),logpsd(128:384));grid;
xlabel('FrequencySampleIndex');ylabel('FrequencyResponse');
subplot(1,2,2)
plot(freq(128:384),logpsdw(128:384));grid;
xlabel('FrequencySampleIndex');
ylabel('WindowedFrequencyResponse');
%函数文件结束
```

函数文件:FIR_Filter_AMP_Delay.m.

```
%文件:FIR_Filter_AMP_Delay.m
function[h,times] = FIR_Filter_AMP_Delay(H,fs,n,fscale,fshift,dscale)
%这个函数返回 FIR 滤波器的脉冲响应
%h = 脉冲响应值在 t = times 时的行向量
%h 被平移到中心,脉冲响应阵列在 n/2 * ts
%假设在给定的频率响应里没有固定时延
%H 是频率响应的一个阵列
%Column1:[JP3]平移和比例缩放使频率必须在 - fs/2 < f < fs/2 之后,频率 fk 顺序上升
%Column2:20 * log(|H(fk)|;
%Column3:群迟延单位 1/frequency
%(i.e:如果频率的单位是 MHz,那么时延的单位应该是 ms)
%另外用 dscale 来进行调节时延 delay = delay/dscale
%Ex:如果 delay 以 ns 来定义,那么 delayms = delayns/1000
%相位响应在 f = 0 通过积分时延来获得
%Phase((k + 1)df) = phase(kdf) + 2 * pi * (fs/nfft)delay(kdf)[HJ2.2mm]
% = phase(kdf) + (2 * pi * /nfft)(delay(kdf)/ts)
%fscaleandfshift:f = (f - fshift)/fscale
%fs:抽样率
%n:脉冲响应持续周期;频率响应从( - fs/2) + df/2 到 fs/2 - df/2 使用 df = fs/n 再次抽样
ts = 1/fs;df = fs/n;
%获得频率、幅度和相位响应阵列
%转换 dbs 为实数;重置频率
Hfreq = H(:,1);Hmag = H(:,2);Hdelay = H(:,3);
nn = max(size(Hmag));Hreal = 10.^(Hmag/20);
```

```
Hfreq = (Hfreq - fshift)/fscale;Hdelay = Hdelay/dscale;
%给频率和时间设置阵列索引
index1 = [0:1:(n/2)];index2 = [ - (n/2) + 1:1: - 1];index = [index1index2]';
frequencies = (index * df);times = index * ts;
%用 fft 循环移位来改变平移时间索引
times = shift_ifft(times,n);
%从[0,df,2df, … 到 fs/2 - fs/2 + df, … - df]中获取频率阵列
%从 0 到 n/2 * ts - ts 到 - (n/2 - 1)ts 来获取时间阵列
%内插过程中给频率响应数据在 - fs/2 和 fs/2 端加上两个以上的输入
fmin = min(min(frequencies));fmax = max(max(frequencies));
%通过扩展频率和其他阵列的变换使其位于 - fs/2 + df 和 fs/2 + df 之间
Hfreq1 = Hfreq;Hreal1 = Hreal;Hdelay1 = Hdelay;
if fmin < Hfreq(1,1) %如果低级结果没有扩展到 - fs/2,就加一个点
Hfreq1 = [fmin;Hfreq];
Hreal1 = [1e - 10;Hreal];
Hdelay1 = [Hdelay(1,1);Hdelay];
end
if fmax > Hfreq(nn,1) %如果高级结果没有扩展到 fs/2,就加一个点
Hfreq1 = [Hfreq1;fmax];
Hreal1 = [Hreal1;1e - 10];
Hdelay1 = [Hdelay1;Hdelay(nn,1)];
end
%插入频率响应数据并计算复数
%转移函数 mag * exp(i * phase)
Hreal_interpolated = interp1(Hfreq1,Hreal1,frequencies);
Hdelay_interpolated = interp1(Hfreq1,Hdelay1,frequencies);
%积分时延来得到相位响应
sum = 0.;
Hphase(1) = 0.; %载波相位的频率为 0
for k = 2:(n/2) + 1 %从 f > 0 求积分
sum = sum - (Hdelay_interpolated(k,1)/ts) * (2 * pi/n);
Hphase(k,1) = sum;
end
sum = 0.0;
for k = n: - 1:(n/2) + 2 %从 f < 0 求积分
sum = sum + (Hdelay_interpolated(k,1)/ts) * (2 * pi/n);
Hphase(k,1) = sum;
end
Hcomplex = Hreal_interpolated. * exp(i * Hphase);
%得出逆 fft 并进行平移
hh = ifft(Hcomplex);h = (shift_ifft(hh,n));
%滤波器的设计以及函数文件结束
```

函数文件:shift_ifft.m.

```
% 文件:shift_ifft.m
functiony = shift_ifft(x,n)
% 循环移位 ifft 阵列
for k = 1:(n/2) - 1
y(k) = x((n/2) + k + 1);
end
for k = 1:n/2 + 1
y((n/2) - 1 + k) = x(k);
end
% 函数文件结束
```

函数文件:log_psd.m.

```
% 文件:log_psd.m
function[logpsd,freq,ptotal,pmax] = log_psd(x,n,ts)
% 这个函数进行 n 点时域抽样(实数或者复数)并且通过进行(fft/n)^2 找出 psd,这个双边谱是由
% psd 的移位来产生的;阵列频率给绘图提供了合适的频率值通过计算 10 * log10(psd/max(psd)),
% psd 被归一化;值低于 60dB 时,被设置为 - 60dB
% n 必须是一个偶数,最好是 2 的幂
y = zeros(1,n); % 初始化 y 向量
h = waitbar(0,'ForLoopinPSDCalculation');
for k = 1:n
freq(k) = (k - 1 - (n/2))/(n * ts);
y(k) = x(k) * (( - 1.0)^k);
waitbar(k/n)
end;
v = fft(y)/n;
psd = abs(v).^2;
pmax = max(psd);
ptotal = sum(psd);
logpsd = 10 * log10(psd/pmax);
% 在 - 60dB 处截断负值
for k = 1:n
if(logpsd(k)< - 60.0)
logpsd(k) = - 60.0;
end
end
close(h)
% 函数文件结束
```

5.4 拉普拉斯分析在经典控制中的应用

5.4.1 控制系统的数学模型

设单输入单输出线性时不变连续系统的输入信号为 $f(t)$,输出信号为 $y(t)$,则其微分

方程的一般形式为

$$
\begin{aligned}
&a_n \frac{\mathrm{d}^n y(t)}{\mathrm{d}t^n}+a_{n-1} \frac{\mathrm{d}^{n-1} y(t)}{\mathrm{d}t^{n-1}}+\cdots+a_1 \frac{\mathrm{d}y(t)}{\mathrm{d}t}+a_0 \\
&=b_m \frac{\mathrm{d}^m f(t)}{\mathrm{d}t^m}+b_{m-1} \frac{\mathrm{d}^{m-1} f(t)}{\mathrm{d}t^{m-1}}+\cdots+b_1 \frac{\mathrm{d}f(t)}{\mathrm{d}t}+b_0
\end{aligned}
\tag{5-13}
$$

式中，系数 $a_0,a_1,\cdots,a_n$ 和 $b_0,b_1,\cdots,b_m$ 为实常数，且 $m\leqslant n$。

对式(5-13)在零初始条件下求拉氏变换，并根据传递函数的定义可得单输入单输出系统传递函数的一般形式为

$$
H(s)=\frac{\mathcal{L}[y(t)]}{\mathcal{L}[f(t)]}=\frac{b_m s^m+b_{m-1} s^{m-1}+\cdots+b_1 s+b_0}{a_n s^n+a_{n-1} s^{n-1}+\cdots+a_1 s+a_0}=\frac{B(s)}{A(s)}
\tag{5-14}
$$

式中：$B(s)=b_m s^m+b_{m-1} s^{m-1}+\cdots+b_1 s+b_0$ 为传递函数的分子多项式；

$A(s)=a_n s^n+a_{n-1} s^{n-1}+\cdots+a_1 s+a_0$ 为传递函数的分母多项式，也称为系统的特征多项式。

在 MATLAB 中，控制系统的分子多项式系数和分母多项式系数分别用向量 *num* 和 *den* 表示，即

$$
num=[b_m,b_{m-1},\cdots,b_1,b_0],\quad den=[a_n,a_{n-1},\cdots,a_1,a_0]
$$

以传递函数表示系统的形式叫作传递函数模型。

5.4.2 控制系统数学模型的建立

在 MATLAB 中，使用函数 *tf*()建立或转换控制系统的传递函数模型。其功能和主要格式如下。

功能：生成线性定常连续/离散系统的传递函数模型，或者将状态空间模型或零极点增益模型转换成传递函数模型。

格式：

sys=tf(num, den)　生成传递函数模型 *sys*。

sys=tf(num,den,'Property1',Value1, …,'PropertyN',ValueN)　生成传递函数模型 *sys*。模型 *sys* 的属性(Property)及属性值(Value)用 *'Property'*,*Value* 指定。

sys=tf(num, den, Ts)　生成离散时间系统的脉冲传递函数模型 *sys*。

sys=tf(num,den,Ts,'Property1',Value1,…,'PropertyN',ValueN)　生成离散时间系统的脉冲传递函数模型 *sys*。

sys=tf('s')　指定传递函数模型以拉氏变换算子 *s* 为自变量。

sys=tf('z',Ts)　指定脉冲传递函数模型以 *Z* 变换算子 *z* 为自变量，以 *Ts* 为采样周期。

tfsys=tf(sys)　将任意线性定常系统 *sys* 转换为传递函数模型 *tfsys*。

说明：①对于单输入单输出系统，*num* 和 *den* 分别为传递函数的分子向量和分母向量，对于多输入多输出系统，*num* 和 *den* 为行向量的元胞数组，其行数与输出向量的维数相同，列数与输入向量的维数相同；②*Ts* 为采样周期，若系统的采样周期未定义，则设置 *Ts*＝－1 或者 *Ts*＝[ ]；③缺省情况下，生成连续时间系统的传递函数模型，且以拉氏变换算子 *s* 为自变量。

5.4.3 控制系统数学模型参数的获取

应用 MATLAB 建立了系统模型后，MATLAB 会以单个变量形式存储该模型的数据，包括模型参数（如状态空间模型的 A,B,C,D 矩阵）等属性，例如输入/输出变量名称、采样周期、输入/输出延迟等。有时需要从已经建立的线性定常系统模型（如传递函数模型、零极点增益模型、状态空间模型或频率响应数据模型）中获取模型参数等信息，此时除了使用函数 *set*()和函数 *get*()以外，还可以采用模型参数来达到目的。由线性定常系统的一种模型可以直接得到其他几种模型的参数，而不必进行模型之间的转换。

下面以函数 *zpkdata*()为例，说明模型参数获取函数的使用方法。该函数的调用格式为：

[*z*, *p*, *k*]=*zpkdata*(*sys*)　返回由 *sys* 所示线性定常系统零极点增益模型的零点向量 z，极点向量 p 和增益 k。

说明：① 为了方便多输入多输出模型或模型数组数据的获取，缺省情况下，函数 *tfdata*()和 *zpkdata*()以元胞数组形式返回参数（例如 *num*，*den*，*z*，*p* 等）；

② 对于单输入单输出模型而言，可在调用函数时应用第二个输入变量 'v'，指定调用该函数时返回的是向量（*Vector*）数据而不是元胞数组。

也可以采用一条 MATLAB 命令直接显示零点向量和极点向量，即

```
>>[z1,p1,k] = zpkdata(tf(num,den),'v')
```

运行后，得到系统的零点向量 *z*1、极点向量 *p*1 和增益 k 与前述相同。

习题

5-1　对下列信号求奈奎斯特间隔和频率：

(1) $Sa(100t)$；(2) $Sa^2(100t)$；(3) $Sa(100t)+Sa(50t)$；(4) $Sa(100t)+Sa^2(60t)$。

5-2　已知信号 $f(t)=\dfrac{\sin(4\pi t)}{\pi t}$，当对该信号取样时，求能恢复原信号的最大取样周期。设计 MATLAB 程序进行分析并给出结果。

5-3　设计一模拟信号：$x(t)=3\sin(2\pi ft)$。采样频率 f_s 为 5120Hz，取信号频率 $f=150$Hz（正常采样）和 $f=3000$Hz（欠采样）两种情况进行采样分析。设计 MATLAB 程序进行分析并给出结果。

5-4　已知 $H(s)=\dfrac{s+2}{s^3+2s^2+2s+1}$，分别利用(1)求系统响应的方法；(2)求系统特征根的方法，确定系统的稳定性。设计 MATLAB 程序进行分析并给出结果。

5-5　已知控制系统的传递函数为 $H(s)=\dfrac{10(s+1)}{s(s+2)(s+5)}$，用 MATLAB 建立其数学模型。

5-6　线性定常连续系统的传递函数为 $H(s)=\dfrac{s^2+3s+2}{s^3+5s^2+7s+3}$，应用 MATLAB 建立其零极点增益模型。

第6章 离散信号与系统的时域分析

CHAPTER 6

6.1 引言

前面几章所涉及的系统均属连续时间系统，这类系统用于传输和处理连续时间信号。此外，还有一类用于传输和处理离散时间信号的系统称为离散时间系统，简称离散系统。数字计算机是典型的离散系统的例子，数字控制系统和数字通信系统的核心组成部分也都是离散系统。鉴于离散系统在精度、可靠性、可集成化等方面，比连续系统具有更大的优越性，因此，近几十年来，离散系统的理论研究发展迅速，应用范围也日益扩大。在实际工作中，人们根据需要往往把连续系统与离散系统组合起来使用，这种系统称为混合系统。

6.2 离散时间信号

离散时间信号是指以时间为自变量，并且仅在指定的离散时刻有定义的信号。

6.2.1 离散时间信号的运算和分类

关于离散时间信号的基本运算和分类作如下的说明。

(1) 离散时间信号的基本运算。其基本运算包括相加、相乘、平移和翻转，这四种基本运算的操作与连续时间信号相同，只是要注意平移时必须是整数单位平移。

(2) 能量信号与功率信号。与连续信号一样，离散信号也分为能量信号和功率信号。

离散信号能量的计算公式为

$$E=\lim_{N\to\infty}\sum_{k=-N}^{N}|f(k)|^2 \tag{6-1}$$

若满足 $0<E<\infty$，则定义这种信号为能量信号。

离散信号的功率定义为

$$P=\lim_{N\to\infty}\frac{1}{2N+1}\sum_{k=-N}^{N}|f(k)|^2 \tag{6-2}$$

若满足 $0<P<\infty$，则定义这种信号为功率信号。

(3) 周期信号与非周期信号。一个离散时间信号 $f(k)$，如果存在正整数 N，对所有 k 均有

$$f(k) = f(k + mN) \quad m = 0, \pm 1, \pm 2, \cdots \tag{6-3}$$

则称 $f(k)$为离散时间周期信号，N 称为 $f(t)$的基波周期。

基波周期为 N 的周期离散时间正弦信号具有以下形式

$$f(k) = A\cos\left(\frac{2\pi m}{N}k + \theta\right) \tag{6-4}$$

其中，$\Omega = 2\pi m/N$ 为数字角频率，m 和 N 是互质的正整数。

(4) 偶信号与奇信号。若离散时间信号满足

$$f(-k) = f(k) \tag{6-5}$$

则称 $f(k)$为偶信号。

若离散时间信号满足

$$f(-k) = -f(k) \tag{6-6}$$

则称 $f(k)$为奇信号。

任何离散时间信号 $f(k)$都可以分解成一个偶信号 $f_e(k)$与一个奇信号 $f_o(k)$之和，即有

$$f(k) = f_e(k) + f_o(k) \tag{6-7}$$

其中

$$f_e(k) = \frac{1}{2}[f(k) + f(-k)] \tag{6-8}$$

$$f_o(k) = \frac{1}{2}[f(k) - f(-k)] \tag{6-9}$$

6.2.2 基本离散时间信号

1. 单位脉冲序列 $\boldsymbol{\delta}(k)$

单位脉冲序列 $\delta(k)$定义为

$$\delta(k) = \begin{cases} 1 & k = 0 \\ 0 & k \neq 0 \end{cases} \tag{6-10}$$

可见，$\delta(k)$仅在 $k=0$ 处取值为1，而在其余各点均为零，其波形如图 6-1(a)所示。$\delta(k)$对于离散时间系统分析的重要性与 $\delta(t)$对于连续时间系统分析的重要性一样，只是 $\delta(t)$是一种广义函数，$\delta(k)$具有确定值。

延时的单位冲激序列表示为

$$\delta(k-m) = \begin{cases} 1 & k = m \\ 0 & k \neq m \end{cases} \tag{6-11}$$

其波形如图 6-1(b)所示。

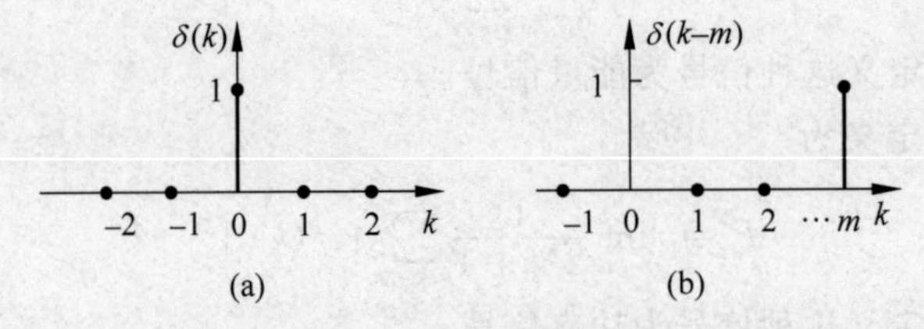

图 6-1 单位冲激序列

2. 单位阶跃序列 $\varepsilon(k)$

单位阶跃序列 $\varepsilon(k)$定义为

$$\varepsilon(k)=\begin{cases}1 & k\geqslant 0\\ 0 & k<0\end{cases} \tag{6-12}$$

其波形如图 6-2 所示。

比较 $\delta(k)$和 $\varepsilon(k)$的定义式,可以得到下面的关系

$$\delta(k)=\varepsilon(k)-\varepsilon(k-1) \tag{6-13}$$

$$\varepsilon(k)=\sum_{m=-\infty}^{k}\delta(m)=\sum_{m=0}^{\infty}\delta(k-m) \tag{6-14}$$

3. 单边实指数序列 $a^k\varepsilon(k)$

单边实指数序列定义为

$$a^k\varepsilon(k)=\begin{cases}a^k & k\geqslant 0\\ 0 & k<0\end{cases} \tag{6-15}$$

其波形如图 6-3 所示。

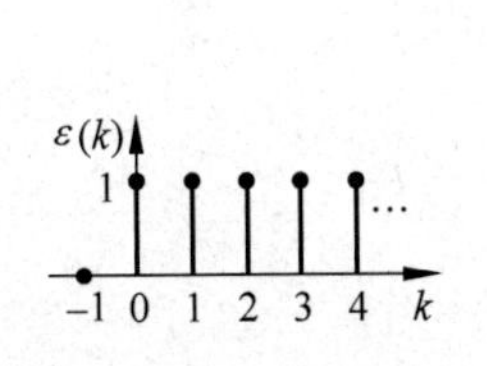

图 6-2　单位阶跃序列

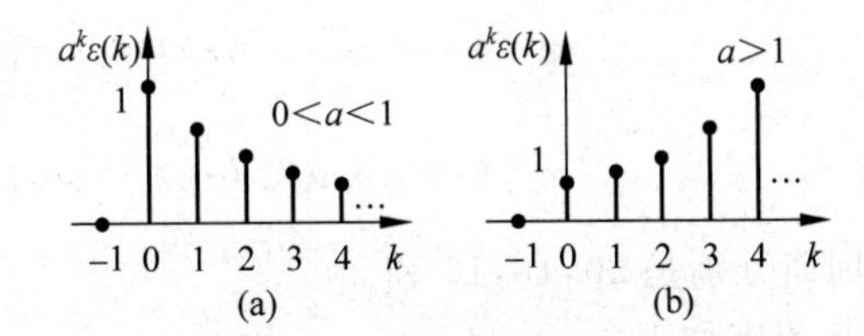

图 6-3　单边实指数序列

4. 正弦序列

正弦序列包括正弦和余弦序列,这里以正弦序列为例来讨论。正弦序列定义为

$$f(k)=A\sin(\Omega k+\varphi) \tag{6-16}$$

式中 Ω 称为正弦序列的角频率,其波形如图 6-4 所示。

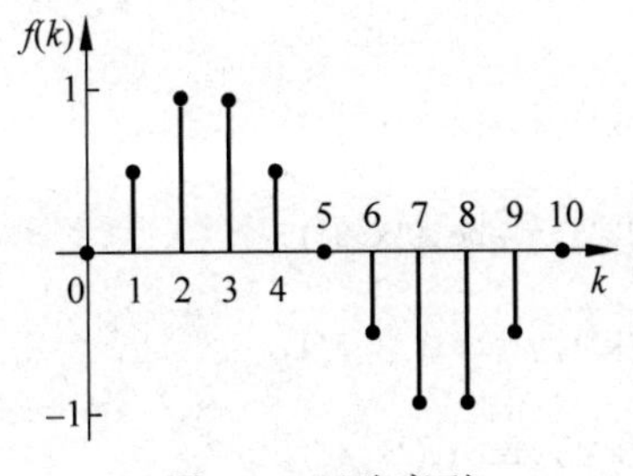

图 6-4　正弦序列

由周期序列的定义,考虑到正弦序列的周期性,若

$$f(k)=A\sin[\Omega(k+N)+\varphi]=A\sin(\Omega k+\varphi) \tag{6-17}$$

成立,正弦序列即为周期序列。此时,$\Omega N=2m\pi$(m 为任意整数),即 $N=\frac{2\pi}{\Omega}m$。易知,当$\frac{2\pi}{\Omega}$为整数或有理数时,均能使 N 为整数,因此,$f(k)$是周期的;而当$\frac{2\pi}{\Omega}$为无理数时,N 无法取得整数,此时,$f(k)$是非周期的。

5. 复指数序列

复指数序列表示为

$$f(k)=\mathrm{e}^{\mathrm{j}\Omega k}=\cos(\Omega k)+\mathrm{j}\sin(\Omega k) \tag{6-18}$$

同正弦序列一样，若复指数序列是一个周期序列，则$\frac{2\pi}{\Omega}$为整数或有理数，否则不是周期序列。

【例 6-1】 考虑下列四个正弦信号：

(1) $x_1(k)=\sin(0.1\pi k)$；(2) $x_2(k)=\sin(0.2\pi k)$；

(3) $x_3(k)=\sin(0.6\pi k)$；(4) $x_4(k)=\sin(0.7\pi k)$。

它们是否是周期信号？如果是，周期是多少？请用 MATLAB 画出 $k=0,\cdots,40$ 的信号图。

解：四个正弦信号可以写成下列表达式：

$$x_1(k)=\sin(0.1\pi k)=\sin\left(\frac{2\pi}{20}k\right)$$

$$x_2(k)=\sin(0.2\pi k)=\sin\left(\frac{2\pi}{10}k\right)$$

$$x_3(k)=\sin(0.6\pi k)=\sin\left(\frac{2\pi}{10}3k\right)$$

$$x_4(k)=\sin(0.7\pi k)=\sin\left(\frac{2\pi}{20}7k\right)$$

因此，它们的周期分别是 20,10,10 和 20。

MATLAB 程序如下：

```
clear all;
close all;
clc;
k = 0:40;
x1 = sin(0.1 * pi * k);
x2 = sin(0.2 * pi * k);
x3 = sin(0.6 * pi * k);
x4 = sin(0.7 * pi * k);
figure;
stem(k,x1,'b');grid;xlabel('k');ylabel('x_1');
figure;
stem(k,x2,'b');grid;xlabel('k');ylabel('x_2');
figure;
stem(k,x3,'b');grid;xlabel('k');ylabel('x_3');
figure;
stem(k,x4,'b');grid;xlabel('k');ylabel('x_4');
```

程序输出结果如图 6-5 所示。

【例 6-2】 考虑连续信号

$$y(t)=\begin{cases}0 & t<-3\\ 3t+9 & -3\leqslant t<-1\\ -3t+3 & -1\leqslant t<0\\ 3 & 0\leqslant t<3\\ 0 & t\geqslant 3\end{cases}$$

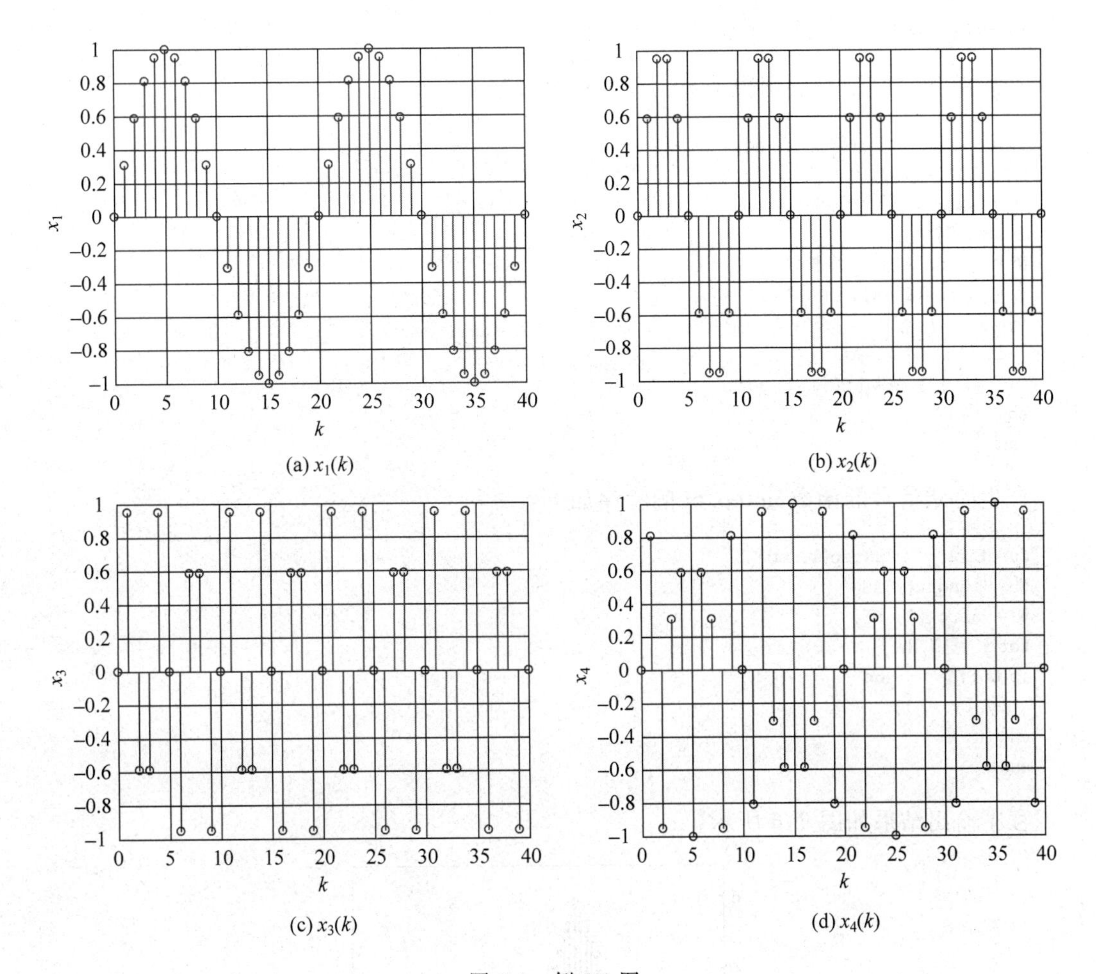

图 6-5　例 6-1 图

经过离散化后，离散信号为 $y(k)=y(t)|_{t=0.15k}$，试着用 MATLAB 编程产生单位斜变信号和阶跃信号，并用来实现 $y(k)$。

解：用 $R(t)$表示单位斜变信号，用 $\varepsilon(t)$表示阶跃信号，那么 $y(k)$可以表示为

$$y(k)=3R(t+3)-6R(t+1)+3R(t)-3\varepsilon(t-3)\Big|_{t=0.15k}$$

MATLAB 主程序如下：

```
clc;
clear all;
close all;
Ts = 0.15;
t =   - 5:Ts:5;
y1 = ramp(t, 3, 3); y2 = ramp(t, - 6, 1);
y3 = ramp(t, 3, 0);
y4 =   - 3 * ustep(t, - 3);
y = y1 + y2 + y3 + y4;
figure;
stem(t,y,'R');grid;xlabel('k');ylabel('y[k]');
y_max = max(y);y_min = min(y);
```

```
ylim([y_min-1 y_max+1]);
```

产生单位斜变信号的函数 ramp.m 的程序如下：

```
function y = ramp(t, m, ad)
 % t: 时间变量
 % m: 斜变函数的斜率
 % ad: 时移因子
N = length(t);
y = zeros(1, N);
for i = 1:N,
  if t(i)>= -ad,
    y(i) = m*(t(i) + ad);
end
end
```

产生阶跃信号的函数 ustep.m 的程序如下：

```
function y = ustep(t, ad)
N = length(t);
y = zeros(1, N);
for i = 1:N,
if t(i) >= -ad
   y(i) = 1;
end
end
```

程序输出结果如图 6-6 所示。

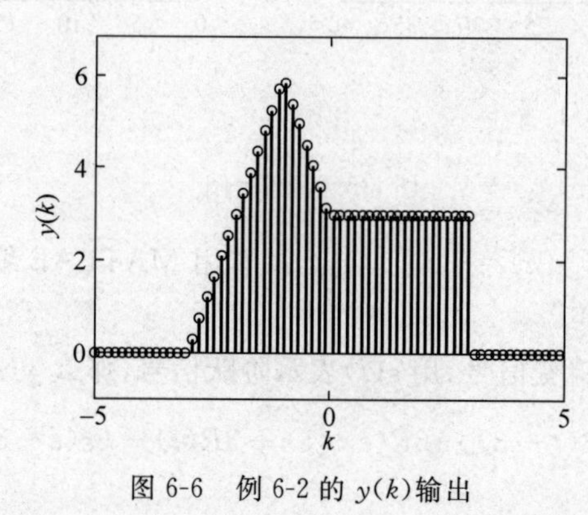

图 6-6　例 6-2 的 $y(k)$输出

6.3　卷积和

6.3.1　卷积和的定义

我们知道，两个连续信号 $f_1(t)$和 $f_2(t)$的卷积运算定义为

$$f_1(t) * f_2(t) = \int_{-\infty}^{\infty} f_1(\tau) f_2(t-\tau) \mathrm{d}\tau$$

类似地，我们定义

$$f(k) = f_1(k) * f_2(k) = \sum_{i=-\infty}^{\infty} f_1(i) f_2(k-i) \tag{6-19}$$

为序列 $f_1(k)$ 和 $f_2(k)$ 的卷积和运算，简称卷积和。

与连续卷积类似，序列的卷积和也满足：

(1) 交换律 $f_1(k)*f_2(k)=f_2(k)*f_1(k)$；

(2) 结合律 $f_1(k)*[f_2(k)*f_3(k)]=[f_1(k)*f_2(k)]*f_3(k)$；

(3) 分配律 $f_1(k)*[f_2(k)+f_3(k)]=f_1(k)*f_2(k)+f_1(k)*f_3(k)$。

(4) 任一序列 $f(k)$ 与单位脉冲序列 $\delta(k)$ 的卷积和等于序列 $f(k)$ 本身，即

$$f(k)*\delta(k)=\delta(k)*f(k)=f(k)$$

(5) 时移性质：若 $f_1(k)*f_2(k)=f(k)$，则

$$f_1(k)*f_2(k-k_1)=f_1(k-k_1)*f_2(k)=f(k-k_1)$$

$$f_1(k-k_1)*f_2(k-k_2)=f_1(k-k_2)*f_2(k-k_1)=f(k-k_1-k_2)$$

式中 k_1,k_2 均为整数。

6.3.2 卷积和的计算方法

1. 图解法

同连续卷积图解法类似，在离散时间系统中，卷积和也可以用图示的方法求解，同样分为翻转、平移、相乘和求和 4 个步骤。

设 $f(k)=f_1(k)*f_2(k)=\sum\limits_{i=-\infty}^{\infty}f_1(i)f_2(k-i)$

(1) 先将序列 $f_1(k)$、$f_2(k)$ 的自变量 k 用 i 替换，然后将序列 $f_2(i)$ 以纵轴为对称轴翻转，得到 $f_2(-i)$；

(2) 将 $f_2(-i)$ 沿 i 轴平移 k 个单位，得 $f_2(k-i)$；

(3) 求乘积 $f_1(i)f_2(k-i)$；

(4) 对乘积的结果作求和运算。

【例 6-3】 已知序列 $f_1(k)$、$f_2(k)$，计算 $f(k)=f_1(k)*f_2(k)$。其中

$$f_1(k)=\begin{cases}k+1 & k=0,1,2\\0 & 其他\end{cases}\qquad f_2(k)=\varepsilon(k)-\varepsilon(k-4)$$

解：将序列 $f_1(k)$、$f_2(k)$ 的自变量 k 用 i 替换，序列 $f_1(i)$、$f_2(i)$ 如图 6-7(a) 和图 6-7(b) 所示。

将序列 $f_2(i)$ 翻转后，得到 $f_2(-i)$，如图 6-7(c) 所示。

然后将 $f_2(-i)$ 沿 i 轴平移 k 个单位，得到 $f_2(k-i)$，再求乘积 $f_1(i)f_2(k-i)$，最后求和，即

$$f(k)=f_1(k)*f_2(k)=\sum_{i=0}^{k}f_1(i)f_2(k-i)$$

当 $k<0$ 时，$f(k)=f_1(k)*f_2(k)=0$。

再分别令 $k=0,1,2,\cdots$，依次可得如下结果。

当 $k=0$ 时，$f(k)=\sum\limits_{i=0}^{0}f_1(i)f_2(-i)=f_1(0)f_2(0)=1$。

当 $k=1$ 时，$f(k)=\sum\limits_{i=0}^{1}f_1(i)f_2(1-i)=f_1(0)f_2(1)+f_1(1)f_2(0)=3$。

当 $k=2$ 时，$f(k)=\sum_{i=0}^{2} f_1(i)f_2(2-i)=f_1(0)f_2(2)+f_1(1)f_2(1)+f_1(2)f_2(0)=6$。

同理，可计算出 $f(3)=6$，$f(4)=5$，$f(5)=3$，以及 $f(k)=0(k>5)$。

由此作出 $f(k)$的波形，如图 6-7(d)所示。

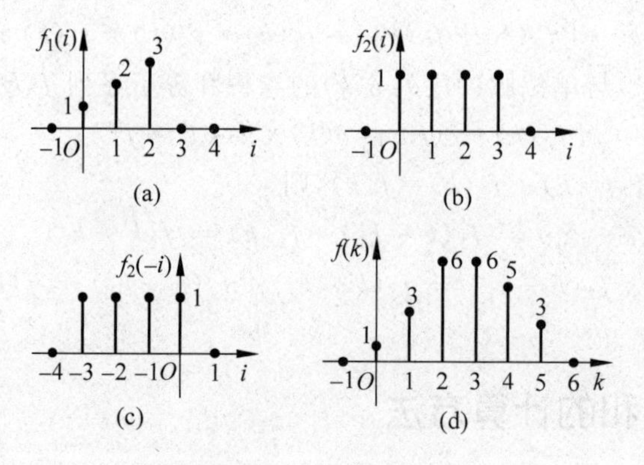

图 6-7 例 6-3 图

2. 解析法

图解法比较直观，但难以得到闭合形式的解，而解析法可以解决这个问题。解析法通常是利用数列求和公式，求得序列的卷积和。表 6-1 中列出了几种常用序列的卷积和。

表 6-1 常用序列的卷积和公式

序号	$f_1(k),k\geqslant 0$	$f_2(k),k\geqslant 0$	$f_1(k)*f_2(k),k\geqslant 0$
1	$f(k)$	$\delta(k)$	$f(k)$
2	$f(k)$	$\varepsilon(k)$	$\sum_{i=-\infty}^{k} f(i)$
3	$\varepsilon(k)$	$\varepsilon(k)$	$(k+1)\varepsilon(k)$
4	$k\varepsilon(k)$	$\varepsilon(k)$	$\frac{1}{2}(k+1)k\varepsilon(k)$
5	$a^k\varepsilon(k)$	$\varepsilon(k)$	$\frac{1-a^{k+1}}{1-a}\varepsilon(k)\quad a\neq 1$
6	$a_1^k\varepsilon(k)$	$a_2^k\varepsilon(k)$	$\frac{a_1^{k+1}-a_2^{k+1}}{a_1-a_2}\varepsilon(k)\quad a_1\neq a_2$
7	$a^k\varepsilon(k)$	$a^k\varepsilon(k)$	$(k+1)a^k\varepsilon(k)$
8	$k\varepsilon(k)$	$a^k\varepsilon(k)$	$\frac{k}{1-a}\varepsilon(k)+\frac{a(a^k-1)}{(1-a)^2}\varepsilon(k)$
9	$k\varepsilon(k)$	$k\varepsilon(k)$	$\frac{1}{6}(k+1)k(k-1)\varepsilon(k)$

6.4 离散系统的算子方程

在离散系统的分析中，我们引入 E 算子（超前算子）和 E^{-1} 算子（滞后算子），分别表示将序列提前和延迟一个单位时间的运算，即

$$Ef(k)=f(k+1),E^{n}f(k)=f(k+n) \tag{6-20}$$

$$E^{-1}f(k)=f(k-1),E^{-n}f(k)=f(k-n) \tag{6-21}$$

应用中,统称 E 算子和 E^{-1} 算子为差分算子。

利用差分算子,可将差分方程

$$y(k)+a_{n-1}y(k-1)+\cdots+a_0y(k-n)=b_mf(k)+b_{m-1}f(k-1)+\cdots+b_0f(k-m) \tag{6-22}$$

写成下述形式

$$(1+a_{n-1}E^{-1}+\cdots+a_0E^{-n})y(k)=(b_m+b_{m-1}E^{-1}+\cdots+b_0E^{-m})f(k)$$

进一步写成

$$y(k)=\frac{b_m+b_{m-1}E^{-1}+\cdots+b_0E^{-m}}{1+a_{n-1}E^{-1}+\cdots+a_0E^{-n}}f(k)=\frac{B(E)}{A(E)}f(k) \tag{6-23}$$

式中

$$B(E)=b_m+b_{m-1}E^{-1}+\cdots+b_0E^{-m}$$

$$A(E)=1+a_{n-1}E^{-1}+\cdots+a_0E^{-n}$$

若令

$$H(E)=\frac{B(E)}{A(E)} \tag{6-24}$$

则

$$y(k)=H(E)f(k) \tag{6-25}$$

此式称为离散系统的算子方程,其中 $H(E)$称为离散系统的传输算子。$H(E)$在离散系统分析中的作用与 $H(p)$在连续系统分析中的作用相同,它完整地描述了离散系统的输入输出关系,或者说集中反映了系统对序列的传输特性。

根据差分方程的定义,容易证明

$$E\left[\frac{1}{E}f(k)\right]=\frac{1}{E}[Ef(k)]=f(k)$$

$$E^{n}\left[\frac{1}{E^{m}}f(k)\right]=\frac{1}{E^{m}}[E^{n}f(k)]=f(k+n-m)$$

可见,对于同一序列而言,超前算子和滞后算子的作用可以相互抵消。同样,差分方程两边的公共因子也允许消去。这与微分和积分算子是有区别的。

6.5 离散系统的零输入响应

如前所述,一个 n 阶线性时不变离散系统的差分方程可以转换成算子方程,即

$$A(E)y(k)=B(E)f(k) \tag{6-26}$$

根据系统零输入响应的定义,如果初始观察时刻 $k_0=0$,那么,离散系统的零输入响应就是输入 $f(k)(k\geqslant0)$为零时,仅由系统的初始状态引起的响应,常记为 $y_{zi}(k)$。由此可见,在系统差分方程中,只需令输入信号 $f(k)$为零,就可以求解零输入响应 $y_{zi}(k)$的方程

$$A(E)y_{zi}(k)=0\quad k\geqslant0 \tag{6-27}$$

具体地说,离散系统的零输入响应就是上面齐次差分方程满足给定初始条件 $y_{zi}(0),y_{zi}(1),\cdots,y_{zi}(n-1)$时的解。自然,对 LTI 因果系统,$y_{zi}(k)$的初始条件也可以由 $y(-1),y(-2),\cdots,y(-n)$给出。

6.5.1 简单系统的零输入响应

先讨论两种简单系统的零输入响应的计算方法。

如果离散系统传输算子 $H(E)$ 仅含有单个一阶极点 r，这时式(6-27)可表示为

$$(E-r)y_{zi}(k)=0 \quad k\geqslant 0 \tag{6-28}$$

这是一个一阶齐次差分方程，将上式改写为

$$y_{zi}(k+1)-ry_{zi}(k)=0$$

于是有

$$\frac{y_{zi}(k+1)}{y_{zi}(k)}=r$$

此式表明，序列 $y_{zi}(k)$ 是一个以 r 为公比的几何级数，它具有以下形式

$$y_{zi}(k)=c_1r^k \quad k\geqslant 0 \tag{6-29}$$

式中，c_1 是常数，由系统初始条件确定。

因此，我们有如下结论

$$H(E)=\frac{B(E)}{E-r}\rightarrow y_{zi}(k)=c_1r^k \quad k\geqslant 0 \tag{6-30}$$

如果系统传输算子仅含有 g 个一阶极点 $r_1,r_2,\cdots,r_g$，则相应齐次差分方程可写成

$$(E-r_1)(E-r_2)\cdots(E-r_g)y_{zi}(k)=0 \quad k\geqslant 0 \tag{6-31}$$

显然，满足以下方程

$$(E-r_i)y_{zi}(k)=0,\quad i=1,2,\cdots,g$$

的解，必定也满足式(6-31)。仿照微分方程解的结构定理的证明，可导得式(6-31)的解为

$$y_{zi}(k)=c_1r_1^k+c_2r_2^k+\cdots+c_gr_g^k \quad k\geqslant 0$$

于是，有结论

$$H(E)=\frac{B(E)}{(E-r_1)(E-r_2)\cdots(E-r_g)}\rightarrow y_{zi}(k)=c_1r_1^k+c_2r_2^k+\cdots+c_gr_g^k \quad k\geqslant 0 \tag{6-32}$$

为了考察 $H(E)$ 含有二阶极点的情况，假定取一极小量 ε，将系统齐次差分方程改写为

$$(E-r)[E-(r+\varepsilon)]y_{zi}(k)=0 \quad k\geqslant 0 \tag{6-33}$$

且系统初始条件为

$$y_{zi}(0)=\alpha$$
$$y_{zi}(1)=\beta$$

根据式(6-32)，可将式(6-33)的解 $y_{zi}(k)$ 表示为

$$y_{zi}(k)=c_1r^k+c_2(r+\varepsilon)^k \quad k\geqslant 0 \tag{6-34}$$

带入初始条件，有

$$\alpha=c_1+c_2$$
$$\beta=c_1r+c_2(r+\varepsilon)$$

解得

$$c_1=\alpha+\frac{\alpha r-\beta}{\varepsilon}$$

$$c_2 = -\frac{\alpha r - \beta}{\varepsilon}$$

将 c_1, c_2 代入式(6-34)，并应用二项式定理得到

$$\begin{aligned} y_{zi}(k) &= \left(\alpha + \frac{\alpha r - \beta}{\varepsilon}\right) r^k - \left(\frac{\alpha r - \beta}{\varepsilon}\right)(r+\varepsilon)^k \\ &= r^k \left\{\alpha + \frac{\alpha r - \beta}{\varepsilon} - \left(\frac{\alpha r - \beta}{\varepsilon}\right)[1 + c_k^1(r^{-1}\varepsilon) + c_k^2(r^{-1}\varepsilon)^2 + c_k^3(r^{-1}\varepsilon)^3 + \cdots]\right\} \\ &= r^k \left\{\alpha - (\alpha - \beta r^{-1})k - \left(\frac{\alpha r - \beta}{\varepsilon}\right)[c_k^2(r^{-1}\varepsilon)^2 + c_k^3(r^{-1}\varepsilon)^3 + \cdots]\right\} \end{aligned}$$

现在，令 $\varepsilon \to 0$ 取极限，使得 $H(E)$ 的两个极点相重合，于是有

$$\lim_{\varepsilon \to 0} y_{zi}(k) = [\alpha - (\alpha - \beta r^{-1})k] r^k$$

或写成

$$y_{zi}(k) = (c_0 + c_1 k) r^k$$

式中

$$c_0 = \alpha$$
$$c_1 = -(\alpha - \beta r^{-1})$$

同样道理，如果传输算子 $H(E)$ 仅含有 r 的 d 阶极点，这时系统的齐次差分方程为

$$(E - r)^d y_{zi}(k) = 0$$

相应的零输入响应可表示为

$$y_{zi}(k) = (c_0 + c_1 k + c_2 k^2 + \cdots + c_{d-1} k^{d-1}) r^k$$

式中，常数 $c_0, c_1, \cdots, c_{d-1}$ 由系统零输入响应的初始条件确定。因此

$$H(E) = \frac{B(E)}{(E - r)^d} \to y_{zi}(k) = \left(\sum_{i=0}^{d-1} c_i k^i\right) r^k \quad k \geqslant 0 \tag{6-35}$$

6.5.2 一般系统的零输入响应

现在讨论一般情况下离散系统的零输入响应。

设 n 阶离散系统的齐次差分方程为

$$A(E) y_{zi}(k) = 0 \tag{6-36}$$

其传输算子 $H(E)$ 含有 q 个相异极点 $r_1, r_2, \cdots, r_q$，对应的阶数分别是 $d_1, d_2, \cdots, d_q$。这里，$(d_1 + d_2 + \cdots + d_q) = n$。显然，当 $d_i(i = 1, 2, \cdots, q)$ 为 1 时，表示相应的极点 r_i 是一阶极点。此时式(6-36)可表示为

$$(E - r_1)^{d_1}(E - r_2)^{d_2} \cdots (E - r_q)^{d_q} y_{zi}(k) = 0 \tag{6-37}$$

根据式(6-32)和式(6-35)，可得到满足上面差分方程的解 $y_{zi}(k)$，即 n 阶 LTI 离散系统的零输入响应为

$$y_{zi}(k) = \sum_{j=1}^{q} y_{zij}(k) \quad k \geqslant 0 \tag{6-38}$$

式中

$$y_{zij}(k) = \sum_{i=0}^{d_j - 1} c_{ji} k^i r_j^k \quad j = 1, 2, \cdots, q$$

式中，各待定系数由系统零输入响应 $y_{zi}(k)$ 的初始条件确定。

【例 6-4】 已知离散系统传输算子

$$H(E)=\frac{E-2}{(E-0.2)(E-0.3)(E-0.5)^2}$$

及初始条件 $y_{zi}(0)=12, y_{zi}(1)=4.9, y_{zi}(2)=2.47, y_{zi}(3)=1.371$。求该系统的零输入响应。

解：因为传输算子 $H(E)$ 极点为 $r_1=0.2, r_2=0.3, r_3=0.5$（二重极点）。所以可以得到

$$y_{zi1}(k)=c_{10}r_1^k=c_{10}(0.2)^k$$
$$y_{zi2}(k)=c_{20}r_2^k=c_{20}(0.3)^k$$
$$y_{zi3}(k)=(c_{30}+c_{31}k)r_3^k=(c_{30}+c_{31}k)(0.5)^k$$

从而，系统的零输入响应为

$$y_{zi}(k)=c_{10}(0.2)^k+c_{20}(0.3)^k+(c_{30}+c_{31}k)(0.5)^k$$

上式中令 $k=0,1,2,3$，代入初始条件后得到

$$y_{zi}(0)=c_{10}+c_{20}+c_{30}=12$$
$$y_{zi}(1)=0.2c_{10}+0.3c_{20}+0.5c_{30}+0.5c_{31}=4.9$$
$$y_{zi}(2)=0.04c_{10}+0.09c_{20}+0.25c_{30}+0.5c_{31}=2.47$$
$$y_{zi}(3)=0.008c_{10}+0.027c_{20}+0.125c_{30}+0.375c_{31}=1.371$$

联立上述方程，求解得 $c_{10}=5, c_{20}=3, c_{30}=4, c_{31}=2$。于是，系统的零输入响应为

$$y_{zi}(k)=5(0.2)^k+3(0.3)^k+(4+2k)(0.5)^k \quad k\geqslant 0$$

与连续系统中的 $H(p)$ 一样，$H(E)$ 中若有复极点，则必定共轭成对。若设 $H(E)$ 的共轭复极点为 $r_1=\rho e^{j\Omega}, r_2=r_1^*=\rho e^{-j\Omega}$，则可得系统的零输入响应为

$$\begin{aligned}y_{zi}(k)&=c_{10}(\rho e^{j\Omega})^k+c_{20}(\rho e^{-j\Omega})^k=\rho^k(c_{10}e^{j\Omega k}+c_{20}e^{-j\Omega k})\\&=\rho^k(c_1\cos\Omega k+c_2\sin\Omega k)\end{aligned}\tag{6-39}$$

式中

$$c_1=c_{10}+c_{20},\quad c_2=j(c_{10}-c_{20})$$

具体值由零输入响应的初始条件决定。可见，当 $H(E)$ 存在复极点时，随 ρ 的取值不同，系统零输入响应的实部和虚部可能是等幅、增幅或减幅的正弦序列。

【例 6-5】 设描述离散系统的差分方程为

$$y(k)+0.25y(k-2)=f(k-1)-2f(k-2)$$

系统的初始条件为 $y_{zi}(0)=2, y_{zi}(1)=3$。试求 $k\geqslant 0$ 时系统的零输入响应。

解：写出系统传输算子

$$H(E)=\frac{E^{-1}-2E^{-2}}{1+0.25E^{-2}}=\frac{E-2}{E^2+0.25}$$

其极点是一对共轭复极点：$r_1=j0.5=0.5e^{j\frac{\pi}{2}}, r_2=-j0.5=0.5e^{-j\frac{\pi}{2}}$。

则有

$$y_{zi}(k)=(0.5)^k\left[c_1\cos\left(\frac{k\pi}{2}\right)+c_2\sin\left(\frac{k\pi}{2}\right)\right]$$

利用初始条件

$$y_{zi}(0)=c_1=2$$

$$y_{zi}(1)=0.5\left[c_1\cos\frac{\pi}{2}+c_2\sin\frac{\pi}{2}\right]=0.5c_2=3$$

求得 $c_1=2, c_2=6$。

于是系统的零输入响应

$$y_{zi}(k)=0.5^k\left[2\cos\left(\frac{k\pi}{2}\right)+6\sin\left(\frac{k\pi}{2}\right)\right]\quad k\geqslant 0$$

6.6　离散系统的零状态响应

设系统的初始观察时间 $k_0=0$，所谓离散系统的零状态响应，是指该系统的初始状态或者历史输入为零时，仅由 $k\geqslant 0$ 时加入的输入引起的响应，通常记为 $y_{zs}(k)$。本节将按照连续系统的零状态响应的思路，推导出任意输入序列作用于LTI离散系统时零状态响应的计算方法。

6.6.1　离散信号的时域分解

根据单位脉冲序列定义和序列位移的概念，有

$$\delta(k-m)=\begin{cases}1 & k=m\\0 & k\neq m\end{cases}\tag{6-40}$$

于是可得

$$f(k)\delta(k-m)=\begin{cases}f(m) & k=m\\0 & k\neq m\end{cases}\tag{6-41}$$

因此，对于任意序列 $f(k)$，可写成

$$f(k)=\cdots+f(-2)\delta(k+2)+f(-1)\delta(k+1)+f(0)\delta(k)+f(1)\delta(k-1)+f(2)\delta(k-2)+\cdots$$

即

$$f(k)=\sum_{m=-\infty}^{\infty}f(m)\delta(k-m)=f(k)*\delta(k)\tag{6-42}$$

这就是常用的离散时间信号的时域分解公式。该公式表明，任意一个离散时间信号 $f(k)$，均可以分解表示为众多移位脉冲序列 $\delta(k-m)$ 的线性组合。

6.6.2　基本信号 $\delta(k)$ 激励下的零状态响应

设系统初始观察时刻 $k_0=0$，则离散系统对于单位脉冲序列 $\delta(k)$ 的零状态响应称为系统的单位脉冲响应，或简称为单位响应，记做 $h(k)$。

LTI离散系统的单位响应可由系统的传输算子 $H(E)$ 求出。下面分别讨论。

1. $H(E)$ 只有一阶极点。若系统传输算子

$$H(E)=\frac{E}{E-r}$$

具有一阶极点 $E=r$，并注意分子中含有算子 E，写出相应的差分算子方程为

$$(E-r)h(k)=E\delta(k)\tag{6-43}$$

即

$$h(k+1)-rh(k)=\delta(k+1)$$

移项后有

$$h(k+1) = rh(k) + \delta(k+1) \tag{6-44}$$

根据系统的因果性，当 $k<0$ 时，有 $h(k)=0$。以此为初始条件，对式(6-44)进行递推运算得出

$$h(0) = rh(-1) + \delta(0) = 1$$
$$h(1) = rh(0) + \delta(1) = r$$
$$h(2) = rh(1) + \delta(2) = r^2$$
$$\vdots$$
$$h(k) = rh(k-1) + \delta(k) = r^k$$

因此有

$$H(E) = \frac{E}{E-r} \rightarrow h(k) = r^k \varepsilon(k) \tag{6-45}$$

2. *H*(*E*)具有高阶极点。设系统传输算子

$$H(E) = \frac{E}{(E-r)^2}$$

在 $E=r$ 处有二阶极点，分子中含有算子 E。写出系统的差分方程

$$(E-r)^2 y(k) = Ef(k)$$

同样，令 $f(k)=\delta(k)$，得到单位响应 $h(k)$ 的求解方程为

$$(E-r)^2 h(k) = E\delta(k)$$

将该方程改写为

$$(E-r)[(E-r)h(k)] = E\delta(k)$$

根据式(6-43)的求解结果式(6-45)，可将上式方括号中的 $(E-r)h(k)$ 表示为

$$(E-r)h(k) = r^k \varepsilon(k)$$

或者写成

$$h(k+1) = rh(k) + r^k \varepsilon(k)$$

采用上述类似的递推求解方法，可求得系统的单位响应为

$$h(k) = kr^{k-1}\varepsilon(k)$$

于是有

$$H(E) = \frac{E}{(E-r)^2} \rightarrow h(k) = kr^{k-1}\varepsilon(k) \tag{6-46}$$

同理，可得

$$H(E) = \frac{E}{(E-r)^3} \rightarrow h(k) = \frac{k(k-1)}{2!} r^{k-2}\varepsilon(k) \tag{6-47}$$

推广到 d 阶极点，有

$$H(E) = \frac{E}{(E-r)^d} \rightarrow h(k) = \frac{k(k-1)\cdots(k-d+2)}{(d-1)!} r^{k-d+1}\varepsilon(k) \tag{6-48}$$

【例 6-6】 设描述离散系统的差分方程为

$$y(k+3) - 1.2y(k+2) + 0.45y(k+1) - 0.05y(k)$$
$$= 11f(k+3) - 3f(k+2) + 0.25f(k+1)$$

求系统的单位响应。

解：由已知差分方程得系统传输算子为

$$H(E)=\frac{11E^3-3E^2+0.25E}{E^3-1.2E^2+0.45E-0.05}$$

将 $H(E)/E$ 进行部分分式展开，得

$$\frac{H(E)}{E}=\frac{11E^2-3E+0.25}{E^3-1.2E^2+0.45E-0.05}=\frac{11E^2-3E+0.25}{(E-0.2)(E-0.5)^2}$$

$$=\frac{1}{E-0.2}+\frac{10}{E-0.5}+\frac{5}{(E-0.5)^2}$$

即

$$H(E)=\frac{E}{E-0.2}+\frac{10E}{E-0.5}+\frac{5E}{(E-0.5)^2}$$

由

$$\frac{E}{E-0.2}\rightarrow 0.2^k\varepsilon(k)$$

$$\frac{10E}{E-0.5}\rightarrow 10\,(0.5)^k\varepsilon(k)$$

$$\frac{5E}{(E-0.5)^2}\rightarrow 5\,k(0.5)^{k-1}\varepsilon(k)$$

因此，系统的单位响应为

$$h(k)=[0.2^k+10(0.5)^k+5k(0.5)^{k-1}]\varepsilon(k)$$

6.6.3　一般信号 $f(k)$ 激励下的零状态响应

设离散系统的输入为 $f(k)$，对应的零状态响应为 $y_{zs}(k)$。由离散信号的时域分解公式(6-42)知道，可将任一输入序列 $f(k)$ 分解表示成众多移位脉冲序列的线性组合，即

$$f(k)=f(k)*\delta(k)=\sum_{m=-\infty}^{\infty}f(m)\delta(k-m) \tag{6-49}$$

根据 LTI 离散系统的特性，应用单位响应 $h(k)$ 可以分别求出每个移位脉冲序列 $f(m)\delta(k-m)$ 作用于系统的零状态响应。然后，把它们叠加起来就可以得到系统对输入 $f(k)$ 的零状态响应 $y_{zs}(k)$。因此，我们也可以采用连续系统中类似的方法，在求得单位响应的基础上，依据信号的分解特性和系统的线性、时不变特性推导出离散系统零状态响应的计算公式。对于 LTI 离散系统，有如下输入与零状态响应关系

$$\delta(k)\rightarrow h(k)$$

$$\delta(k-m)\rightarrow h(k-m)$$

$$f(m)\delta(k-m)\rightarrow f(m)h(k-m)$$

$$\sum_{m=-\infty}^{\infty}f(m)\delta(k-m)\rightarrow\sum_{m=-\infty}^{\infty}f(m)h(k-m)$$

$$f(k)\rightarrow f(m)*h(k)$$

即得到系统在一般信号 $f(k)$ 激励下的零状态响应为

$$y_{zs}(k)=\sum_{m=-\infty}^{\infty}f(m)h(k-m)=f(k)*h(k) \tag{6-50}$$

这一结果表明：LTI 离散系统的零状态响应等于输入序列 $f(k)$ 和单位响应 $h(k)$ 的卷积和。

综合考虑式(6-38)和式(6-50)，可将离散系统的全响应表示为

$$y(k) = y_{zi}(k) + y_{zs}(k) = \sum_{i=0}^{d_j-1} c_{ji} k^i r_j^k + f(k) * h(k) \tag{6-51}$$

式中，各符号的意义与前面有关说明相同。

【例 6-7】 已知离散系统的输入序列 $f(k)$和单位响应 $h(k)$如下：

$$f(k) = \varepsilon(k) - \varepsilon(k-5)$$

$$h(k) = \left(\frac{1}{2}\right)^k \varepsilon(k)$$

求系统的零状态响应 $y_{zs}(k)$。

解：由已知得

$$y_{zs}(k) = f(k) * h(k) = [\varepsilon(k) - \varepsilon(k-5)] * h(k)$$

由卷积的分配律，将上式写成

$$y_{zs}(k) = \varepsilon(k) * h(k) - \varepsilon(k-5) * h(k)$$

查卷积和表 6-1，得

$$y_{zs1}(k) = \varepsilon(k) * h(k) = \varepsilon(k) * \left(\frac{1}{2}\right)^k \varepsilon(k) = \left[2 - \left(\frac{1}{2}\right)^k\right]\varepsilon(k)$$

由系统的时不变特性，得

$$y_{zs2}(k) = \varepsilon(k-5) * h(k) = y_{zs1}(k-5) = \left[2 - \left(\frac{1}{2}\right)^{k-5}\right]\varepsilon(k-5)$$

于是，系统的零状态响应为

$$y_{zs}(k) = y_{zs1}(k) - y_{zs2}(k) = \left[2 - \left(\frac{1}{2}\right)^k\right]\varepsilon(k) - \left[2 - \left(\frac{1}{2}\right)^{k-5}\right]\varepsilon(k-5)$$

【例 6-8】 描述某离散系统的差分方程为

$$y(k) - 0.7y(k-1) + 0.12y(k-2) = 2f(k) - f(k-1)$$

若输入 $f(k) = (0.2)^k \varepsilon(k)$，零输入响应的初始条件 $y_{zi}(0) = 8$，$y_{zi}(1) = 3$。试求系统的零输入响应、零状态响应和全响应。

解：写出系统的算子方程

$$(1 - 0.7E^{-1} + 0.12E^{-2})y(k) = (2 - E^{-1})f(k)$$

其传输算子为

$$H(E) = \frac{2 - E^{-1}}{1 - 0.7E^{-1} + 0.12E^{-2}} = \frac{E(2E-1)}{E^2 - 0.7E + 0.12} = \frac{E(2E-1)}{(E-0.3)(E-0.4)}$$

系统的零输入响应公式为

$$y_{zi}(k) = [c_1(0.3)^k + c_2(0.4)^k]\varepsilon(k)$$

将初始值代入上式，有

$$y_{zi}(0) = c_1 + c_2 = 8$$

$$y_{zi}(1) = 0.3c_1 + 0.4c_2 = 3$$

联立求解得 $c_1 = 2$，$c_2 = 6$。故有零输入响应为

$$y_{zi}(k) = [2(0.3)^k + 6(0.4)^k]\varepsilon(k)$$

将 $H(E)/E$ 展开成部分分式，有

$$\frac{H(E)}{E} = \frac{E(2E-1)}{(E-0.3)(E-0.4)} = \frac{4}{E-0.3} - \frac{2}{E-0.4}$$

即

$$H(E)=\frac{4E}{E-0.3}-\frac{2E}{E-0.4}$$

系统的单位响应公式为

$$h(k)=[4(0.3)^k-2(0.4)^k]\varepsilon(k)$$

零状态响应公式为

$$\begin{aligned}y_{zs}(k)&=f(k)*h(k)=(0.2)^k\varepsilon(k)*[4(0.3)^k-2(0.4)^k]\varepsilon(k)\\&=[12(0.3)^k-4(0.4)^k-6(0.2)^k]\varepsilon(k)\end{aligned}$$

系统的全响应公式为

$$y(k)=y_{zi}(k)+y_{zs}(k)=2[7(0.3)^k+(0.4)^k-3(0.2)^k]\varepsilon(k)$$

【例 6-9】 已知 $y(k)=\frac{1}{3}[f(k)+f(k-1)+f(k-2)]$，求：

(1) 若 $f(k)=\varepsilon(k)$，用卷积和求解 $y(k)$；

(2) 若 $f(k)=A\cos\left(\frac{2\pi k}{N}\right)\varepsilon(k)$，试着确定 A 和 N，使得稳态响应为零，并用 MATLAB 验证。

解：由定义知，当 $f(k)=\delta(k)$ 时，有 $y(k)=h(k)=\frac{1}{3}[\delta(k)+\delta(k-1)+\delta(k-2)]$。

(1) 若 $f(k)=\varepsilon(k)$，有 $y(k)=h(k)*f(k)=\frac{1}{3}[\delta(k)+\delta(k-1)+\delta(k-2)]*\varepsilon(k)$

$$=\frac{1}{3}[\varepsilon(k)+\varepsilon(k-1)+\varepsilon(k-2)]$$

(2) 若 $f(k)=A\cos\left(\frac{2\pi k}{N}\right)\varepsilon(k)$，有

$$y(k)=h(k)*f(k)=\frac{A}{3}\left[\cos\left(\frac{2\pi k}{N}\right)\varepsilon(k)+\cos\left(\frac{2\pi(k-1)}{N}\right)\varepsilon(k-1)+\cos\left(\frac{2\pi(k-2)}{N}\right)\varepsilon(k-2)\right]$$

显然当 $N=3$ 且 A 为任意实数时，使得 $y(k)$ 稳态响应为零。

MATLAB 程序如下：

```
clear all;close all; clc;
x1 = [0 0 ones(1, 20)];
k = -2:19; k1 = 0:19;
x2 = [0 0 cos(2 * pi * k1/3)];
h = (1/3) * ones(1, 3);
y = conv(x1, h); y1 = y(1:length(k));
y = conv(x2, h); y2 = y(1:length(k));
figure;
stem(k,x1,'r');grid;xlabel('k');ylabel('x1[k]');
x1_max = max(x1);x1_min = min(x1);
ylim([x1_min - 0.1 x1_max + 0.1]);
figure;
stem(k,y1,'r');grid;xlabel('k');ylabel('y1[k]');
y1_max = max(y1);y1_min = min(y1);
ylim([y1_min - 0.1 y1_max + 0.1]);
figure;
stem(k,x2,'r');grid;xlabel('k');ylabel('x2[k]');
x2_max = max(x2);x2_min = min(x2);
```

```
ylim([x2_min-0.1 x2_max+0.1]);
figure;
stem(k,y2,'r');grid;xlabel('k');ylabel('y2[k]');
y2_max=max(y2);y2_min=min(y2);
ylim([y2_min-0.1 y2_max+0.1]);
```

程序输出结果如图 6-8 所示。

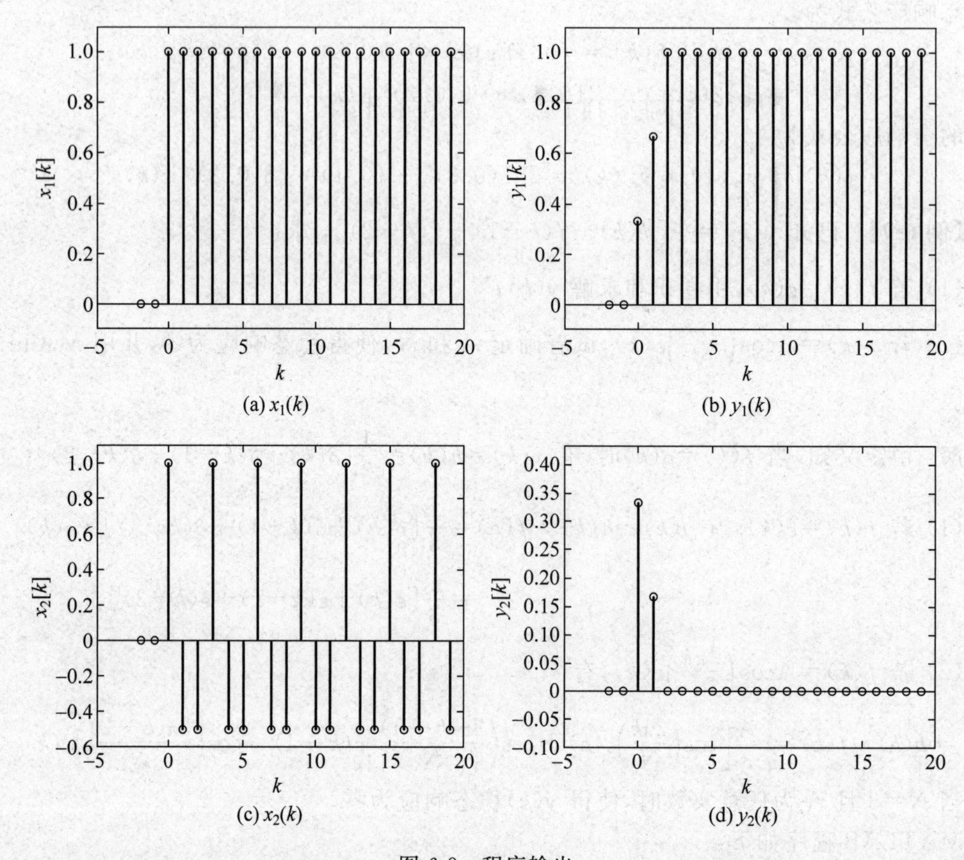

图 6-8 程序输出

习题

6-1 写出如图 6-9 所示各序列的表达式。

6-2 判断下列各序列是否为周期序列。如果是周期序列,试确定其周期性。

(1) $f(k)=\mathrm{e}^{\mathrm{j}\left(\frac{k}{3}-\pi\right)}$;

(2) $f(k)=\sin\left(\frac{8\pi k}{7}-1\right)$;

(3) $f(k)=\cos\left(\frac{k}{4}\right)\sin\left(\frac{\pi k}{4}\right)$;

(4) $f(k)=\cos\left(\frac{\pi k}{3}+\frac{\pi}{4}\right)+2\sin\left(\frac{\pi k}{4}\right)$。

6-3 计算下列卷积和 $f(k)=f_1(k)*f_2(k)$。

(1) $f_1(k)=\alpha^k\varepsilon(k), f_2(k)=\beta^k\varepsilon(k), 0<\alpha<1, 0<\beta<1, \alpha\neq\beta$;

(2) $f_1(k)=(0.5)^k\varepsilon(k), f_2(k)=\varepsilon(k)$;

(3) $f_1(k)=(0.5)^k\varepsilon(k), f_2(k)=\varepsilon(-k+1)$;

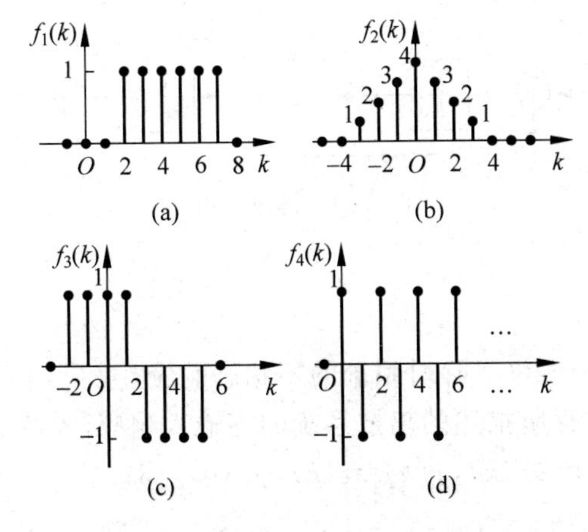

图 6-9　题 6-1 图

(4) $f_1(k)=\varepsilon(k)$，$f_2(k)=2^k\varepsilon(-k)$。

6-4　各序列的图形如图 6-10 所示，求下列卷积和。

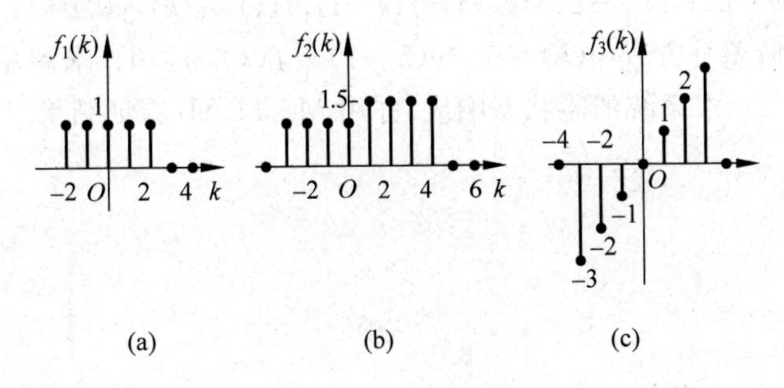

图 6-10　题 6-4 图

(1) $f_1(k)*f_2(k)$；　　(2) $f_1(k)*f_3(k)$；

(3) $[f_1(k)-f_2(k)]*f_3(k)$；　　(4) $f_1(k-2)*f_3(k+5)$。

6-5　下列系统方程中，$f(k)$和 $y(k)$分别表示系统的输入和输出，试写出各离散系统的传输算子 $H(E)$。

(1) $y(k+2)=ay(k+1)+by(k)+cf(k+1)+df(k)$；

(2) $y(k)=2y(k-2)+f(k)+f(k-1)$；

(3) $y(k+1)-5y(k)+6y(k-1)=f(k)+3f(k-1)$；

(4) $y(k)+4y(k-1)+5y(k-3)=f(k-1)+2f(k-2)$。

6-6　试画出题 6-5 中各系统的模拟框图和信号流图。

6-7　求下列离散系统的零输入响应。

(1) $H(E)=\dfrac{E-1}{E^2+2E+2}$，$y_{zi}(0)=0$，$y_{zi}(1)=2$；

(2) $H(E)=\dfrac{E+2}{E^2+6E+9}$，$y_{zi}(0)=1$，$y_{zi}(1)=3$。

6-8　离散系统的模拟框图如图 6-11 所示，求该系统的单位响应和阶跃响应。

6-9　已知 LTI 离散系统的输入输出差分方程为

$$y(k)+7y(k-1)+12y(k-2)=11f(k-1)+22f(k-2)$$

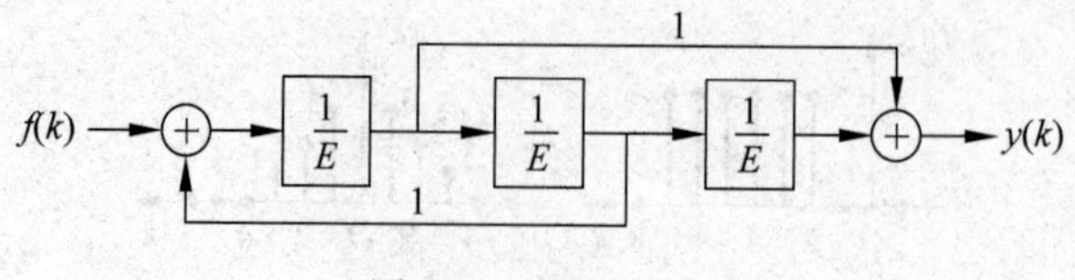

图 6-11　题 6-8 图

试求：

(1) 系统的单位响应；

(2) 输入 $f(k)=\varepsilon(k)-\varepsilon(k-4)$时系统的零状态响应。

6-10　求下列差分方程所描述的离散系统的零输入响应、零状态响应和全响应。

(1) $y(k+1)+2y(k)=2f(k)$，$f(k)=\varepsilon(k)$，$y_{zi}(0)=3$；

(2) $y(k)+3y(k-1)+2y(k-2)=f(k)$，$f(k)=\varepsilon(k)$，$y(-1)=\frac{3}{2}=1.5$；$y(-2)=\frac{3}{4}=0.75$；

(3) $y(k)+5y(k-1)+6y(k-2)=f(k)-f(k-1)$，$f(k)=\varepsilon(k)$，$y(0)=1$；$y(2)=-16$。

6-11　已知一阶差分方程 $y(k)=0.5y(k-1)+f(k)$，$n\geqslant 0$。求解单位响应 $h(k)$；若 $f(k)=\varepsilon(k)-\varepsilon(k-3)$，求系统的零状态响应，并用 MATLAB 验证结果。

第7章 Z 变换

CHAPTER 7

7.1 引言

Z 变换是对离散序列进行的一种数学变换，其原始思想是英国数学家狄莫弗(De Moivre)于1730年首先提出的，之后，19世纪的拉普拉斯(P. S. Laplace)和20世纪的沙尔(H. L. Shal)等数学家不断对其进行了完善性研究。然而，Z 变换在工程上的应用直到20世纪50年代到60年代之间随着采样数据控制系统、数字通信以及数字计算机的研究与实践迅速开展才得以实现，并成为分析这些离散系统的重要数学工具。

类似于连续系统分析中拉氏变换可以将线性时不变系统的时域数学模型——微分方程转化为 s 域的代数方程，Z 变换则把线性时不变离散系统的时域数学模型——差分方程转换为 Z 域的代数方程，使离散系统的分析同样得以简化，还可以利用系统函数来分析系统的时域特性、频率响应以及稳定性等，因而在数字信号处理、计算机控制系统等领域中有着非常广泛的应用。

本章主要讨论 Z 变换的定义、收敛域、性质等基础知识，并在此基础上研究离散时间系统的 Z 域分析、离散时间系统的频域分析等方面的内容。

7.2 Z 变换的定义和收敛域

7.2.1 Z 变换的定义

将连续时间信号 $f(t)$ 乘以周期冲激函数序列 $\delta_T(t)$，即进行理想抽样得到抽样信号

$$f_s(t) = f(t) \cdot \delta_T(t) = f(t) \cdot \sum_{k=-\infty}^{\infty} \delta(t-kT) = \sum_{k=-\infty}^{+\infty} f(kT)\delta(t-kT) \tag{7-1}$$

式中，T 为抽样间隔。对上式两边取双边拉普拉斯变换，得

$$F_s(s) = \mathcal{L}[f_s(t)] = \sum_{k=-\infty}^{+\infty} f(kT)\mathrm{e}^{-skT} \tag{7-2}$$

令 $\mathrm{e}^{sT}=z$，将式(7-2)记为 $F(z)$，并将其中 $f(kT)$ 简记成 $f(k)$，则得

$$F(z) = \sum_{k=-\infty}^{+\infty} f(k)z^{-k} \tag{7-3}$$

称该式为序列 $f(k)$ 的双边 Z 变换，常记为 $\mathcal{Z}[f(k)]$。式中，变量 $-\infty<k<+\infty$，求和运算涉及 $f(k)$ 在整个 K 域上的序列值。如果求和运算仅涉及 $f(k)$ 中 $k\geqslant0$ 区间上的序列值，即

$$F(z)=\sum_{k=0}^{+\infty}f(k)z^{-k} \tag{7-4}$$

则式(7-4)称为序列 $f(k)$ 的单边 Z 变换。容易验证，对于因果序列 $f(k)\varepsilon(k)$，由于

$$F(z)=\sum_{k=-\infty}^{\infty}f(k)\varepsilon(k)z^{-k}=\sum_{k=0}^{\infty}f(k)z^{-k} \tag{7-5}$$

故其双边、单边 Z 变换的结果是相同的。

工程实际应用中一般使用单边 Z 变换。一般把 $F(z)$ 叫作序列 $f(k)$ 的象函数，$f(k)$ 叫作 $F(z)$ 的原函数。

7.2.2 Z 变换的收敛域

由 Z 变换的定义式可以看到，$F(z)$ 是一个幂级数，只有当级数收敛时 Z 变换才有意义。根据级数理论，使 $F(z)$ 满足绝对可和条件，即

$$\sum_{k=-\infty}^{+\infty}|f(k)z^{-k}|<\infty \tag{7-6}$$

使式(7-6)成立的所有 z 的取值范围，称为 z 变换 $F(z)$ 的收敛域。

【例 7-1】 已知有限长序列 $f(k)=\varepsilon(k+1)-\varepsilon(k-2)$。求 $f(k)$ 的双边 Z 变换及其收敛域。

解：
$$F(z)=\sum_{k=-\infty}^{\infty}f(k)z^{-k}=\sum_{k=-\infty}^{\infty}[\varepsilon(k+1)-\varepsilon(k-2)]z^{-k}$$
$$=\sum_{k=-1}^{1}z^{-k}=z+1+z^{-1}$$
$$\sum_{k=-\infty}^{\infty}|f(k)z^{-k}|=\sum_{k=-1}^{1}|z^{-k}|=|z|+1+\frac{1}{|z|}$$

所以当 $0<|z|<\infty$ 时上式级数收敛。因此可得

$$F(z)=z+1+z^{-1}=\frac{z^2+z+1}{z}\quad 0<|z|<\infty$$

【例 7-2】 已知无限长因果序列 $f(k)=a^k\varepsilon(k)$。求 $f(k)$ 的双边 Z 变换和收敛域。

解：
$$F(z)=\sum_{k=-\infty}^{\infty}a^k\varepsilon(k)z^{-k}=\sum_{k=0}^{\infty}\left(\frac{a}{z}\right)^k$$
$$\sum_{k=-\infty}^{\infty}|f(k)z^{-k}|=\sum_{k=0}^{\infty}\left|\frac{a}{z}\right|^k$$

所以当 $|z|>|a|$ 时，上式级数收敛。因此可得

$$F(z)=\sum_{k=0}^{\infty}\left(\frac{a}{z}\right)^k=1+\frac{a}{z}+\left(\frac{a}{z}\right)^2+\cdots=\frac{z}{z-a}\quad |z|>|a|$$

【例 7-3】 已知无限长反因果序列 $f(k)=-a^k\varepsilon(-k-1)$。求 $f(k)$ 的双边 Z 变换及其收敛域。

解：
$$F(z)=\sum_{k=-\infty}^{\infty}[-a^k\varepsilon(-k-1)]z^{-k}=-\sum_{k=-\infty}^{-1}a^kz^{-k}=-\sum_{k_2-\infty}^{-1}\left(\frac{a}{z}\right)^k$$

$$\sum_{k=-\infty}^{\infty} |-a^k\varepsilon(-k-1)z^{-k}| = \sum_{k=-\infty}^{-1} \left|\frac{a}{z}\right|^k$$

所以当$|z|<|a|$时，上式级数收敛。因此可得

$$F(z)=-\sum_{k=-\infty}^{-1}\left(\frac{a}{z}\right)^k=-\left[\frac{z}{a}+\left(\frac{z}{a}\right)^2+\left(\frac{z}{a}\right)^3+\cdots\right]$$

$$=\left(-\frac{z}{a}\right)\cdot\frac{1}{1-\frac{z}{a}}=\frac{z}{z-a}\quad |z|<|a|$$

【例 7-4】 已知无限长双边序列 $f(k)=a^k\varepsilon(k)+b^k\varepsilon(-k-1)$。式中，$|b|>|a|$。求 $f(k)$的双边 Z 变换及其收敛域。

解：$$F(z)=\sum_{k=-\infty}^{\infty}[a^k\varepsilon(k)+b^k\varepsilon(-k-1)]z^{-k}=\sum_{k=0}^{\infty}a^kz^{-k}+\sum_{k=-\infty}^{-1}b^kz^{-k}$$

$$=\sum_{k=0}^{\infty}\left(\frac{a}{z}\right)^k+\sum_{k=-\infty}^{-1}\left(\frac{b}{z}\right)^k=\frac{z}{z-a}-\frac{z}{z-b}=\frac{(a-b)z}{(z-a)(z-b)}\quad |a|<|z|<|b|$$

例 7-2～例 7-4 的收敛域示意图如图 7-1 所示。

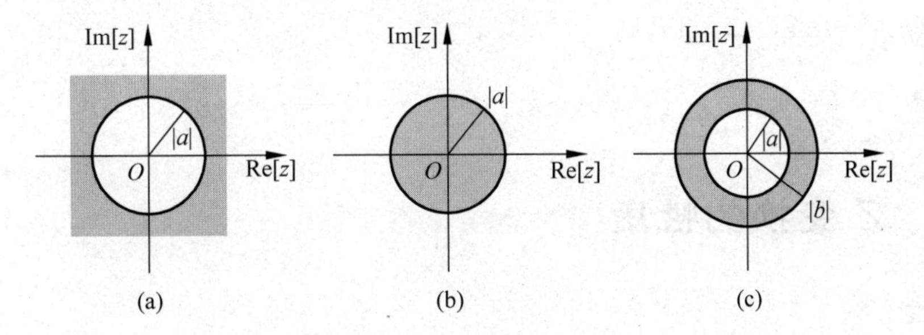

图 7-1 例 7-2～例 7-4 收敛域示意图

双边 Z 变换收敛域的特点总结如下。

(1) 有限长双边序列的双边 Z 变换的收敛域一般为 $0<|z|<\infty$；有限长因果序列双边 Z 变换的收敛域为$|z|>0$；有限长反因果序列双边 Z 变换的收敛域为$|z|<\infty$；单位序列 $\delta(k)$的双边 Z 变换的收敛域为全 Z 复平面。

(2) 无限长因果序列双边 Z 变换的收敛域为$|z|>|z_0|$，z_0 为复数、虚数或实数，即收敛域为半径为$|z_0|$的圆外区域。

(3) 无限长反因果序列双边 Z 变换的收敛域为$|z|<|z_0|$，即收敛域为以$|z_0|$为半径的圆内区域。

(4) 无限长双边序列双边 Z 变换的收敛域为$|z_1|<|z|<|z_2|$，即收敛域位于以$|z_1|$为半径和以$|z_2|$为半径的两个圆之间的环状区域。

(5) 不同序列的双边 Z 变换可能相同，即序列与其双边 Z 变换不是一一对应的。序列的双边 Z 变换连同收敛域一起与序列才是一一对应的。

7.2.3 常用序列的 Z 变换

常用序列的 Z 变换有如下：

(1) $f(k)=\delta(k)$，则

$$F(z)=\sum_{k=-\infty}^{\infty}\delta(k)z^{-k}=1 \tag{7-7}$$

(2) $f_1(k)=\delta(k-m)$，$f_2(k)=\delta(k+m)$，m 为正整数，则

$$F_1(z)=\sum_{k=-\infty}^{\infty}\delta(k-m)z^{-k}=z^{-m}\quad |z|>0 \tag{7-8}$$

$$F_2(z)=\sum_{k=-\infty}^{\infty}\delta(k+m)z^{-k}=z^{m}\quad |z|<\infty \tag{7-9}$$

(3) $f(k)=\varepsilon(k)$，则

$$F(z)=\sum_{k=-\infty}^{\infty}\varepsilon(k)z^{-k}=\frac{z}{z-1}\quad |z|>1 \tag{7-10}$$

(4) $f(k)=-\varepsilon(-k-1)$，则

$$F(z)=\sum_{k=-\infty}^{\infty}[-\varepsilon(-k-1)]z^{-k}=\frac{z}{z-1}\quad |z|<1 \tag{7-11}$$

(5) $f(k)=a^k\varepsilon(k)$（a 为实数、虚数、复数），则

$$F(z)=\sum_{k=-\infty}^{\infty}a^k\varepsilon(k)z^{-k}=\frac{z}{z-a}\quad |z|>|a| \tag{7-12}$$

(6) $f(k)=-a^k\varepsilon(-k-1)$，则

$$F(z)=\sum_{k=-\infty}^{\infty}[-a^k\varepsilon(-k-1)]z^{-k}=\frac{z}{z-a}\quad |z|<|a| \tag{7-13}$$

7.3 Z 变换的性质

1. 线性

如果 $f_1(k)\leftrightarrow F_1(z)$，$f_2(k)\leftrightarrow F_2(z)$，那么则有

$$a_1f_1(k)+a_2f_2(k)\leftrightarrow a_1F_1(z)+a_2F_2(z)$$

式中，a_1，a_2 为任意常数。叠加后新的 Z 变换的收敛域是原来两个 Z 变换收敛域的交集！

【例 7-5】 求序列 $\cos\beta k\varepsilon(k)$ 的 Z 变换。

解：由于 $\cos\beta k\varepsilon(k)=\frac{1}{2}[\mathrm{e}^{\mathrm{j}\beta k}+\mathrm{e}^{-\mathrm{j}\beta k}]\varepsilon(k)$，则

$$\mathcal{Z}[\cos\beta k\varepsilon(k)]=\frac{1}{2}\left[\frac{z}{z-\mathrm{e}^{\mathrm{j}\beta}}+\frac{z}{z-\mathrm{e}^{-\mathrm{j}\beta}}\right]$$

$$=\frac{z(z-\cos\beta)}{z^2-2z\cos\beta+1}$$

2. 位移性

若 $f(k)$ 是双边序列，其双边 Z 变换为 $\mathcal{Z}[f(k)]\leftrightarrow F(z)$，则

$$\mathcal{Z}[f(k+n)]\leftrightarrow z^nF(z)\qquad \mathcal{Z}[f(k-n)]\leftrightarrow z^{-n}F(z)$$

若 $f(k)$ 是双边序列，其单边 Z 变换为 $\mathcal{Z}[f(k)\varepsilon(k)]\leftrightarrow F(z)$，则左移后得

$$f(k+m)\varepsilon(k)\leftrightarrow z^m\left[F(z)-\sum_{k=0}^{m-1}f(k)z^{-k}\right]$$

右移后得

$$f(k-m)\varepsilon(k)\leftrightarrow z^{-m}\left[F(z)+\sum_{k=-m}^{-1}f(k)z^{-k}\right]$$

位移性一般不改变收敛域！

【例 7-6】 已知 $f(k)=3^k\varepsilon(k+1)-3^k\varepsilon(k-2)$，求 $f(k)$ 的双边 Z 变换及其收敛域。

解：$f(k)$ 可以表示为

$$
\begin{aligned}
f(k) &= 3^k\varepsilon(k+1)-3^k\varepsilon(k-2)\\
&= 3^{-1}\cdot 3^{k+1}\varepsilon(k+1)-3^2\cdot 3^{k-2}\varepsilon(k-2)
\end{aligned}
$$

因为 $3^k\varepsilon(k)\leftrightarrow\dfrac{z}{z-3}\quad |z|>3$

根据位移性质得 $3^{k+1}\varepsilon(k+1)\leftrightarrow z\cdot\dfrac{z}{z-3}=\dfrac{z^2}{z-3}\quad 3<|z|<\infty$

$$3^{k-2}\varepsilon(k-2)\leftrightarrow z^{-2}\cdot\frac{z}{z-3}=\frac{1}{z(z-3)}\quad |z|>3$$

根据线性性质得

$$F(z)=\mathcal{Z}[f(k)]=\frac{z^2}{3(z-3)}-\frac{9}{z(z-3)}=\frac{z^3-27}{3z(z-3)}\quad 3<|z|<\infty$$

3. Z 域尺度变换

若 $f(k)\leftrightarrow F(z)$，则有 $a^kf(k)\leftrightarrow F\left(\dfrac{z}{a}\right)$。

证明：根据双边 Z 变换的定义，有

$$\mathcal{Z}[a^kf(k)]=\sum_{k=-\infty}^{\infty}a^kf(k)z^{-k}=\sum_{k=-\infty}^{\infty}f(k)\left(\frac{z}{a}\right)^{-k}$$

令 $z_1=\dfrac{z}{a}$，得 $\mathcal{Z}[a^kf(k)]=\sum\limits_{k=-\infty}^{\infty}f(k)z_1^{-k}=F(z)\Big|_{z=z_1}=F\left(\dfrac{z}{a}\right)$

若 $a=-1$，则 $(-1)^kf(k)\leftrightarrow F(-z)$，称为 Z 域反转性质！

【例 7-7】 已知 $\mathcal{Z}[k\varepsilon(k)]=\dfrac{z}{(z-1)^2}$，求序列 $ka^k\varepsilon(k)$ 的 Z 变换。

解：$ka^k\varepsilon(k)\leftrightarrow\dfrac{\dfrac{z}{a}}{\left(\dfrac{z}{a}-1\right)^2}=\dfrac{az}{(z-a)^2}$

4. 序列域卷积和

如果 $f_1(k)\leftrightarrow F_1(z)$，$f_2(k)\leftrightarrow F_2(z)$，那么有

$$f_1(k)*f_2(k)\leftrightarrow F_1(z)F_2(z)$$

收敛域至少为原来两个象函数收敛域的交集。

证明：根据双边 Z 变换的定义，有

$$\mathcal{Z}[f_1(k)*f_2(k)]=\sum_{k=-\infty}^{\infty}[f_1(k)*f_2(k)]z^{-k}=\sum_{k=-\infty}^{\infty}\left[\sum_{m=-\infty}^{\infty}f_1(m)f_2(k-m)\right]z^{-k}$$

交换上式的求和顺序，得

$$\mathcal{Z}[f_1(k)*f_2(k)]=\sum_{m=-\infty}^{\infty}f_1(m)\left[\sum_{k=-\infty}^{\infty}f_1(k-m)z^{-k}\right]$$

式中，方括号中的求和项是 $f_1(k-m)$ 双边 Z 变换的定义式。

根据位移性质有

$$\sum_{k=-\infty}^{\infty} f_2(k-m)z^{-k} = z^{-m}F_2(z)$$

因此可得

$$Z[f_1(k)*f_2(k)] = \sum_{m=-\infty}^{\infty} f_1(m)z^{-m}F_2(z) = \left[\sum_{m=-\infty}^{\infty} f_1(m)z^{-m}\right]F_2(z) = F_1(z)F_2(z)$$

5. Z 域微分性质

如果 $f(k)\leftrightarrow F(z)$，那么有

$$kf(k)\leftrightarrow -z\frac{\mathrm{d}}{\mathrm{d}z}F(z)$$

证明：根据双边 Z 变换的定义，有

$$F(z) = \sum_{k=-\infty}^{\infty} f(k)z^{-k}$$

对上式关于 z 求导一次，得

$$\frac{\mathrm{d}F(z)}{\mathrm{d}z} = \frac{\mathrm{d}}{\mathrm{d}z}\sum_{k=-\infty}^{\infty} f(k)z^{-k} = \sum_{k=-\infty}^{\infty} f(k)\frac{\mathrm{d}}{\mathrm{d}z}(z^{-k})$$

$$= \sum_{k=-\infty}^{\infty} f(k)(-k)z^{-k-1} = -z^{-1}\sum_{k=-\infty}^{\infty} kf(k)z^{-k}$$

上式两边同时乘以 $-z$ 得

$$(-z)\frac{\mathrm{d}}{\mathrm{d}z}F(z) = \sum_{k=-\infty}^{\infty} kf(k)z^{-k} = \mathcal{Z}[kf(k)]$$

即

$$kf(k)\leftrightarrow(-z)\frac{\mathrm{d}}{\mathrm{d}z}F(z)$$

6. 初值定理

如果 $k<N$（N 为整数）时，$f(k)=0$，那么 $f(N)=\lim\limits_{z\to\infty} z^N F(z)$。

证明：根据双边 Z 变换的定义，有

$$F(z) = \sum_{k=-\infty}^{\infty} f(k)z^{-k} = \sum_{k=N}^{\infty} f(k)z^{-k}$$

$$= f(N)z^{-N} + f(N+1)z^{-(N+1)} + f(N+2)z^{-(N+2)} + \cdots$$

两端乘以 z^N 得

$$z^N F(z) = f(N) + f(N+1)z^{-1} + f(N+2)z^{-2} + \cdots$$

取 $z\to\infty$ 的极限，得

$$f(N) = \lim_{z\to\infty} z^N F(z)$$

7. 终值定理

如果 $k<N$（N 为整数）时，$f(k)=0$，那么 $f(k)$ 的终值为

$$f(\infty) = \lim_{z\to 1}\frac{z-1}{z}F(z)$$

或

$$f(\infty) = \lim_{z\to 1}(z-1)F(z)$$

证明：根据双边 Z 变换的定义，有

$$\mathcal{Z}[f(k)-f(k-1)]=\sum_{k=-\infty}^{\infty}[f(k)-f(k-1)]z^{-k}=\sum_{k=N}^{\infty}[f(k)-f(k-1)]z^{-k}$$

根据线性性质和位移性质有

$$\mathcal{Z}[f(k)-f(k-1)]=F(z)-z^{-1}F(z)=(1-z^{-1})F(z)$$

$$(1-z^{-1})F(z)=\frac{z-1}{z}F(z)=\sum_{k=N}^{\infty}[f(k)-f(k-1)]z^{-k}$$

若 $F(z)$在 $z=1$ 有一阶极点，其余极点在单位圆内，则$(1-z^{-1})F(z)$的收敛域包含单位圆，$z=1$ 在收敛域内。因此可对上式取 $z\to 1$ 的极限，得

$$\begin{aligned}\lim_{z\to 1}\frac{z-1}{z}F(z)&=\lim_{z\to 1}\sum_{k=N}^{\infty}[f(k)-f(k-1)]z^{-k}=\sum_{k=N}^{\infty}[f(k)-f(k-1)]\\&=[f(N)-f(N-1)]+[f(N+1)-f(N)]+\\&\quad[f(N+2)-f(N+1)]+\cdots+f(\infty)\\&=f(\infty)-f(N-1)=f(\infty)\end{aligned}$$

因此得 $f(\infty)=\lim\limits_{z\to 1}\frac{z-1}{z}F(z)=\lim\limits_{z\to 1}(z-1)F(z)$

注意：终值定理的使用前提是，$F(z)$在 $z=1$ 可以有一阶极点，其余极点必须在单位圆内。

7.4 Z 逆变换

7.4.1 幂级数展开法

根据双边 Z 变换的定义，若 $f(k)$为双边序列，则 $F(z)$为 z 和 z^{-1} 的幂级数，收敛域为 $\alpha<|z|<\beta$，即

$$F(z)=\sum_{k=-\infty}^{\infty}f(k)z^{-k}=\sum_{k=-\infty}^{-1}f(k)z^{-k}+\sum_{k=0}^{\infty}f(k)z^{-k}=F_1(z)+F_2(z)\qquad(7\text{-}14)$$

其中：$F_1(z)=\sum\limits_{k=-\infty}^{-1}f(k)z^{-k}$，$F_2(z)=\sum\limits_{k=0}^{\infty}f(k)z^{-k}$。

若 $f(k)$为因果序列，则 $F(z)$为 z^{-1} 的幂级数，收敛域为$|z|>\alpha$，即

$$F(z)=\sum_{k=0}^{\infty}f(k)z^{-k}=f(0)+f(1)z^{-1}+f(2)z^{-2}+f(3)z^{-3}+\cdots\qquad(7\text{-}15)$$

若 $f(k)$为反因果序列，$k>0$ 时，$f(k)=0$，则 $F(z)$为 z 的幂级数，收敛域为$|z|<\beta$，即

$$F(z)=\sum_{k=-\infty}^{-1}f(k)z^{-k}=\cdots+f(-3)z^3+f(-2)z^2+f(-1)z\qquad(7\text{-}16)$$

因此，根据收敛域判断原序列是因果、反因果，还是双边序列后，将象函数 $F(z)$ 表示为 z 和 z^{-1} 的幂级数后，z 和 z^{-1} 的各幂次项的系数就构成序列 $f(k)$。

【例 7-8】 已知 $F(z)=\frac{z^2+z}{z^2-2z+1}$，$|z|>1$，求 $F(z)$的原函数 $f(k)$。

解：因为 $F(z)$的收敛域为$|z|>1$，所以其原函数为因果序列。进行长除，即

$$\begin{array}{r}
1+3z^{-1}+5z^{-2}+\cdots \\
z^2-2z+1 \overline{\big) z^2+z \qquad\qquad} \\
\underline{z^2-2z+1} \\
3z-1 \\
\underline{3z-6+3z^{-1}} \\
5-3z^{-1} \\
\underline{5-10z^{-1}+5z^{-2}} \\
7z^{-1}-5z^{-2} \\
\cdots
\end{array}$$

则有
$$F(z)=\frac{z^2+z}{z^2-2z+1}=1+3z^{-1}+5z^{-2}+\cdots$$

所以得 $k<0,f(k)=0 \quad k\geqslant 0,f(0)=1,f(1)=3,f(2)=5,\cdots$

【例 7-9】 已知 $F(z)=\dfrac{z^2+z}{z^2-2z+1}$，$|z|<1$，求 $F(z)$ 的原函数 $f(k)$。

解：因为 $F(z)$ 的收敛域为 $|z|<1$，所以其原函数为反因果序列。进行长除，即

$$\begin{array}{r}
z+3z^2+5z^3+\cdots \\
1-2z+z^2 \overline{\big) z+z^2 \qquad\qquad} \\
\underline{z-2z^2+z^3} \\
3z^2-z^3 \\
\underline{3z^2-6z^3+3z^4} \\
5z^3-3z^4 \\
\underline{5z^3-10z^4+5z^5} \\
7z^4-5z^5 \\
\cdots
\end{array}$$

则有
$$F(z)=\frac{z^2+z}{z^2-2z+1}=\cdots+3z^3+3z^2+1z$$

所以得 $k<0,f(-1)=1,f(-2)=3,f(-3)=5,\cdots \quad k\geqslant 0,f(k)=0$

【例 7-10】 已知 $F(z)=\dfrac{2z}{z^2+2z+3}$，$1<|z|<3$，求 $F(z)$ 的原函数 $f(k)$。

解：$F(z)$ 的原函数 $f(k)$ 为双边序列。$F(z)$ 可以表示为

$$F(z)=\frac{2z}{(z+1)(z+3)}=\frac{z}{z+1}-\frac{z}{z+3}=F_1(z)+F_2(z)$$

式中：$F_1(z)=\dfrac{-z}{z+3}$，$|z|<3$，$F_2(z)=\dfrac{z}{z+1}$，$|z|>1$。

接下来可利用前面两个例子的长除法得到各个序列点的值，这里不再重复说明。

7.4.2 部分分式展开法

用部分分式展开法求 Z 逆变换与部分分式展开法求拉普拉斯逆变换类似。但由于常用指数函数 Z 变换的形式为 $\dfrac{z}{z-a}$，因此，一般先把 $\dfrac{F(z)}{z}$ 展开为部分分式，然后再乘以 z，得

到用基本形式$\frac{z}{z-a}$表示的$F(z)$，再根据常用Z变换对求Z逆变换。$\frac{F(z)}{z}$展开为部分分式，则有

$$\frac{F(z)}{z}=\frac{B(z)}{M(z)}=\frac{B(z)}{(z-z_1)(z-z_2)\cdots(z-z_m)}$$

设$\frac{F(z)}{z}$为有理真分式，可表示为如下三种情况。

1. $\frac{F(z)}{z}$的极点为一阶极点

$\frac{F(z)}{z}$的部分分式展开式为

$$\frac{F(z)}{z}=\frac{B(z)}{M(z)}=\frac{K_1}{z-z_1}+\frac{K_2}{z-z_2}+\cdots+\frac{K_m}{z-z_m}=\sum_{i=1}^{m}\frac{K_i}{z-z_i}$$

式中的系数K_i的计算方法为　$K_i=(z-z_i)\frac{F(z)}{z}\bigg|_{z=z_i}$

因此可得

$$F(z)=\sum_{i=1}^{m}K_i\frac{z}{z-z_i}\quad \alpha<|z|<\beta$$

根据$F(z)$的收敛域和以下变换对

$$z_i^k\varepsilon(k)\leftrightarrow\frac{z}{z-z_i}\quad |z|>|z_i|$$

$$-z_i^k\varepsilon(-k-1)\leftrightarrow\frac{z}{z-z_i}\quad |z|<|z_i|$$

很容易求得$F(z)$中各分式的原函数。

【例 7-11】 已知$F(z)=\frac{z^2+3z}{(z-1)(z-2)(z-3)}$，$2<|z|<3$，求$F(z)$的原函数$f(k)$。

解：由于$F(z)$的收敛域为$2<|z|<3$，所以$f(k)$为双边序列。$\frac{F(z)}{z}$展开式为

$$\frac{F(z)}{z}=\frac{z+3}{(z-1)(z-2)(z-3)}=\frac{2}{z-1}-\frac{5}{z-2}+\frac{3}{z-3}$$

所以　$F(z)=\frac{2z}{z-1}-\frac{5z}{z-2}+\frac{3z}{z-3}\quad 2<|z|<3$

由于

$$\varepsilon(k)\leftrightarrow\frac{z}{z-1}\quad |z|>1$$

$$2^k\varepsilon(k)\leftrightarrow\frac{z}{z-2}\quad |z|>2$$

$$-3^k\varepsilon(-k-1)\leftrightarrow\frac{z}{z-3}\quad |z|<3$$

所以　$2\varepsilon(k)-5\cdot 2^k\varepsilon(k)\leftrightarrow\frac{2z}{z-1}-\frac{5z}{z-2}\quad |z|>2$

$$-3\cdot 3^k\varepsilon(-k-1)\leftrightarrow\frac{3z}{z-3}\quad |z|<3$$

上面两个Z变换的收敛域的公共部分为$2<|z|<3$。于是得

$$f(k)=2\varepsilon(k)-5\cdot 2^k\varepsilon(k)-3\cdot 3^k\varepsilon(-k-1)$$

2. $\dfrac{F(z)}{z}$有重极点

设$\dfrac{F(z)}{z}$在$z=z_0$有m阶重极点，另有n个一阶极点$z_i(i=1,2,\cdots,n)$，则$\dfrac{F(z)}{z}$可表示为

$$\frac{F(z)}{z}=\frac{B(z)}{(z-z_0)^m(z-z_1)(z-z_2)\cdots(z-z_n)}$$

则$\dfrac{F(z)}{z}$可展开为以下部分分式

$$\frac{F(z)}{z}=\frac{K_{1m}}{(z-z_0)^m}+\frac{K_{1m-1}}{(z-z_0)^{m-1}}+\cdots+\frac{K_{11}}{(z-z_0)}+\sum_{i=1}^{n}\frac{K_i}{z-z_i}$$

系数$K_{1i}(i=1,2,\cdots,m)$，$K_i(i=1,2,\cdots,n)$的计算方法为

$$K_{1i}=\frac{1}{(m-i)!}\left[(z-z_0)^m\frac{F(z)}{z}\right]^{(m-i)}\Bigg|_{z=z_0}$$

$$K_i=(z-z_i)\frac{F(z)}{z}\Bigg|_{z=z_i}$$

$F(z)$的部分分式展开式为

$$F(z)=\sum_{i=1}^{m}K_{1i}\frac{z}{(z-z_0)^i}+\sum_{i=1}^{n}K_i\frac{z}{z-z_i}\quad \alpha<|z|<\beta$$

利用前面的常用变换对以及下面的变换对

$$-\frac{1}{m!}k(k-1)(k-2)\cdots(k-m+1)a^{k-m}\varepsilon(-k-1)\leftrightarrow\frac{z}{(z-a)^{m+1}}\quad |z|<a$$

$$\frac{1}{m!}k(k-1)(k-2)\cdots(k-m+1)a^{k-m}\varepsilon(k)\leftrightarrow\frac{z}{(z-a)^{m+1}}\quad |z|>a$$

很容易求得$F(z)$中各分式的原函数。

【例 7-12】 已知$F(z)=\dfrac{z+2}{(z-1)(z-2)^2}$，$1<|z|<2$，求$F(z)$的原函数$f(k)$。

解：由于$F(z)$的收敛域为$1<|z|<2$，所以$f(k)$为双边序列，则有

$$\frac{F(z)}{z}=\frac{z+2}{z(z-1)(z-2)^2}=\frac{K_{12}}{(z-2)^2}+\frac{K_{11}}{(z-2)}+\frac{K_1}{z-1}+\frac{K_2}{z}$$

$$=\frac{2}{(z-2)^2}-\frac{\frac{5}{2}}{z-2}+\frac{3}{z-1}-\frac{\frac{1}{2}}{z}$$

所以

$$F(z)=\frac{2z}{(z-2)^2}-\frac{\frac{5}{2}z}{z-2}+\frac{3z}{z-1}-\frac{1}{2}$$

$$-k2^{k-1}\varepsilon(-k-1)\leftrightarrow\frac{z}{(z-2)^2}\quad |z|<2$$

$$-2^k\varepsilon(-k-1)\leftrightarrow\frac{z}{z-2}\quad |z|<2$$

$$\varepsilon(k)\leftrightarrow \frac{z}{z-1} \quad |z|>1$$

$$\delta(k)\leftrightarrow 1$$

因此可得

$$f(k)=-2k2^{k-1}\varepsilon(-k-1)+\frac{5}{2}2^{k}\varepsilon(-k-1)+3\varepsilon(k)-\frac{1}{2}\delta(k)$$

$$=(5-2k)2^{k-1}\varepsilon(-k-1)+3\varepsilon(k)-\frac{1}{2}\delta(k)$$

3. $\frac{F(z)}{z}$有共轭复极点

在$\frac{F(z)}{z}$的系数为实数的前提下，$\frac{F(z)}{z}$如果出现复极点，必然共轭成对出现。求解方法参考前面单实极点处理方法，结果运用欧拉公式做简化即可，下面参考实例来说明。

【例 7-13】 已知 $F(z)=\frac{z}{z^2-4z+8}$，求解如下问题。

(1) 若 $F(z)$的收敛域为$|z|>2\sqrt{2}$，求原函数 $f(k)$；

(2) 若 $F(z)$的收敛域为$|z|<2\sqrt{2}$，求原函数 $f(k)$。

解：(1) 若 $F(z)$的收敛域为$|z|>2\sqrt{2}$，这种情况下，$f(k)$为因果序列。$F(z)$的极点为$z_{1,2}=2\pm\mathrm{j}2$，$\frac{F(z)}{z}$可展开为

$$\frac{F(z)}{z}=\frac{1}{[z-(2+\mathrm{j}2)][z-(2-\mathrm{j}2)]}=\frac{K_1}{z-(2+\mathrm{j}2)}+\frac{K_2}{z-(2-\mathrm{j}2)}$$

$$K_1=[z-(2+\mathrm{j}2)]\frac{F(z)}{z}\Big|_{z=2+\mathrm{j}2}=-\mathrm{j}\frac{1}{4}=\frac{1}{4}\mathrm{e}^{-\mathrm{j}\frac{\pi}{2}}$$

$$K_2=K_1^*=\mathrm{j}\frac{1}{4}=\frac{1}{4}\mathrm{e}^{\mathrm{j}\frac{\pi}{2}}$$

因此可得

$$f(k)=\frac{1}{4}\left[\mathrm{e}^{-\mathrm{j}\frac{\pi}{2}}\left(2\sqrt{2}\mathrm{e}^{\mathrm{j}\frac{\pi}{4}}\right)^k+\mathrm{e}^{\mathrm{j}\frac{\pi}{2}}\left(2\sqrt{2}\mathrm{e}^{-\mathrm{j}\frac{\pi}{4}}\right)^k\right]\varepsilon(k)$$

$$=\frac{1}{4}\left(2\sqrt{2}\right)^k\left[\mathrm{e}^{\mathrm{j}\left(\frac{\pi}{4}k-\frac{\pi}{2}\right)}+\mathrm{e}^{-\mathrm{j}\left(\frac{\pi}{4}k-\frac{\pi}{2}\right)}\right]\varepsilon(k)$$

根据欧拉公式得 $f(k)=\frac{1}{2}(2\sqrt{2})^k\cos\left(\frac{\pi k}{4}-\frac{\pi}{2}\right)\varepsilon(k)$

(2) 若 $F(z)$的收敛域为$|z|<2\sqrt{2}$，这种情况下，$f(k)$为反因果序列。仿照上面方法可得

$$f(k)=-\frac{1}{2}\left(2\sqrt{2}\right)^k\cos\left(\frac{\pi k}{4}-\frac{\pi}{2}\right)\varepsilon(-k-1)$$

7.4.3 Z 逆变换的 MATLAB 实现

在 MATLAB 中，函数 residuez()可以用来计算一个有理分式的留数部分和直接项。设多项式表示为

$$X(z)=\frac{B(z)}{A(z)}=\frac{b_0+b_1z^{-1}+\cdots+b_Nz^{-N}}{a_0+a_1z^{-1}+\cdots+a_Mz^{-M}}=\sum_{i=1}^{M}\frac{r_i}{1-p_iz^{-1}}+\sum_{j=0}^{N-M}c_jz^{-j}$$

函数 residuez()的调用格式为

$$[r,p,c]=\text{residuez}(b,a)$$

其中,向量 b,a 分别决定多项式 $B(z)$和 $A(z)$的系数,按 z 的降幂排列。返回的列向量 r 包含留数值,列向量 p 包含极点的位置,列向量 c 包含直接项。

一般情况下,用 MATLAB 求 Z 逆变换的步骤为:

(1) 确定 Z 变换的收敛域,这是最关键的一步。

(2) 用 MATLAB 求出有理分式的极点分布,以及在各个极点上的留数值和直接项的值,从而将有理分式分解为简单的分式之和,然后根据收敛域,求出原序列。

【例 7-14】 已知因果序列 $x(k)$的 Z 变换 $X(z)=\dfrac{10+z^{-1}-z^{-2}}{1-0.25z^{-2}}$,求其原序列 $x(k)$。

解:本例的 Z 逆变换的程序如下:

```
b = [10,1, - 1];a = [1,0, - 0.25]; % 确定 Z 变换表达式
[r,p,c] = residuez(b,a)
```

运算结果显示为:

```
r = 4.0000
   2.0000
p = 0.5000
   - 0.5000
c = 4
```

因此,分式 $X(z)$可以表示为

$$X(z)=\frac{4}{1-0.5z^{-1}}+\frac{2}{1+0.5z^{-1}}+4$$

$X(z)$有两个极点:$z=0.5$ 和 $z=-0.5$。由于 $x(k)$是一个因果序列,所以它的 Z 变换的收敛域为$|z|>0.5$。所以容易确定原序列为

$$x(k)=4\delta(k)+4(0.5)^k\varepsilon(k)+2(-0.5)^k\varepsilon(k)$$

7.5 离散系统的 Z 域分析

7.5.1 离散信号的 Z 域分解

根据 Z 逆变换的定义,因果信号 $f(k)$可以表示为

$$f(k)=\frac{1}{2\pi \mathrm{j}}\oint_C F(z)z^{k-1}\mathrm{d}z=\oint_C\frac{1}{2\pi \mathrm{j}}\frac{F(z)}{z}z^k\mathrm{d}z \tag{7-17}$$

从上式可知,z^k 可以看成是信号 $f(k)$的基本信号单元。

7.5.2 基本信号 z^k 激励下的系统的零状态响应

若 LTI 离散时间系统的输入为 $f(k)$,零状态响应为 $y_{zs}(k)$,单位响应为 $h(k)$,由时域分析可知

$$y_{zs}(k)=f(k)*h(k)$$

如果 $f(k)=z^k$，则

$$y_{zs}(k)=z^k*h(k)=\sum_{m=-\infty}^{\infty}h(m)z^{k-m}=z^k\sum_{m=-\infty}^{\infty}h(m)z^{-m}$$

$\sum_{m=-\infty}^{\infty}h(m)z^{-m}$ 是系统单位响应 $h(k)$ 的双边 Z 变换的定义式。由于 $h(k)$ 一般为因果信号，则 $\sum_{m=-\infty}^{\infty}h(m)z^{-m}=\sum_{m=0}^{\infty}h(m)z^{-m}$。所以

$$y_{zs}(k)=z^k\sum_{m=0}^{\infty}h(m)z^{-m}=z^kH(z)$$

式中：$H(z)=\sum_{m=0}^{\infty}h(m)z^{-m}=\mathcal{Z}[h(k)]$，即 $H(z)$是系统单位响应 $h(k)$的单边 Z 变换。

$H(z)$称为离散系统的系统函数，z^k 称为系统的特征函数。从上面推导得出，离散系统对基本信号 z^k 的响应等于 z^k 与系统函数 $H(z)$的乘积。

7.5.3 一般信号 $f(k)$激励下的系统的零状态响应

当激励为一般信号 $f(k)$时，根据 LTI 系统的特性，有如下激励产生零状态响应的对应关系

$$z^k\to H(z)z^k \quad \text{（上一小节讨论结果）}$$

$$\frac{1}{2\pi \mathrm{j}}\frac{F(z)}{z}z^k\mathrm{d}z\to\frac{1}{2\pi \mathrm{j}}\frac{F(z)}{z}H(z)z^k\mathrm{d}z \quad \text{（齐次性，线性）}$$

$$\oint_C\frac{1}{2\pi \mathrm{j}}\frac{F(z)}{z}z^k\mathrm{d}z\to\oint_C\frac{1}{2\pi \mathrm{j}}\frac{F(z)}{z}H(z)z^k\mathrm{d}z \quad \text{（叠加性，线性）}$$

上式左边是 $F(z)$的逆变换的定义式，右边是 $F(z)H(z)$的逆变换的定义式。

因此，信号 $f(k)$激励下的系统的零状态响应

$$y_{zs}(k)=\oint_C\frac{1}{2\pi \mathrm{j}}\frac{F(z)}{z}H(z)z^k\mathrm{d}z=\mathcal{Z}^{-1}[F(z)H(z)]$$

或者$\mathcal{Z}[y_{zs}(k)]=F(z)H(z)=Y_{zs}(z)$，因此可得

$$H(z)=\frac{Y_{zs}(z)}{F(z)}$$

由于 $f(k)$、$h(k)$为因果信号，所以 $y_{zs}(k)$也是因果信号。

从以上讨论可知，在 Z 域，离散系统的零状态响应可按以下方法求解：

(1) 求系统输入 $f(k)$的单边 Z 变换 $F(z)$；

(2) 求系统函数 $H(z)$，$H(z)=\mathcal{Z}[h(k)]$；

(3) 求零状态响应的单边 Z 变换 $Y_{zs}(z)$，$Y_{zs}(z)=F(z)H(z)$；

(4) 求零状态响应 $y_{zs}(k)$，$y_{zs}(k)=\mathcal{Z}^{-1}[Y_{zs}(z)]$。

【例 7-15】 已知离散系统输入为 $f_1(k)=\varepsilon(k)$时，零状态响应 $y_{zs1}(k)=3^k\varepsilon(k)$。求输入为 $f_2(k)=(k+1)\varepsilon(k)$时系统的零状态响应 $y_{zs2}(k)$。

解：$f_1(k)$和 $y_{zs1}(k)$的单边 Z 变换分别为

$$F_1(z)=\frac{z}{z-1}\quad Y_{zs1}(z)=\frac{z}{z-3}$$

所以系统函数 $H(z)=\dfrac{Y_{zs1}(z)}{F_1(z)}=\dfrac{z-1}{z-3}$

系统输入 $f_2(k)$的单边 Z 变换为 $F_2(z)=\dfrac{z}{(z-1)^2}+\dfrac{z}{z-1}=\dfrac{z^2}{(z-1)^2}$

因此 $y_{zs2}(k)$的单边 Z 变换为

$$Y_{zs2}(z)=F_2(z)H(z)=\frac{z^2}{(z-1)(z-3)}=\frac{\frac{3}{2}z}{z-3}-\frac{\frac{1}{2}z}{z-1}$$

求其逆变换得 $y_{zs2}(k)=\left(\dfrac{3}{2}\cdot 3^k-\dfrac{1}{2}\right)\varepsilon(k)=\dfrac{1}{2}(3^{k+1}-1)\varepsilon(k)$

7.6 离散系统差分方程的 Z 域解

LTI 离散系统是用线性常系数差分方程描述的。离散系统的输入通常为因果信号。因此，可以根据单边 Z 变换的位移性质把差分方程变换成 Z 域的代数方程进行求解，就能比较方便地计算出系统的零输入响应、零状态响应和全响应。

7.6.1 差分方程的 Z 域解

以二阶离散系统为例，设二阶离散系统的差分方程为

$$y(k)+a_1y(k-1)+a_0y(k-2)=b_2f(k)+b_1f(k-1)+b_0f(k-2)$$

设 $y(k)$的单边 Z 变换为 $Y(z)$，根据单边 Z 变换的位移性质，对上式两边取单边 Z 变换，考虑到 $f(k)$为因果信号，得

$$\begin{aligned}&Y(z)+a_1[z^{-1}Y(z)+y(-1)]+a_0\left[z^{-2}Y(z)+\sum_{k=0}^{1}y(k-2)z^{-k}\right]\\&=b_2F(z)+b_1z^{-1}F(z)+b_0z^{-2}F(z)\end{aligned}\tag{7-18}$$

整理后写成

$$(1+a_1z^{-1}+a_0z^{-2})Y(z)=-[(a_1+a_0z^{-1})y(-1)+a_0y(-2)]+(b_2+b_1z^{-1}+b_0z^{-2})F(z)$$

分别令

$$A(z)=1+a_1z^{-1}+a_0z^{-2}$$

$$B(z)=b_2+b_1z^{-1}+b_0z^{-2}$$

$$C(z)=-[(a_1+a_0z^{-1})y(-1)+a_0y(-2)]$$

则

$$Y(z)=\frac{C(z)}{A(z)}+\frac{B(z)}{A(z)}F(z)\tag{7-19}$$

式中，$\dfrac{C(z)}{A(z)}$只与 $y(k)$的初始值 $y(-1)$、$y(-2)$有关，而与 $F(z)$无关，$y(-1)$、$y(-2)$为系统的初始状态，所以$\dfrac{C(z)}{A(z)}$是系统零输入响应 $y_{zi}(k)$的单边 Z 变换 $Y_{zi}(z)$；$\dfrac{B(z)}{A(z)}F(z)$只与 $F(z)$有关，而与初始状态无关，因此，它是系统零状态响应 $y_{zs}(k)$的单边 Z 变换 $Y_{zs}(z)$；$A(z)$称为系统的特征多项式，$A(z)=0$ 称为系统的特征方程，其根称为特征根。

因此可得

$$y(k)=\mathscr{Z}^{-1}\left[\frac{C(z)}{A(z)}+\frac{B(z)}{A(z)}F(z)\right]$$

$$y_{zi}(k)=\mathcal{Z}^{-1}\left[\frac{C(z)}{A(z)}\right]\quad y_{zs}(k)=\mathcal{Z}^{-1}\left[\frac{B(z)}{A(z)}F(z)\right]$$

由于 $Y_{zs}(z)=H(z)F(z)$，因此，容易得到系统函数为

$$H(z)=\frac{B(z)}{A(z)}=\frac{b_2+b_1z^{-1}+b_0z^{-2}}{1+a_1z^{-1}+a_0z^{-2}} \tag{7-20}$$

系统一旦确定，系统函数唯一确定！

【例 7-16】 已知二阶离散系统的差分方程为

$$y(k)-5y(k-1)+6y(k-2)=f(k-1)$$
$$f(k)=2^k\varepsilon(k),\quad y(-1)=1,\quad y(-2)=1$$

求系统的完全响应 $y(k)$、零输入响应 $y_{zi}(k)$、零状态响应 $y_{zs}(k)$。

解：输入 $f(k)$的单边 Z 变换为

$$F(z)=Z[2^k\varepsilon(k)]=\frac{z}{z-2}$$

对系统差分方程两边取单边 Z 变换，得

$$Y(z)-5[z^{-1}Y(z)+y(-1)]+6[z^{-2}Y(z)+y(-2)+y(-1)z^{-1}]=z^{-1}F(z)$$

把 $F(z)$和初始条件 $y(-1)$、$y(-2)$代入上式，得

$$Y(z)=\frac{(5-6z^{-1})y(-1)-6y(-2)}{1-5z^{-1}+6z^{-2}}+\frac{z^{-1}}{1-5z^{-1}+6z^{-2}}F(z)=\frac{5z}{z-2}-\frac{6z}{z-3}-\frac{2z}{(z-2)^2}$$

$$Y_{zi}(z)=\frac{(5-6z^{-1})y(-1)-6y(-2)}{1-5z^{-1}+6z^{-2}}=\frac{8z}{z-2}-\frac{9z}{z-3}$$

$$Y_{zs}(z)=\frac{z^{-1}}{1-5z^{-1}+6z^{-2}}F(z)=\frac{3z}{z-3}-\frac{3z}{z-2}-\frac{2z}{(z-2)^2}$$

求其逆变换可得

$$y(k)=[5\,(2)^k-2\,(3)^{k+1}-k\,(2)^k]\varepsilon(k)$$
$$y_{zs}(k)=[3^{k+1}-(3+k)2^k]\varepsilon(k)$$
$$y_{zi}(k)=(2^{k+3}-3^{k+2})\varepsilon(k)$$

7.6.2 离散系统的频率响应

连续系统的频率响应是指连续系统对不同频率的正弦信号的响应特性，用 $H(\mathrm{j}\omega)$表示。离散系统的频率响应(频率特性)是指系统对不同频率正弦序列的响应特性。下面讨论离散系统的频率响应及表示。

1. 离散系统对正弦序列的响应

设离散系统的输入为

$$f(k)=A\cos(\Omega k+\theta)\qquad -\infty<k<\infty \tag{7-21}$$

式中，A、Ω 为正实数，Ω 称为数字角频率。设系统的初始时刻 $k_0=-\infty$，系统的响应为 $y(k)$，并且设 $y(-\infty)=0$，则 $y(k)$也是零状态响应。为了讨论方便，令 $\theta=0$，但不失一般性，则系统输入 $f(k)$可以表示为

$$f(k)=\frac{A}{2}(\mathrm{e}^{\mathrm{j}\Omega k}+\mathrm{e}^{-\mathrm{j}\Omega k})$$

设系统对 $\mathrm{e}^{\mathrm{j}\Omega k}$ 的零状态响应为 $y_1(k)$，根据离散系统时域分析的结论

$$y_1(k)=h(k)*\mathrm{e}^{\mathrm{j}\Omega k}=\sum_{m=-\infty}^{\infty}h(m)\mathrm{e}^{\mathrm{j}\Omega(k-m)}=\mathrm{e}^{\mathrm{j}\Omega k}\sum_{m=-\infty}^{\infty}h(m)(\mathrm{e}^{\mathrm{j}\Omega})^{-m} \tag{7-22}$$

对于因果离散系统，单位序列响应 $h(k)$ 为因果序列。因此得

$$y_1(k)=\mathrm{e}^{\mathrm{j}\Omega k}\sum_{m=0}^{\infty}h(m)(\mathrm{e}^{\mathrm{j}\Omega})^{-m}=\mathrm{e}^{\mathrm{j}\Omega k}\sum_{k=0}^{\infty}h(k)(\mathrm{e}^{\mathrm{j}\Omega})^{-k} \tag{7-23}$$

若系统函数 $H(z)$ 的极点全部在单位圆内，则 $H(z)$ 的收敛域包含单位圆，即 $H(z)$ 在单位圆 $|z|=1$ 上收敛，因此，$H(z)$ 在 $z=\mathrm{e}^{\mathrm{j}\Omega}$ 时也收敛。于是，式(7-23)可以表示为

$$y_1(k)=\mathrm{e}^{\mathrm{j}\Omega k}\sum_{k=0}^{\infty}h(k)z^{-k}\Big|_{z=\mathrm{e}^{\mathrm{j}\Omega}}=\mathrm{e}^{\mathrm{j}\Omega k}H(z)\Big|_{z=\mathrm{e}^{\mathrm{j}\Omega}}=\mathrm{e}^{\mathrm{j}\Omega k}H(\mathrm{e}^{\mathrm{j}\Omega}) \tag{7-24}$$

设系统对 $\mathrm{e}^{-\mathrm{j}\Omega k}$ 的响应为 $y_2(k)$，同理可得

$$y_2(k)=h(k)*\mathrm{e}^{-\mathrm{j}\Omega k}=\mathrm{e}^{-\mathrm{j}\Omega k}H^*(\mathrm{e}^{\mathrm{j}\Omega})$$

式中，$H(\mathrm{e}^{\mathrm{j}\Omega})$ 为复数，$H^*(\mathrm{e}^{\mathrm{j}\Omega})$ 是 $H(\mathrm{e}^{\mathrm{j}\Omega})$ 的共轭。

因此可得 $$y(k)=\frac{A}{2}[y_1(k)+y_2(k)]=\frac{A}{2}[H(\mathrm{e}^{\mathrm{j}\Omega})\mathrm{e}^{\mathrm{j}\Omega k}+H^*(\mathrm{e}^{\mathrm{j}\Omega})\mathrm{e}^{-\mathrm{j}\Omega k}]$$

令 $$H(\mathrm{e}^{\mathrm{j}\Omega})=|H(\mathrm{e}^{\mathrm{j}\Omega})|\mathrm{e}^{\mathrm{j}\varphi(\Omega)}，则\ H^*(\mathrm{e}^{\mathrm{j}\Omega})=|H(\mathrm{e}^{\mathrm{j}\Omega})|\mathrm{e}^{-\mathrm{j}\varphi(\Omega)}$$

则上式可以表示成

$$\begin{aligned}y(k)&=\frac{A}{2}|H(\mathrm{e}^{\mathrm{j}\Omega})|[\mathrm{e}^{\mathrm{j}(\Omega k+\varphi(\Omega))}+\mathrm{e}^{-\mathrm{j}(\Omega k+\varphi(\Omega))}]\\&=A|H(\mathrm{e}^{\mathrm{j}\Omega})|\cos(\Omega k+\varphi(\Omega))\end{aligned}$$

若 $f(k)=A\cos(\Omega k+\theta)$，$\theta\neq0$，则

$$y(k)=A|H(\mathrm{e}^{\mathrm{j}\Omega})|\cos(\Omega k+\theta+\varphi(\Omega))\quad -\infty<k<\infty \tag{7-25}$$

以上讨论结果表明，若离散系统的系统函数 $H(z)$ 的收敛域包含单位圆(极点全部在单位圆内)，则系统对正弦序列的响应仍为同频率的正弦序列，称为正弦稳态响应。当输入正弦序列的频率变化时，响应正弦序列的振幅和初相位的变化完全取决于 $H(\mathrm{e}^{\mathrm{j}\Omega})$。因此，$H(\mathrm{e}^{\mathrm{j}\Omega})$ 表征了系统的频率特性。

2. 离散系统的频率响应

若离散系统的系统函数 $H(z)$ 的极点全部在单位圆内，则 $H(\mathrm{e}^{\mathrm{j}\Omega})$ 称为离散系统的频率响应或频率特性。$H(\mathrm{e}^{\mathrm{j}\Omega})$ 为

$$H(\mathrm{e}^{\mathrm{j}\Omega})=H(z)\Big|_{z=\mathrm{e}^{\mathrm{j}\Omega}}\qquad H(\mathrm{e}^{\mathrm{j}\Omega})=|H(\mathrm{e}^{\mathrm{j}\Omega})|\mathrm{e}^{\mathrm{j}\varphi(\Omega)} \tag{7-26}$$

$|H(\mathrm{e}^{\mathrm{j}\Omega})|$ 称为幅频响应或幅频特性，$\varphi(\Omega)$ 称为相频响应或相频特性。

【例 7-17】 已知离散系统的系统函数为 $H(z)=\dfrac{2z}{2z-1}$，$|z|>\dfrac{1}{2}$，求系统的频率响应。

解：因为 $H(z)$ 的收敛域为 $|z|>\dfrac{1}{2}$，只有一个极点 $z=\dfrac{1}{2}$，并且极点在单位圆内。因此，系统的频率响应为

$$\begin{aligned}H(\mathrm{e}^{\mathrm{j}\Omega})&=H(z)\Big|_{z=\mathrm{e}^{\mathrm{j}\Omega}}=\frac{2\mathrm{e}^{\mathrm{j}\Omega}}{2\mathrm{e}^{\mathrm{j}\Omega}-1}\\&=\frac{2\mathrm{e}^{\mathrm{j}\Omega}}{\mathrm{e}^{\mathrm{j}\frac{\Omega}{2}}\left[\frac{1}{2}(\mathrm{e}^{\mathrm{j}\frac{\Omega}{2}}+\mathrm{e}^{-\mathrm{j}\frac{\Omega}{2}})+\frac{3}{2}(\mathrm{e}^{\mathrm{j}\frac{\Omega}{2}}-\mathrm{e}^{-\mathrm{j}\frac{\Omega}{2}})\right]}\end{aligned}$$

$$=\frac{2\left(\cos\frac{\Omega}{2}+\mathrm{j}\sin\frac{\Omega}{2}\right)}{\cos\frac{\Omega}{2}+\mathrm{j}3\sin\frac{\Omega}{2}}=\frac{2\left(1+\mathrm{j}\tan\frac{\Omega}{2}\right)}{1+\mathrm{j}3\tan\frac{\Omega}{2}}$$

系统的幅频响应和相频响应分别为

$$|H(\mathrm{e}^{\mathrm{j}\Omega})|=2\sqrt{\frac{1+\left(\tan\frac{\Omega}{2}\right)^2}{1+9\left(\tan\frac{\Omega}{2}\right)^2}}$$

$$\varphi(\Omega)=\arctan\left(\tan\frac{\Omega}{2}\right)-\arctan\left(3\tan\frac{\Omega}{2}\right)=\frac{\Omega}{2}-\arctan\left(3\tan\frac{\Omega}{2}\right)$$

幅频响应和相频响应曲线如图 7-2 所示。

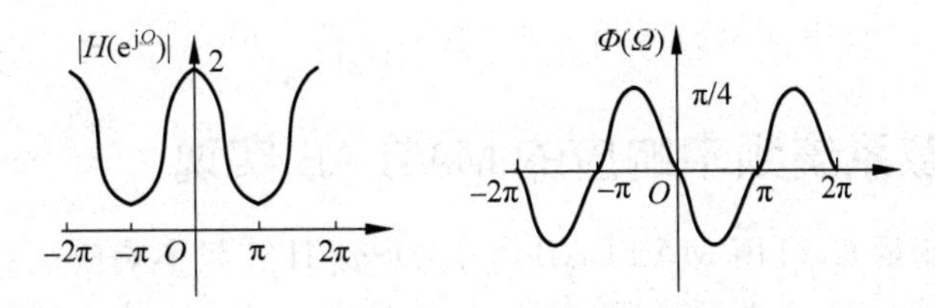

图 7-2　例 7-17 幅频响应和相频响应曲线

【例 7-18】 已知离散系统的系统函数为 $H(z)=\dfrac{z^{-1}}{1+\frac{1}{2}z^{-1}}$，$|z|>\dfrac{1}{2}$，系统的输入为 $f(k)=6+6\cos\left(\dfrac{\pi}{2}k\right)$，$-\infty<k<\infty$，求系统的稳态响应。

解：因为 $H(z)$的收敛域为$|z|>\dfrac{1}{2}$，所以 $H(z)$在单位圆上收敛。$H(z)$可以表示为

$$H(z)=\frac{z^{-1}}{1+\frac{1}{2}z^{-1}}=\frac{2}{2z+1}\quad |z|>\frac{1}{2}$$

系统的频率响应为

$$H(\mathrm{e}^{\mathrm{j}\Omega})=H(z)\big|_{z=\mathrm{e}^{\mathrm{j}\Omega}}=\frac{2}{2\mathrm{e}^{\mathrm{j}\Omega}+1}$$

分别求系统对 $f(k)$各分量的正弦稳态响应。

(1) 系统对分量 $f_0(k)=6$ 的稳态响应。

$f_0(k)$可以看成 $\Omega=0$，初相位 $\theta=0$ 的正弦系列。当 $\Omega=0$ 时，系统的频率响应以及幅频响应和相频响应分别为

$$H(\mathrm{e}^{\mathrm{j}\Omega})=\frac{2}{2\mathrm{e}^{\mathrm{j}\Omega}+1}\Bigg|_{\Omega T=0}=\frac{2}{3}\quad |H(\mathrm{e}^{\mathrm{j}0})|=\frac{2}{3}\quad \varphi(\Omega)=\varphi(0)=0$$

设系统对 $f_0(k)$的稳态响应为 $y_{ss0}(k)$，则 $y_{ss0}(k)=6\times\dfrac{2}{3}=4$。

（2）系统对分量 $f_1(k)=6\cos\left(\frac{\pi}{2}k\right)$ 的稳态响应。

$f_1(k)$ 的 $\Omega=\pi/2$，初相位 $\theta=0$。$\Omega=\pi/2$ 时系统的频率响应为

$$H(e^{j\Omega})=\left.\frac{2}{2e^{j\Omega}+1}\right|_{\Omega=\frac{\pi}{2}}=\frac{2}{1+2j}$$

$$|H(e^{j\frac{\pi}{2}})|=\frac{2}{\sqrt{5}}\approx 0.89 \quad \varphi(\Omega)=\varphi\left(\frac{\pi}{2}\right)=-\arctan 2=-63.4^\circ$$

设系统对 $f_1(k)$ 的稳态响应为 $y_{ss1}(k)$，则

$$y_{ss1}(k)=6|H(e^{j\frac{\pi}{2}})|\cos\left(\frac{\pi}{2}k+\theta+\varphi\left(\frac{\pi}{2}\right)\right)=5.34\cos\left(\frac{\pi}{2}k-63.4^\circ\right)$$

因此，系统对 $f(k)$ 的稳态响应 $y_{ss}(k)$ 为

$$y_{ss}(k)=y_{ss0}(k)+y_{ss1}(k)=4+5.34\cos\left(\frac{\pi}{2}k-63.4^\circ\right) \quad -\infty<k<\infty$$

7.6.3 离散系统频率响应的 MATLAB 实现

对于任何频率变量 Ω，可用 MATLAB 命令 *freqz* 计算频率响应函数 $H(e^{j\Omega})$。应用命令 *freqz* 时，传输函数 $H(z)$ 必须满足 $M\leqslant N$，并且定义成 z^{-1} 的多项式形式。若传输函数由

$$H(z)=\frac{B(z)}{A(z)}=\frac{b_M z^M+b_{M-1}z^{M-1}+\cdots+b_0}{a_N z^N+a_{N-1}z^{N-1}+\cdots+a_0}$$

的形式给出，则 $H(z)$ 乘以 z^{-M}/z^{-N} 即可得到下面正确的形式

$$H(z)=\frac{B(z)}{A(z)}=\frac{b_M+b_{M-1}z^{-1}+\cdots+b_0 z^{-M}}{a_N+a_{N-1}z^{-1}+\cdots+a_0 z^{-N}}$$

下面的 MATLAB 命令将产生频率响应曲线：

```
num = [dN dN - 1......d0];
den = [aN aN - 1......a0];
omega = - pi:pi/150:pi;
H = freqz(num,den,omega);
Mag = abs(H);
Phase = 180/pi * unwrap(angle(H));
```

注意，命令 *unwrap* 用来平滑相位曲线，因为 *angle* 命令可能会产生 $\pm 2\pi$ 的跃变。

【例 7-19】 已知离散时间系统的传输函数为 $H(z)=\frac{z}{z-0.5}$，试绘制其频率响应曲线。

解：在本例中，为了应用 MATLAB 计算频率响应曲线，首先将 $H(z)$ 改写成 $H(z)=\frac{1}{1-0.5z^{-1}}$，则下面的 MATLAB 程序可以获得频率响应曲线：

```
num = [1 0];
den = [1 - 0.5];
omega = - pi:pi/150:pi;
H = freqz(num,den,omega);
subplot(211),plot(omega,abs(H));
xlabel('频率(弧度) ');
```

```
ylabel('幅度');
title('系统的幅频响应和相频响应');
subplot(212),plot(omega, 180/pi * unwrap(angle(H)));
xlabel('频率(弧度) ');
ylabel('相位');
```

此程序产生的曲线如图 7-3 所示。

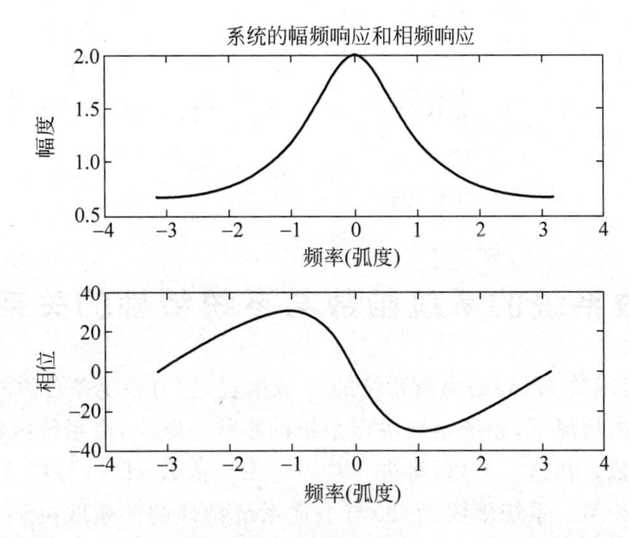

图 7-3 例 7-19 图

7.6.4 离散时间系统零极点分布图的 MATLAB 实现

给定离散系统的传输函数，则对各个多项式应用 roots，可以求得离散时不变系统的零点和极点。例如，可以使用命令 roots([1,4,3])来求 $1+4z^{-1}+3z^{-2}$ 的根。使用 zplane(*b*, *a*)，可以把零点和极点显示在 zplane 平面上。若 *b* 和 *a* 是行矢量，那么在寻找零点和极点并显示它们之前，zplane 就分别求出用 *b* 和 *a* 来代表的分子和分母多项式的根。若 *b* 和 *a* 是列矢量，那么 zplane 就假设 *b* 和 *a* 分别包含零点和极点的位置，并直接显示它们。

【例 7-20】 已知某线性时不变系统的传输函数为 $H(z)=\dfrac{1-z^{-1}-2z^{-2}}{1+1.5z^{-1}-z^{-2}}$，试用 MATLAB 在 z 平面上画出 $H(z)$的零点和极点，以及系统的幅频响应。

```
b = [1, - 1, - 2]
a = [1,1.5, - 1];
 % figure
subplot(221)
zplane(b,a)
title('零极点图')
[H,w] = freqz(b,a,250);
 % figure
subplot(222)
plot(w,abs(H))
xlabel('频率(弧度) ');
ylabel('幅度');
```

```
title('幅频响应图')
```

此程序产生的曲线如图 7-4 所示。

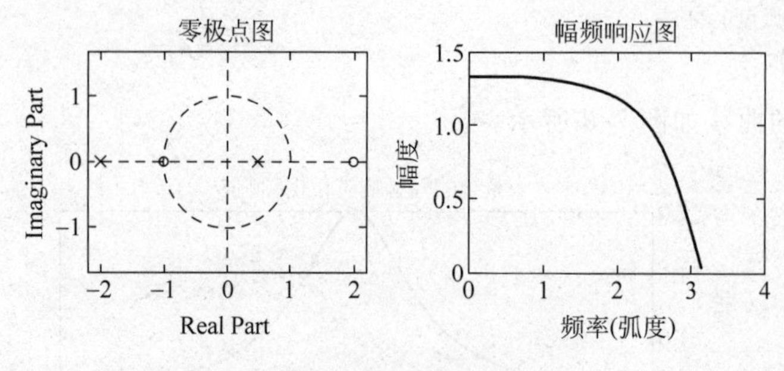

图 7-4 例 7-20 图

7.7 离散系统的系统函数与系统特性的关系

如前所述,系统函数 $H(z)$是离散系统的 Z 域描述,它与系统差分方程有着确定的对应关系。在输入给定的情况下,系统函数决定系统的零状态响应,由系统函数可以得到系统的信号流图和框图模拟。在这一节里,将进一步讨论系统函数 $H(z)$与离散系统时域响应、频率响应和稳定性的关系。系统函数 $H(z)$与上述系统特性的关系取决于 $H(z)$的零极点在复平面上的分布。

7.7.1 H(z)的零点和极点

离散系统的系统函数 $H(z)$通常为有理分式,可以表示为 z^{-1} 的有理分式,也可以表示为 z 的有理分式,即

$$H(z)=\frac{B(z)}{A(z)}=\frac{b_m z^m+b_{m-1}z^{m-1}+\cdots+b_1 z+b_0}{a_n z^n+a_{n-1}z^{n-1}+\cdots+a_1 z+a_0}$$

$$H(z)=\frac{b_m(z-z_1)(z-z_2)\cdots(z-z_m)}{a_n(z-p_1)(z-p_2)\cdots(z-p_n)}=K\frac{\prod_{j=1}^{m}(z-z_j)}{\prod_{i=1}^{n}(z-p_i)} \tag{7-27}$$

式中,$K=\frac{b_m}{a_n}$

$H(z)$的极点和零点可能是实数、虚数或复数。由于 $A(z)$和 $B(z)$的系数都是实数,所以若极点(零点)为虚数或复数时,则必然共轭成对出现。

7.7.2 H(z)的零点、极点与时域响应

假设 $H(z)$所有的极点都是单极点,由部分分式展开法,可得

$$H(z)=\sum_{i=1}^{N}\frac{k_i z}{z-z_i}$$

单位响应 $h(k)=\mathcal{Z}^{-1}[H(z)]=\sum_{i=1}^{N}k_i z_i^k\varepsilon(k)$。

1. 单位圆内极点

当$|z_i|<1$,即 $H(z)$的极点在单位圆内时,则

$$\lim_{k\to\infty}h(k)=\lim_{k\to\infty}\sum_{i=1}^{N}k_iz_i^k\varepsilon(k)=0$$

2. 单位圆外极点

当$|z_i|>1$,即 $H(z)$的极点在单位圆外时,则

$$\lim_{k\to\infty}h(k)=\lim_{k\to\infty}\sum_{i=1}^{N}k_iz_i^k\varepsilon(k)=\infty$$

3. 单位圆上极点

当$|z_i|=1$,即 $H(z)$的极点在单位圆上时,分以下情况讨论。

若 $H(z)$在单位圆上有一阶实极点 $p=\pm1$,则 $A(z)$中就有因子$(z\pm1)$,$h(k)$中就有形式为 $A(\pm1)^k\varepsilon(k)$的项;若有二阶实极点 $p=\pm1$,则 $A(z)$中就有因子$(z\pm1)^2$,$h(k)$中就有 $Ak(\pm1)^{k-1}\varepsilon(k)$的项。

若 $H(z)$在单位圆上有共轭复极点 $p_{1,2}=\mathrm{e}^{\pm\mathrm{j}\beta}$,则 $A(z)$中就有因子$(z-\mathrm{e}^{\mathrm{j}\beta})(z-\mathrm{e}^{-\mathrm{j}\beta})$,$h(k)$中就有形式为 $A\cos(\beta k+\theta)\varepsilon(k)$的项。若有二阶共轭复极点 $p_{1,2}=\mathrm{e}^{\pm\mathrm{j}\beta}$,则 $A(z)$中就有因子$(z-\mathrm{e}^{\mathrm{j}\beta})^2(z-\mathrm{e}^{-\mathrm{j}\beta})^2$,$h(k)$中就有形式为 $Ak\cos(\beta k+\theta)\varepsilon(k)$的项。

因此,$H(z)$在单位圆上的一阶极点对应 $h(k)$中的响应为阶跃序列或正弦序列;$H(z)$在单位圆上二阶及二阶以上极点对应 $h(k)$中的响应都是随 k 的增加而增大,最终趋于无穷大,如图 7-5 所示。

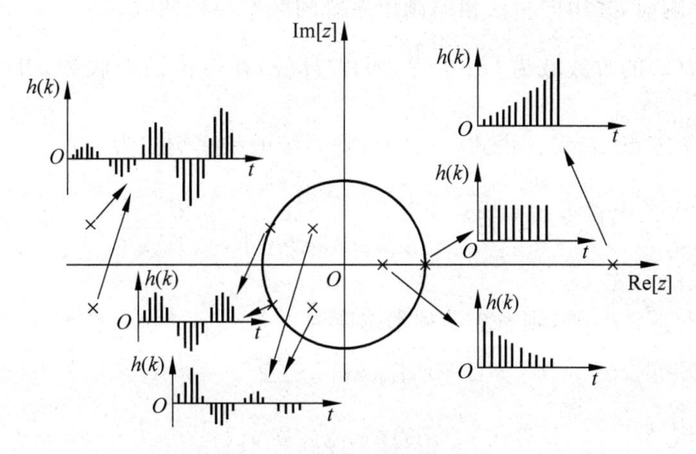

图 7-5 极点分布与 $h(k)$的关系

7.7.3 $H(z)$与离散系统的频率响应

若系统函数 $H(z)$的极点全部在单位圆内,则 $H(z)$在单位圆 $|z|=1$ 上收敛,称 $H(\mathrm{e}^{\mathrm{j}\Omega})$为离散系统的频率响应。即有

$$H(\mathrm{e}^{\mathrm{j}\Omega})=H(z)\Big|_{z=\mathrm{e}^{\mathrm{j}\Omega}}=K\frac{\prod_{i=1}^{m}(\mathrm{e}^{\mathrm{j}\Omega}-z_i)}{\prod_{i=1}^{n}(\mathrm{e}^{\mathrm{j}\Omega}-p_i)}\tag{7-28}$$

根据复数与向量的对应关系可知，$e^{j\Omega}$表示原点指向单位圆的向量，z_i，p_i 分别表示原点指向零点和极点的向量。根据向量的运算规则，可得到向量 $e^{j\Omega}-z_i$ 和 $e^{j\Omega}-p_i$，如图 7-6 所示。

令 $e^{j\Omega}-z_i=B_i e^{j\phi_i}$，$e^{j\Omega}-p_i=A_i e^{j\theta_i}$，则系统的频率响应为

$$H(e^{j\Omega})=K\frac{\prod_{i=1}^{m}B_i e^{j\phi_i}}{\prod_{i=1}^{n}A_i e^{j\theta_i}}=|H(e^{j\Omega})|e^{j\varphi(\Omega)} \tag{7-29}$$

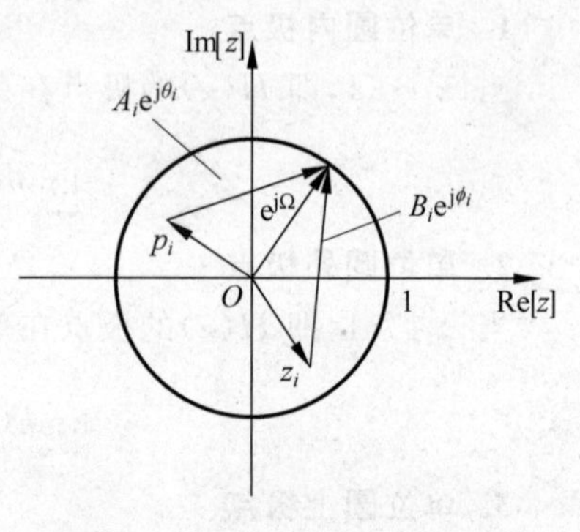

图 7-6　零、极点矢量及单位向量

其中，系统的幅频响应和相频响应分别为

$$|H(e^{j\Omega})|=k\frac{B_1B_2\cdots B_m}{A_1A_2\cdots A_n} \tag{7-30}$$

$$\varphi(\Omega)=(\phi_1+\phi_2+\cdots+\phi_m)-(\theta_1+\theta_2+\cdots+\theta_n) \tag{7-31}$$

根据式(7-30)和式(7-31)能快速得到离散系统频率响应的粗略变化曲线，称为向量法。

【例 7-21】 已知离散系统的系统函数为

$$H(z)=\frac{2z}{3z+1}\quad |z|>\frac{1}{3}$$

求该系统的频率响应，并用向量法粗略画出系统的频率特性曲线。

解：由于 $H(z)$的收敛域为$|z|>\frac{1}{3}$，所以 $H(z)$在单位圆上收敛。$H(z)$有一个极点 $p_1=-\frac{1}{3}$，有一个零点 $z_1=0$。由式(7-28)可得系统的频率响应为

$$H(e^{j\Omega})=H(z)\bigg|_{z=e^{j\Omega}}=\frac{2e^{j\Omega}}{3e^{j\Omega}+1}=\frac{2}{3}\frac{e^{j\Omega}}{e^{j\Omega}+\frac{1}{3}}$$

令 $e^{j\Omega}=Be^{j\phi}$，$e^{j\Omega}-p_i=A_i e^{j\theta_i}$，则系统的频率响应为

$$|H(e^{j\Omega})|=\frac{2B}{3A}$$

$$\varphi(\Omega)=\phi-\theta$$

由图 7-7(a)可知：当 $\Omega=0$ 时，$A=\frac{4}{3}$，$\theta=0$；$B=1$，$\varphi=0\Rightarrow|H(e^{j0})|=\frac{1}{2}$，$\varphi(0)=0$；当 Ω 从 0 增大到 π 时，B 不变，A 减小，θ 和 φ 都增大，但 $\varphi>\theta$，因此$|H(e^{j\Omega})|$增大，$\varphi(\Omega)>0$ 且先增大再减小；当 $\Omega=\pi$ 时，$A=\frac{2}{3}$，$\theta=\pi$；$B=1$，$\varphi=\pi\Rightarrow|H(e^{j\pi})|=1$，$\varphi(0)=0$；当 Ω 从 π 增大到 2π 时，B 不变，A 增大，θ 和 φ 都增大，但 $\varphi<\theta$，因此$|H(e^{j\Omega})|$减小，$\varphi(\Omega)<0$ 且先减小再增大；当 $\Omega=2\pi$ 时，$A=\frac{4}{3}$，$\theta=2\pi$；$B=1$，$\varphi=2\pi\Rightarrow|H(e^{j2\pi})|=\frac{1}{2}$，$\varphi(0)=0$。

根据以上分析，可粗略画出幅频特性和相频特性曲线如图 7-7(b)、(c)所示。

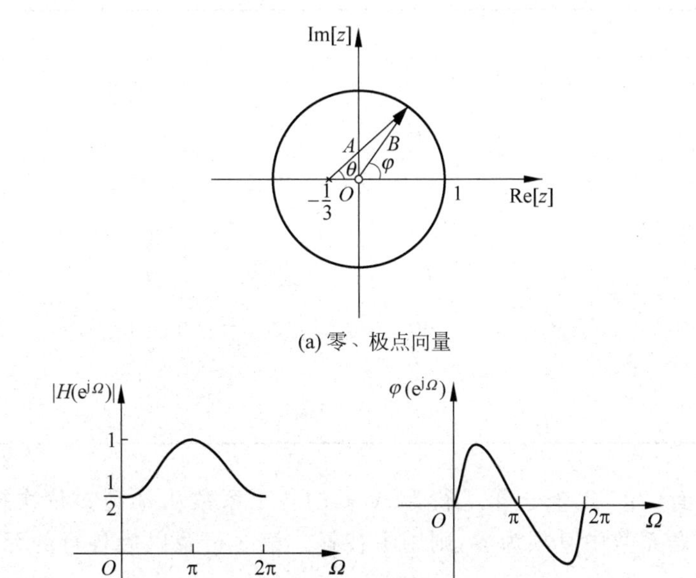

图 7-7 例 7-21 图

7.7.4 H(z)与离散系统的稳定性

1. 离散稳定系统

一个离散系统，如果对任意有界输入产生的零状态响应也是有界的，则该系统称为有界输入有界输出意义下的稳定系统，简称稳定系统。设 M_f、M_y 为有限正实数，若 $|f(k)|\leqslant M_f$，则 $|y_{zs}(k)|\leqslant M_y$，那么离散系统为稳定系统。

线性时不变因果离散系统稳定的充分和必要条件为

$$\sum_{k=-\infty}^{\infty}|h(k)|\leqslant M$$

即 $h(k)$满足绝对可加，对于因果系统，有 $\sum_{k=0}^{\infty}|h(k)|\leqslant M$，即$\lim_{k\to\infty}h(k)=0$。

由于 $H(z)=Z[h(k)]$，上一小节的讨论中已知 $H(z)$的极点直接决定了 $h(k)$的函数形式，通过以上讨论可知，只有当 $H(z)$的所有极点都在单位圆内时，其原函数 $h(k)$才可以满足$\lim_{k\to\infty}h(k)=0$ 的要求，系统才是稳定系统。

2. 离散系统稳定性判断准则

朱里提出了一种列表的方法来判断 $H(z)$的极点是否全部在单位圆内，这种方法称为朱里准则。朱里准则是根据 $H(z)$的分母 $A(z)$的系数列成的表来判断 $H(z)$的极点位置，该表又称朱里排列。

设 n 阶离散系统的 $H(z)=\dfrac{B(z)}{A(z)}$，$A(z)$为：

$$A(z)=a_nz^n+a_{n-1}z^{n-1}+a_{n-2}z^{n-2}+\cdots+a_1z+a_0$$

朱里排列如下：

行							
1	a_n	a_{n-1}	a_{n-2}	…	a_2	a_1	a_0
2	a_0	a_1	a_2	…	a_{n-2}	a_{n-1}	a_n
3	c_{n-1}	c_{n-2}	c_{n-3}	…	c_1	c_0	
4	c_0	c_1	c_2	…	c_{n-2}	c_{n-1}	
5	d_{n-2}	d_{n-3}	d_{n-4}	…	d_0		
6	d_0	d_1	d_2	…	d_{n-2}		
⋮	⋮	⋮	⋮	…			
$(2n-3)$	r_2	r_1	r_0				

朱里排列共有$(2n-3)$行。第1行为$A(z)$的各项系数从a_n到a_0依次排列，第2行是第1行的倒排。若系数中某项为零，则用零替补。第3行及以后各行的元素按以下规则计算：

$$c_{n-1}=\begin{vmatrix} a_n & a_0 \\ a_0 & a_n \end{vmatrix},\quad c_{n-2}=\begin{vmatrix} a_n & a_1 \\ a_0 & a_{n-1} \end{vmatrix},\quad c_{n-3}=\begin{vmatrix} a_n & a_2 \\ a_0 & a_{n-2} \end{vmatrix},\cdots$$

$$d_{n-2}=\begin{vmatrix} c_{n-1} & c_0 \\ c_0 & c_{n-1} \end{vmatrix},\quad d_{n-3}=\begin{vmatrix} c_{n-1} & c_1 \\ c_0 & c_{n-2} \end{vmatrix},\quad d_{n-4}=\begin{vmatrix} c_{n-1} & c_2 \\ c_0 & c_{n-3} \end{vmatrix},\cdots$$

根据以上规则，依次计算表中各元素的值，直到计算出第$2n-3$行元素为止。

朱里准则是：$A(z)=0$的根，即$H(z)$的极点全部在单位圆内的充分和必要条件为：

$$\begin{cases} A(1)=A(z)\Big|_{z=1}>0 \\ (-1)^n A(-1)>0 \\ a_n>|a_0| \\ c_{n-1}>|c_0| \\ d_{n-2}>|d_0| \\ \cdots \\ r_2>|r_0| \end{cases}$$

【例7-22】 已知离散系统的系统函数为：$H(z)=\dfrac{z^2+z+3}{12z^3-16z^2+7z-1}$

判断系统是否为稳定系统。

解：$H(z)$的分母$A(z)=12z^3-16z^2+7z-1$，对$A(z)$的系数进行朱里排列，得

$12\quad -16\quad 7\quad -1$

$-1\quad 7\quad -16\quad 12$

$c_2\quad c_1\quad c_0$

$$c_2=\begin{vmatrix} 12 & -1 \\ -1 & 12 \end{vmatrix}=143\quad c_1=\begin{vmatrix} 12 & 7 \\ -1 & -16 \end{vmatrix}=-185\quad c_0=\begin{vmatrix} 12 & -16 \\ -1 & 7 \end{vmatrix}=68$$

根据朱里准则，由于：$A(1)=2>0\quad (-1)^3A(-1)=36>0\quad c_2>|c_0|$

所以，$H(z)$的极点全部在单位圆内，故系统为稳定系统。

习题

7-1　用定义求下列信号的双边 Z 变换及收敛域。

(1) $\delta(k)-\delta(k-2)$；　(2) $\left(\frac{1}{2}\right)^k\varepsilon(k-2)$；

(3) $2^k\varepsilon(2-k)$；　(4) $(-1)^k\varepsilon(-k)$；

(5) $\left(\frac{1}{2}\right)^{|k|}$。

7-2　用 Z 变换的性质和常用 Z 变换求下列信号的双边 Z 变换。

(1) $\left(\frac{1}{2}\right)^k\varepsilon(k)+2^k\varepsilon(-k-1)$；　(2) $\left[\left(\frac{1}{2}\right)^k+\left(\frac{1}{3}\right)^{-k}\right]\varepsilon(k)$；

(3) $a^k\varepsilon(k+3)$；　(4) $\left(\frac{1}{3}\right)^{k+2}\varepsilon(k)$；

(5) $(2^{-k}-3^k)\varepsilon(k+1)$；　(6) $(-1)^k a^k\varepsilon(k-1)$；

(7) $\mathrm{e}^{\mathrm{j}\pi k}\varepsilon(k+1)$；　(8) $\left(\frac{1}{2}\right)^{-k}\varepsilon(-k)+2^{-k}\varepsilon(k)$；

(9) $k(k-1)\varepsilon(-k-1)$。

7-3　求下列象函数的原函数。

(1) $F(z)=z^2+z^{-1}+2\quad 0<|z|<\infty$；　(2) $F(z)=\frac{1}{1+az^{-1}}\quad |z|<|a|$；

(3) $F(z)=\frac{1}{1+3z^{-1}+2z^{-2}}\quad |z|<1$；　(4) $F(z)=\frac{z^2}{\left(z-\frac{1}{2}\right)\left(z-\frac{1}{3}\right)}\quad |z|>\frac{1}{2}$；

(5) $F(z)=\frac{z}{(z-1)^2\left(z+\frac{1}{2}\right)}\quad \frac{1}{2}<|z|<1$；(6) $F(z)=\frac{z^2}{(z-3)^3}\quad |z|<3$。

7-4　应用 Z 变换性质和常用变换对公式，求下列信号的单边 Z 变换。

(1) $\delta(k-1)+2\delta(k-3)$；　(2) $\varepsilon(k-1)-\varepsilon(k-2)$；

(3) $\left[2^k+\left(\frac{1}{3}\right)^{-k}\right]\varepsilon(k)$；　(4) $\frac{1}{2}[1+(-1)^k]\varepsilon(k-2)$；

(5) $a^{k-2}\varepsilon(k)+a^k\varepsilon(k-2)$；　(6) $k[\varepsilon(k)-\varepsilon(k-2)]$；

(7) $k(k-1)\varepsilon(k-1)$；　(8) $k\left(\frac{1}{2}\right)^k\varepsilon(k-2)$；

(9) $\left(\frac{1}{2}\right)^k\cos\left(\frac{\pi k}{2}+\frac{\pi}{4}\right)\varepsilon(k)$；　(10) $\frac{a^k}{k+1}\varepsilon(k)$；

(11) $\frac{(a^k-b^k)}{k}\varepsilon(k-1)$；　(12) $2^k\sum_{m=0}^{k}\left(\frac{1}{2}\right)^m$。

7-5　设 $f_1(k)$、$f_2(k)$ 为因果序列，并且 $f_1(k)\leftrightarrow F_1(z)$，$f_2(k)\leftrightarrow F_2(z)$。

证明：(1) $a^k f_1(k)*a^k f_2(k)=a^k[f_1(k)*f_2(k)]$；

(2) $k[f_1(k)*f_2(k)]=kf_1(k)*f_2(k)+f_1(k)*kf_2(k)$。

7-6　求下列 $F(z)$ 的单边 Z 逆变换。

(1) $F(z)=\dfrac{z}{(z-1)(z-2)(z-3)}$；　(2) $F(z)=\dfrac{z}{(z-1)^2\left(z+\dfrac{1}{2}\right)}$；

(3) $F(z)=\dfrac{z^2+2}{(z-3)^3}$；　(4) $F(z)=\dfrac{z}{z^2+1}$；

(5) $F(z)=\dfrac{z}{(z+1)(z^2-1)}$；　(6) $F(z)=\dfrac{z-1}{(z-2)z^2}$；

(7) $F(z)=\dfrac{1-z^{-1}}{z^{-4}(z^4-1)}$。

7-7　已知因果序列 $f(k)$ 的象函数 $F(z)$ 如下，求 $f(k)$ 的初值 $f(0)$、$f(1)$ 和终值 $f(\infty)$。

(1) $F(z)=\dfrac{z^2+z+1}{(z-1)\left(z-\dfrac{1}{2}\right)}$；　(2) $F(z)=\dfrac{z}{\left(z-\dfrac{1}{4}\right)\left(z+\dfrac{1}{2}\right)^2}$；

(3) $F(z)=\dfrac{z^{-1}+1}{(1-0.5z^{-1}-0.5z^{-2})}$。

7-8　已知离散系统的单位响应 $h(k)=2^k\varepsilon(k)$。

(1) 输入 $f(k)=\varepsilon(k-2)$，求零状态响应 $y_{zs}(k)$；

(2) 若 $y_{zs}(k)=[(-1)^k+2^k]\varepsilon(k)$，求输入 $f(k)$。

7-9　已知二阶离散系统的输入 $f(k)=2^k\varepsilon(k)$ 时，零状态响应为

$$y_{zs}(k)=[1-(1-k)2^k]\varepsilon(k)$$

(1) 求描述离散系统的差分方程；

(2) 已知 $f(k)=\varepsilon(k)$，$y(-1)=1$，$y(-2)=0$，求系统的全响应 $y(k)$。

7-10　已知线性离散系统的初始条件为 $y_1(-1)=1$，输入为 $f_1(k)=\varepsilon(k)$ 时，全响应 $y_1(k)=2, k\geqslant 0$；当初始条件为 $y_2(-1)=-1$，输入为 $f_2(k)=\dfrac{1}{2}k\varepsilon(k)$ 时，全响应 $y_2(k)=k-1, k\geqslant 0$。求输入为 $f_3(k)=\left(\dfrac{1}{2}\right)^k\varepsilon(k)$ 时的零状态响应。

7-11　求如图 7-8 所示离散系统的单位响应 $h(k)$ 和单位阶跃序列响应 $g(k)$。图中，各子系统的单位响应分别为 $h_1(k)=\delta(k-1)$，$h_2(k)=\varepsilon(k)$，$h_3(k)=\varepsilon(k-3)$。

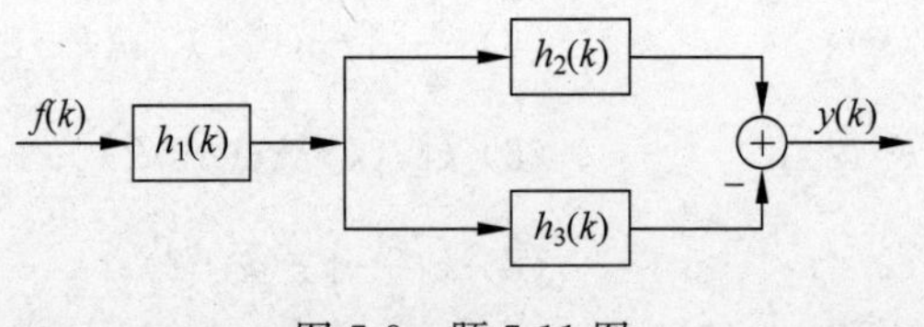

图 7-8　题 7-11 图

7-12　如图 7-9 所示系统，D 为单位延迟器，当输入为 $f(k)=\dfrac{1}{4}\delta(k)+\delta(k-1)+\dfrac{1}{2}\delta(k-2)$ 时，零状态响应 $y_{zs}(k)$ 中 $y_{zs}(0)=1$，$y_{zs}(1)=y_{zs}(3)=0$，确定系数 a、b、c。

7-13　已知因果离散系统的系统函数如下。分别用串联形式和并联形式信号流图模拟系统。

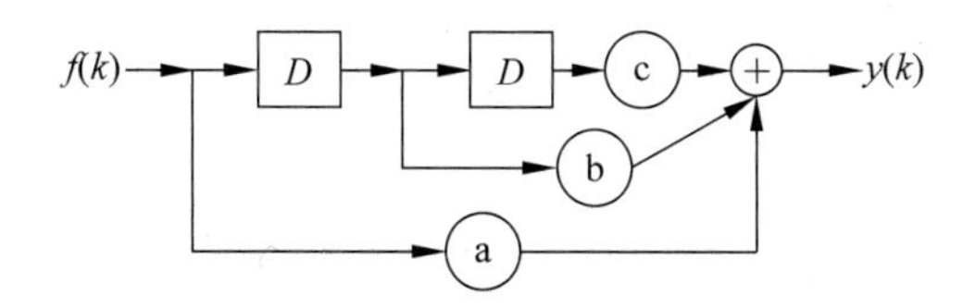

图 7-9 题 7-12 图

(1) $H(z)=\dfrac{z+4}{(z+1)(z+2)(z+3)}$；(2) $H(z)=\dfrac{(z-1)(z^2-z+1)}{(z-0.5)(z^2-0.5z+0.25)}$。

7-14 已知因果离散系统的系统函数 $H(z)$ 的零点、极点分布如图 7-10 所示，并且 $H(0)=-2$。

(1) 求系统函数 $H(z)$；

(2) 求系统的频率响应；

(3) 粗略画出幅频响应曲线。

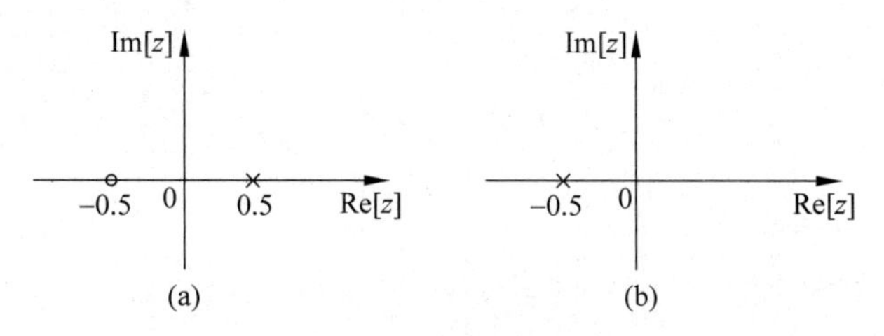

图 7-10 题 7-14 图

7-15 已知因果离散系统如图 7-11 所示，试求：

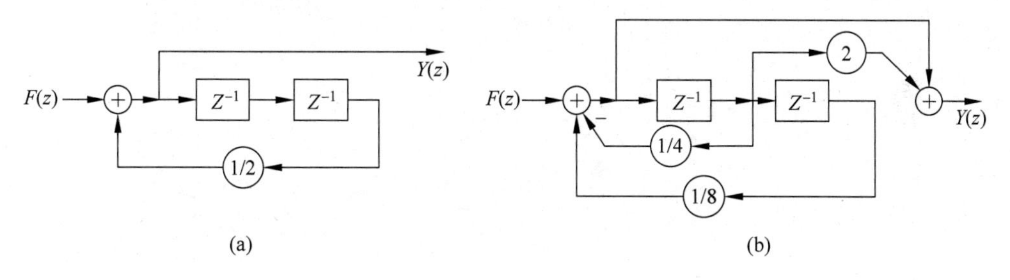

图 7-11 题 7-15 图

(1) 写出离散系统的差分方程；

(2) 求系统函数 $H(z)$，画出 $H(z)$ 的零点、极点分布图；

(3) 若输入 $f(k)=2+2\sin\left(\dfrac{\pi k}{6}\right)$，求系统的稳态响应。

7-16 已知因果离散系统的系统函数如下，检验各系统是否稳定。

(1) $H(z)=\dfrac{7z+4}{7z^4+5z^3+2z^2-z-6}$； (2) $H(z)=\dfrac{z^2}{6z^3+2z^2+2z-2}$；

(3) $H(z)=\dfrac{z^2+3}{z^5+2z^4+3z^3+3z^2+2z+2}$； (4) $H(z)=\dfrac{z}{2z^3-2z^2+1}$。

7-17 试用 MATLAB 计算 $F(z)=\dfrac{18}{18+3z^{-1}-4z^{-2}-z^{-3}}$ 的部分分式展开。

7-18　已知一离散因果 LTI 系统的系统函数为 $H(z)=\dfrac{z^{-1}+2z^{-2}+z^{-3}}{1-0.5z^{-1}-0.005z^{-2}+0.3z^{-3}}$，求该系统的零极点。

7-19　用 MATLAB 的 zplane(num,den)函数，画出系统函数 $H(z)$的零极点分布图，并判断系统的稳定性：$H(z)=\dfrac{2z^4+16z^3+44z^2+56z+32}{3z^4+3z^3-15z^2+18z-12}$。

7-20　试分别用 ztrans 函数和 iztrans 函数求：

(1) $f(k)=\cos(ak)\varepsilon(k)$的 Z 变换；

(2) $F(z)=\dfrac{1}{(1+z)^2}$的 Z 逆变换。

第8章 系统的状态空间分析

CHAPTER 8

8.1 引言

系统的数学模型有两类，分别为输入输出方程和状态空间方程。前者用于输入输出描述法，它着眼于研究输入和输出信号之间的关系，属于经典线性系统理论的范畴。前面各章详细讨论了这种分析方法。它是分析单输入一单输出系统的有效工具。后者则用于状态空间描述。

从20世纪50年代末开始，随着计算机技术的飞速发展，推动了核能技术、空间技术的发展，同时也出现了多输入多输出系统、非线性系统和时变系统的分析与设计的问题。20世纪60年代，现代控制理论在工业发展驱动下开始发展，由卡尔曼提出的线性控制系统的状态空间分析方法、能控性和能观测性的概念，奠定了现代控制理论的基础。其中状态空间分析法着眼于研究系统内部的一些变量的变化规律，成为分析复杂系统不可或缺的数学工具。

8.2 状态空间描述

所谓状态空间，是以状态变量 $x_1(t), x_2(t), \cdots, x_n(t)$ 为轴所构成的 n 维向量空间，该空间中的变量是表示系统内部状态的变量。这样，系统的任意状态都可以由状态空间中的一个点来表示。因此，状态变量是能完全描述系统运动的一组变量，以状态变量作为分量组成的 n 维列矢量，称为系统的状态矢量。

选取适当的状态变量来描述系统运动状态的过程，称为状态空间分析法。状态空间分析法的实质是将系统的运动方程写成一阶微分方程组，分析系统的过程即为分析微分方程系数矩阵的过程。下面用一个例子来说明。

对于如图8-1所示二阶电路，选择电容电压 $u_C(t)$ 和电感电流 $i_L(t)$ 作为状态变量，根据KCL和KVL定理，由节点 a 及回路Ⅰ可得

$$\begin{cases} L\dfrac{\mathrm{d}i_L(t)}{\mathrm{d}t} + u_C(t) - u_1(t) = 0 \\ i_S = i_L(t) + \dfrac{u_1(t)}{R_1} \end{cases} \tag{8-1}$$

消去非状态变量 $u_1(t)$，得到

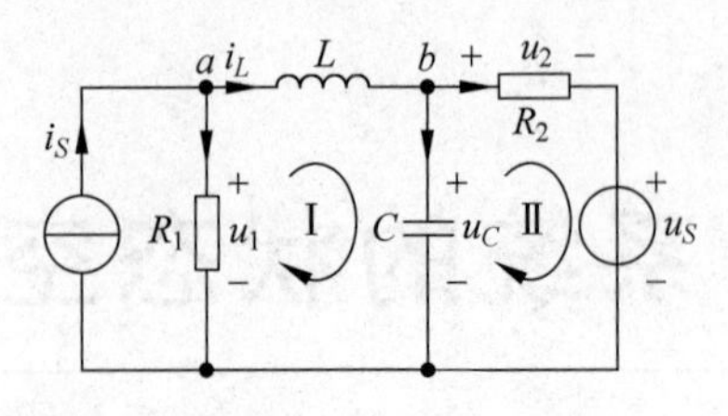

图 8-1　二阶电路

$$\frac{\mathrm{d}i_L(t)}{\mathrm{d}t}=-\frac{R_1}{L}i_L(t)-\frac{1}{L}u_C(t)+\frac{R_1}{L}i_S \tag{8-2}$$

由节点 b 及回路 II 可得

$$\begin{cases} i_L(t)=\dfrac{u_2(t)}{R_2}+C\dfrac{\mathrm{d}u_C(t)}{\mathrm{d}t} \\ u_C(t)-u_2(t)-u_S=0 \end{cases} \tag{8-3}$$

消去非状态变量 $u_2(t)$，得到

$$\frac{\mathrm{d}u_C(t)}{\mathrm{d}t}=-\frac{1}{R_2C}u_C(t)+\frac{1}{C}i_L(t)+\frac{1}{R_2C}u_S \tag{8-4}$$

将式(8-2)和式(8-4)写成矩阵形式，得到

$$\begin{bmatrix} \dfrac{\mathrm{d}i_L(t)}{\mathrm{d}t} \\ \dfrac{\mathrm{d}u_C(t)}{\mathrm{d}t} \end{bmatrix}=\begin{bmatrix} -\dfrac{R_1}{L} & -\dfrac{1}{L} \\ \dfrac{1}{C} & -\dfrac{1}{R_2C} \end{bmatrix}\begin{bmatrix} i_L(t) \\ u_C(t) \end{bmatrix}+\begin{bmatrix} \dfrac{R_1}{L} & 0 \\ 0 & \dfrac{1}{R_2C} \end{bmatrix}\begin{bmatrix} i_S \\ u_S \end{bmatrix} \tag{8-5}$$

该方程组描述了状态变量的一阶导数与状态变量和输入之间的关系，称为状态方程。以各个输入信号为分量构成的列矢量称为输入矢量。

若指定电路中的 $u_1(t)$ 和 $u_2(t)$ 为输出，则由式(8-1)和式(8-3)可得

$$\begin{cases} u_1(t)=-R_1i_L(t)+R_1i_S \\ u_2(t)=u_C(t)-u_S \end{cases} \tag{8-6}$$

写成矩阵形式为

$$\begin{bmatrix} u_1(t) \\ u_2(t) \end{bmatrix}=\begin{bmatrix} 0 & -R_1 \\ 1 & 0 \end{bmatrix}\begin{bmatrix} u_C(t) \\ i_L(t) \end{bmatrix}+\begin{bmatrix} 0 & R_1 \\ -1 & 0 \end{bmatrix}\begin{bmatrix} u_S \\ i_S \end{bmatrix} \tag{8-7}$$

该方程组描述了系统输出与状态变量和输入之间的关系，称为输出方程。以各个输出信号为分量构成的列矢量称为输出矢量。

状态方程和输出方程称为系统的状态空间方程。这种利用状态空间方程描述系统输出与输入和状态变量关系的方法称为状态空间描述。

在用状态空间描述法分析系统时，需注意以下几点：

(1) 状态和状态变量的本质在于表征系统的记忆特性或动态特性。

(2) 一般可选取独立记忆元件(储能元件)中与系统能量有关的物理量作为系统的状态变量。其数目等于独立记忆元件的个数，即系统的阶数。

(3) 给定系统的状态变量选择并不是唯一的。

(4) 由状态方程解出状态矢量，输出方程得到输出矢量。状态矢量提供系统的内部信息，输出矢量给出系统的输出响应。

8.3 连续系统状态空间方程的建立

8.3.1 由电路图直接建立状态空间方程

根据电路图建立状态空间方程的步骤如下：

(1) 选取电路系统中的电容电压和电感电流作为状态变量。

(2) 对与状态变量相联系的每个电容和电感分别列出独立的节点电流方程和回路电压方程。

(3) 利用适当的 KCL、KVL 方程和元件伏安关系，消去上一步方程中可能出现的非状态变量，然后整理得出标准形式的状态方程。

(4) 用状态变量表示输出信号，列出输出方程。

【例 8-1】 已知如图 8-2 所示的电路系统，取图中电压 $u(t)$和电流 $i_2(t)$作为输出，试建立该电路的状态方程和输出方程。

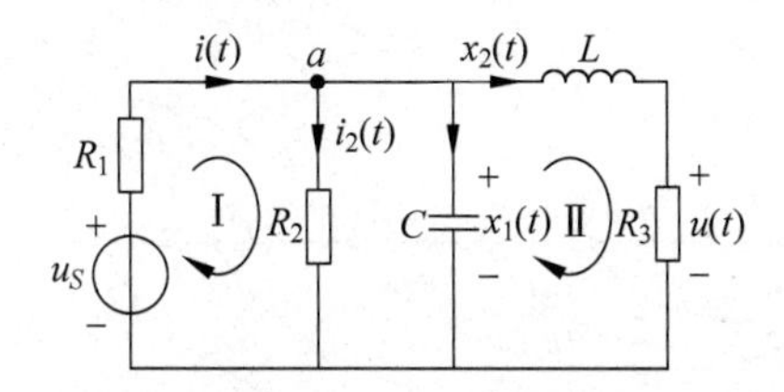

图 8-2　例 8-1 的电路

解：选取电容电压 $x_1(t)$和电感电流 $x_2(t)$为状态变量。对节点 a 列出 KCL 方程有

$$i(t)=\frac{x_1(t)}{R_2}+C\frac{\mathrm{d}x_1(t)}{\mathrm{d}t}+x_2(t) \tag{8-8}$$

对回路 I、II 列出 KVL 方程为

$$\begin{cases}u_S=R_1 i(t)+x_1(t)\\ x_1(t)=L\dfrac{\mathrm{d}x_2(t)}{\mathrm{d}t}+R_3x_2(t)\end{cases} \tag{8-9}$$

代入 $i(t)$并整理为

$$\begin{cases}\dfrac{\mathrm{d}x_1(t)}{\mathrm{d}t}=-\dfrac{R_1+R_2}{R_1R_2C}x_1(t)-\dfrac{1}{C}x_2(t)+\dfrac{1}{R_1C}u_S\\ \dfrac{\mathrm{d}x_2(t)}{\mathrm{d}t}=\dfrac{1}{L}x_1(t)-\dfrac{R_3}{L}x_2(t)\end{cases} \tag{8-10}$$

写成矩阵形式得到状态方程为

$$\begin{bmatrix}\dfrac{\mathrm{d}x_1(t)}{\mathrm{d}t}\\ \dfrac{\mathrm{d}x_2(t)}{\mathrm{d}t}\end{bmatrix}=\begin{bmatrix}-\dfrac{R_1+R_2}{R_1R_2C} & -\dfrac{1}{C}\\ \dfrac{1}{L} & -\dfrac{R_3}{L}\end{bmatrix}\begin{bmatrix}x_1(t)\\ x_2(t)\end{bmatrix}+\begin{bmatrix}\dfrac{1}{R_1C}\\ 0\end{bmatrix}u_S \tag{8-11}$$

输出信号为

$$\begin{cases}u(t)=R_3x_2(t)\\ i_2(t)=\dfrac{x_1(t)}{R_2}\end{cases} \tag{8-12}$$

表示成矩阵形式，即输出方程为

$$\begin{bmatrix} u(t) \\ i_2(t) \end{bmatrix} = \begin{bmatrix} 0 & R_3 \\ 1/R_2 & 0 \end{bmatrix} \begin{bmatrix} x_1(t) \\ x_2(t) \end{bmatrix} \tag{8-13}$$

8.3.2 由微分方程或信号流图建立状态空间方程

若 n 阶连续系统的微分方程为

$$\begin{aligned} & y^{(n)}(t) + a_{n-1} y^{(n-1)}(t) + a_{n-2} y^{(n-2)}(t) + \cdots + a_1 y^{(1)}(t) + a_0 y(t) \\ & = b_m f^{(m)}(t) + b_{m-1} f^{(m-1)}(t) + \cdots + b_1 f^{(1)}(t) + b_0 f(t) \end{aligned} \tag{8-14}$$

则该 n 阶连续系统的传输算子为

$$\begin{aligned} H(p) &= \frac{b_m p^m + b_{m-1} p^{m-1} + \cdots + b_1 p + b_0}{p^n + a_{n-1} p^{n-1} + \cdots + a_1 p + a_0} \\ &= \frac{b_m p^{m-n} + b_{m-1} p^{m-n-1} + \cdots + b_1 p^{-n+1} + b_0 p^{-n}}{1 + a_{n-1} p^{-1} + \cdots + a_1 p^{-n+1} + a_0 p^{-n}} \end{aligned} \tag{8-15}$$

用积分器实现该系统，相应的信号流图如图 8-3 所示。

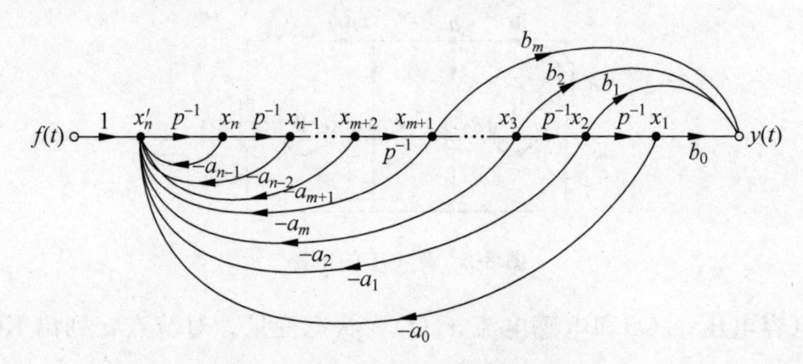

图 8-3 n 阶连续系统的信号流图

取每一积分器的输出作为状态变量，即选 n 维状态矢量为 $x(t) = [x_1(t), x_2(t), \cdots, x_n(t)]^T$，则有

$$\begin{cases} x_1'(t) = x_2(t) \\ x_2'(t) = x_3(t) \\ \vdots \\ x_{n-1}'(t) = x_n(t) \\ x_n'(t) = -a_0 x_1(t) - a_1 x_2(t) - \cdots - a_{n-2} x_{n-1}(t) - a_{n-1} x_n(t) + f(t) \end{cases} \tag{8-16}$$

输出信号为

$$y(t) = b_0 x_1(t) + b_1 x_2(t) + \cdots + b_{m-1} x_m(t) + b_m x_{m+1}(t) \tag{8-17}$$

则描述 n 阶系统的状态空间方程具有如下形式

$$\begin{bmatrix} x_1'(t) \\ x_2'(t) \\ \vdots \\ x_n'(t) \end{bmatrix} = \begin{bmatrix} 0 & 1 & 0 & \cdots & 0 \\ 0 & 0 & 1 & \cdots & 0 \\ \vdots & \vdots & \vdots & \ddots & \vdots \\ -a_0 & -a_1 & -a_2 & \cdots & -a_{n-1} \end{bmatrix} \begin{bmatrix} x_1(t) \\ x_2(t) \\ \vdots \\ x_n(t) \end{bmatrix} + \begin{bmatrix} 0 \\ 0 \\ \vdots \\ 1 \end{bmatrix} f(t) \tag{8-18}$$

$$y(t) = [b_0 \quad b_1 \quad \cdots \quad b_m \quad 0 \quad \cdots \quad 0]\begin{bmatrix} x_1(t) \\ x_2(t) \\ \vdots \\ x_n(t) \end{bmatrix} + 0 \cdot f(t) \tag{8-19}$$

或简化表示为

$$\begin{cases} x'(t) = \boldsymbol{A}x(t) + \boldsymbol{B}f(t) \\ y(t) = \boldsymbol{C}x(t) + \boldsymbol{D}f(t) \end{cases} \tag{8-20}$$

对应的 $\boldsymbol{A},\boldsymbol{B},\boldsymbol{C},\boldsymbol{D}$ 矩阵分别为

$$\boldsymbol{A} = \begin{bmatrix} 0 & 1 & 0 & \cdots & 0 \\ 0 & 0 & 1 & \cdots & 0 \\ \vdots & \vdots & \vdots & \ddots & \vdots \\ 0 & 0 & 0 & \cdots & 1 \\ -a_0 & -a_1 & -a_2 & \cdots & -a_{n-1} \end{bmatrix} \quad \boldsymbol{B} = \begin{bmatrix} 0 \\ 0 \\ \vdots \\ 0 \\ 1 \end{bmatrix}$$

$$\boldsymbol{C} = [b_0 \quad b_1 \quad \cdots \quad b_m \quad 0 \quad \cdots \quad 0] \quad \boldsymbol{D} = 0$$

若 $m=n$，信号流图中节点 x_n'、y 间出现增益为 $b_m=b_n$ 的支路，这时输出方程变成

$$y(t) = b_0x_1(t) + b_1x_2(t) + \cdots + b_{n-1}x_n(t) + b_n[-a_0x_1(t) - a_1x_2(t) - \cdots - a_{n-1}x_n(t) + f(t)]$$

$$= [b_0 - b_na_0 \quad b_1 - b_na_1 \quad \cdots \quad b_{n-1} - b_na_{n-1}]\begin{bmatrix} x_1(t) \\ x_2(t) \\ \vdots \\ x_n(t) \end{bmatrix} + b_nf(t) \tag{8-21}$$

由于系统函数 $H(s)$ 和传输算子 $H(p)$ 在形式上一致，因此，前面对 $H(p)$ 的讨论也同样适用于 $H(s)$。由系统函数建立状态空间方程的方法步骤也相同。

【例 8-2】 给定系统的系统函数为 $H(s)=\dfrac{s+13}{s^3+2s^2-5s-6}$，试建立其状态空间方程。

解：把系统函数分子、分母多项式的各个系数代入式(8-18)和式(8-19)，可直接列写出其状态方程和输出方程为

$$\begin{bmatrix} x_1'(t) \\ x_2'(t) \\ x_3'(t) \end{bmatrix} = \begin{bmatrix} 0 & 1 & 0 \\ 0 & 0 & 1 \\ 6 & 5 & -2 \end{bmatrix}\begin{bmatrix} x_1(t) \\ x_2(t) \\ x_3(t) \end{bmatrix} + \begin{bmatrix} 0 \\ 0 \\ 1 \end{bmatrix} f(t)$$

$$y(t) = [13 \quad 1 \quad 0]\begin{bmatrix} x_1(t) \\ x_2(t) \\ x_3(t) \end{bmatrix}$$

8.3.3 串联和并联系统的状态空间方程

将传输算子或系统函数的分母分解因式，可得到对应的串联或并联形式的流图，对不同结构的流图可构成不同形式的状态方程。

【例 8-3】 给定系统的系统函数为 $H(s)=\dfrac{s+13}{s^3+2s^2-5s-6}$，试用流图的并联结构形式建立状态方程。

解：将 $H(s)$作部分分式展开得到

$$H(s)=\frac{s+13}{s^3+2s^2-5s-6}=\frac{s+13}{(s+1)(s-2)(s+3)}$$
$$=\frac{-2}{s+1}+\frac{1}{s-2}+\frac{1}{s+3}$$

由此得到系统并联形式的流图，如图 8-4 所示。

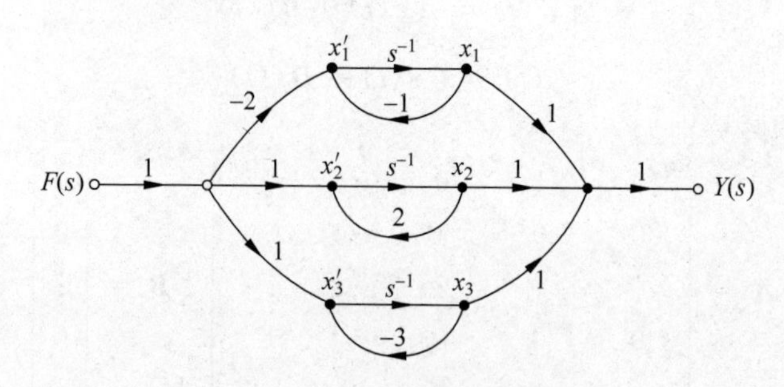

图 8-4　并联结构的信号流图

仍选择积分器的输出作为状态变量，针对积分器的输入节点列方程，则有

$$\begin{cases}x_1'=-x_1-2f(t)\\x_2'=2x_2+f(t)\\x_3'=-3x_3+f(t)\end{cases}$$

$$y(t)=x_1+x_2+x_3$$

表示成矩阵形式为

$$\begin{bmatrix}x_1'\\x_2'\\x_3'\end{bmatrix}=\begin{bmatrix}-1&0&0\\0&2&0\\0&0&-3\end{bmatrix}\begin{bmatrix}x_1\\x_2\\x_3\end{bmatrix}+\begin{bmatrix}-2\\1\\1\end{bmatrix}f(t)$$

$$y(t)=\begin{bmatrix}1&1&1\end{bmatrix}\begin{bmatrix}x_1\\x_2\\x_3\end{bmatrix}+0\cdot f(t)$$

从上式可以看出，并联结构形式导致 $\boldsymbol{A}$ 矩阵是对角阵，$\boldsymbol{A}$ 矩阵为对角阵的状态方程在控制理论上具有重要意义。

【例 8-4】 把例 8-3 所示系统表示成串联结构形式，然后建立其状态方程。

解：将 $H(s)$的分母因式分解

$$H(s)=\frac{s+13}{(s+1)(s-2)(s+3)}=\frac{1}{s+1}\cdot\frac{s+13}{s-2}\cdot\frac{1}{s+3}$$

由此得到系统串联形式的信号流图，如图 8-5 所示。

仍选择积分器的输出作为状态变量，则有

$$\begin{cases}x_1'=-x_1+f(t)\\x_2'=x_1+2x_2\\x_3'=-3x_3+13x_2+(x_1+2x_2)=x_1+15x_2-3x_3\end{cases}$$

输出信号为

$$y(t)=x_3$$

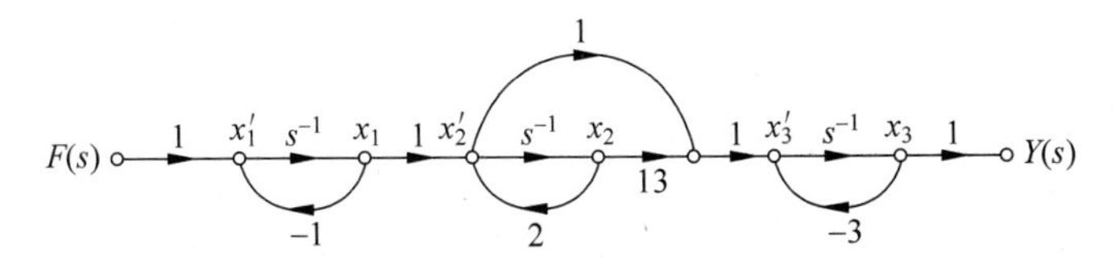

图 8-5 串联结构的信号流图

表示成矩阵形式为

$$\begin{bmatrix} x_1' \\ x_2' \\ x_3' \end{bmatrix} = \begin{bmatrix} -1 & 0 & 0 \\ 1 & 2 & 0 \\ 1 & 15 & -3 \end{bmatrix} \begin{bmatrix} x_1 \\ x_2 \\ x_3 \end{bmatrix} + \begin{bmatrix} 1 \\ 0 \\ 0 \end{bmatrix} f(t)$$

$$y(t) = \begin{bmatrix} 0 & 0 & 1 \end{bmatrix} \begin{bmatrix} x_1 \\ x_2 \\ x_3 \end{bmatrix} + 0 \cdot f(t)$$

从上例可以看出,**A** 矩阵是三角阵,而对角元素是系统的特征根。

8.3.4 用 MATLAB 建立系统的状态空间方程

在 MATLAB 中,从微分方程或传输函数可以方便地建立系统的状态空间方程,下面举例说明。

【例 8-5】 已知系统微分方程为

$$y'''(t) + 8y''(t) + 19y'(t) + 12y(t) = f''(t) + 6f'(t) + 8f(t)$$

求其状态空间方程的表达式。

解:由微分方程可得系统函数:$H(s) = \dfrac{s^2+6s+8}{s^3+8s^2+19s+12}$。

用 MATLAB 实现系统状态方程为:

```
num = [1 6 8];
den = [1 8 19 12];
G = tf(num,den);
[A,B,C,D] = tf2ss(num,den)
```

运行结果为:

```
G =
        s^2 + 6 s + 8
    ----------------------
    s^3 + 8 s^2 + 19 s + 12
A =
    -8   -19   -12
     1     0     0
     0     1     0
B =
     1
     0
     0
C =
```

```
      1     6     8
D =
      0
```

由此可得到系统的状态空间方程为

$$\begin{bmatrix} x_3'(t) \\ x_2'(t) \\ x_1'(t) \end{bmatrix} = \begin{bmatrix} -8 & -19 & -12 \\ 1 & 0 & 0 \\ 0 & 1 & 0 \end{bmatrix} \begin{bmatrix} x_3(t) \\ x_2(t) \\ x_1(t) \end{bmatrix} + \begin{bmatrix} 1 \\ 0 \\ 0 \end{bmatrix} f(t)$$

$$y(t) = \begin{bmatrix} 1 & 6 & 8 \end{bmatrix} \begin{bmatrix} x_3(t) \\ x_2(t) \\ x_1(t) \end{bmatrix}$$

8.4 连续系统状态空间方程的求解

状态空间方程是一组一阶常系数微分方程，在数学上有多种求解方法。本节介绍时域解法和 s 域解法。

8.4.1 状态空间方程的时域解法

在状态方程的时域解法中要用到矩阵函数，下面给出定义。

若函数 $f(x)$可以展开为如下收敛的幂级数

$$f(x) = \sum_{k=0}^{\infty} a_k x^k \tag{8-22}$$

则定义函数 $f(\boldsymbol{A}) = \sum_{k=0}^{\infty} a_k \boldsymbol{A}^k$ 为 $\boldsymbol{A}$ 的矩阵函数，即矩阵函数是一种以矩阵 $\boldsymbol{A}$ 为自变量，并用相应函数的收敛幂级数形式来定义的函数。

因此可定义相应的矩阵指数函数为

$$\mathrm{e}^{\boldsymbol{A}t} = I + \boldsymbol{A}t + \frac{\boldsymbol{A}^2}{2!}t^2 + \frac{\boldsymbol{A}^3}{3!}t^3 + \cdots = \sum_{k=0}^{\infty} \frac{\boldsymbol{A}^k}{k!}t^k \tag{8-23}$$

式中，$\boldsymbol{A}$ 为 $n\times n$ 方阵。

对矩阵指数函数 $\mathrm{e}^{\boldsymbol{A}t}$，有以下重要结论：

(1) 矩阵指数函数的逆矩阵：对于任何方阵 $\boldsymbol{A}$，$\mathrm{e}^{\boldsymbol{A}t}$ 恒有逆，且$(\mathrm{e}^{\boldsymbol{A}t})^{-1} = \mathrm{e}^{-\boldsymbol{A}t}$。

(2) 矩阵指数函数相乘：对于 n 阶方阵 $\boldsymbol{A}$ 和 $\boldsymbol{B}$，若 $\boldsymbol{AB}=\boldsymbol{BA}$，则有 $\mathrm{e}^{\boldsymbol{A}t}\mathrm{e}^{\boldsymbol{B}t} = \mathrm{e}^{\boldsymbol{B}t}\mathrm{e}^{\boldsymbol{A}t} = \mathrm{e}^{(\boldsymbol{A}+\boldsymbol{B})t}$。

(3) 矩阵指数函数的导数：对于方阵 $\boldsymbol{A}$，有 $\mathrm{e}^{\boldsymbol{A}(t_1+t_2)} = \mathrm{e}^{\boldsymbol{A}t_1}\mathrm{e}^{\boldsymbol{A}t_2}$，$\frac{\mathrm{d}}{\mathrm{d}t}\mathrm{e}^{\boldsymbol{A}t} = \boldsymbol{A}\mathrm{e}^{\boldsymbol{A}t} = \mathrm{e}^{\boldsymbol{A}t}\boldsymbol{A}$。

(4) 若 $\boldsymbol{A}$ 为 n 阶方阵，x 为 n 维列矢量函数，$\boldsymbol{P}$ 为非奇异矩阵，则有

$$\frac{\mathrm{d}}{\mathrm{d}t}(\mathrm{e}^{-\boldsymbol{A}t}x) = \mathrm{e}^{-\boldsymbol{A}t}\frac{\mathrm{d}x}{\mathrm{d}t} - \boldsymbol{A}\mathrm{e}^{-\boldsymbol{A}t}x, \quad \mathrm{e}^{\boldsymbol{PAP}^{-1}t} = \boldsymbol{P}\mathrm{e}^{\boldsymbol{A}t}\boldsymbol{P}^{-1}$$

下面讨论状态方程的时域求解。已知系统的状态方程为

$$x'(t) - \boldsymbol{A}x(t) = \boldsymbol{B}f(t) \tag{8-24}$$

且初始状态为 $\boldsymbol{x}(0_-) = [x_1(0_-), x_2(0_-), \cdots, x_n(0_-)]^{\mathrm{T}}$

对式(8-24)两边左乘 $\mathrm{e}^{-\boldsymbol{A}t}$，可得

$$\mathrm{e}^{-\boldsymbol{A}t}\frac{\mathrm{d}x(t)}{\mathrm{d}t}-\mathrm{e}^{-\boldsymbol{A}t}\boldsymbol{A}x(t)=\mathrm{e}^{-\boldsymbol{A}t}\boldsymbol{B}f(t) \tag{8-25}$$

$$\frac{\mathrm{d}}{\mathrm{d}t}[\mathrm{e}^{-\boldsymbol{A}t}x(t)]=\mathrm{e}^{-\boldsymbol{A}t}\boldsymbol{B}f(t) \tag{8-26}$$

两边取 0_- 到 t 的积分，并考虑初始状态，可得

$$\mathrm{e}^{-\boldsymbol{A}t}x(t)-\boldsymbol{x}(0_-)=\int_{0_-}^{t}\mathrm{e}^{-\boldsymbol{A}\tau}\boldsymbol{B}f(\tau)\mathrm{d}\tau \tag{8-27}$$

两边左乘 $\mathrm{e}^{\boldsymbol{A}t}$，经整理得

$$\begin{aligned}x(t)&=\mathrm{e}^{\boldsymbol{A}t}\boldsymbol{x}(0_-)+\int_{0-}^{t}\mathrm{e}^{\boldsymbol{A}(t-\tau)}\boldsymbol{B}f(\tau)\mathrm{d}\tau\\&=\mathrm{e}^{\boldsymbol{A}t}\boldsymbol{x}(0_-)+\mathrm{e}^{\boldsymbol{A}t}\boldsymbol{B}*f(t)\end{aligned} \tag{8-28}$$

式中，$x_{zi}(t)=\mathrm{e}^{\boldsymbol{A}t}\boldsymbol{x}(0_-)$由初始状态 $\boldsymbol{x}(0_-)$引起，是状态矢量的零输入分量；

$x_{zs}(t)=\mathrm{e}^{\boldsymbol{A}t}\boldsymbol{B}*f(t)$，由输入信号 $f(t)$引起，是状态矢量的零状态分量。

将式(8-28)代入输出方程，得到

$$\begin{aligned}y(t)&=\boldsymbol{C}x(t)+\boldsymbol{D}f(t)\\&=\boldsymbol{C}[\mathrm{e}^{\boldsymbol{A}t}\boldsymbol{x}(0_-)+\mathrm{e}^{\boldsymbol{A}t}\boldsymbol{B}*f(t)]+\boldsymbol{D}f(t)\\&=\boldsymbol{C}\mathrm{e}^{\boldsymbol{A}t}\boldsymbol{x}(0_-)+[\boldsymbol{C}\mathrm{e}^{\boldsymbol{A}t}\boldsymbol{B}+\boldsymbol{D}\delta(t)]*f(t)\end{aligned} \tag{8-29}$$

式中，$y_{zi}(t)=\boldsymbol{C}\mathrm{e}^{\boldsymbol{A}t}x(0_-)$由初始状态 $\boldsymbol{x}(0_-)$引起，是系统的零输入响应；

$y_{zs}(t)=[\boldsymbol{C}\mathrm{e}^{\boldsymbol{A}t}B+\boldsymbol{D}\delta(t)]*f(t)$，由输入信号 $f(t)$引起，是系统的零状态响应。

这两部分的变化规律都与矩阵 $\mathrm{e}^{\boldsymbol{A}t}$ 有关，因此，称 $\mathrm{e}^{\boldsymbol{A}t}$ 为连续时间系统的状态转移矩阵，它反映了系统状态变化的本质。

下面讨论 $\mathrm{e}^{\boldsymbol{A}t}$ 的计算方法。

(1) 幂级数法。按照定义 $\mathrm{e}^{\boldsymbol{A}t}=\sum\limits_{k=0}^{\infty}\dfrac{\boldsymbol{A}^k}{k!}t^k$，用计算机求出它的近似值。

(2) 将矩阵 $\boldsymbol{A}$ 变换成相似的对角矩阵$\boldsymbol{\Lambda}$，即

$$\boldsymbol{A}=\boldsymbol{P\Lambda P}^{-1}=\boldsymbol{P}\begin{bmatrix}\lambda_1&&&\\&\lambda_2&&\\&&\ddots&\\&&&\lambda_n\end{bmatrix}\boldsymbol{P}^{-1} \tag{8-30}$$

则

$$\mathrm{e}^{\boldsymbol{A}t}=\mathrm{e}^{\boldsymbol{P\Lambda P}^{-1}t}=\boldsymbol{P}\mathrm{e}^{\boldsymbol{\Lambda}t}\boldsymbol{P}^{-1}=\boldsymbol{P}\begin{bmatrix}\mathrm{e}^{\lambda_1t}&&&\\&\mathrm{e}^{\lambda_2t}&&\\&&\ddots&\\&&&\mathrm{e}^{\lambda_nt}\end{bmatrix}\boldsymbol{P}^{-1} \tag{8-31}$$

(3) 应用凯莱-哈密顿(Caley-Hamilton)定理，将 $\mathrm{e}^{\boldsymbol{A}t}$ 表示成有限项之和，然后进行计算。凯莱-哈密顿定理将矩阵指数函数表示成一个次数不超过 $n-1$ 的 $\boldsymbol{A}$(n 阶方阵)的多项式，即

$$\mathrm{e}^{\boldsymbol{A}t}=\beta_0\boldsymbol{I}+\beta_1\boldsymbol{A}+\beta_2\boldsymbol{A}^2+\cdots+\beta_{n-1}\boldsymbol{A}^{n-1} \tag{8-32}$$

式中各系数 β_i 都是时间 t 的函数。

按照凯莱-哈密顿定理，将矩阵 $\boldsymbol{A}$ 的特征值代入式(8-32)中的 $\boldsymbol{A}$ 之后，方程仍满足平

衡,利用这一关系可求得式(8-32)中的系数 β。根据 $\boldsymbol{A}$ 的特征值可分为下面两种情况:

① 如果矩阵 $\boldsymbol{A}$ 的特征根 $\lambda_1,\lambda_1,\cdots,\lambda_n$ 都是单根,代入式(8-32)有

$$\begin{cases} e^{\lambda_1 t}=\beta_0+\beta_1\lambda_1+\cdots+\beta_{n-1}\lambda_1^{n-1} \\ e^{\lambda_2 t}=\beta_0+\beta_1\lambda_2+\cdots+\beta_{n-1}\lambda_2^{n-1} \\ \vdots \\ e^{\lambda_n t}=\beta_0+\beta_1\lambda_n+\cdots+\beta_{n-1}\lambda_n^{n-1} \end{cases} \tag{8-33}$$

解该方程组可得到系数 $\beta_0,\beta_1,\cdots,\beta_{n-1}$,代入式(8-32)即可得到 $e^{\boldsymbol{A}t}$ 的表达式。

② 如果 $\boldsymbol{A}$ 的特征根中有某个根 λ_1 是 m 重根,此时可先列出如下与 λ_1 对应的 m 个方程

$$\begin{cases} e^{\lambda_1 t}=\beta_0+\beta_1\lambda_1+\cdots+\beta_{n-1}\lambda_1^{n-1} \\ \dfrac{d}{d\lambda_1}e^{\lambda_1 t}=\dfrac{d}{d\lambda_1}(\beta_0+\beta_1\lambda_1+\cdots+\beta_{n-1}\lambda_1^{n-1}) \\ \vdots \\ \dfrac{d^{m-1}}{d\lambda_1^{m-1}}e^{\lambda_1 t}=\dfrac{d^{m-1}}{d\lambda_1^{m-1}}(\beta_0+\beta_1\lambda_n+\cdots+\beta_{n-1}\lambda_n^{n-1}) \end{cases} \tag{8-34}$$

连同单根对应的方程,求解方程组,可得系数 $\beta_0,\beta_1,\cdots,\beta_{n-1}$。

【例 8-6】 已知系统的状态空间方程为

$$\begin{bmatrix} x_1'(t) \\ x_2'(t) \end{bmatrix}=\begin{bmatrix} -2 & 1 \\ 0 & -1 \end{bmatrix}\begin{bmatrix} x_1(t) \\ x_2(t) \end{bmatrix}+\begin{bmatrix} 1 \\ 0 \end{bmatrix}f(t)$$

$$y(t)=[1\quad 0]\begin{bmatrix} x_1(t) \\ x_2(t) \end{bmatrix}$$

初始状态 $\boldsymbol{x}(0_-)=[1,1]^T$,输入 $f(t)=\varepsilon(t)$。试用时域法求系统的状态矢量和输出响应。

解:(1) 求状态转移矩阵 $e^{\boldsymbol{A}t}$

$$|s\boldsymbol{I}-\boldsymbol{A}|=\begin{vmatrix} s+2 & -1 \\ 0 & s+1 \end{vmatrix}=(s+2)(s+1)=0$$

$\boldsymbol{A}$ 特征根为-1,-2,代入式(8-33),得到

$$\begin{cases} e^{-t}=\beta_0-\beta_1 \\ e^{-2t}=\beta_0-2\beta_1 \end{cases} \Rightarrow \begin{cases} \beta_0=2e^{-t}-e^{-2t} \\ \beta_1=e^{-t}-e^{-2t} \end{cases}$$

于是有

$$e^{\boldsymbol{A}t}=\beta_0\boldsymbol{I}+\beta_1\boldsymbol{A}=\begin{bmatrix} e^{-2t} & e^{-t}-e^{-2t} \\ 0 & e^{-t} \end{bmatrix}$$

(2) 计算状态矢量

$$x(t)=e^{\boldsymbol{A}t}\boldsymbol{x}(0_-)+e^{\boldsymbol{A}t}\boldsymbol{B}*f(t)$$

代入各参数,得到

$$\begin{aligned}\begin{bmatrix} x_1(t) \\ x_2(t) \end{bmatrix}&=\begin{bmatrix} e^{-2t} & e^{-t}-e^{-2t} \\ 0 & e^{-t} \end{bmatrix}\begin{bmatrix} 1 \\ 1 \end{bmatrix}+\begin{bmatrix} e^{-2t} & e^{-t}-e^{-2t} \\ 0 & e^{-t} \end{bmatrix}\begin{bmatrix} 1 \\ 0 \end{bmatrix}*\varepsilon(t) \\ &=\begin{bmatrix} e^{-t} \\ e^{-t} \end{bmatrix}+\begin{bmatrix} \dfrac{1}{2}(1-e^{-2t}) \\ 0 \end{bmatrix}=\begin{bmatrix} \dfrac{1}{2}(1+2e^{-t}-e^{-2t}) \\ e^{-t} \end{bmatrix} \quad t>0\end{aligned}$$

(3) 计算输出响应

$$y(t)=\boldsymbol{C}x(t)+\boldsymbol{D}f(t)$$

$$=[1\quad 0]\begin{bmatrix}\frac{1}{2}(1+2\mathrm{e}^{-t}-\mathrm{e}^{-2t})\\ \mathrm{e}^{-t}\end{bmatrix}\varepsilon(t)=\frac{1}{2}(1+2\mathrm{e}^{-t}-\mathrm{e}^{-2t})\varepsilon(t)$$

8.4.2 状态空间方程的 s 域解法

若给定系统的状态空间方程为

$$\begin{cases}x'(t)=\boldsymbol{A}x(t)+\boldsymbol{B}f(t)\\ y(t)=\boldsymbol{C}x(t)+\boldsymbol{D}f(t)\end{cases}\tag{8-35}$$

对两边取拉普拉斯变换，可得

$$\begin{cases}sX(s)-x(0_-)=\boldsymbol{A}X(s)+\boldsymbol{B}F(s)\\ Y(s)=\boldsymbol{C}X(s)+\boldsymbol{D}F(s)\end{cases}\tag{8-36}$$

式中，$\boldsymbol{x}(0_-)=[x_1(0_-),x_2(0_-),\cdots,x_n(0_-)]^{\mathrm{T}}$ 是系统的初始状态。

整理可得

$$\begin{cases}X(s)=(s\boldsymbol{I}-\boldsymbol{A})^{-1}x(0_-)+(s\boldsymbol{I}-\boldsymbol{A})^{-1}\boldsymbol{B}F(s)\\ Y(s)=\boldsymbol{C}(s\boldsymbol{I}-\boldsymbol{A})^{-1}x(0_-)+[\boldsymbol{C}(s\boldsymbol{I}-\boldsymbol{A})^{-1}\boldsymbol{B}+\boldsymbol{D}]F(s)\\ \qquad=\boldsymbol{C}(s\boldsymbol{I}-\boldsymbol{A})^{-1}x(0_-)+\boldsymbol{H}(s)F(s)\end{cases}\tag{8-37}$$

式中，$\boldsymbol{H}(s)=\boldsymbol{C}(s\boldsymbol{I}-\boldsymbol{A})^{-1}\boldsymbol{B}+\boldsymbol{D}$ 是系统函数矩阵，而 $h(t)=\mathcal{L}^{-1}[\boldsymbol{H}(s)]$是系统冲激响应矩阵。

对式(8-37)取拉普拉斯反变换，可得到系统状态矢量和输出响应的时域解。

$$\begin{aligned}x(t)&=\mathcal{L}^{-1}[(s\boldsymbol{I}-\boldsymbol{A})^{-1}x(0_-)+(s\boldsymbol{I}-\boldsymbol{A})^{-1}\boldsymbol{B}F(s)]\\&=\mathcal{L}^{-1}[(s\boldsymbol{I}-\boldsymbol{A})^{-1}x(0_-)]+\mathcal{L}^{-1}[(s\boldsymbol{I}-\boldsymbol{A})^{-1}\boldsymbol{B}F(s)]\end{aligned}\tag{8-38}$$

$$\begin{aligned}y(t)&=\mathcal{L}^{-1}[\boldsymbol{C}(s\boldsymbol{I}-\boldsymbol{A})^{-1}x(0_-)+\boldsymbol{H}(s)F(s)]\\&=\mathcal{L}^{-1}[\boldsymbol{C}(s\boldsymbol{I}-\boldsymbol{A})^{-1}x(0_-)]+\mathcal{L}^{-1}[\boldsymbol{H}(s)F(s)]\end{aligned}\tag{8-39}$$

式中，$x_{zi}(t)=\mathcal{L}^{-1}[(s\boldsymbol{I}-\boldsymbol{A})^{-1}x(0_-)]$，是状态矢量的零输入分量；

$x_{zs}(t)=\mathcal{L}^{-1}[(s\boldsymbol{I}-\boldsymbol{A})^{-1}\boldsymbol{B}F(s)]$，是状态矢量的零状态分量；

$y_{zi}(t)=\mathcal{L}^{-1}[\boldsymbol{C}(s\boldsymbol{I}-\boldsymbol{A})^{-1}x(0_-)]$，是系统的零输入响应；

$y_{zs}(t)=\mathcal{L}^{-1}[\boldsymbol{H}(s)F(s)]$，是系统的零状态响应。

【例 8-7】 已知系统的状态空间方程为

$$\begin{bmatrix}x_1'(t)\\x_2'(t)\end{bmatrix}=\begin{bmatrix}-1&1\\0&-2\end{bmatrix}\begin{bmatrix}x_1(t)\\x_2(t)\end{bmatrix}+\begin{bmatrix}1\\0\end{bmatrix}f(t)$$

$$y(t)=\begin{bmatrix}-\frac{1}{3}&1\end{bmatrix}\begin{bmatrix}x_1(t)\\x_2(t)\end{bmatrix}+[1]f(t)$$

初始状态 $\boldsymbol{x}(0_-)=[-2,1]^{\mathrm{T}}$，输入 $f(t)=\varepsilon(t)$。试用 s 域解法求系统的状态矢量和输出响应。

解：

$$s\boldsymbol{I}-\boldsymbol{A}=s\begin{bmatrix}1&0\\0&1\end{bmatrix}-\begin{bmatrix}-1&1\\0&-2\end{bmatrix}=\begin{bmatrix}s+1&-1\\0&s+2\end{bmatrix}$$

由此求得其逆矩阵为

$$(s\boldsymbol{I}-\boldsymbol{A})^{-1}=\begin{bmatrix}\frac{1}{s+1} & \frac{1}{(s+1)(s+2)}\\ 0 & \frac{1}{s+2}\end{bmatrix}$$

系统函数矩阵为

$$\boldsymbol{H}(s)=\boldsymbol{C}(s\boldsymbol{I}-\boldsymbol{A})^{-1}\boldsymbol{B}+\boldsymbol{D}=\begin{bmatrix}-\frac{1}{3} & 1\end{bmatrix}\begin{bmatrix}\frac{1}{s+1} & \frac{1}{(s+1)(s+2)}\\ 0 & \frac{1}{s+2}\end{bmatrix}\begin{bmatrix}1\\0\end{bmatrix}+[1]$$

$$=1-\frac{1}{3(s+1)}=\frac{3s+2}{3(s+1)}$$

状态矢量的零输入分量为

$$x_{zi}(t)=\mathcal{L}^{-1}[(s\boldsymbol{I}-\boldsymbol{A})^{-1}x(0_-)]=\mathcal{L}^{-1}\left\{\begin{bmatrix}\frac{1}{s+1} & \frac{1}{(s+1)(s+2)}\\ 0 & \frac{1}{s+2}\end{bmatrix}\begin{bmatrix}-2\\1\end{bmatrix}\right\}$$

$$=\mathcal{L}^{-1}\left\{\begin{bmatrix}-\frac{1}{s+1}-\frac{1}{s+2}\\ \frac{1}{s+2}\end{bmatrix}\right\}=\begin{bmatrix}-\mathrm{e}^{-t}-\mathrm{e}^{-2t}\\ \mathrm{e}^{-2t}\end{bmatrix}\varepsilon(t)$$

状态矢量的零状态分量为

$$x_{zs}(t)=\mathcal{L}^{-1}[(s\boldsymbol{I}-\boldsymbol{A})^{-1}\boldsymbol{B}F(s)]=\mathcal{L}^{-1}\left\{\begin{bmatrix}\frac{1}{s+1} & \frac{1}{(s+1)(s+2)}\\ 0 & \frac{1}{s+2}\end{bmatrix}\begin{bmatrix}1\\0\end{bmatrix}\frac{1}{s}\right\}$$

$$=\mathcal{L}^{-1}\left\{\begin{bmatrix}\frac{1}{s}-\frac{1}{s+1}\\ 0\end{bmatrix}\right\}=\begin{bmatrix}(1-\mathrm{e}^{-t})\varepsilon(t)\\ 0\end{bmatrix}$$

状态矢量为 $x(t)=x_{zi}(t)+x_{zs}(t)=\begin{bmatrix}1-2\mathrm{e}^{-t}-\mathrm{e}^{-2t}\\ \mathrm{e}^{-2t}\end{bmatrix}\varepsilon(t)$

零输入响应为

$$y_{zi}(t)=\mathcal{L}^{-1}[\boldsymbol{C}(s\boldsymbol{I}-\boldsymbol{A})^{-1}\boldsymbol{x}(0_-)]=\mathcal{L}^{-1}\left\{\begin{bmatrix}-\frac{1}{3} & 1\end{bmatrix}\begin{bmatrix}\frac{1}{s+1} & \frac{1}{(s+1)(s+2)}\\ 0 & \frac{1}{s+2}\end{bmatrix}\begin{bmatrix}-2\\1\end{bmatrix}\right\}$$

$$=\mathcal{L}^{-1}\left\{\frac{1/3}{s+1}+\frac{4/3}{s+2}\right\}=\frac{1}{3}(\mathrm{e}^{-t}+4\mathrm{e}^{-2t})\varepsilon(t)$$

零状态响应为

$$y_{zs}(t)=\mathcal{L}^{-1}[\boldsymbol{H}(s)F(s)]=\mathcal{L}^{-1}\left\{\frac{3s+2}{3(s+1)}\,\frac{1}{s}\right\}$$

$$=\mathcal{L}^{-1}\left[\frac{2}{3s}+\frac{1}{3(s+1)}\right]=\frac{1}{3}(2+\mathrm{e}^{-t})\varepsilon(t)$$

系统的完全响应为

$$y(t)=y_{zi}(t)+y_{zs}(t)=\frac{2}{3}(1+\mathrm{e}^{-t}+2\mathrm{e}^{-2t})\varepsilon(t)$$

8.4.3　用 MATLAB 求解连续时间系统的状态空间方程

【例 8-8】 已知线性系统状态方程为

$$\begin{bmatrix} x_1'(t) \\ x_2'(t) \end{bmatrix} = \begin{bmatrix} -1 & 1 \\ 0 & -2 \end{bmatrix} \begin{bmatrix} x_1(t) \\ x_2(t) \end{bmatrix} + \begin{bmatrix} 1 \\ 0 \end{bmatrix} f(t)$$

初始状态 $\boldsymbol{x}(0_-)=[-2,1]^{\mathrm{T}}$。

(1) 用 MATLAB 求状态矢量；

(2) 在 $f(t)=0$ 时，求系统对初始状态的时间响应。

解：(1) 状态矢量的求解公式为 $x(t)=\mathcal{L}^{-1}[(s\boldsymbol{I}-\boldsymbol{A})^{-1}]\boldsymbol{x}(0_-)+\mathcal{L}^{-1}[(s\boldsymbol{I}-\boldsymbol{A})^{-1}\boldsymbol{B}F(s)]$，用 MATLAB 实现，代码如下：

```
A = [ - 1 1; 0 - 2];
I = [1 0; 0 1];
B = [1;0];
E = s * I - A;
C = det(E);
D = collect(inv(E));
phi0 = ilaplace(D);
x0 = [ - 2;1];x1 = phi0 * x0;
phi = subs(phi0,'t',(t - tao));
F = phi * B * 1;x2 = int(F,tao,0,t);
x = collect(x1 + x2)
```

运行结果为：

```
x =
    1 - exp( - 2 * t) - 2 * exp( - t)
                        exp( - 2 * t)
```

(2) 用函数 initial(A,B,C,D,x0)可以得到系统对初始状态的响应，程序如下：

```
A = [ - 1 1; 0 - 2];
C = [1 0; 0 1];
B = [0;0];
D = B;
x0 = [ - 2;1]
[y,x,t] = initial(A,B,C,D,x0);
plot(t,x(:,1),t,x(:,2))
grid;
title('Response to Initial Condition')
xlabel('Time(sec)')
ylabel('x1,x2')
text(0.7,0.35,'x1')
text(0.9, - 0.7,'x2')
```

运行结果如图 8-6 所示。

【例 8-9】 已知线性系统状态空间方程为

$$\begin{bmatrix} x_1'(t) \\ x_2'(t) \end{bmatrix} = \begin{bmatrix} 0 & -2 \\ 1 & -3 \end{bmatrix} \begin{bmatrix} x_1(t) \\ x_2(t) \end{bmatrix} + \begin{bmatrix} 2 \\ 0 \end{bmatrix} f(t)$$

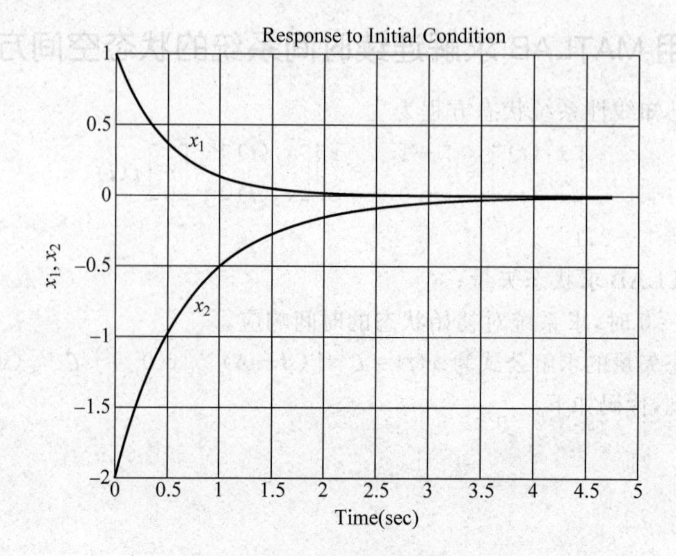

图 8-6 系统对初始状态的响应

$$y(t)=\begin{bmatrix}1 & 0\end{bmatrix}\begin{bmatrix}x_1(t)\\x_2(t)\end{bmatrix}+[0]f(t)$$

初始状态 $\boldsymbol{x}(0_-)=[1,1]^{\mathrm{T}}$，求在阶跃信号下和余弦信号下的状态响应和输出响应。

解：用 MATLAB 求解状态空间方程，代码如下：

```
A = [0 -2; 1 -3];
B = [2;0];
C = [1 0];
D = [0];
sys = ss(A,B,C,D);
x0 = [1;1];
t = [0:0.01:20];
f = (t >= 0);
[y,T,x] = lsim(sys,f,t,x0);
subplot(2,1,1)
plot(T,x(:,1),T,x(:,2))
title('State response')
xlabel('Time(sec)')
ylabel('x1,x2')
text(2,1,'x1')
text(0.8,2.5,'x2')
subplot(2,1,2)
plot(T,y)
title('Output response')
xlabel('Time(sec)')
ylabel('y')
```

在阶跃信号作用下的状态响应和输出响应如图 8-7 所示。

在余弦信号作用下的状态响应和输出响应如图 8-8 所示。

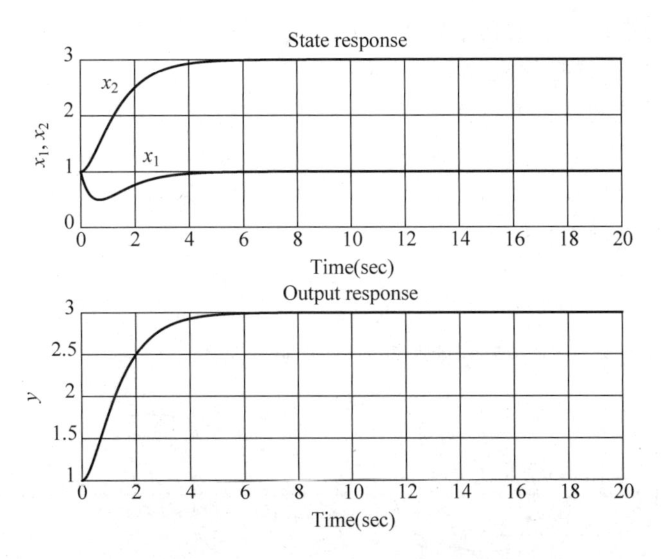

图 8-7　阶跃信号作用下的状态响应和输出响应

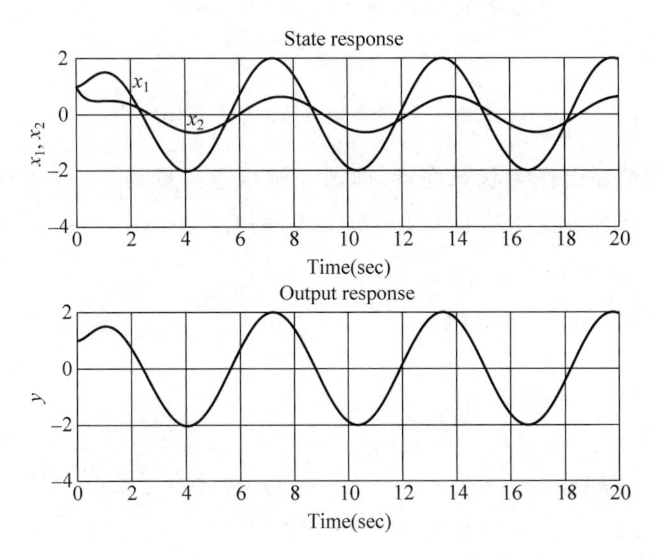

图 8-8　余弦信号作用下的状态响应和输出响应

8.5　离散系统的状态空间分析

8.5.1　离散系统状态空间方程的建立

建立离散系统状态空间方程有多种方法。利用系统模拟框图或信号流图建立状态空间方程的方法是常用的方法。

(1) 选取离散系统模拟框图(或信号流图)中移位器输出端(移位支路输出节点)信号作为状态变量；

(2) 在移位器输入端(移位支路输入节点)写出系统的状态方程；

(3) 在系统输出端(输出节点)列出输出方程。

如果已知描述离散系统的输入输出差分方程或传输算子 $H(E)$，一般可先画出其信号流图或模拟框图，然后建立相应的状态空间方程。

若 n 阶离散系统的差分方程为

$$\begin{aligned} &y(k)+a_{n-1}y(k-1)+\cdots+a_1y(k-n+1)+a_0y(k-n)\\ &=b_mf(k)+b_{m-1}f(k-1)+\cdots+b_1f(k-m+1)+b_0f(k-m) \end{aligned} \tag{8-40}$$

则该 n 阶系统的传输算子为

$$H(E)=\frac{b_m+b_{m-1}E^{-1}+\cdots+b_1E^{-(m-1)}+b_0E^{-m}}{1+a_{n-1}E^{-1}+\cdots+a_1E^{-(n-1)}+a_0E^{-n}} \tag{8-41}$$

用延时器实现该离散系统，信号流图如图 8-9 所示。

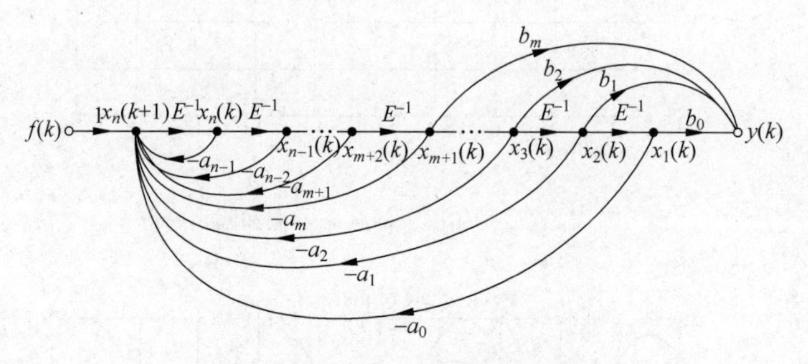

图 8-9　n 阶离散系统的信号流图

取每一延时器的输出作为状态变量，即选 n 维状态矢量为 $x(k)=[x_1(k),x_2(k),\cdots,x_n(k)]^{\mathrm{T}}$，针对每一个延时支路的输入节点列方程，则有

$$\begin{cases} x_1(k+1)=x_2(k)\\ x_2(k+1)=x_3(k)\\ \cdots\\ x_{n-1}(k+1)=x_n(k)\\ x_n(k+1)=-a_0x_1(k)-a_1x_2(k)-\cdots-a_{n-2}x_{n-1}(k)-a_{n-1}x_n(k)+f(k) \end{cases} \tag{8-42}$$

$$y(k)=b_0x_1(k)+b_1x_2(k)+\cdots+b_{m-1}x_m(k)+b_mx_{m+1}(k) \tag{8-43}$$

则描述 n 阶离散系统的状态空间方程具有如下形式

$$\begin{bmatrix} x_1(k+1)\\ x_2(k+1)\\ \vdots\\ x_n(k+1) \end{bmatrix}=\begin{bmatrix} 0 & 1 & 0 & \cdots & 0\\ 0 & 0 & 1 & \cdots & 0\\ \vdots & \vdots & \vdots & \ddots & \vdots\\ -a_0 & -a_1 & -a_2 & \cdots & -a_{n-1} \end{bmatrix}\begin{bmatrix} x_1(k)\\ x_2(k)\\ \vdots\\ x_n(k) \end{bmatrix}+\begin{bmatrix} 0\\ 0\\ \vdots\\ 1 \end{bmatrix}f(k) \tag{8-44}$$

$$y(k)=[b_0\quad b_1\quad \cdots\quad b_m\quad 0\quad \cdots\quad 0]\begin{bmatrix} x_1(k)\\ x_2(k)\\ \vdots\\ x_n(k) \end{bmatrix}+0\cdot f(k) \tag{8-45}$$

或简化表示为

$$\begin{cases} x(k+1)=\boldsymbol{A}x(k)+\boldsymbol{B}f(k)\\ y(k)=\boldsymbol{C}x(k)+\boldsymbol{D}f(k) \end{cases} \tag{8-46}$$

对应的 $\boldsymbol{A},\boldsymbol{B},\boldsymbol{C},\boldsymbol{D}$ 矩阵分别为：

$$\boldsymbol{A}=\begin{bmatrix}0 & 1 & 0 & \cdots & 0\\ 0 & 0 & 1 & \cdots & 0\\ \vdots & \vdots & \vdots & \ddots & \vdots\\ 0 & 0 & 0 & \cdots & 1\\ -a_0 & -a_1 & -a_2 & \cdots & -a_{n-1}\end{bmatrix}\quad \boldsymbol{B}=\begin{bmatrix}0\\0\\ \vdots\\0\\1\end{bmatrix}$$

$$\boldsymbol{C}=\begin{bmatrix}b_0 & b_1 & \cdots & b_m & 0 & \cdots & 0\end{bmatrix}\quad \boldsymbol{D}=0$$

若 $m=n$，信号流图中节点 $x_n(k+1)$ 和 $y(k)$ 间出现增益为 $b_m=b_n$ 的支路，这时输出方程变成

$$\begin{aligned}y(k)&=b_0x_1(k)+b_1x_2(k)+\cdots+b_{n-1}x_n(k)+b_n[-a_0x_1(k)-a_1x_2(k)-\cdots-a_{n-1}x_n(k)+f(k)]\\&=\begin{bmatrix}b_0-b_na_0 & b_1-b_na_1 & \cdots & b_{n-1}-b_na_{n-1}\end{bmatrix}\begin{bmatrix}x_1(k)\\x_2(k)\\ \vdots\\x_n(k)\end{bmatrix}+b_nf(k)\end{aligned}\tag{8-47}$$

【例 8-10】 已知描述某离散时间系统的差分方程为

$$y(k)+8y(k-1)+19y(k-2)+12y(k-3)=2f(k-1)+13f(k-2)+17f(k-3)$$

试建立该系统的状态空间方程。

解：由系统的差分方程写出系统的传输算子为

$$H(E)=\frac{2E^{-1}+13E^{-2}+17E^{-3}}{1+8E^{-1}+19E^{-2}+12E^{-3}}$$

由传输算子可得系统的信号流图，如图 8-10 所示。

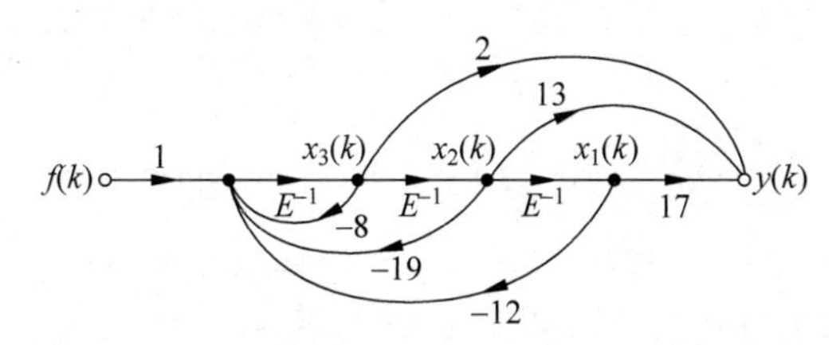

图 8-10　例 8-10 离散系统的信号流图

分别令三个延时器的输出为状态变量 $x_1(k)$、$x_2(k)$ 和 $x_3(k)$。对各延时支路输入节点列方程，得到

$$\begin{cases}x_1(k+1)=x_2(k)\\x_2(k+1)=x_3(k)\\x_3(k+1)=-12x_1(k)-19x_2(k)-8x_3(k)+f(k)\end{cases}$$

输出方程为

$$y(k)=17x_1(k)+13x_2(k)+2x_3(k)$$

写成矩阵形式，得到状态空间方程的标准形式为

$$\begin{bmatrix}x_1(k+1)\\x_2(k+1)\\x_3(k+1)\end{bmatrix}=\begin{bmatrix}0 & 1 & 0\\0 & 0 & 1\\-12 & -19 & -8\end{bmatrix}\begin{bmatrix}x_1(k)\\x_2(k)\\x_3(k)\end{bmatrix}+\begin{bmatrix}0\\0\\1\end{bmatrix}f(k)$$

$$y(k)=\begin{bmatrix}17 & 13 & 2\end{bmatrix}\begin{bmatrix}x_1(k)\\x_2(k)\\x_3(k)\end{bmatrix}$$

与连续系统一样，也可以把系统传输算子表示成其他形式，画出相应的信号流图表示，编写出不同形式的状态空间方程。例如，可以将 $H(E)$ 写成如下形式

$$H(E)=\frac{2E^{-1}+13E^{-2}+17E^{-3}}{1+8E^{-1}+19E^{-2}+12E^{-3}}=\frac{1}{E+1}+\frac{2}{E+3}-\frac{1}{E+4}$$

与此对应可画出并联形式的信号流图，如图 8-11 所示。

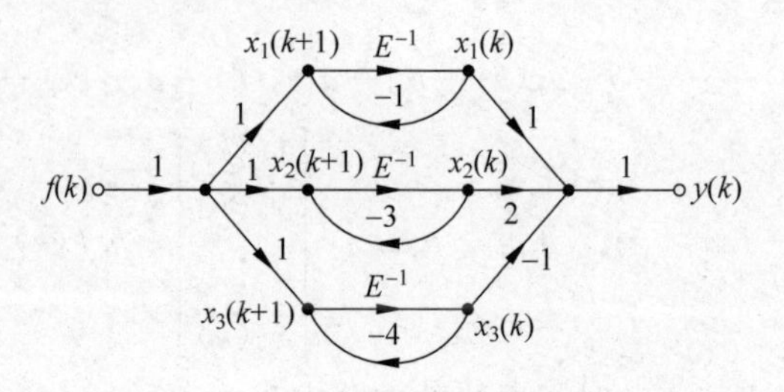

图 8-11　离散系统并联形式的信号流图

取每一个延时器的输出 $x_1(k)$、$x_2(k)$ 和 $x_3(k)$ 作为状态变量，可得到相应的状态方程为

$$\begin{cases}x_1(k+1)=-x_1(k)+f(k)\\x_2(k+1)=-3x_2(k)+f(k)\\x_3(k+1)=-4x_3(k)+f(k)\end{cases}$$

输出方程为

$$y(k)=x_1(k)+2x_2(k)-x_3(k)$$

写成矩阵形式为

$$\begin{bmatrix}x_1(k+1)\\x_2(k+1)\\x_3(k+1)\end{bmatrix}=\begin{bmatrix}-1 & 0 & 0\\0 & -3 & 0\\0 & 0 & -4\end{bmatrix}\begin{bmatrix}x_1(k)\\x_2(k)\\x_3(k)\end{bmatrix}+\begin{bmatrix}1\\1\\1\end{bmatrix}f(k)$$

$$y(k)=\begin{bmatrix}1 & 2 & -1\end{bmatrix}\begin{bmatrix}x_1(k)\\x_2(k)\\x_3(k)\end{bmatrix}$$

8.5.2 离散系统状态空间方程的时域解法

描述 LTI 离散系统的状态空间方程由式(8-46)的状态方程和输出方程组成，重写如下

$$\begin{cases}x(k+1)=\boldsymbol{A}x(k)+\boldsymbol{B}f(k)\\y(k)=\boldsymbol{C}x(k)+\boldsymbol{D}f(k)\end{cases}$$

式中，$f(k)$、$x(k)$ 和 $y(k)$ 分别是系统的输入矢量、状态矢量和输出矢量，系数矩阵 $\boldsymbol{A},\boldsymbol{B},\boldsymbol{C},\boldsymbol{D}$

均为常量矩阵。

当给定系统在 $k=0$ 时的初始状态矢量 $x(0)$ 和 $k\geqslant 0$ 时的输入矢量 $f(k)$ 后，利用差分方程的递推性质，依次令上式中 $k=0,1,2,\cdots$，就可以求得相应的状态矢量解 $x(1),x(2),\cdots$。

$$
\begin{aligned}
x(1) &= \boldsymbol{A}x(0)+\boldsymbol{B}f(0)\\
x(2) &= \boldsymbol{A}x(1)+\boldsymbol{B}f(1)=\boldsymbol{A}[\boldsymbol{A}x(0)+\boldsymbol{B}f(0)]+\boldsymbol{B}f(1)=\boldsymbol{A}^2x(0)+\boldsymbol{AB}f(0)+\boldsymbol{B}f(1)\\
x(3) &= \boldsymbol{A}x(2)+\boldsymbol{B}f(2)=\boldsymbol{A}[\boldsymbol{A}^2x(0)+\boldsymbol{AB}f(0)+\boldsymbol{B}f(1)]+\boldsymbol{B}f(2)\\
&= \boldsymbol{A}^3x(0)+\boldsymbol{A}^2\boldsymbol{B}f(0)+\boldsymbol{AB}f(1)+\boldsymbol{B}f(2)\\
&\cdots\cdots
\end{aligned}
\tag{8-48}
$$

由此可得到状态空间的时域解为

$$
\begin{aligned}
x(k) &= \boldsymbol{A}^kx(0)+\boldsymbol{A}^{k-1}\boldsymbol{B}f(0)+\boldsymbol{A}^{k-2}\boldsymbol{B}f(1)+\cdots+\boldsymbol{AB}f(k-2)+\boldsymbol{B}f(k-1)\\
&= \boldsymbol{A}^kx(0)+\sum_{i=0}^{k-1}\boldsymbol{A}^{k-1-i}\boldsymbol{B}f(i)\\
&= \boldsymbol{A}^kx(0)+\boldsymbol{A}^{k-1}\boldsymbol{B}*f(k)
\end{aligned}
\tag{8-49}
$$

其中，$\boldsymbol{A}^k$ 称为离散系统的状态转移矩阵。当 $k=0$ 时，式(8-49)的第二项不存在，只有当 $k\geqslant 1$ 时才存在。对上式的 k 值加以限制，于是，系统状态矢量的零输入解和零状态解分别为

$$x_{zi}(k)=[\boldsymbol{A}^kx(0)]\varepsilon(k) \tag{8-50}$$

$$x_{zs}(k)=[\boldsymbol{A}^{k-1}\boldsymbol{B}*f(k)]\varepsilon(k-1) \tag{8-51}$$

把 $x(k)$ 代入输出方程得到系统的输出响应为

$$
\begin{aligned}
y(k) &= \boldsymbol{C}x(k)+\boldsymbol{D}f(k)\\
&= \boldsymbol{C}[\boldsymbol{A}^kx(0)+\boldsymbol{A}^{k-1}\boldsymbol{B}*f(k)]+\boldsymbol{D}f(k)\\
&= \boldsymbol{CA}^kx(0)+[\boldsymbol{CA}^{k-1}\boldsymbol{B}+\boldsymbol{D}\delta(k)]*f(k)\\
&= \boldsymbol{CA}^kx(0)+h(k)*f(k)
\end{aligned}
\tag{8-52}
$$

其中，$h(k)$ 是系统的单位响应矩阵。同样，对 k 值加以限制，可得到系统的零输入响应和零状态响应分别为

$$y_{zi}(k)=[\boldsymbol{CA}^kx(0)]\varepsilon(k) \tag{8-53}$$

$$y_{zs}(k)=[h(k)*f(k)]\varepsilon(k-1) \tag{8-54}$$

在用时域法求解离散时间系统的状态空间方程时，$\boldsymbol{A}^k$ 的计算非常重要。$\boldsymbol{A}^k$ 是一个矩阵函数，可表示成

$$\boldsymbol{A}^k=\beta_0\boldsymbol{I}+\beta_1\boldsymbol{A}+\beta_2\boldsymbol{A}^2+\cdots+\beta_{n-1}\boldsymbol{A}^{n-1} \tag{8-55}$$

(1) 若 $\boldsymbol{A}$ 的特征根 $\lambda_1,\lambda_2,\cdots,\lambda_n$ 各不相同，则建立如下方程

$$
\begin{cases}
\lambda_1^k=\beta_0+\beta_1\lambda_1+\beta_2\lambda_1^2+\cdots+\beta_{n-1}\lambda_1^{n-1}\\
\lambda_2^k=\beta_0+\beta_1\lambda_2+\beta_2\lambda_2^2+\cdots+\beta_{n-1}\lambda_2^{n-1}\\
\cdots\cdots\\
\lambda_n^k=\beta_0+\beta_1\lambda_n+\beta_2\lambda_n^2+\cdots+\beta_{n-1}\lambda_n^{n-1}
\end{cases}
\tag{8-56}
$$

求解该方程组即可得出 n 个系数 $\beta_0,\beta_1,\cdots,\beta_{n-1}$。

(2) 若 $\boldsymbol{A}$ 的特征根 λ_1 是 m 重根，则重根部分对应的方程为

$$\begin{cases}\lambda_1^k = \beta_0 + \beta_1\lambda_1 + \beta_2\lambda_1^2 + \cdots + \beta_{n-1}\lambda_1^{n-1} \\ \dfrac{d}{d\lambda_1}\lambda_1^k = \dfrac{d}{d\lambda_1}[\beta_0 + \beta_1\lambda_1 + \beta_2\lambda_1^2 + \cdots + \beta_{n-1}\lambda_1^{n-1}] \\ \dfrac{d^2}{d\lambda_1^2}\lambda_1^k = \dfrac{d^2}{d\lambda_1^2}[\beta_0 + \beta_1\lambda_1 + \beta_2\lambda_1^2 + \cdots + \beta_{n-1}\lambda_1^{n-1}] \\ \cdots\cdots \\ \dfrac{d^{m-1}}{d\lambda_1^{m-1}}\lambda_1^k = \dfrac{d^{m-1}}{d\lambda_1^{m-1}}[\beta_0 + \beta_1\lambda_1 + \beta_2\lambda_1^2 + \cdots + \beta_{n-1}\lambda_1^{n-1}]\end{cases} \tag{8-57}$$

求解该方程组即可得到 $\beta_0,\beta_1,\cdots,\beta_{n-1}$。

【例 8-11】 求矩阵 $\boldsymbol{A}=\begin{bmatrix}0 & 1\\3 & -2\end{bmatrix}$的矩阵函数 $\boldsymbol{A}^k$。

解： $\boldsymbol{A}$ 的特征方程为

$$|\lambda\boldsymbol{I}-\boldsymbol{A}| = \begin{vmatrix}\lambda & -1\\-3 & \lambda+2\end{vmatrix} = \lambda^2 + 2\lambda - 3 = 0 \Rightarrow \lambda_1 = -3, \lambda_2 = 1$$

矩阵函数 $\boldsymbol{A}^k$ 可表示为

$$\boldsymbol{A}^k = \beta_0\boldsymbol{I} + \beta_1\boldsymbol{A}$$

代入特征根，得到

$$\begin{cases}(-3)^k = \beta_0 + \beta_1 \cdot (-3) \\ 1^k = \beta_0 + \beta_1 \cdot 1\end{cases} \Rightarrow \begin{cases}\beta_0 = \dfrac{1}{4}[3+(-3)^k] \\ \beta_1 = \dfrac{1}{4}[1-(-3)^k]\end{cases}$$

于是，有

$$\begin{aligned}\boldsymbol{A}^k &= \beta_0\boldsymbol{I} + \beta_1\boldsymbol{A} \\ &= \frac{1}{4}[3+(-3)^k]\begin{bmatrix}1 & 0\\0 & 1\end{bmatrix} + \frac{1}{4}[1-(-3)^k]\begin{bmatrix}0 & 1\\3 & -2\end{bmatrix} \\ &= \frac{1}{4}\begin{bmatrix}3+(-3)^k & 1-(-3)^k\\3+(-3)^{k+1} & 1-(-3)^{k+1}\end{bmatrix}\end{aligned}$$

【例 8-12】 已知离散时间系统模拟框图如图 8-12 所示。已知 $f(k)=\delta(k)$，初始条件 $y(0)=2, y(1)=5$。用状态空间分析法求系统输出响应 $y(k)$。

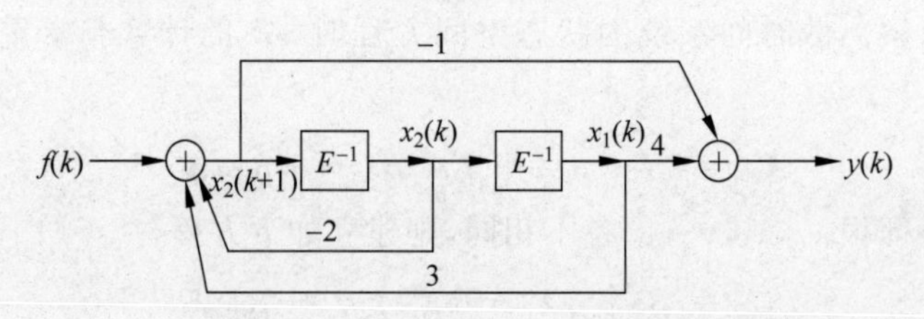

图 8-12　例 8-12 离散系统的方框图

解： (1) 建立系统的状态空间方程。取两个延时器的输出 $x_1(k), x_2(k)$ 作为系统状态变量，则由图 8-12 得到状态方程为

$$\begin{cases} x_1(k+1) = x_2(k) \\ x_2(k+1) = 3x_1(k) - 2x_2(k) + f(k) \end{cases}$$

输出方程为

$$y(k) = 4x_1(k) - [3x_1(k) - 2x_2(k) + f(k)] = x_1(k) + 2x_2(k) - f(k)$$

表示成矩阵形式为

$$\begin{bmatrix} x_1(k+1) \\ x_2(k+1) \end{bmatrix} = \begin{bmatrix} 0 & 1 \\ 3 & -2 \end{bmatrix} \begin{bmatrix} x_1(k) \\ x_2(k) \end{bmatrix} + \begin{bmatrix} 0 \\ 1 \end{bmatrix} f(k)$$

$$y(k) = [1 \quad 2] \begin{bmatrix} x_1(k) \\ x_2(k) \end{bmatrix} + [-1] f(k)$$

(2) 计算状态转移矩阵 $\boldsymbol{A}^k$。引用例 8-11 的结果，可知

$$\boldsymbol{A}^k = \frac{1}{4} \begin{bmatrix} 3+(-3)^k & 1-(-3)^k \\ 3+(-3)^{k+1} & 1-(-3)^{k+1} \end{bmatrix}$$

(3) 求状态矢量解。为了确定初始状态 $x(0)$，分别令状态方程中的 $k=0$ 和输出方程中的 $k=0,1$，可得

$$\begin{cases} x_1(1) = x_2(0) \\ x_2(1) = 3x_1(0) - 2x_2(0) + f(0) \end{cases}$$

$$\begin{cases} y(0) = x_1(0) + 2x_2(0) - f(0) \\ y(1) = x_1(1) + 2x_2(1) - f(1) = 6x_1(0) - 3x_2(0) + 2f(0) \end{cases} \Rightarrow \begin{cases} x_1(0) = 1 \\ x_2(0) = 1 \end{cases}$$

$$x(k) = [\boldsymbol{A}^k x(0)]\varepsilon(k) + [\boldsymbol{A}^{k-1}\boldsymbol{B} * f(k)]\varepsilon(k-1)$$

代入各参数，得到

$$\begin{aligned} \begin{bmatrix} x_1(k) \\ x_2(k) \end{bmatrix} &= \frac{1}{4} \begin{bmatrix} 3+(-3)^k & 1-(-3)^k \\ 3+(-3)^{k+1} & 1-(-3)^{k+1} \end{bmatrix} \begin{bmatrix} 1 \\ 1 \end{bmatrix} \varepsilon(k) + \\ &\quad \left\{ \frac{1}{4} \begin{bmatrix} 3+(-3)^{k-1} & 1-(-3)^{k-1} \\ 3+(-3)^k & 1-(-3)^k \end{bmatrix} \begin{bmatrix} 0 \\ 1 \end{bmatrix} * \delta(k) \right\} \varepsilon(k-1) \\ &= \begin{bmatrix} 1 \\ 1 \end{bmatrix} \varepsilon(k) + \frac{1}{4} \begin{bmatrix} 1-(-3)^{k-1} \\ 1-(-3)^k \end{bmatrix} \varepsilon(k-1) \end{aligned}$$

(4) 求输出响应。由输出方程可得系统完全响应为

$$\begin{aligned} y(k) &= [1 \quad 2] \begin{bmatrix} x_1(k) \\ x_2(k) \end{bmatrix} + [-1] f(k) \\ &= [1 \quad 2] \left\{ \begin{bmatrix} 1 \\ 1 \end{bmatrix} \varepsilon(k) + \frac{1}{4} \begin{bmatrix} 1-(-3)^{k-1} \\ 1-(-3)^k \end{bmatrix} \varepsilon(k-1) \right\} + [-1]\delta(k) \\ &= 3\varepsilon(k) + \frac{1}{4}[3-(-3)^{k-1} - 2(-3)^k]\varepsilon(k-1) - \delta(k) \\ &= \begin{cases} 2 & k=0 \\ \frac{5}{4}[3+(-3)^{k-1}] & k \geqslant 1 \end{cases} \end{aligned}$$

8.5.3 离散系统状态空间方程的 Z 域解法

对于离散系统状态空间方程，除直接在时域中求解外，还可以在 Z 域中求解。重写

LTI 离散系统的状态空间方程如下

$$\begin{cases} x(k+1)=\boldsymbol{A}x(k)+\boldsymbol{B}f(k) \\ y(k)=\boldsymbol{C}x(k)+\boldsymbol{D}f(k) \end{cases}$$

对方程两边取 Z 变换可得

$$\begin{cases} zX(z)-zx(0)=\boldsymbol{A}X(z)+\boldsymbol{B}F(z) \\ Y(z)=\boldsymbol{C}X(z)+\boldsymbol{D}F(z) \end{cases} \tag{8-58}$$

整理得到

$$\begin{cases} X(z)=(z\boldsymbol{I}-\boldsymbol{A})^{-1}zx(0)+(z\boldsymbol{I}-\boldsymbol{A})^{-1}\boldsymbol{B}F(z) \\ Y(z)=\boldsymbol{C}(z\boldsymbol{I}-\boldsymbol{A})^{-1}zx(0)+[\boldsymbol{C}(z\boldsymbol{I}-\boldsymbol{A})^{-1}\boldsymbol{B}+\boldsymbol{D}]F(z) \\ \quad\;\;=\boldsymbol{C}(z\boldsymbol{I}-\boldsymbol{A})^{-1}zx(0)+H(z)F(z) \end{cases} \tag{8-59}$$

式中，$H(z)$是离散系统的系统函数矩阵。

$$H(z)=\boldsymbol{C}(z\boldsymbol{I}-\boldsymbol{A})^{-1}\boldsymbol{B}+\boldsymbol{D} \tag{8-60}$$

式(8-59)分别是状态矢量和输出矢量的 Z 域解，取其 Z 反变换即可得到相应的时域解，即

$$\begin{cases} x(k)=\mathcal{Z}^{-1}[(zI-A)^{-1}zx(0)+(zI-A)^{-1}BF(z)] \\ \quad\;\;=\mathcal{Z}^{-1}[(zI-A)^{-1}z]x(0)+\mathcal{Z}^{-1}[(zI-A)^{-1}B]*\mathcal{Z}^{-1}[F(z)] \\ y(k)=\mathcal{Z}^{-1}[C(zI-A)^{-1}zx(0)+H(z)F(z)] \\ \quad\;\;=\mathcal{Z}^{-1}[C(zI-A)^{-1}z]x(0)+\mathcal{Z}^{-1}[H(z)]*\mathcal{Z}^{-1}[F(z)] \end{cases} \tag{8-61}$$

比较式(8-61)与式(8-49)、式(8-52)，可得到离散系统的状态转移矩阵和单位响应矩阵为

$$\boldsymbol{A}^k=\mathcal{Z}^{-1}[(z\boldsymbol{I}-\boldsymbol{A})^{-1}z]=\mathcal{Z}^{-1}[(\boldsymbol{I}-z^{-1}\boldsymbol{A})^{-1}] \tag{8-62}$$

$$h(k)=\mathcal{Z}^{-1}[\boldsymbol{C}(z\boldsymbol{I}-\boldsymbol{A})^{-1}\boldsymbol{B}+\boldsymbol{D}] \tag{8-63}$$

【例 8-13】 已知离散系统的状态空间方程为

$$\begin{bmatrix} x_1(k+1) \\ x_2(k+1) \end{bmatrix}=\begin{bmatrix} 0 & 1 \\ 2 & 1 \end{bmatrix}\begin{bmatrix} x_1(k) \\ x_2(k) \end{bmatrix}+\begin{bmatrix} 1 & 0 \\ 0 & -2 \end{bmatrix}\begin{bmatrix} f_1(k) \\ f_2(k) \end{bmatrix}$$

$$y(k)=[1 \quad -1]\begin{bmatrix} x_1(k) \\ x_2(k) \end{bmatrix}$$

初始状态为 $x_1(0)=1, x_2(0)=2$，试用 Z 域解法求系统在 $f_1(k)=\delta(k), f_2(k)=\varepsilon(k)$ 下的响应。

解：第一步，求系统的状态转移矩阵的象函数。

$$(z\boldsymbol{I}-\boldsymbol{A})^{-1}z=\begin{bmatrix} z & -1 \\ -2 & z-1 \end{bmatrix}^{-1}z=\frac{1}{(z+1)(z-2)}\begin{bmatrix} z^2-z & z \\ 2z & z^2 \end{bmatrix}$$

第二步，计算系统函数矩阵。

$$\begin{aligned} H(z)&=\boldsymbol{C}(z\boldsymbol{I}-\boldsymbol{A})^{-1}\boldsymbol{B}+\boldsymbol{D} \\ &=[1 \quad -1]\frac{1}{(z+1)(z-2)}\begin{bmatrix} z-1 & 1 \\ 2 & z \end{bmatrix}\begin{bmatrix} 1 & 0 \\ 0 & -2 \end{bmatrix} \\ &=\frac{1}{(z+1)(z-2)}[z-3 \quad 2(z-1)] \end{aligned}$$

第三步，根据式(8-61)求输出响应。

$$y(k)=\mathcal{Z}^{-1}[\boldsymbol{C}(z\boldsymbol{I}-\boldsymbol{A})^{-1}zx(0)+H(z)F(z)]$$

$$=\mathcal{Z}^{-1}\left\{[1\quad -1]\frac{z}{(z+1)(z-2)}\begin{bmatrix}z-1 & 1\\ 2 & z\end{bmatrix}\begin{bmatrix}1\\2\end{bmatrix}+\frac{1}{(z+1)(z-2)}[z-3\quad 2(z-1)]\begin{bmatrix}1\\ \dfrac{z}{z-1}\end{bmatrix}\right\}$$

$$=\mathcal{Z}^{-1}\left[-1+\frac{2}{z+1}-\frac{1}{z-2}\right]$$

$$=[2(-1)^k-2^k]\varepsilon(k)-\delta(k)$$

8.5.4 用 MATLAB 求解离散时间系统的状态空间方程

【例 8-14】 已知离散系统的状态空间方程为

$$\begin{bmatrix}x_1(k+1)\\x_2(k+1)\end{bmatrix}=\begin{bmatrix}0 & 1\\-2 & 3\end{bmatrix}\begin{bmatrix}x_1(k)\\x_2(k)\end{bmatrix}+\begin{bmatrix}0\\1\end{bmatrix}f(k)$$

$$\begin{bmatrix}y_1(k)\\y_2(k)\end{bmatrix}=\begin{bmatrix}1 & 1\\2 & -1\end{bmatrix}\begin{bmatrix}x_1(k)\\x_2(k)\end{bmatrix}+\begin{bmatrix}1\\0\end{bmatrix}f(k)$$

初始状态为 $x_1(0)=1, x_2(0)=1$，试求系统在 $f(k)=\varepsilon(k)$ 下的数值解。

解：用 *MATLAB* 求解状态空间方程，代码如下：

```
A = [0 1; -2 3];
B = [0;1];
C = [1 1;2 -1];
D = [1;0];
x0 = [1;1];
N = 20;
f = ones(1,N);
sys = ss(A,B,C,D,[]);
y = lsim(sys,f,[],x0);
subplot(2,1,1)
y1 = y(:,1)';
stem((0:N-1),y1,'.');
grid;
title('Output response')
xlabel('k')
ylabel('y1')
subplot(2,1,2)
y2 = y(:,2)';
stem((0:N-1),y2,'.');
grid;
xlabel('k')
ylabel('y2')
```

运行结果如图 8-13 所示。

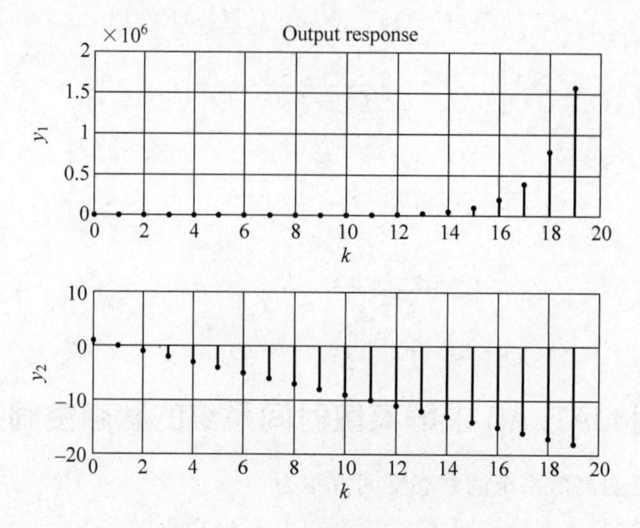

图 8-13 例 8-14 输出响应的数值解

8.6 系统函数矩阵与系统稳定性

一个因果连续系统，如果其系统函数 $H(s)$的所有极点都位于 s 平面的左半平面上，则该系统是稳定的。一个因果离散系统，如果系统函数 $H(z)$的所有极点都在 z 平面的单位圆内，则系统是稳定的。

在状态空间描述中，连续系统的系统函数矩阵为

$$H(s)=\boldsymbol{C}(s\boldsymbol{I}-\boldsymbol{A})^{-1}\boldsymbol{B}+\boldsymbol{D}$$

式中的 $\boldsymbol{B},\boldsymbol{C},\boldsymbol{D}$ 对时不变系统而言，都是常数矩阵。所以，$H(s)$的极点仅取决于特征方程

$$|s\boldsymbol{I}-\boldsymbol{A}|=0$$

即矩阵 $\boldsymbol{A}$ 的特征根。

由此可见，在连续系统的状态空间描述中，当系数矩阵 $\boldsymbol{A}$ 的特征值全部位于 s 平面的左半平面上时，系统是稳定的；否则，系统是不稳定的。

矩阵 $\boldsymbol{A}$ 的特征根在 s 平面上的分布情况仍可用罗斯-霍尔维兹准则判定。

同样，离散系统函数矩阵 $H(z)$的极点是如下特征方程的根，即矩阵 $\boldsymbol{A}$ 的特征根。

$$|z\boldsymbol{I}-\boldsymbol{A}|=0$$

即在离散系统的状态空间描述中，只有当系数矩阵 $\boldsymbol{A}$ 的特征根全部位于 z 平面上单位圆内时，系统才是稳定的，否则是不稳定的。

判定矩阵 $\boldsymbol{A}$ 的特征根是否在单位圆内可应用朱里准则。

【例 8-15】 某连续系统的状态空间方程中，其系数矩阵 $\boldsymbol{A}$ 为

$$\boldsymbol{A}=\begin{bmatrix}0 & 1 & 0\\ -K & -1 & -K\\ 0 & -1 & -4\end{bmatrix}$$

试问当 K 满足什么条件时，系统是稳定的？

解：根据矩阵 $\boldsymbol{A}$ 的特征多项式

$$|s\boldsymbol{I}-\boldsymbol{A}|=\begin{vmatrix} s & -1 & 0 \\ K & s+1 & K \\ 0 & 1 & s+4 \end{vmatrix}=s^3+5s^2+4s+4K$$

罗斯阵列为

$$\begin{matrix} 1 & 4 \\ 5 & 4K \\ 4-\dfrac{4K}{5} & 0 \\ 4K & \end{matrix}$$

若 $\boldsymbol{A}$ 的特征根均位于 s 平面的左半平面上，则必须要求罗斯阵列的第一列元素均大于零，因此有

$$\begin{cases} 20>4K \\ 4K>0 \end{cases} \Rightarrow 0<K<5$$

即当 $0<K<5$ 时，该系统是稳定的。

【例 8-16】 给定 LTI 离散系统的信号流图如图 8-14 所示。

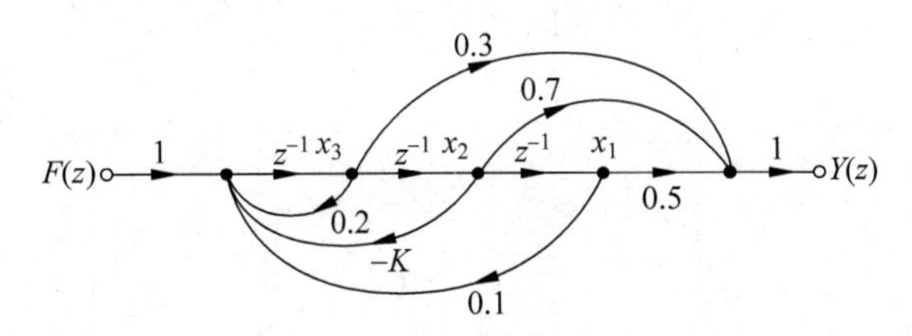

图 8-14　例 8-16 输出响应的数值解

试问 K 满足什么条件时，系统是稳定的？

解：由系统流图可得系数矩阵 $\boldsymbol{A}$ 为

$$\boldsymbol{A}=\begin{bmatrix} 0 & 1 & 0 \\ 0 & 0 & 1 \\ 0.1 & -K & 0.2 \end{bmatrix}$$

于是得到 $\boldsymbol{A}$ 的特征多项式

$$P(z)=|z\boldsymbol{I}-\boldsymbol{A}|=\det\begin{bmatrix} z & -1 & 0 \\ 0 & z & -1 \\ -0.1 & K & z-0.2 \end{bmatrix}=z^3-0.2z^2+Kz-0.1$$

排出朱里表为

$$\begin{matrix} 1 & -0.2 & K & -0.1 \\ -0.1 & K & -0.2 & 1 \\ 0.99 & 0.1K-0.2 & K-0.02 & \end{matrix}$$

根据朱里准则，若系统是稳定的，则必须有

$$P(1)=1-0.2+K-0.1=K+0.7>0$$

$$(-1)^3P(-1)=(-1)(-1-0.2-K-0.1)=K+1.3>0$$

$$0.99>|K-0.02|$$

满足上述三个不等式的 K 值范围为

$$-0.7 < K < 1.01$$

因此，系统稳定的条件是：$-0.7<K<1.01$。

习题

8-1　电路如图 8-15 所示，建立系统的状态方程。

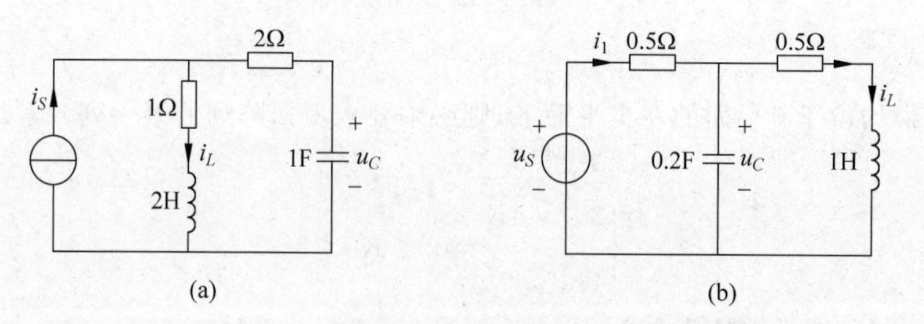

图 8-15　题 8-1 图

8-2　写出如图 8-16 所示电路系统的状态方程。

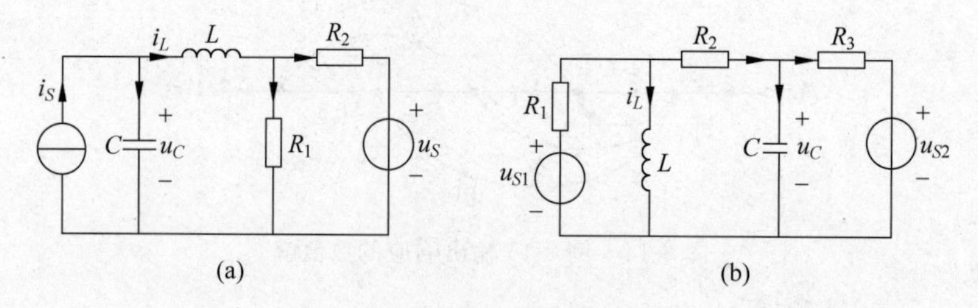

图 8-16　题 8-2 图

8-3　描述某连续系统的微分方程如下，试建立其状态空间方程。

(1) $y'''(t)+5y''(t)+y'(t)+2y(t)=f'(t)+2f(t)$；

(2) $y'''(t)+4y''(t)+y'(t)+3y(t)=f''(t)+2f'(t)+5f(t)$；

(3) $2y'''(t)-3y(t)=f''(t)-2f(t)$。

8-4　描述连续系统的微分方程组如下，写出系统的状态方程和输出方程。

(1) $y_1''(t)+3y_1'(t)+2y_1(t)=f_1(t)+f_2(t)$；$y_2''(t)+4y_2'(t)+y_2(t)=f_1(t)-3f_2(t)$；

(2) $y_1'(t)+y_2(t)=f_1(t)$；$y_2''(t)+y_1'(t)+y_2'(t)+y_1(t)=f_2(t)$。

8-5　已知连续时间系统的系统函数如下，画出直接形式的信号流图，列写系统的状态方程和输出方程。

(1) $H(s)=\dfrac{3s^2+2s+1}{s^3+4s^2+3s+2}$；

(2) $H(s)=\dfrac{3s}{s^3+4s^2+3s+2}$；

(3) $H(s)=\dfrac{4s^3+16s^2+23s+13}{(s+1)^3(s+2)}$。

8-6　已知连续时间系统的信号流图如图 8-17 所示，试建立其状态空间方程。

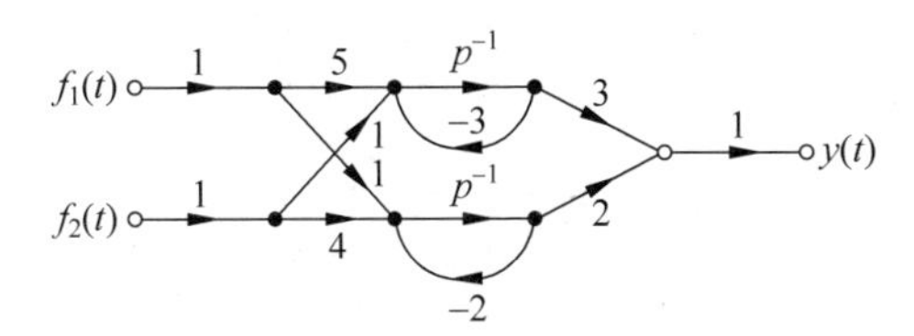

图 8-17　题 8-6 图

8-7　已知系统函数微分方程为

$$y''(t)+5y'(t)+6y(t)=2f'(t)+5$$

分别画出直接形式和并联形式的信号流图，并分别在所画流图上建立状态方程和输出方程。

8-8　给定系统的状态方程为

$$\begin{bmatrix} x_1'(t) \\ x_2'(t) \end{bmatrix}=\begin{bmatrix} 1 & -2 \\ 1 & 4 \end{bmatrix}\begin{bmatrix} x_1(t) \\ x_2(t) \end{bmatrix}$$

初始状态 $x(0_-)=[3,2]^{\mathrm{T}}$。试用两种方法求系统的状态矢量。

8-9　已知系数矩阵方程参数如下，

$$\boldsymbol{A}=\begin{bmatrix} 0 & 1 \\ -2 & -3 \end{bmatrix},\quad \boldsymbol{B}=\begin{bmatrix} 0 \\ 1 \end{bmatrix},\quad \boldsymbol{C}=\begin{bmatrix} 1 & 0 \\ 1 & 1 \end{bmatrix},\quad \boldsymbol{D}=\begin{bmatrix} -0.5 \\ -0.5 \end{bmatrix}$$

若初始状态 $x(0_-)=[1,1]^{\mathrm{T}}$，输入 $f(t)=\varepsilon(t)$。试求状态转移矩阵、系统函数矩阵、状态矢量和输出响应。

8-10　已知描述某离散系统的差分方程为

$$y(k+3)+8y(k+2)+17y(k+1)+10y(k)=6f(k+2)+17f(k+1)+19f(k)$$

试建立其状态空间方程。

8-11　某离散系统的信号流图如图 8-18 所示。试建立其状态空间方程。

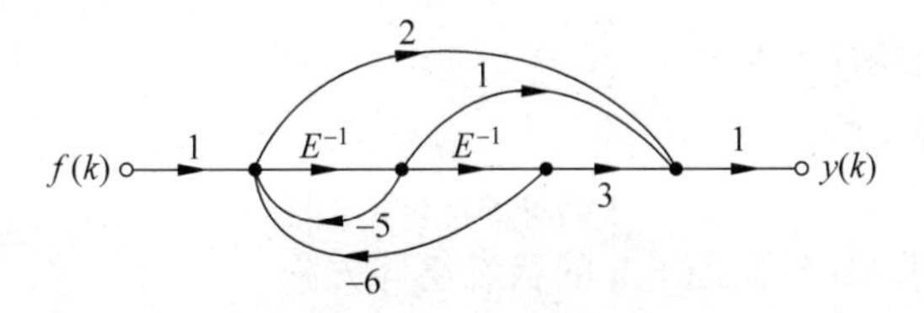

图 8-18　题 8-11 图

8-12　某离散系统的信号流图如图 8-19 所示。写出以 x_1、x_2 为状态变量的状态方程和输出方程。

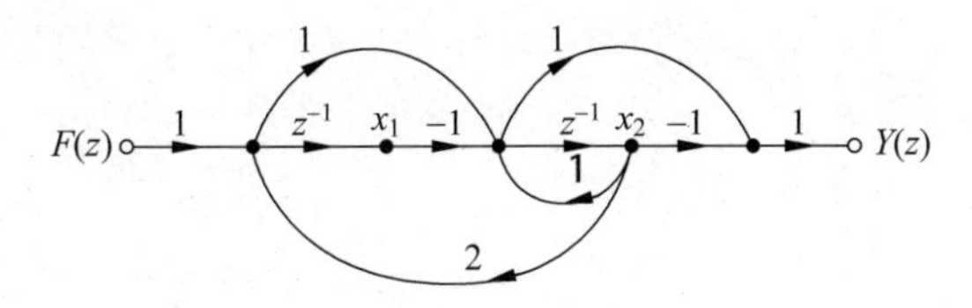

图 8-19　题 8-12 图

8-13　已知系统的状态空间方程为

$$x(k+1)=\begin{bmatrix}0 & 1\\ -\frac{1}{8} & -\frac{3}{4}\end{bmatrix}x(k)+\begin{bmatrix}0\\1\end{bmatrix}f(k)$$

$$y(k)=\begin{bmatrix}-\frac{1}{8} & \frac{3}{4}\end{bmatrix}x(k)+[1]f(k)$$

输入信号 $f(k)=\left(\frac{1}{2}\right)^k\varepsilon(k)$。试用时域法求状态转移矩阵和系统的零状态响应。

8-14　试用 Z 域法求解题 8-13。

8-15　如图 8-20 所示连续系统的框图，其中子系统 $H_1(s)=\frac{2}{s+a}$，$H_2(s)=\frac{s+b}{s+1}$。

(1) 写出以 $x_1(t)$、$x_2(t)$ 为状态变量的状态方程和输出方程。

(2) 为使该系统稳定，常数 a，b 应满足什么条件？

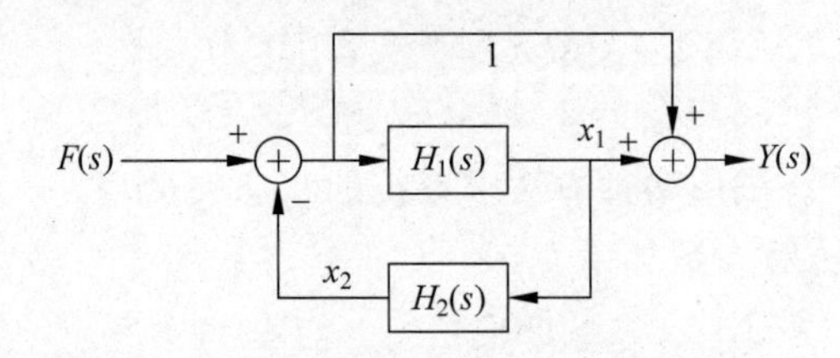

图 8-20　题 8-15 图

8-16　已知单输入-单输出离散系统的状态方程与输出方程分别为

$$\begin{bmatrix}x_1(k+1)\\x_2(k+1)\end{bmatrix}=\begin{bmatrix}-5 & -1\\ 3 & -1\end{bmatrix}\begin{bmatrix}x_1(k)\\x_2(k)\end{bmatrix}+\begin{bmatrix}2\\5\end{bmatrix}f(k)$$

$$y(k)=\begin{bmatrix}1 & 2\end{bmatrix}\begin{bmatrix}x_1(k)\\x_2(k)\end{bmatrix}+f(k)$$

(1) 求系统的差分方程；

(2) 求系统的单位响应函数；

(3) 判断系统的稳定性。

8-17　试用 MATLAB 建立题 8-3 的状态空间方程。

8-18　试用 MATLAB 建立题 8-5 的状态空间方程。

8-19　试用 MATLAB 求题 8-8 的状态矢量。

8-20　试用 MATLAB 求题 8-9 的状态方程和输出方程的解，并画出其时域波形。

8-21　试用 MATLAB 求题 8-13 的状态方程和输出方程的解，并画出其数值解的波形。